MODERNE ALGEBRAISCHE GEOMETRIE

DIE IDEALTHEORETISCHEN GRUNDLAGEN

VON

Dr. WOLFGANG GRÖBNER

O. PROFESSOR DER MATHEMATIK AN DER
UNIVERSITÄT INNSBRUCK

SPRINGER-VERLAG
WIEN UND INNSBRUCK
1949

ISBN-13: 978-3-211-80090-4   e-ISBN-13: 978-3-7091-5740-4
DOI: 10.1007/978-3-7091-5740-4

,,La scienza muove dal mistero
e in ogni sua tappa alle soglie
di questo ritorna''.
Severi, La scienza e le soglie
del mistero.

Vorwort.

In diesem Buch führe ich einen Plan weiter, den ich vor 8 Jahren zum ersten Mal in einer Hamburger Einzelschrift[1] in Angriff genommen habe und der sich auch in der Folge als aussichtsreich erwiesen hat. Es handelt sich hier um die Lösung der Aufgabe, alle Begriffe und Gedankengänge der algebraischen Geometrie mit den modernen Hilfsmitteln der Idealtheorie zu erfassen und sie so, von der Anschauung losgelöst, einer streng logischen Behandlung zugänglich zu machen. Wie sehr dies notwendig ist, zeigt besonders deutlich eine Kontroverse in den letzten Jahren zwischen hervorragenden Mathematikern über einen Satz von *Kronecker*[2], die eben nur deshalb möglich war, weil die Verschwommenheit der zugrundeliegenden Begriffe verschiedene Auslegungen zuließen.

In den seither vergangenen Jahren hat sich mir wegen der Unmöglichkeit von Veröffentlichungen viel Stoff angesammelt. Aber es erschien mir als vordringliche Aufgabe, die idealtheoretische Methode zuerst einmal von Grund auf in Form eines Lehrbuches zusammenhängend darzustellen, um die Werkzeuge vorzubereiten, welche die Lösung der weiteren Probleme ermöglichen sollen. Daher wird in den ersten zwei Paragraphen die moderne Idealtheorie, soweit sie im folgenden benötigt wird, im Zusammenhang mit den Begriffen und Problemen der algebraischen Geometrie kurz entwickelt; diese Entwicklungen einer Theorie, die von *E. Noether* in vollkommener Gestalt geschaffen und von *v. d. Waerden* in dem Standardwerk ,,Moderne Algebra'' mit einer kaum zu übertreffenden Klarheit und Einfachheit dargestellt worden ist, beanspruchen natürlich keinen Neuigkeitswert. Dagegen habe ich in der Eliminationstheorie durch Einführung der Eliminationsideale und

---

[1] Idealtheoretischer Aufbau der algebraischen Geometrie, Leipzig 1941.

[2] *O. Perron*, Über das Vahlensche Beispiel zu einem Satz von Kronecker, Math. Zeitschr., 1941, S. 318. — Studien über den Vielfachheitsbegriff und den Bézoutschen Satz, Math. Zeitschr. **49** (1943/44), S. 654—680.

Francesco Severi, Über die Darstellung algebraischer Mannigfaltigkeiten als Durchschnitte von Formen, Abh. Math. Sem., Hamburg **15** (1943), S. 97—119. — Il concetto di molteplicità delle soluzioni pei sistemi di equazioni algebriche e la teoria dell'eliminazione, Annali mat. pura appl. (IV) **26** (1947), p. 221—270.

Resultantenideale einen neuen, der Idealtheorie näher stehenden Gesichtspunkt zur Geltung gebracht; durch eine gewisse Verfeinerung des geometrischen Begriffes „algebraische Mannigfaltigkeit" wird auch erreicht, daß diese geometrischen Gebilde den Polynomidealen umkehrbar eindeutig zugeordnet werden können.

Dies setzt aber eine Entscheidung über die Definition des Multiplizitätsbegriffes voraus. Ich habe von vornherein den idealtheoretischen Multiplizitätsbegriff zugrundegelegt, weil dieser der einfachste, natürlichste und allgemeingültige ist, während der von *Severi* und *v. d. Waerden* eingeführte Multiplizitätsbegriff einserseits, wie oben angedeutet, nicht allgemein anwendbar ist, andererseits auf schwierigen Stetigkeitsüberlegungen beruht, die an und für sich der idealtheoretischen Methode fremd sind und eine Verwendung des Begriffes bei allgemeineren Grundkörpern ausschließen. Da aber der idealtheoretische Multiplizitätsbegriff viel schärfer präzisiert ist, so hat dies zur Folge, daß die Geltung gewisser Sätze, insbesondere der Schnittpunktsätze, eingeschränkt werden muß. Jedoch gereicht dies, wie ich bei der Ableitung der Sätze über Projektionen, Schnitte und Einbettungsräume (§ 4) zeige, nur der Sache zum Vorteil, weil dann der genaue Geltungsbereich dieser Sätze abgesteckt und die tieferen Ursachen erkannt werden können, warum sie in gewissen Fällen nicht gelten.[1]

Die letzten drei Paragraphen enthalten viele neue, noch nicht in einem Lehrbuch verarbeitete und teilweise noch gar nicht veröffentlichte Forschungsergebnisse. Ich verweise hier besonders auf die „perfekten Ideale" nach *Macaulay*, die hier auf einem ganz neuen Weg über die Syzygientheorie gewonnen werden und deren fundamentale Bedeutung für die algebraische Geometrie in den Sätzen über Schnitte, Einbettungsräume und im verallgemeinerten Noetherschen Fundamentalsatz hervorscheint. Auch dies zeigt deutlich, daß eine scharfe Präzisierung der Begriffe dem Lehrgebäude der algebraischen Geometrie nicht schadet, sondern zu neuen, folgenreichen Erkenntnissen führt. Ich hoffe, daß diese Tatsache auch bei der idealtheoretischen Behandlung der linearen und der algebraischen Äquivalenzsysteme nach *Severi*, die in diesem Buche nicht berührt werden, neue Bestätigung finden wird.

---

[1] Damit soll jedoch nicht ausgeschlossen werden, daß es bei späteren Anwendungen der Idealtheorie, die noch nicht Gegenstand dieses Buches sind, und zwar bei Einführung des linearen und des algebraischen Äquivalenzbegriffes von *Severi*, notwendig sein wird, einen „virtuellen Multiplizitätsbegriff" idealtheoretisch zu entwickeln, der den entsprechenden Begriffen *Severis* nachgebildet ist.

Im Vordergrunde diesse Buches steht die algebraische Geometrie in gewöhnlichen projektiven Räumen, daher wird als Grundkörper gewöhnlich der komplexe Zahlkörper vorausgesetzt; jedoch dürfte die Verallgemeinerung auf vollkommene Grundkörper von Primzahlcharakteristik nicht mehr große Schwierigkeiten verursachen.

Für das Verständnis des Buches werden die Grundbegriffe der Arithmetik, Algebra und analytischen Geometrie vorausgesetzt. Zur Vertiefung der knappen idealtheoretischen Ausführungen möge auf die „Moderne Algebra" von *v. d. Waerden* verwiesen werden. Das dem Buch beigegebene ausführliche Namen- und Sachverzeichnis wird sicher den Gebrauch und das Nachschlagen sehr erleichtern.

Herrn *Dr. Schmetterer* danke ich für das sorgfältige Nachlesen des Manuskriptes, dem Springer-Verlag, Wien, für die Herausgabe und vorzügliche Ausstattung des Werkes.

Innsbruck, Anfang 1949.

Wolfgang Gröbner.

Inhaltsverzeichnis.

Einleitung: Gegenstand der algebraischen Geometrie — Abgrenzung gegenüber der analytischen Geometrie und der Differentialgeometrie — besonderer Zweck der vorliegenden Bearbeitung — Voraussetzungen.

§ 1. Der Polynomring.

111. *Zahlkörper.* Algebraische Abgeschlossenheit, Stetigkeit, Fundamentalsatz der Algebra — der komplexe Zahlkörper (1—3).

112. *Ringerweiterungen.* Ring, Integritätsbereich (1) — P-Ring, Adjunktion von Unbestimmten oder Variablen (2—3) — Formen, Grad, Untergrad (4) — reduzibel, irreduzibel, absolut irreduzibel (5) — euklidischer Algorithmus, GGT, teilerfremd (6—9) — Teilbarkeit eines Produktes (10) — ZPE-Satz (11—12) — ZPE-Satz in $R\,[x]$ (13) — primitive Polynome (14—16) — Elimination (17) — Taylorsche Formel, Ableitungen, Differentiationsregeln (18—20) — Eulersche Identität (21).

113. *Körpererweiterungen.* Quotientenkörper, Ring- und Körperadjunktion, der rationale Funktionenkörper (1—2) — Grad (3).

114. *Potenzreihenringe.* Das Rechnen mit formalen Potenzreihen (1) — Untergrad (2) — mehrere Variable (3—4) — Einheiten (5) — Reduzierung von Nichteinheiten (6) — regulär (7) — der Weierstraßsche Vorbereitungssatz (8—9) — ZPE-Satz (10—11).

115. *Moduln und Ideale in kommutativen Ringen.* Modul, Operator, Ideal (1—2) — Nullideal, Einheitsideal (3) — Unterideal usw. (4) — Basis, Hauptideal, Teilerkette (5) — O-Ringe (6) — U-Ringe (7) — Basissatz (8—9) — Hilbertscher Basissatz (10—11) — Klasseneinteilung mod $\mathfrak{a}$, Restklasse (12) — Rechnen mit Kongruenzen (13) — Restklassenring (14) — Homomorphie (15) — Isomorphie (16) — Homomorphiesatz (17) — 1. und 2. Isomorphiesatz (18—19) — Idealkörper, Operationen mit Idealen (20—26) — Ideale des Restklassenringes (27—29).

116. *Algebraische und transzendente Erweiterungen eines Körpers.* Lineare Abhängigkeit, algebraische und transzendente Größen (1—2) — algebraische Erweiterung (3—4) — Basis (5) — Isomorphie zwischen $R\,(\alpha)$ und $R\,[x]/\mathfrak{a}$ (6) — primitive Elemente (7) — Konstruktion algebraischer Erweiterungskörper, Berechnung von Wurzeln (8—9) — sukzessive algebraische Erweiterungen (10) — endliche Erweiterung, Basis (11—12) — Satz von der Existenz eines primitiven Elementes (13—15) — unendliche algebraische und transzendente Erweiterungen (16) — Transzendenzgrad, dessen Invarianz (17—19) — gemischte transzendente und algebraische Erweiterungen (20—22) — Konstruktion von isomorphen Restklassenkörpern (23—24) — algebraische Unabhängigkeit von Polynomen (25—26).

§ 2. Nullstellentheorie der Polynomideale.

121. *Nullstellen und Nullstellengebilde (NG) eines P-Ideals.* Definition von Nullstelle und NG (1—2) — Nullstellen eines Hauptideals (3) — lineare homogene Transformationen der Variablen (4—6) — P-Ideale mit demselben NG (7) — Einheitsideal (8).

122. *Eliminationstheorie.* $\mathfrak{a} = (f, g)$ in $K[x]$, Ermittlung des GGT durch Ansatz mit unbestimmten Koeffizienten (1—2) — Kriterium für die Existenz eines GGT (3) — Sylvestersche Determinante, Resultante (4) — Eigenschaften der Resultante (5) — Zusammenfassung (6) — $\mathfrak{a} = (f_1, \ldots, f_s)$ in $K[x]$ (7—8) — Eliminationsideal (9—12) — Ideale in $K[x_1, \ldots, x_n]$, Eliminationsideale (13—16) — der Hilbertsche Nullstellensatz (17).

123. *Geometrische Veranschaulichung der Elimination.* Nullstellen und NG, der affine Raum R_n, Rolle der Anschauung (1) — NG von $\mathfrak{b}_1$ ist Projektion des NG von $\mathfrak{a}$ (2) — unendlich ferne Punkte (3) — Projektionszentrum (4) — Bedeutung der Transformation in **121.4**, allgemeine Projektionen (5—6) — die NG von $\mathfrak{b}_2$, $\mathfrak{b}_3$, … (7) — Dimension (8).

124. *Homogene Variable. Projektive Räume.* Fehlen der unendlichfernen Punkte im affinen Raum (1—3) — Übergang zu homogenen Variablen (4) — H-Ring, H-Ideale (5) — H-Basis (6) — das äquivalente H-Ideal (7—8) — Beispiel einer H-Basis (9) — Nullstellen, triviale Nullstelle, T-Ideale (10) — der projektive Raum (11) — Abbildung von R_n auf P_n (12) — Vorteile der homogenen Arbeitsmethode (13).

125. *Resultanten von H-Idealen.* Anwendung der Eliminationstheorie auf H-Ideale (1—2) — Resultantenideale (3) — allgemeine Koeffizienten (4) — Homogeneität (5) — Hurwitzsche Bedingung (6) — Unabhängigkeit von der Reihenfolge der Variablen (7) — $\mathfrak{r}$ ist Primideal (8) — $\mathfrak{r} = (0)$ wenn $s < n$ (9) — $\mathfrak{b}_{s+1} = (0)$ (10) — Fall $s = n$, Resultante (11) — Beispiele (12) — Vertauschung der Variablen (13) — Macaulaysche Darstellung der Resultante, $H(t; n)$ (14) — $D(t; n)$; reduziert hinsichtlich $x_0, \ldots, x_n$. (15) — Definition von $D(t; n)$, führendes Glied (16) — Spezialisierungen, Grad der Resultante (17) — Koeffizient von α_n^{Mn} in $\mathfrak{r}$ und $D(t; n)$ (18—19) — Außerwesentlicher Faktor (20) — Macaulaysche Darstellung (21) — Eigenschaften der Resultante (22) — Invarianz (23) — Hilfssatz (24) — Beweis (25) — isobare Eigenschaft (26) — weitere Eigenschaften (27) — Beispiel (28).

126. *Fortsetzung der Idealtheorie in kommutativen Ringen.* Primideal, Primidealketten (1—2) — nilpotent, primär, Primärideal (3) — primäre Ringe (4) — zugehöriges Primideal, Kriterien (6—7) — reduzible, irreduzible Ideale (8) — irreduzible Ideale (9) — reduzible Primärideale (10) — Darstellungssatz (11—12) — verkürzbar, Primärkomponenten (13—14) — reduzierte Darstellung (15) — Eindeutigkeitssatz (16) — Hilfssatz (17) — Beweis zu 16 (18—19) — relativ prime Ideale (20) — isoliertes Komponentenideal (21).

127. *Algebraische Mannigfaltigkeiten.* Notwendigkeit des neuen Begriffes AM (1) — allgemeine Sätze über NG und AM (2—5) — maximales Ideal (6) — irreduzible NG (7) — eindeutige Zuordnung von Primidealen und irreduziblen NG (8) — irreduzible AM (9) — NG eines Primärideals (10) — Beispiele (11—14) — benachbarte Punkte (11—12) — vielfache Punkte

(13) — Verallgemeinerung auf mehr Dimensionen (14) — AM von Primäridealen (15) — Multiplizität eines Primärideals (16) — Beweis des Jordan-
Hölderschen Satzes (17—20) — Multiplizität eines r-fachen Punktes (21) —
Charakterisierung durch Multiplizität (22—23) — AM ($\mathfrak{a}$) (24) — Eindeutigkeit (25).

§ 3. Dimensionstheorie der Polynomideale.

131. *Dimension und Rang eines (inhomogenen) P-Ideals.* Restklassenkörper
$\mathfrak{o}_\mathfrak{p}$ eines Primideals (1) – Transzendenzgrad von $\mathfrak{o}_\mathfrak{p}$ über K = Dimension von
$\mathfrak{p}$; $d \leqq n$; algebraisch abhängige Größen in $\mathfrak{o}_\mathfrak{p}$ über K (2) — Nullideal,
Einheitsideal (3) — nulldimensionale Primideale, Basis, Nullstelle (4) —
Rang $r = n - d$ (5) — „unabhängig" in bezug auf ein P-Ideal (6) — Dimension = Maximalzahl unabhängiger Variablen (7) — Dimension von
$[\mathfrak{a}, \mathfrak{b}]$, eines Primärideals (8) — Dimension von $\mathfrak{a}$ = größte Dimension der
zugehörigen Primideale; Rang (9) — gemischt, ungemischt (10) —
$\mathfrak{o}_\mathfrak{p}$ als endlicher algebraischer Erweiterungskörper von K $(x_1, \ldots, x_d)$
(11) — Erweiterungsideal $\mathfrak{p}^* = \mathfrak{p}\mathfrak{o}^*$ in $\mathfrak{o}^* = K$ $(x_1, \ldots, x_d)$ $[x_{d+1}, \ldots, x_n]$
(12) — $\mathfrak{q}^* = \mathfrak{q}\,\mathfrak{o}^*$ (13) — $\mathfrak{a}^* = [\mathfrak{q}_1^*, \ldots, \mathfrak{q}_t^*]$ (14) — Dimension eines Teilers,
Vielfachen (15).

132. *Geometrische Interpretation der Dimension. H-Ideale.* Dimension von $\mathfrak{a}$ =
Dimension des NG ($\mathfrak{a}$) im topologischen Sinn (1) — die Mannigfaltigkeit
der Nullstellen von $\mathfrak{p}$ hängt in der Umgebung einer festen Nullstelle von d
freien Parametern ab (2) — v. d. Waerdensche allgemeine Nullstelle;
eineindeutige und stetige Abbildung auf die Umgebung eines Punktes
im R_d (3) — allgemeine P-Ideale; gemischte Ideale mit ungemischtem NG
(4) — H-Ideale (5) — homogene Dimension (6) — Rang eines H-Ideals
(7) — nulldimensionale H-Ideale, T-Ideale, Einheitsideal, Nullideal (8) —
äquivalente H-Ideale, deren Rang, Dimension, reduzierte Darstellung
(9) — Invarianz der Dimension gegenüber linearen und birationalen Transformationen (10).

133. *Die Primbasis.* Basis eines nulldimensionalen Primideals (1) — Charakterisierung der Basispolynome p_1, p_2 (2) — sukzessive Ermittlung der Primbasis (3—4) — Zusammenfassung für nulldimensionale Primideale (5) —
Abhängigkeit der Primbasis von den Variablen und deren Anordnung (6) —
Primideale höherer Dimension (7—8) — Monoid, monoidale Primbasis
(9) — H-Ideale (10) — Dimension von $(\mathfrak{p}, q)$ (11) — Dimension der Teiler eines
Primideals, Primidealkette (12) — Dimension von $(\mathfrak{a}, p)$ (13) — Dimension
von $(\mathfrak{p}, \varphi)$ bei H-Idealen (14) — Dimension von $(\mathfrak{a}, \varphi)$ bei H-Idealen, zugehörige Primideale, $s \geqq r$ (15) — Schnitt einer AM der Dimension d mit
einem allgemeinen linearen Unterraum der Dimension r (16) — Rang der
Matrix (φ'_{ik}) (17) — beliebige Polynome aus $\mathfrak{p}$ (18) — $r \leqq s$, keine obere
Schranke für s (19) — Differentialkongruenzen mod $\mathfrak{p}$ (20) — Beweis (21).

134. *Polaren, Tangenten und Tangentialräume.* Primhauptideale (1) — Schnitt
mit einer Geraden (2) — Anzahl, Multiplizität der Schnittpunkte, Tangente
(3) — Polare (4) — Berührungspunkte der von $\{\xi\}$ ausgehenden Tangenten
(5) — Tangentialhyperebene im Punkt $\{\xi\}$ (6) — singuläre Punkte (7) —
D (φ) (8) — Tangenten im engeren Sinn, Tangentenkegel (9) — Ausdehnung
auf homogene Primideale des Ranges r, Tangentialraum (10) — Bedingung für nicht singuläre Punkte (11) — singuläre Punkte, D ($\mathfrak{p}$) (12).

135. *Ideale der Hauptklasse.* Hauptklassenideal, Hauptideal, vollständiger Schnitt (1) — jedes nulldimensionale inhomogene Primideal gehört zur Hauptklasse (2) — jedes ungemischte P-Ideal des Ranges 1 ist Hauptideal und umgekehrt (3) — Umformung der Basis (4—5) — jedes Hauptklassenideal ist ungemischt, Beweis für H-Ideale (6—7) — Hilfssatz (8) — Beweis für inhomogene P-Ideale, Beweis $s \geqq r$ (9—11) — jede Potenz eines Hauptklassenideals ist ungemischt (12).

136. *Ganze algebraische Größen.* Definition einer algebraisch ganzen Größe (1) — ist α algebraisch ganz über R, β über $R\,[\alpha]$, so auch β über R (2—3) — mit α und β sind auch $\alpha + \beta$ und $\alpha\,\beta$ algebraisch ganz über R (4) — ganze Abschließung, ganz abgeschlossen (5) — Existenz einer endlichen Modulbasis von S über R (6—8) — Normierungssatz (9—10) — Anwendung auf die Restklassenringe von P-Idealen; jeder ZPE-Integritätsbereich ist ganz abgeschlossen (11) — Führerideal und dessen Darstellungen (12—13) — das adjungierte Ideal (14) — Beziehungen zwischen Erweiterungs- und Verengungsidealen (15) — Hilfssätze (16—19) — symbolische Potenzen (20) — Primärideale von minimalen Primidealen in ganz abgeschlossenen Integritätsbereichen (21) — Beweis der Formel $\mathfrak{p}^{(\varrho)} : \mathfrak{p}^{(\sigma)} = \mathfrak{p}^{(\varrho-\sigma)}$ (22) — erster Hauptidealsatz (23) — Quotientendarstellung von Idealen mit minimalen Primärkomponenten (24).

137. *Waerdensche Nullstellen. Primidealketten.* Restklassenring und Restklassenkörper von $\mathfrak{p}$ (1) — eindeutige Zuordnung $\mathfrak{p} \leftarrow\rightarrow R_\mathfrak{p} \leftarrow\rightarrow \mathfrak{o}_\mathfrak{p}$ (2) — Homomorphie $R_\mathfrak{p} \xrightarrow{\sim} R_{\mathfrak{p}'}$, wenn $\mathfrak{p} \subset \mathfrak{p}'$ (3) — Waerdensche Nullstelle, allgemeine Nullstelle (4) — relationstreue Spezialisierung (5) — Primidealkettensatz (6—8) — Beweis (9) — pseudogemischte Ideale (10)   2. Hauptidealsatz (11) — Verschiedenheit der Eliminationsideale $\overline{\mathfrak{p}}_1$ und $\overline{\mathfrak{p}}_2$, wenn $\mathfrak{p}_1 \neq \mathfrak{p}_2$ (12—13) — supernormale Primideale (14) — verschärfter 2. Hauptidealsatz, perfekte Ideale (15—16) — Schnittsatz für pseudogemischte Ideale (17—18).

138. *Potenzreihenideale.* Übergang vom P-Ring zum Potenzreihenring (1—3) — $\widehat{\mathfrak{a}} = \widehat{\mathfrak{a}_0}$ (4) — $\mathfrak{a}\,\widehat{\mathfrak{o}} \cap \mathfrak{o} = \lim_{\varrho\to\infty} (\mathfrak{a},\mathfrak{u}^\varrho) = \mathfrak{a}_0$ (5—6) — Satz von Krull über das KGV aller symbolischen Potenzen eines Primideals (7—8) — Satz von M. Noether: $\mathfrak{a}\,\widehat{\mathfrak{o}} \cap \mathfrak{o} = \mathfrak{a}_0$ (9) — Zweige eines Primideals (10—11) — Potenzreihenringe sind O-Ringe (12) — Dimension eines Potenzreihenideals (13—14) — Dimension einer AM ($\mathfrak{p}$) „im Kleinen" und „im Großen" (15).

§ 4. Die Hilbertfunktion.

141. *Definition und allgemeine Eigenschaften der Hilbertfunktion.* K-Modul der Formen des Grades t in $K\,[x_0, \ldots, x_n]$ (1) — Volumen (2—3) — Formeln für das Volumen $V\,(t;\,\mathfrak{a})$ (4) — Hilbertfunktion $H\,(t;\,\mathfrak{a})$ (5) — Hilbertsche Gleichungen (6) — Postulation (7) — Hilbertfunktion eines inhomogenen H-Ideals; sie ist monoton (8) — Formeln für die Hilbertfunktion (9) — triviale Komponenten (10) — Hilbertfunktion eines nulldimensionalen Ideals (11) — Ordnung = Anzahl der Nullstellen (12) — Hilbertfunktion eines nulldimensionalen Primärideals (13) — Beweis für beliebige nulldimensionale H-Ideale (14) — Hilbertscher Satz, Hilbertsche Koeffizienten, Ordnung (15—16) — Invarianz gegenüber homogenen linearen Transformationen (17).

142. *Formeln für Hilbertfunktionen von Idealen der Hauptklasse.* Hauptideale (1) — 2., 3., ..., r-te Hauptklasse (2—4) — Ordnung eines Hauptklassenideals (5) — Gültigkeit der Formeln für niedere Grade t (6).

143. *Die Hilbertschen Koeffizienten, insbesondere die Ordnung der H-Ideale. Projektionen.* Ordnung von $\mathfrak{a}$ = Summe der Ordnungen der Primärkomponenten höchster Dimension (1) — Beweis (2) — Verallgemeinerung auf die übrigen Hilbertkoeffizienten (3) — Grad = Ordnung bei Hauptidealen (4) — Ordnung eines Primärideals der Multiplizität μ (5) — Invarianz der Hilbertkoeffizienten gegenüber linearen homogenen Transformationen (6) — $h_0(\mathfrak{a}, \varphi) = \tau\, h_0(\mathfrak{a})$, wenn $\mathfrak{a} : \varphi = \mathfrak{a}$ (7) — Schnitt einer AM mit einer Hyperebene (8) — Ordnung = Anzahl der Schnittpunkte mit einem linearen Unterraum (9) — Invarianz der Ordnung gegenüber einer allgemeinen Projektion (10) — Projektion eines allgemeinen H-Ideals (11) — Hilbertfunktion des durch ein Ideal $\mathfrak{a}$ in $K\,[x_0, \ldots, x_n]$ erzeugten Projektionskegels $\mathfrak{a}^*$ in $K\,[x_0, \ldots, x_n]$ (12) — Analytische Charakterisierung der „allgemeinen" Lage des Projektionszentrums (13) — Formel für die Hilbertfunktion des projizierten Ideals (14) — Beweis für $h_0(\mathfrak{a}) = h_0(\bar{\mathfrak{a}})$ (15) — Dimension von $\mathfrak{a}_\tau$, falls das Projektionszentrum auf der $AM\,(\mathfrak{a})$ liegt (16—18) — Erniedrigung der Ordnung um 1, falls das Projektionszentrum in einem gewöhnlichen Punkt der $AM\,(\mathfrak{p})$ liegt (19) — Beweis (20) — Beispiele, Raumkurven 3. und 4. Ordnung (21).

144. *Sätze über Schnittpunkte und Einbettungsräume.* Der spezielle Bézoutsche Satz (1—2) — perfekte Ideale, vorläufige Definition (3—4) — der allgemeine Bézoutsche Satz (5—6) — allgemeine Gültigkeit im P_2 und P_3 (7) — Ablehnung eines komplizierten Multiplizitätsbegriffes, der die uneingeschränkte Gültigkeit des Bézoutschen Satzes erwirkt (8) — Beispiel eines im perfekten Primideals, wo die Aussage des Bézoutschen Satzes nicht stets erfüllt wird (9—11) — allgemeine Form des Bézoutschen Satzes bei pseudogemischten AM und Anwendungen (12—15) — Einbettungsraum (16) — normale AM (17) — jedes eigentlich eingebettete supernormale Primideal ist normal (18) — Beispiel: Kurve 4. Ordnung mit einem Doppelpunkt (19) — Einbettungssatz (20—21) — rationale allgemeine Nullstelle einer irreduziblen quadratischen Form (22) — Reduzibilitätskriterium (23)

§ 5. Syzygientheorie der H-Ideale.

151. *Matrizen im H-Ring.* Homogene Matrizen (1—2) — Vektoren, Skalare (3) — Operationen mit Matrizen (4—7) — Vektormodul (8) — Basissatz für Vektormoduln (9—10) — Syzygien (11) — rechter und linker Syzygienmodul einer Matrix (12—13) — Minimalbasis (14).

152. *Syzygienketten.* Kette von Syzygienmoduln (1—2) — Syzygienketten von Hauptklassenidealen (3—5) — Syzygienkette von $(\mathfrak{a}, \varphi)$ (6—7) — Länge der Syzygienkette in Abhängigkeit vom Rang (8—9) — Aufspaltung einer Syzygie nach einem Hauptklassenideal (10—11) — Länge jeder Syzygienkette $\leqq n + 1$ (12) — Triviale Komponenten (13) — Abhängigkeit von der H-Basis (14) — Zusammenhang mit der Hilbertfunktion (15).

153. *Perfekte Ideale.* Definition (1) — H-Ideale der Hauptklasse (2) — Rang n, $n + 1$ (3) — Ungemischtheit (4) — Beispiele imperfekter Ideale (5) — Kriterien für perfekte Ideale (6).

154. *Durch Matrizen dargestellte H-Ideale.* Definition eines Matrizenideals (1) — Satz über Rang und Ungemischtheit (2) — Hilfssatz über Spezialisierungen (3—4) — Beweis des 1. Teiles von **2** (5) — Satz über die Syzygien eines Matrizenideals (6—8) — Beweis des 2. Teiles von **2** (9—10).

155. *Perfekte Raumkurven.* Darstellung der perfekten Raumkurven durch Matrizenideale (1—4) — $s = 1$, Hauptklassenideale (5) — $s = 2$, Ordnung h_0 (a) (6) — perfekte Raumkurven 3. Ordnung (7) — imperfekte Raumkurven 3. Ordnung (8) — geometrische Bedeutung des Begriffes „perfekt" (9). — Noethersche Bedingungen (10—11). — Noetherscher Fundamentalsatz (12—13).

Erklärungen einiger Zeichen und Begriffe.

001. Abkürzungen.

GGT = größter gemeinsamer Teiler,

KGV = kleinstes gemeinsames Vielfaches,

R_n = affiner n-dimensionaler Raum (**123**),

P_n = projektiver n-dimensionaler Raum (**124**),

O-Ring = Ring mit Teilerkettensatz (**115**),

U-Ring = Ring mit Vielfachenkettensatz (**115**),

P-Ring = Polynomring,

H-Ring = homogener Polynomring (**124**),

P-Ideal = Polynomideal,

H-Ideal = homogenes Polynomideal (**124**),

NG = Nullstellengebilde (**121**),

AM = algebraische Mannigfaltigkeit (**127**),

ZPE = eindeutige Zerlegbarkeit in Primelemente.

002. Mengentheoretische Bezeichnungen.

$a \in \mathfrak{M}$ bedeutet: a ist Element der Menge $\mathfrak{M}$;

$\mathfrak{M} \subset \mathfrak{N}, \mathfrak{N} \supset \mathfrak{M}$ bedeutet: die Menge $\mathfrak{M}$ ist (eigentliche) Untermenge von $\mathfrak{N}$;

$\mathfrak{M} \subseteq \mathfrak{N}, \mathfrak{N} \supseteq \mathfrak{M}$ bedeutet: $\mathfrak{M}$ ist Untermenge von $\mathfrak{N}$ oder mit $\mathfrak{N}$ identisch;

$\mathfrak{M} \cap \mathfrak{N}$ bedeutet: Durchschnitt der Mengen $\mathfrak{M}$ und $\mathfrak{N}$ (Menge aller Elemente, die sowohl in $\mathfrak{M}$ wie auch in $\mathfrak{N}$ enthalten sind);

$\mathfrak{M} + \mathfrak{N}$ bedeutet: Summe der Mengen $\mathfrak{M}$ und $\mathfrak{N}$ (Menge aller Elemente, die in wenigstens einer der Mengen $\mathfrak{M}$, $\mathfrak{N}$ enthalten sind);

$\not\in \not\subset \not\subseteq$ bedeutet: Negationen der Zeichen $\in$, $\subset$, $\subseteq$;

$\mathfrak{M} \xrightarrow{\sim} \mathfrak{N}$ bedeutet: homomorphe Abbildung (operationstreu **115.15**);

$\mathfrak{M} \xrightarrow[\leftarrow]{\sim} \mathfrak{N}$ bedeutet: isomorphe Abbildung (operationstreu **115.15**).

003. Einige algebraische Begriffe.

1. *Gruppe:* eine nichtleere Menge von Elementen a, b, c, ..., für die eine Verknüpfungsoperation erklärt ist, welche jedem geordneten Elementenpaar ein Element derselben Menge zuordnet: $a\,b = c$. Es gelten die Axiome:

a) das assoziative Gesetz: $a\,(b\,c) = (a\,b)\,c$;

b) eindeutige Lösbarkeit der Gleichungen: $x\,a = b$, $a\,y = b$.

Gilt auch das kommutative Gesetz $a\,b = b\,a$, so heißt die Gruppe kommutativ oder abelsch.

2. *Ring (kommutativ)*[1] eine nichtleere Menge von Elementen, für die zwei Verknüpfungsoperationen, Addition und Multiplikation, definiert sind und folgenden Gesetzen genügen:

a) den assoziativen Gesetzen: $a + (b + c) = (a + b) + c$, $a\,(bc) = (ab)\,c$;

b) den kommutativen Gesetzen: $a + b = b + a$, $ab = ba$;

c) dem Distributivgesetz: $a\,(b + c) = ab + ac$;

d) der eindeutigen Lösbarkeit der Gleichung: $a + x = b$.

Jeder Ring enthält ein Nullelement, aber nicht notwendig ein Einselement. Ist $ab = 0$, ohne daß ein Faktor null ist, so heißen a, b *Nullteiler*. Ein Ring ohne Nullteiler heißt *Integritätsbereich*. Ist $ab = 1$, ohne daß $a = b = 1$ ist, so heißen a, b *Einheiten*; $b = a^{-1}$ heißt das *inverse* oder *reziproke* Element zu a.

3. *Körper (kommutativ)*[1]: ein Ring, der noch der Forderung genügt:

e) der eindeutigen Lösbarkeit der Gleichung $a\,x = b$ falls $a \neq 0$.

Jeder Körper enthält ein Einselement und keine Nullteiler.

4. *Quotientenring, Quotientenkörper:* Ist R ein Ring, S eine Untermenge von Elementen aus R, welche weder die Null noch Nullteiler enthält und gegenüber der Multiplikation abgeschlossen ist, so bildet die Menge aller Brüche $\frac{a}{b}$ ($a \,\epsilon\, R$, $b \,\epsilon\, S$) den *Quotientenring von R in bezug auf S*, symbolisch $\frac{R}{S}$. Ist S die Menge aller Nichtnullteiler von R, so hat man den *Quotientenring* schlechthin, symbolisch $\frac{R}{R}$. Ist R ein Integritätsbereich, so ist $\frac{R}{R}$ ein Körper, der *Quotientenkörper*. Für das Rechnen mit Brüchen gelten die gewöhnlichen Regeln.

---

[1] Wir haben es hier ausschließlich mit *kommutativen* Ringen und Körpern zu tun.

Einleitung.

Die algebraische Geometrie ist, wie schon der Name andeutet, eine Synthese von Algebra und Geometrie. Der Zweig der Algebra, der hier in Betracht kommt, ist die Theorie der Polynomringe, insbesondere die Idealtheorie in diesen Ringen und in den durch Restklassenbildung aus ihnen abgeleiteten Ringen.

Die Verbindung zur Geometrie wird durch den Koordinatenbegriff der analytischen Geometrie hergestellt. Nach Festlegung eines Koordinatensystems in einem (affinen) Raum R_n wird jeder geordneten Menge von n-Zahlen $\{\xi_1, \ldots, \xi_n\}$ ein bestimmter Punkt des Raumes R_n umkehrbar eindeutig zugeordnet. Auf diese Weise wird den Werten, welche die Variablen $x_1, \ldots, x_n$ unter gewissen, algebraisch definierten Bindungen annehmen können, d. h. wenn sie einer oder mehreren algebraischen Gleichungen $f(x_1 \ldots, x_n) = 0$ genügen sollen, ein anschaulicher geometrischer Inhalt verliehen. Diese Punkte des R_n werden sich nämlich zu gewissen geometrischen Gebilden, zu „algebraischen Mannigfaltigkeiten" zusammenschließen, etwa zu algebraischen Kurven, Flächen usw. Umgekehrt entsprechen geometrisch definierten Gebilden unter gewissen Voraussetzungen algebraische Gebilde, nämlich Ideale eines Polynombereiches, und ihre geometrischen Eigenschaften werden in algebraische Eigenschaften dieser Ideale übersetzt.

Man kann die algebraische Geometrie als eine Weiterentwicklung der analytischen Geometrie auffassen. Die Untersuchnng der algebraischen Mannigfaltigkeiten 1. und 2. Ordnung, das sind die Geraden, Ebenen, Kegelschnitte, Quadriken usw., wird gewöhnlich in den Lehrstoff der analytischen Geometrie eingeschlossen, ebenso die Lehre der linearen Verwandtschaften, der Kollineationen und Reziprozitäten. Dagegen bilden den Gegenstand der algebraischen Geometrie vornehmlich die algebraischen Gebilde höherer Ordnung, sowie die durch Gleichungen höherer Ordnung definierten Transformationen und Korrespondenzen. Diese Abgrenzung ist also nicht sehr scharf und kann den jeweiligen Bedürfnissen der Darstellung entsprechend verschoben werden.

Auch eine Abgrenzung gegenüber der Differentialgeometrie dürfte notwendig sein. Es wäre zu viel gesagt, wollte man hier einfach entscheiden, daß die Differentialgeometrie diejenigen Eigenschaften der Raumgebilde im Auge habe, welche ihre kleinsten Elemente charakterisieren, während die algebraische Geometrie die Eigenschaften „im Großen" untersuche; denn einerseits tut dies auch die Differentialgeometrie, andererseits kann die algebraische Geometrie ihrerseits auch nicht darauf verzichten, das Verhalten einer Mannigfaltigkeit in der unmittelbaren Umgebung eines ihrer Punkte zu diskutieren. Wir können hier die Abgrenzung am besten so präzisieren, daß wir von der algebraischen Geometrie verlangen, sie müsse sich auf algebraische Mannigfaltigkeiten beschränken und alle ihre Untersuchungen mit rein algebraischen Methoden durchführen.

§ 1. Der Polynomring.

111. Zahlkörper.

1. Unser Ausgangspunkt ist ein *Zahlkörper*, d. i. eine Menge von Zahlen, welche gegenüber den vier Rechnungsoperationen: Addition, Subtraktion, (kommutative) Multiplikation und Division (ausgenommen Division durch null) abgeschlossen ist. Wenn wir diese Rechnungsoperationen auf beliebige Zahlen des Körpers endlich oft anwenden, so bekommen wir immer ein Resultat, das wieder eine Zahl desselben Körpers ist.

2. Der einfachste Körper dieser Art ist der Körper der rationalen Zahlen.[1] Für unsere Zwecke wird es aber notwendig sein, von den Zahlkörpern noch weitere Eigenschaften zu fordern, vor allem die *algebraische Abgeschlossenheit:* damit verlangen wir, daß jede algebraische Gleichung

$$x^n + a_1 x^{n-1} + \ldots + a_n = 0, \tag{2a}$$

deren Koeffizienten Zahlen unseres Körpers sind, eine Wurzel besitzt, die ebenfalls Körperzahl ist. Man kann mit Hilfe des Wohlordnnungssatzes die Existenz eines kleinsten algebraisch abgeschlossenen Körpers

---

[1] Die endlichen kommutativen Körper (Galois-Felder) und deren Erweiterungen, sowie alle nichtkommutativen Körper sind grundsätzlich aus dem Kreis unserer Untersuchungen ausgeschlossen.

über dem Körper der rationalen Zahlen beweisen. Dieser Körper, dessen Struktur übrigens nicht sehr durchsichtig ist, erfüllt aber noch nicht das Postulat der *Stetigkeit*,[1] das wir im Hinblick auf die Verknüpfung mit der analytischen Geometrie fordern müssen.

3. Die Forderungen der *algebraischen Abgeschlossenheit* und der *Stetigkeit* werden erst vom *Körper der komplexen Zahlen* erfüllt. Nach dem erstmalig von *Gauß* bewiesenen *Fundamentalsatz der Algebra*[2] besitzt jede algebraische Gleichung (2a), deren Koeffizienten komplexe Zahlen sind, eine Wurzel (und also genau n Wurzeln), die wieder eine komplexe Zahl ist; andererseits ist der Körper der komplexen Zahlen auch *stetig*, weil jede nach dem Cauchyschen Konvergenzkriterium konvergente Folge komplexer Zahlen $a_1, a_2, \ldots, a_n, \ldots$ als Grenzwert wieder eine komplexe Zahl besitzt.[3]

Daher werden wir im folgenden, wenn nicht ausdrücklich anders bemerkt, immer den Körper der komplexen Zahlen zugrunde legen.

112. Ringerweiterungen.

1. Wir betrachten die Menge aller Polynome

$$a_0\, x^m + a_1\, x^{m-1} + \ldots + a_m, \tag{1a}$$

welche die *Unbestimmte* oder *Variable*[4] x und als Koeffizienten Zahlen aus dem zugrunde liegenden *Zahlkörper* oder *Konstantenkörper* K enthalten; der Grad m darf jede natürliche Zahl sein, auch null; in diesem Falle reduziert sich das Polynom auf eine Konstante. Die Polynome bilden einen *Ring*, oder genauer einen *Integritätsbereich* (mit Einselement): d. i. ein Bereich, der gegenüber Addition, Subtraktion und Multiplikation abgeschlossen ist und keine *Nullteiler*[5] enthält.

2. Man bezeichnet diesen *Polynomring* (*P*-Ring) symbolisch durch das Zeichen $K\,[x]$ und sagt, er entstehe durch *Adjunktion von x zum Körper K*. Um diese Adjunktion widerspruchsfrei durchführen zu können,

---

[1] Vgl. *R. Dedekind*, Stetigkeit und irrationale Zahlen, Braunschweig, 5. Aufl. 1927.

[2] Ein Beweis dieses Satzes würde hier zu weit führen; wir verweisen auf die Lehrbücher der Funktionentheorie und der Algebra, z. B. *Osgood*, Lehrbuch der Funktionentheorie I, oder *v. d. Waerden*, Moderne Algebra I.

[3] Vgl. etwa *Knopp*, Unendliche Reihen.

[4] Wir werden aus sprachlichen Gründen meist den Namen „Variable" bevorzugen, ohne uns damit in eine Diskussion über den logisch nicht völlig geklärten Begriff „Variable" einlassen zu wollen.

[5] D. h. aus $ab = 0$ folgt, daß mindestens ein Faktor null ist.

ist es offenbar nicht notwendig, daß K ein Körper sei; es genügt, wenn K nur die Ringpostulate[1] erfüllt. Insbesondere ist $K[x]$ immer ein Integritätsbereich mit Einselement, wenn K ein solcher ist.

3. Man kann auch mehrere Variable $x_1, x_2, \ldots, x_n$ zu K adjungieren, wodurch man den P-Ring $K[x_1, \ldots, x_n]$ aller Polynome in den Variablen $x_1, \ldots x_n$

$$\Sigma\, a_{i_1 \ldots i_n}\, x_1^{i_1} \ldots x_n^{i_n}$$

mit Koeffizienten aus K enthält. Diese Adjunktionen kann man sich auch sukzessive ausgeführt denken, indem man erst den P-Ring $K[x_1]$ bildet, dann zu diesem x_2 adjungiert, was

$$K[x_1][x_2] = K[x_1, x_2] \tag{3a}$$

liefert usw. Es ist offenbar für das Endergebnis auch ganz gleichgültig, in welcher Reihenfolge man die Variablen adjungiert. Wir können das symbolisch durch die Formel ausdrücken:

$$K[x_1, \ldots, x_{r-1}][x_r, \ldots, x_n] = K[x_r, \ldots, x_n][x_1, \ldots, x_{r-1}] =$$
$$= K[x_1, \ldots, x_n], \qquad 1 < r \leqslant n \tag{3b}$$

4. Ein Polynom, dessen Potenzprodukte $x_1^{i_1} \ldots x_n^{i_n}$ sämtlich denselben Grad $m = i_1 + \ldots + i_n$ besitzen, heißt *homogen* vom Grade m; man bezeichnet es auch kurz als eine *Form*. Wir können jedes Polynom in seine homogenen Bestandteile, nach steigendem Grad geordnet, auflösen:

$$p(x) = u_0 + u_1 + \ldots + u_m;^2$$

u_0 ist homogen vom Grade null, also eine Konstante (Zahl aus K), u_1 linear, u_2 quadratisch in den x usw. Der *Grad* eines Polynoms ist gleich dem Grad seines höchsten homogenen Bestandteils u_m, also gleich m. Sind $u_0 = u_1 = \ldots = u_{\alpha-1} = 0$, während $u_\alpha \neq 0$ ist, so heißt α der *Untergrad* des Polynoms $p(x)$.

Ist p das Produkt zweier Polynome $p = p_1 p_2$, so ist der Grad (Untergrad) von $\mathfrak{p}$ gleich der Summe der Grade (Untergrade) der Faktoren.

5. Ein Polynom, das sich als Produkt zweier Polynome schreiben läßt, von denen keines sich auf eine Konstante reduziert, heißt *reduzibel*. Ein Polynom, das eine solche Zerlegung in keiner Weise zuläßt, heißt irreduzibel. Es kann ein Polynom in einem gewissen P-Ring $K[x_1, \ldots, x_n]$

---

[1] Siehe die Erklärungen einiger algebraischen Begriffe in **003**.

[8] Wir lassen dort, wo keine Mißverständnisse entstehen können, häufig die Indizes weg und schreiben einfach $p(x)$ für $p(x_1, \ldots, x_n)$.

irreduzibel sein, dagegen zerfallen, wenn man eine passende Erweiterung des Zahlkörpers K vornimmt. So ist z. B. $x_1^2 - 2\,x_2^2 = 0$ über dem rationalen Zahlkörper irreduzibel, dagegen über dem komplexen Zahlkörper reduzibel: $x_1^2 - 2\,x_2^2 = (x_1 - \sqrt{2}\,x_2)\,(x_1 + \sqrt{2}\,x_2)$. Polynome, welche bei keiner algebraischen Erweiterung des Zahlkörpers zerfallen, heißen *absolut irreduzibel*. Insbesondere sind alle über dem komplexen Zahlkörper irreduziblen Polynome auch absolut irreduzibel, weil dieser algebraisch abgeschlossen ist und daher keine algebraische Erweiterung zuläßt.

6. In einem P-Ring $K\,[x]$, wo K einen beliebigen Körper bedeutet, kann man mit Hilfe des *euklidischen Algorithmus* den größten gemeinsamen Teiler (GGT) von zwei Polynomen $p\,(x)$ und $q\,(x)$ konstrieren. Der GGT ist ein Polynom möglichst hohen Grades, das sowohl in $p\,(x)$ wie auch in $q\,(x)$ aufgeht. Da es auf konstante Faktoren nicht ankommt, darf man den höchsten Koeffizienten gleich 1 setzen; dann ist der GGT eindeutig bestimmt, wie die folgende Konstruktion zeigt.

7. Unter der Voraussetzung, der Grad von $q\,(x)$ sei nicht größer als derjenige von $p\,(x)$, erhalten wir als Ergebnis der Division von $p\,(x)$ durch $q\,(x)$ die Gleichung.

$$p = r_1\,q + q_1,$$

wo r_1 und q_1 Polynome aus $K\,[x]$ sind, von denen das zweite einen Grad hat, der kleiner ist als derjenige von q (ist $q_1 = 0$, so ist q der gesuchte GGT). In gleicher Weise gilt

$$q = r_2\,q_1 + q_2,$$

wo wieder q_2 einen kleineren Grad hat als q_1; so fortfahrend gewinnen wir die Gleichungen

$$q_i = r_{i+2}\,q_{i+1} + q_{i+2}, \quad i = 1, 2, \ldots, \nu.$$

8. Da die Grade der Polynome $q, q_1, \ldots$ ständig abnehmen, muß dieses Verfahren einmal ein Ende haben, und zwar ist der letzte Schritt erreicht, wenn $q_{\nu+2} = 0$ ausfällt. Wenn wir die angeschriebenen Gleichungen einmal von unten und einmal von oben beginnend, zusammenfassen, erhalten wir:

$$q_{\nu+1} = h\,p + k\,q \quad, \quad h, k\ \varepsilon\ K\,[x]\,^{1} \tag{8a}$$

und

$$p = s\,q_{\nu+1} \quad, \quad q = t\,q_{\nu+1}, \quad s, t\ \varepsilon\ K\,[x].\,^{1} \tag{8b}$$

---

[1] Das Symbol $a\ \varepsilon\ \mathfrak{M}$ bedeutet, daß a Element der Menge $\mathfrak{M}$ ist, vgl. **002**.

9. Aus (8b) folgt, daß $q_{\nu+1}$ gemeinsamer Teiler von p und q ist; aus (8a), daß $q_{\nu+1}$ jeden gemeinsamen Teiler von p und q enthält, also bis auf einen konstanten Faktor der *GGT* von p und q ist. Hat $q_{\nu+1}$ den Grad null, so sind die Polynome p und q *teilerfremd* oder *relativ prim* und es gibt zwei Polynome h und k derart, daß

$$h\,p + k\,q = 1 \tag{9a}$$

gilt.

10. *Besteht eine Gleichung* $f\,g = p\,q$ *zwischen Polynomen* f, g, p, q *aus* $K\,[x]$ *und sind* f *und* p *teilerfremd, so ist* p *Teiler von* g *und* f *Teiler von* q. Denn durch Elimination von f, bzw. p aus den Gleichungen

$$f\,g - p\,q = 0 \tag{10a}$$
$$f\,h + p\,k = 1 \tag{10b}$$

folgt unmittelbar

$$p\,(g\,k + h\,q) = g \quad , \quad f\,(g\,k + h\,q) = q.$$

11. Ist demnach das Produkt zweier Polynome durch ein irreduzibles Polynom p teilbar, so muß mindestens ein Faktor durch p teilbar sein. Daraus folgt, daß in $K\,[x]$ *jedes Polynom eindeutig* (bis auf die Reihenfolge und bis auf konstante Faktoren) *in irreduzible Faktoren zerlegt werden kann* (*ZPE*-Satz[1]). Denn zunächst können wir jedes Polynom so lange in Faktoren aufspalten, bis jeder Faktor irreduzibel ist. Da die Grade dabei ständig abnehmen, müssen wir einmal damit zu Ende kommen. Die Eindeutigkeit der Zerlegung folgt aber sofort aus dem gerade gewonnenen Ergebnis.

12. Es ist nun wichtig festzustellen, daß der *ZPE*-Satz auch in P-Ringen $K\,[x_1,\ldots, x_n]$ *mit mehr Variablen gilt*. Zunächst können wir auch hier jedes Polynom so lange aufspalten, bis alle Faktoren irreduzibel sind. Eines Beweises bedürftig ist nur die Eindeutigkeit (abgesehen von Reihenfolge und konstanten Faktoren) der Zerlegung. Man beweist dies schrittweise für die P-Ringe $K\,[x_1, x_2]$, $K\,[x_1, x_2, x_3]$ usw. auf Grund des Satzes:

13. *Ist* R *ein Integritätsbereich mit Einselement, in dem der ZPE-Satz gilt, so gilt er auch in* $R\,[x]$.

14. Besteht nämlich eine Gleichung

$$f\,g = \alpha\,q \quad , \quad f, g, q\,\varepsilon\,R\,[x], \qquad \alpha\,\varepsilon\,R$$

und ist α ein Primelement aus R, so ist entweder f oder g durch α teilbar,

---

[1] ZPE = eindeutige Zerlegbarkeit in Primelemente, vgl. **001**.

d. h. jeder Koeffizient von f, bzw. g ist ein Vielfaches von α. Man kann diesen von *Gauß* herrührenden Satz auch so ausdrücken: *Sind die Polynome f und g primitiv, so ist auch ihr Produkt primitiv.* Dabei heißt ein Polynom aus $R\,[x]$ *primitiv*, wenn seine Koeffizienten in R keinen gemeinsamen Teiler (außer Einheiten [1]) besitzen. Da in R der *ZPE*-Satz vorausgesetzt ist, ist diese Definition klar und widerspruchsfrei.

Sei nun

$$f = a_0 + a_1\,x + \ldots + a_l\,x^l, \qquad g = b_0 + b_1\,x + \ldots + b_m\,x^m$$

und sei a_i der erste Koeffizient von f, b_k derjenige von g, welcher nicht durch α teilbar ist; dann ist auch der Koeffizient von x^{i+k} im entwickelten Produkt $f\,g$, nämlich

$$a_0\,b_{i+k} + a_1\,b_{i+k-1} + \ldots + a_i\,b_k + \ldots + a_{i+k}\,b_0 \quad {}^{2}$$

nicht durch α teilbar, also auch $f\,g$ nicht durch α teilbar w. z. b. w.

15. Man kann von jedem Polynom f den *GGT* seiner Koeffizienten abspalten, so daß ein primitives Polynom übrig bleibt. Das ist bis auf Einheiten eindeutig, denn hat man

$$f = \alpha\,g = \beta\,h,$$

wo α und β in R liegen, g und h primitive Polynome aus $R\,[x]$ sind, so ist α durch β und β durch α teilbar, d. h. sie unterscheiden sich nur um eine Einheit, und ebenso sind g und h bis auf eine Einheit aus R miteinander identisch. Das Element α können wir voraussetzungsgemäß innerhalb R eindeutig in Primelemente zerlegen:

$$\alpha = \alpha_1 \ldots \alpha_s.$$

Ebenso können wir g innerhalb $R\,[x]$ in irreduzible, notwendig primitive Polynome zerlegen:

$$g = g_1 \ldots g_t, \tag{15a}$$

so daß wir erhalten

$$f = \alpha\,g = \alpha_1 \ldots \alpha_s\,g_1 \ldots g_t. \tag{15b}$$

16. Wir können beweisen, daß die Zerlegungen (15a) und (15b) eindeutig sind, wenn wir den Satz **10** auf *primitive* Polynome des P-Ringes

---

[1] Eine Einheit eines Ringes R mit Einselement ist ein Element a aus R, zu dem auch ein Inverses a^{-1} existiert, so daß $a\,a^{-1} = 1$ gilt **(003)**. Die Einheiten eines P-Ringes $K\,[x_1 \ldots, x_n]$ sind alle von null verschiedenen Zahlen des Körpers K und nur diese.

[2] Sollte $i + k > l$ bzw. m sein, so sind diejenigen a bzw. b, deren Indizes größer als l bzw. m sind, einfach durch null zu ersetzen.

$R\,[x]$ ausdehnen können. Das ist in der Tat möglich. Der euklidische Algorithmus läßt sich zwar nicht in $R\,[x]$, wohl aber in $S\,[x]$ durchführen, wo S den Quotientenkörper (vgl. **003**.4) von R bedeutet. Nachträglich kann man die auftretenden Nenner durch Multiplikation mit einer geeigneten Größe aus R wieder entfernen und erhält anstelle von (10b) die Gleichung

$$f\,h + p\,k = \alpha, \qquad h,\,k\,\varepsilon\,R\,[x], \qquad \alpha\,\varepsilon\,R, \tag{16a}$$

woraus nunmehr folgt

$$p\,(g\,k + h\,q) = \alpha\,g, \qquad f\,(g\,k + h\,q) = \alpha\,q;$$

da f und p primitiv sind, geht α in $g\,k + h\,q$ auf und es gilt wieder Satz **10**.

Da nun der ZPE-Satz in $K\,[x_1]$ gilt, so gilt er auch in $K\,[x_1]\,[x_2] = K\,[x_1,\,x_2]$ usw., endlich auch in $K\,[x_1,\dots,\,x_n]$.

17. Aus zwei teilerfremden Polynomen f und p des P-Ringes $K\,[x_1,\dots,\,x_n]$ kann immer eine Variable etwa x_n, mit Hilfe des euklidischen Algorithmus *eliminiert* werden.[1] Das Ergebnis der Elimination ist das Polynom α in der Gleichung (16a), wenn dort x_n für x und $K\,[x_1,\dots,\,x_{n-1}]$ für R eingesetzt werden. α enthält die Variable x_n nicht mehr. Offenbar muß α an allen gemeinsamen Nullstellen von f und p verschwinden. Wie wir bei der Besprechung der Eliminationstheorie in **122** sehen werden, kann auch umgekehrt jede Nullstelle $x_i = \xi_i\,(i = 1,\dots,\,n-1)$ von α unter einer gewissen Einschränkung durch Bestimmung der letzten Koordinate $x_n = \xi_n$ zu einer gemeinsamen Nullstelle von f und p ergänzt werden.

18. Setzt man in ein Polynom $f\,(x)$ des Grades m anstelle der Variablen x die Kombination $x + y$ ein und entwickelt nach Potenzen von y, so erhält man die aus der Differentialrechnung bekannte *Taylorsche Formel*

$$f\,(x + y) = f\,(x) + \frac{y}{1!}\,f'(x) + \frac{y^2}{2!}\,f''(x) + \dots + \frac{y^m}{m!}\,f^{(m)}(x); \tag{18a}$$

die hier auftretenden Polynome $f'(x)$, $f''(x),\dots$ heißen die erste, zweite usw. *Ableitung* von $f\,(x)$. Die erste Ableitung ist wieder ein Polynom desselben P-Ringes vom Grade $m - 1$; die i-te Ableitung hat den Grad $m - i$; die m-te Ableitung ist eine Konstante und alle folgenden Ableitungen verschwinden identisch.

---

[1] Das hat selbstverständlich nur dann Sinn, wenn f und p die Variable x_n wirklich enthalten.

19. Auf diese Weise sind die Ableitungen eines Polynoms rein algebraisch erklärt;[1] auch alle aus der Differentialrechnung geläufigen Formeln lassen sich ohne Mühe bestätigen, wie z. B.

$$(f + g)^{(i)} = f^{(i)} + g^{(i)}, \tag{19a}$$

$$(f\,g)^{(i)} = f^{(i)}\,g + \binom{i}{1} f^{(i-1)}\,g' + \cdots + \binom{i}{\alpha} f^{(i-\alpha)}\,g^{(\alpha)} + \cdots + f\,g^{(i)}. \tag{19b}$$

Indem man Formel (18a) auf $f((x + y) + z) = f(x + (y + z))$ anwendet und die Koeffizienten von $y^i z^k$ auf beiden Seiten vergleicht, erhält man den Satz: Die i-te Ableitung von der k-ten Ableitung eines Polynoms $f(x)$ ist identisch mit der $(i + k)$-ten Ableitung:

$$f^{(i)(k)}(x) = f^{(i+k)}(x). \tag{19c}$$

20. Die Taylorsche Formel läßt sich leicht auf Polynome $f(x_1, \ldots, x_n)$ des Grades m von mehr Variablen verallgemeinern; man zeigt durch vollständige Induktion hinsichtlich der Anzahl n der Variablen die Gültigkeit der Formel

$$f(x_1 + y_1, \ldots, x_n + y_n) = \sum \frac{y_1^{i_1} \cdots y_n^{i_n}}{i_1! \ldots i_n!} \frac{\partial^{(i_1 + \cdots + i_n)}}{\partial x_1^{i_1} \ldots \partial x_n^{i_n}} f(x_1, \ldots, x_n).^2 \tag{20a}$$

Diese Formel dient wieder zur algebraischen Definition der partiellen Ableitungen eines Polynoms $f(x_1, \ldots, x_n)$ und zur Bestätigung der bekannten Rechenregeln. Einfacher und übersichtlicher als (20a) ist die folgende Schreibweise

$$f(x_1 + y_1, \ldots, x_n + y_n) = \sum_{i=0}^{m} \frac{1}{i!} \left\{ y_1 \frac{\partial f}{\partial x_1} + \cdots + y_n \frac{\partial f}{\partial x_n} \right\}^i, \tag{20b}$$

wo nach Entwicklung der Klammern die Potenzen

$$\left(\frac{\partial f}{\partial x_1} \right)^{i_n} \cdots \left(\frac{\partial f}{\partial x_n} \right)^{i_n} \longrightarrow \frac{\partial^{(i_1 + \cdots + i_n)}}{\partial x_1^{i_1} \ldots \partial x_n^{i_n}} f$$

durch die entsprechenden gemischten Ableitungen zu ersetzen sind, und das erste Reihenglied ($i = 0$) einfach $f(x_1, \ldots, x_n)$ bedeutet.

21. Wenn f ein *homogenes* Polynom des Grades m ist — wir wollen zur äußeren Kennzeichnung dieses Umstandes die Variablen $x_0, x_1, \ldots, x_n$

---

[1] Daß $f'(x)$ mit dem Differentialquotienten von $f(x)$ im Sinne der Analysis übereinstimmt, folgt unmittelbar aus (18a): $\lim\limits_{y \to 0} \dfrac{f(x+y) - f(x)}{y} = f'(x)$.

[2] Die Summe erstreckt sich über alle Kombinationen $i_1, \ldots, i_n = 0, 1, \ldots$ mit $i_1 + \cdots + i_n \leq m$; sobald $i_1 + \cdots + i_n > m$ ausfällt, verschwinden übrigens die zugehörigen partiellen Ableitungen.

numerieren —, so liefert die Taylorsche Formel eine viel gebrauchte Beziehung; setzt man nämlich $y_i = \varrho\, x_i \; (i = 0, \ldots, n)$, so ergibt die Formel (20b) unmittelbar

$$f(x_0 + \varrho\, x_0, \ldots, x_n + \varrho\, x_n) = (1 + \varrho)^m f(x_0, \ldots, x_n) =$$
$$= \sum_{i=0}^{m} \frac{\varrho^i}{i!} \left\{ x_0 \frac{\partial f}{\partial x_0} + \cdots + x_n \frac{\partial f}{\partial x_n} \right\}^i ;$$

da ϱ eine Unbestimmte ist, müssen die Koeffizienten von ϱ^i auf beiden Seiten übereinstimmen. Der Vergleich der Koeffizienten von ϱ liefert die *Eulersche Identität*

$$x_0 \frac{\partial f}{\partial x_0} + \cdots + x_n \frac{\partial f}{\partial x_n} = m\, f(x_0, \ldots, x_n), \qquad (21a)$$

wo m den Grad der Form f bedeutet. Die weiteren Koeffizienten liefern:

$$\left\{ x_0 \frac{\partial f}{\partial x_0} + \cdots + x_n \frac{\partial f}{\partial x_n} \right\}^i = m(m-1) \ldots (m-i+1)\, f, \; i = 1, \ldots, m,$$
$$(21b)$$

wo die linke Seite wie in (20b) symbolisch auszuwerten ist.

113. Körpererweiterungen.

1. Wir betrachten nun die Gesamtheit aller rationalen Funktionen der Variablen x mit Koeffizienten aus dem Zahlkörper K; sie enthält alle Brüche p/q, wo p und q Polynome aus $K[x]$ bedeuten ($q \neq 0$). In diesem Bereich sind alle vier Rechnungsoperationen, immer unter Ausschluß der Division durch null, aber sonst ohne Einschränkung durchführbar; er ist also ein *Körper*, und zwar der Quotientenkörper **(003)** von $K[x]$. Man bezeichnet ihn symbolisch mit $K(x)$ und spricht hier von einer *Körperadjunktion* der Variablen x zum Zahlkörper K, im Gegensatz zur *Ringadjunktion* $K[x]$.

Ebenso wie bei der Ringadjunktion kann man auch hier entweder gleichzeitig oder sukzessive mehrere Variable $x_1, \ldots, x_n$ adjungieren und das Resultat symbolisch durch $K(x_1, \ldots, x_n)$ ausdrücken. Es ist offenbar

$$K(x_1)(x_2) = K(x_1, x_2),$$
$$K(x_1, \ldots, x_{r-1})(x_r, \ldots, x_n) = K(x_1, \ldots, x_n), \qquad 1 < r \leqslant n.$$

Die Reihenfolge der Variablen ist wieder unwesentlich; man erhält zum Schluß immer den Körper aller rationalen Funktionen der Variablen $x_1, \ldots, x_n$ mit Koeffizienten aus K, d. i. den Quotientenkörper des P-Ringes $K[x_1, \ldots, x_n]$.

2. Während wir aber die Ringadjunktion auch zu Ringen oder Integritätsbereichen durchführen konnten, kann die Körperadjunktion nur zu einem Körper erfolgen. Man kann allerdings Körper- und Ringadjunktionen mischen; z. B. bedeutet

$$K(u_1, \ldots, u_r)[x_1, \ldots, x_n]$$

alle Polynome in den Variablen $x_1, \ldots, x_n$, deren Koeffizienten dem *rationalen Funktionenkörper* $K(u_1, \ldots, u_r)$ entnommen sind. Aber in einem solchen Falle müssen alle Körperadjunktionen zuerst und die Ringadjunktionen zum Schluß gemacht werden.

3. Der *Grad* einer rationalen Funktion ist gleich dem höchsten der Grade des Nenner- und des Zählerpolynoms, wenn der Bruch in gekürzter Form geschrieben ist.

114. Potenzreihenringe.

1. Für gewisse Untersuchungen brauchen wir noch einen dritten Bereich, nämlich den Bereich aller Potenzreihen einer Variablen x (oder mehrerer Variablen $x_1, \ldots, x_n$) mit Koeffizienten aus dem Konstantenkörper K. Wir bezeichnen ihn symbolisch mit $K\{x\}$ (bzw. $K\{x_1, \ldots, x_n\}$) und verstehen darunter die Gesamtheit aller Potenzreihen

$$\mathfrak{P}(x) = \sum_{v=0}^{\infty} a_v x^v, \qquad a_v \, \varepsilon \, K.$$

Das Rechnen mit diesen Potenzreihen erfolgt nach rein formalen Gesetzen; daher ist die Frage, ob überhaupt und in welchem Kreis eine Reihe konvergiert, für uns hier nicht von Bedeutung. Es genügt uns, daß wir mit diesen Reihen nach genau festgelegten Regeln rechnen können, und zwar sind das die folgenden [1]

$$\Sigma a_v x^v \pm \Sigma b_v x^v = \Sigma (a_v \pm b_v) x^v, \tag{1a}$$

---

[1] Wir lassen im folgenden die sich von selbst verstehenden Summierungsangaben $v = 0, 1, \ldots, \infty$ beim Summenzeichen weg. Da die Koeffizienten einer Potenzreihe von einem gewissen Index ab sämtlich null sein können, treten als Spezialfälle auch Polynome und Konstanten auf. Die angegebenen Rechenregeln gelten widerspruchsfrei auch für die letzteren.

$$(\Sigma\, a_\nu\, x^\nu)\, (\Sigma\, b_\nu\, x^\nu) = \Sigma\, c_\nu\, x^\nu \text{ mit } c_\nu = a_0\, b_\nu + a_1\, b_{\nu-1} + \ldots + a_\nu\, b_0. \quad (1\mathrm{b})$$

Man bestätigt leicht, daß die so definierten Operationen die Bedingungen für einen kommutativen Ring erfüllen. Da Nullteiler nicht vorkommen, ist $K\{x\}$ ein Integritätsbereich mit Einselement. Als Spezialfälle von Potenzreihen treten auch Polynome und Konstanten auf, d. h. es ist

$$K \subset K\,[x] \subset K\,\{x\}.$$

2. Ist a_m der erste Koeffizient einer Potenzreihe, der nicht null ist, so hat sie den *Untergrad* m. Der Untergrad eines Produktes ist gleich der Summe der Untergrade der Faktoren, der Untergrad einer Summe ist nicht kleiner als der kleinste Untergrad der Summanden.

3. Die Übertragung auf mehr Variable macht keine Schwierigkeit. Die Potenzreihen des Potenzreihenringes $K\{x_1,\ldots,x_n\}$ schreibt man zweckmäßig unter Zusammenfassung der homogenen Bestandteile so

$$\mathfrak{P}\,(x_1,\ldots,x_n) = \Sigma\, u_\nu\,(x_1,\ldots,x_n); \quad (3\mathrm{a})$$

hier bedeutet $u_\nu\,(x_1,\ldots,x_n)$ eine Form des Grades ν aus $K\,[x_1,\ldots,x_n]$. Für das Rechnen mit diesen Reihen gelten die analogen Regeln zu (1a) und (1b):

$$\Sigma\, u_\nu \pm \Sigma\, v_\nu = \Sigma\,(u_\nu \pm v_\nu), \quad (3\mathrm{b})$$

$$(\Sigma\, u_\nu)\,(\Sigma\, v_\nu) = \Sigma\, w_\nu \text{ mit } w_\nu = u_0\, v_\nu + u_1\, v_{\nu-1} + \ldots + u_\nu\, v_0. \quad (3\mathrm{c})$$

4. Auch der Potenzreihenring $K\{x_1,\ldots,x_n\}$ ist ein Integritätsbereich mit Einselement. Sind $u_0 = u_1 = \ldots = u_{m-1} = 0$, $u_m \neq 0$, so hat die Potenzreihe (3a) den Untergrad m.

5. Der Potenzreihenring hat eine Reihe bemerkenswerter Eigenschaften; zunächst gilt, daß *jede Potenzreihe vom Untergrad null eine Einheit ist*. Ist nämlich $u_0 \neq 0$, also eine Zahl aus K, die wir ohne Einschränkung der Allgemeinheit gleich 1 setzen dürfen, so läßt sich eine zweite Potenzreihe ermitteln, welche die Gleichung

$$(\Sigma\, u_\nu)\,(\Sigma\, v_\nu) = 1$$

erfüllt. Damit das richtig ist, müssen der Reihe nach folgende Gleichungen gelten:

$$u_0\, v_0 = 1$$
$$u_0\, v_1 + u_1\, v_0 = 0$$
$$\cdots\cdots\cdots\cdots\cdots\cdots\cdots$$
$$u_0\, v_\nu + u_1\, v_{\nu-1} + \ldots + u_\nu\, v_0 = 0, \qquad \nu = 1, 2, \ldots$$

Da $u_0 = 1$ ist, lassen sich daraus die Formen $v_0, v_1, v_2, \ldots$ sukzessive berechnen und so die Potenzreihe $\Sigma\, v_\nu$ konstruieren.

6. Besitzt dagegen eine Potenzreihe $\mathfrak{P}$ einen Untergrad $m \geqq 1$, so gibt es keine zu ihr inverse Potenzreihe. In diesem Falle kann man $\mathfrak{P}$ durch Multiplikation mit einer Einheit $\mathfrak{E} = \Sigma\, e_\nu$, $(e_0 \neq 0)$, auf eine erwünschte einfachere Form bringen. Die Glieder des Produktes

$$\mathfrak{P}\,\mathfrak{E} = (\Sigma\, u_\nu)\,(\Sigma\, e_\nu) = \overline{u}_\nu$$

werden nämlich sukzessive nach der Formel berechnet (3c):

$$\overline{u}_\nu = e_0\, u_\nu + e_1\, u_{\nu-1} + \ldots + e_{\nu-m}\, u_m, \qquad \nu = m,\, m+1, \ldots$$

Man kann hier $e_{\nu-m}$ jeweils so wählen, daß $\overline{u}_\nu$ einem bestimmten Restsystem modulo u_m angehört.[1]

7. Wir nennen ein Polynom oder eine Form des Grades m *regulär in bezug auf die Variable* x_i, wenn der Koeffizient von x_i^m eine von null verschiedene Konstante ist; man darf diese Konstante gewöhnlich, ohne die Allgemeinheit der Untersuchung einzuschränken, gleich 1 setzen. Offenbar ist ein Produkt dann und nur dann regulär in bezug auf x_i, wenn jeder Faktor regulär ist; d. h. ist ein Polynom regulär bezüglich x_i, so ist es auch jeder Faktor desselben. Es sei nun u_m regulär in bezug auf x_n;[2] dann können wir erreichen, daß alle $\overline{u}_\nu$ $(\nu = m + 1, \ldots)$ in der Variablen x_n höchstens den Grad $m - 1$ erreichen, während $\overline{u}_m$ die Potenz x_n^m mit dem Koeffizienten 1 enthält. Das ist der formale Inhalt (ohne Rücksicht auf Konvergenzfragen) des bekannten *Weierstraß'schen Vorbereitungssatzes:*

8. *Hat die Potenzreihe* $\mathfrak{P} = \Sigma\, u_\nu$ *den Untergrad* $m \geqq 1$ *und ist* u_m *regulär in bezug auf* x_n, *so kann man durch Multiplikation mit einer passenden Einheit* $\mathfrak{E} = \Sigma\, e_\nu$ *folgende Gestalt erreichen:*

$$\mathfrak{P}\,\mathfrak{E} = x_n^m + \mathfrak{A}_1\, x_n^{m-1} + \mathfrak{A}_2\, x_n^{m-2} + \ldots + \mathfrak{A}_m; \qquad (8a)$$

hier bedeuten die $\mathfrak{A}_i$ *Potenzreihen der Untergrade* $\geqq i$ *aus* $K\,\{x_1, \ldots, x_{n-1}\}$. Diese Darstellung ist eindeutig bestimmt.

9. Da nicht nur jede Potenzreihe, sondern auch jedes Polynom mit einem nicht verschwindenden konstanten Glied in $K\,\{x_1, \ldots, x_n\}$ eine Einheit darstellt, so enthält der Potenzreihenring $K\,\{x_1, \ldots, x_n\}$ nicht

---

[1] Wählt man in jeder Restklasse modulo u_m (vgl. **115.**12) einen Vertreter, d. h. eine bestimmte in der Restklasse enthaltene Form aus, so bilden diese ein *Restsystem modulo* u_m.

[2] Wir bezeichnen dann kurz die Potenzreihe $\mathfrak{P}$ regulär bezüglich x_n.

nur den P-Ring $K[x_1, \ldots, x_n]$, sondern auch den besonderen Quotientenring (**003**) desselben, bei dem alle im Ursprung nicht verschwindenden Polynome als Nenner zugelassen werden. Geometrisch bedeutet daher der Übergang vom P-Ring zum Potenzreihenring, daß alle Eigenschaften, welche nicht die nächste Umgebung eines bestimmten Punktes, nämlich des Ursprungs betreffen, ausgeschaltet werden. Wir werden also den Potenzreihenring immer dann mit Vorteil heranziehen, wenn es darauf ankommt, die Natur eines speziellen Punktes einer AM zu erforschen.

10. *Auch im Potenzreihenring gilt der ZPE-Satz.* Das ist ohne weiteres klar für $n = 1$; denn jede Potenzreihe aus $K\{x\}$ läßt sich in eine Einheit und in eine Potenz von x zerlegen und diese Zerlegung ist eindeutig. Wir dürfen daher den Satz für $K\{x_1, \ldots, x_{n-1}\}$ als bewiesen voraussetzen und wollen nun seine Gültigkeit für $K\{x_1, \ldots, x_n\}$ zeigen.

11. Es sei $\mathfrak{P}$ eine beliebige Potenzreihe aus $K\{x_1, \ldots, x_n\}$. Jedenfalls können wir $\mathfrak{P}$ so lange in Faktoren aufspalten, bis jeder Faktor irreduzibel ist.[1] Da die Untergrade bei jeder Spaltung kleiner werden, kann die Zerlegung sicher nicht unbegrenzt fortgesetzt werden. Es sei

$$\mathfrak{P} = \mathfrak{P}_1 \ldots \mathfrak{P}_s \tag{11a}$$

eine derartige Zerlegung in lauter irreduzible Faktoren, von der wir jetzt nur mehr zu zeigen haben, daß sie eindeutig ist. Dafür brauchen wir den Weierstraß'schen Vorbereitungssatz und die Voraussetzung, daß $\mathfrak{P}$ (und folglich auch alle Teiler von $\mathfrak{P}$) regulär in bezug auf x_n sei.[2] Dann können wir durch Multiplikation der Gleichung (11a) mit einer passenden Einheit bewirken, daß sämtliche Potenzreihen in der Weierstraß'schen Normalform (8a) auftreten. Sobald das geschehen ist, bedeutet aber (11a) die Zerlegung eines Polynoms im P-Ring $R[x_n]$ in irreduzible Faktoren, und die ist nach **112.13** eindeutig, weil in $R = K\{x_1, \ldots, x_{n-1}\}$ voraussetzungsgemäß der ZPE-Satz gilt.

115. Moduln und Ideale in kommutativen Ringen.

1. Es bedeute R einen kommutativen Ring mit Einselement, d. i. ein Bereich, innerhalb dessen Addition, Subtraktion und Multiplikation nach den gewöhnlichen Regeln unbeschränkt durchführbar sind, und der sonst keinen Einschränkungen unterworfen ist, insbesondere auch

---

[1] Eine Potenzreihe ist sicher irreduzibel, wenn ihr erstes Glied irreduzibel ist.
[2] Dadurch wird die Allgemeinheit nicht eingeschränkt, denn wäre das nicht der Fall, so könnten wir es mit Hilfe eines häufig angewendeten Kunstgriffes leicht erreichen, indem wir eine umkehrbare lineare homogene Transformation der Variablen vorausschicken (**121.4**).

Nullteiler enthalten darf. Eine Untermenge $\mathfrak{M}$ von Elementen dieses Ringes, welche zugleich mit zwei Elementen a und b immer auch deren Summe und Differenz $a \pm b$ enthält,[1] nennt man einen *Modul*; ein Modul ist also eine *additiv geschriebene Abelsche Gruppe*.[2]

2. Ist α ein Element des Ringes R, so ist $\alpha\,\mathfrak{M}$ (d. h. die Menge aller Produkte αa mit beliebigem $a \,\varepsilon\, \mathfrak{M}$) wieder ein Modul, der im allgemeinen von $\mathfrak{M}$ verschieden ist. Ist jedoch $\alpha\,\mathfrak{M} \subseteq \mathfrak{M}$, so heißt α *Operator* oder *Multiplikator* von $\mathfrak{M}$.[3] Sind α und β Multiplikatoren, so sind es auch $\alpha \pm \beta$, sowie $\alpha\,\beta$, d. h. die Multiplikatoren eines Moduls bilden einen Ring, den Multiplikatorenbereich R_1 von $\mathfrak{M}$. Es ist R_1 ein Unterring von R. Gilt $\mathfrak{M} \subseteq R_1$, so ist $\mathfrak{M}$ selbst ein Ring; das ist sicher dann der Fall, wenn $R_1 = R$ ist; dann heißt $\mathfrak{M}$ ein *Ideal* des Ringes R.

3. *Ein Ideal ist also ein Modul in R, dessen Multiplikatorenbereich R ist, oder anders ausgedrückt, eine Menge von Elementen des Ringes R, welche zugleich mit zwei Elementen a und b auch sämtliche Elemente $r\,a + s\,b$ enthält, wo r und s ganz beliebige Elemente aus R sein dürfen.* Das Ideal, welches nur das Element 0 enthält, heißt *Nullideal*, jenes, welches alle Elemente von R umfaßt, *Einheitsideal*. Ist R ein Körper, so gibt es nur diese beiden Ideale.

4. Es seien $\mathfrak{a}$ und $\mathfrak{b}$ zwei Ideale desselben Ringes R, von denen das eine im andern enthalten ist: $\mathfrak{a} \subseteq \mathfrak{b}$. Dann heißt $\mathfrak{a}$ *Unterideal* oder *Vielfaches* von $\mathfrak{b}$, $\mathfrak{b}$ *Oberideal* oder *Teiler* von $\mathfrak{a}$, und zwar *echtes* Unterideal usw., falls $\mathfrak{a} \subset \mathfrak{b}$ unter Ausschluß des Gleichheitszeichens gilt. Man beachte, daß die Benennungen Vielfaches und Teiler nicht im mengentheoretischem Sinne verstanden werden dürfen, wo die gegenseitige Beziehung umgekehrt ist: ein Teiler im idealtheoretischen Sinne ist keine Untermenge, sondern eine Obermenge im mengentheoretischen Sinne.[4] Das Nullideal ist Vielfaches, das Einheitsideal Teiler eines jeden andern Ideals von R.

---

[1] Es würde genügen, dies allein von der Differenz zu fordern; denn dann enthält $\mathfrak{M}$ der Reihe nach die Elemente: $0 = a-a,\ -b = 0-b,\ a+b = a-(-b)$.

[2] Vgl. **003.1**. Beim Modul wird die Verknüpfungsoperation im Gegensatz zum gewöhnlichen Gebrauch bei Gruppen nicht als Multiplikation, sondern als Addition geschrieben.

[3] Z. B. $R = K\,[x]$. $\mathfrak{M}$ sei die Menge aller Elemente αx mit $\alpha \,\varepsilon\, K$. Operatoren sind sämtliche Elemente von K und nur diese.

[4] Z. B. sei R der Integritätsbereich aller ganzen rationalen Zahlen, $\mathfrak{a} = (6)$, bzw. $\mathfrak{b} = (3)$ die Ideale aller durch 6, bzw. durch 3 teilbaren Zahlen; es ist $\mathfrak{a} \subset \mathfrak{b}$, also (3) Teiler von (6) in Übereinstimmung mit dem gewöhnlichen Sprachgebrauch. Auch bei der Betrachtung der Nullstellengebilde von Polynomidealen (**121, 127.2**) wird der Grund für diese einander scheinbar widersprechenden Benennungen klar, weil das NG eines Teilers tatsächlich ein Teil des NG seines Vielfachen ist.

5. Ein Ideal $\mathfrak{a}$, das aus sämtlichen Elementen

$$r_1\,a_1 + r_2\,a_2 + \ldots + r_s\,a_s \tag{5a}$$

besteht, wo die a fest sind, während die r unabhängig voneinander alle Elemente des Ringes R durchlaufen, wird symbolisch durch

$$\mathfrak{a} = (a_1,\,a_2,\,\ldots,\,a_s) \tag{5b}$$

bezeichnet. Die Elemente a bilden eine *Basis* des Ideals $\mathfrak{a}$; ist ihre Anzahl $s = 1$, so nennt man $\mathfrak{a} = (a)$ *Hauptideal*. Es gilt offenbar

$$(a_1) \subseteq (a_1,\,a_2) \subseteq \ldots \subseteq (a_1,\,a_2,\,\ldots,\,a_s) \subseteq R.$$

Diese Beziehung stellt eine *Teilerkette* dar, d. h. eine Folge von Idealen, von denen jedes folgende Teiler des vorhergehenden ist; steht nirgends das Gleichheitszeichen, so spricht man von einer *echten* Teilerkette.

6. Ein Ring, in dem jede echte Teilerkette nur endlich viele Glieder enthält, heißt *Ring mit Teilerkettensatz, Ring mit Maximalbedingung* oder kurz *O-Ring*.[1] Die zweite Benennung ist darauf zurückzuführen, daß in einem solchen Ring jede nicht leere Menge von Idealen wenigstens ein maximales enthalten muß, d. h. ein solches Ideal, das von keinem anderen Ideal der Menge umfaßt wird. Wäre dies nämlich nicht wahr, so enthielte die Menge zu jedem Ideal auch einen echten Teiler, und man könnte eine nicht abbrechende Teilerkette konstruieren; gibt es umgekehrt eine nicht abbrechende echte Teilerkette, so bilden die darin vorkommenden Ideale eine Menge ohne maximales Ideal.

7. Analog heißt ein Ring, in dem jede *echte Vielfachenkette* nach endlich vielen Glieder abbrechen muß, *Ring mit Vielfachenkettensatz, Ring mit Minimalbedingung* (d. h. jede Menge von Idealen enthält mindestens ein minimales),[2] oder kurz *U-Ring*.

---

[1] Die Gültigkeit des Teilerkettensatzes in einem Ring schließt nicht aus, daß es Teilerketten von beliebiger Länge gibt, z. B. hat man in $K\,[x]$ die echte Teilerkette $(x^\nu) \subset (x^{\nu-1}) \subset \ldots \subset (x) \subset (1)$; die Anzahl der Glieder kann hier beliebig groß gemacht werden, wenn man ν entsprechend groß wählt. Das wesentliche ist, daß jede echte Teilerkette nach endlich vielen Gliedern notwendig abbricht. Das gilt z. B. nicht im P-Ring $K\,[x_1,\ldots,x_n,\ldots]$ mit unendlich vielen Variablen, denn dort bricht die echte Teilerkette $(x_1) \subset (x_1,x_2) \subset \ldots \subset (x_1,\ldots,x_n) \subset \ldots$ nicht ab.

[2] Wäre das nicht wahr, so enthielte die Menge zu jedem Ideal auch ein echtes Vielfaches (Unterideal) und man könnte eine nicht abbrechende echte Vielfachenkette konstruieren. Umgekehrt stellt eine derartige Kette eine Menge von Idealen vor, in der es kein minimales gibt. Der Vielfachenkettensatz stellt eine viel stärker einschneidende Bedingung vor, als der Teilerkettensatz, der in jedem P-Ring gilt. $K\,[x]$ ist zwar O-Ring, aber nicht U-Ring, denn die Vielfachenkette $(x) \supset (x^2) \supset \ldots \supset (x^m) \supset \ldots$ bricht nicht ab. Beispiele für U-Ringe liefern die Restklassenringe nulldimensionaler P-Ideale.

8. Der Teilerkettensatz ist gleichwertig dem sogenannten *Basissatz*, der dann gilt, wenn jedes Ideal eine (endliche) Basis (5b) besitzt: *In jedem O-Ring gilt der Basissatz und umgekehrt.*

9. Es sei nämlich $\mathfrak{a}$ ein beliebiges Ideal eines O-Ringes R, a_1 ein Element aus $\mathfrak{a}$; gilt $\mathfrak{a} = (a_1)$, so ist a_1 bereits eine Basis von $\mathfrak{a}$, andernfalls gibt es ein zweites Element $a_2 \,\varepsilon\, \mathfrak{a}$, $a_2 \,\varepsilon\!\!\big|\, (a_1)$. Ist $\mathfrak{a} = (a_1, a_2)$, so sind wir wieder fertig, andernfalls gibt es ein Element $a_3 \,\varepsilon\, \mathfrak{a}$, $a_3 \,\varepsilon\!\!\big|\, (a_1, a_2)$ usw. Würde sich dieses Verfahren unbegrenzt fortsetzen lassen, so erhielten wir eine nicht abbrechende echte Teilerkette $(a_1) \subset (a_1, a_2) \subset \ldots$, die nach Voraussetzung in R nicht auftreten kann.[1] Also muß einmal der Fall eintreten

$$\mathfrak{a} = (a_1, a_2, \ldots, a_s),$$

d. h. $\mathfrak{a}$ besitzt eine Basis aus endlich vielen Elementen.

Es sei nun umgekehrt in R der Basissatz erfüllt und

$$\mathfrak{a}_1 \subseteq \mathfrak{a}_2 \subseteq \ldots \subseteq \mathfrak{a}_s \subseteq \ldots \tag{9a}$$

sei eine nicht abbrechende Teilerkette von Idealen in R. Die Vereinigungsmenge aller dieser Ideale ist ein Ideal $\mathfrak{v}$ von R (jedes Element von $\mathfrak{v}$ kommt in einem gewissen Ideal $\mathfrak{a}_i$ der Kette zum ersten Male vor); $\mathfrak{v}$ hat nach Voraussetzung eine endliche Basis:

$$\mathfrak{v} = (a_1, a_2, \ldots, a_t)$$

Es sei nun $\mathfrak{a}_s$ das erste Ideal der Kette (9a), in welchem sämtliche Elemente dieser Basis enthalten sind; dann ist $\mathfrak{v} \subseteq \mathfrak{a}_s$, andererseits $\mathfrak{a}_s \subseteq \mathfrak{v}$, also $\mathfrak{a}_s = \mathfrak{v}$. In der Teilerkette (9a) muß also nach $\mathfrak{a}_s$ ständig das Gleichheitszeichen gelten: es gibt in R keine echte Teilerkette, die nicht nach endlich vielen Gliedern abbricht.

10. Die Ringe, mit denen wir es zu tun haben werden, sind sämtlich O-Ringe; insbesondere sind O-Ringe *alle P-Ringe* $K\,[x_1, \ldots, x_n]$. Wir zeigen das, indem wir den *Hilbertschen Basissatz*[2] beweisen, nach dem *jedes Ideal in einem P-Ring eine endliche Basis besitzt.* Der Beweis verläuft induktiv: wir zeigen zunächst, daß $R\,[x]$ *immer dann ein O-Ring ist, wenn R ein solcher ist.* Daraus folgt, da jeder Körper K offenbar O-Ring ist, daß auch $K\,[x_1]$, $K\,[x_1]\,[x_2] = K\,[x_1, x_2]$ usw. O-Ringe sind.

---

[1] Diesem Beweis liegt das „Auswahlprinzip" der Mengenlehre zugrunde; vgl. Enzyklopädie d. Math. Wiss. Bd. I 1, 5, *Kamke*, Allgemeine Mengenlehre **12**, (1939).

[2] *Hilbert*, Math. Ann. 36 (1890), S. 474.

11. Es sei also $\mathfrak{A}$ ein Ideal in $R[x]$; wir wollen zeigen, daß es eine endliche Basis besitzt. Die Polynome von $\mathfrak{A}$ seien so geschrieben:

$$p = a_0 + a_1 x + \ldots + a_m x^m. \tag{11a}$$

Alle Polynome des Grades null von $\mathfrak{A}$ bilden ein Ideal $\mathfrak{a}_0$ von R, welches das Nullideal sein soll, falls es solche Polynome in $\mathfrak{A}$ nicht geben sollte. Wir betrachten nun alle Polynome des Grades 1 in $\mathfrak{A}$; die Koeffizienten a_1 dieser Polynome bilden wieder ein Ideal $\mathfrak{a}_1$ von R, welches $\mathfrak{a}_0$ umfaßt.[1] Ebenso bilden die Koeffizienten a_2 aller Polynome des Grades 2 in $\mathfrak{A}$ ein Ideal $\mathfrak{a}_2$, das $\mathfrak{a}_1$ umfaßt, usw. Wir erhalten eine Teilerkette von Idealen in R

$$\mathfrak{a}_0 \subseteq \mathfrak{a}_1 \subseteq \mathfrak{a}_2 \subseteq \ldots \subseteq \mathfrak{a}_s \subseteq \ldots, \tag{11b}$$

in der nach Voraussetzung von einem bestimmten Gliede ab, etwa von $\mathfrak{a}_s$ ab, immer das Gleichheitszeichen gilt.

Wir stellen nun eine Basis des Ideals $\mathfrak{A}$ folgendermaßen zusammen: erstens nehmen wir die Basis von $\mathfrak{a}_0$ in diejenige von $\mathfrak{A}$ hinüber. Die Basis des Ideals $\mathfrak{a}_1$ kann einige Elemente enthalten, welche nicht schon in $\mathfrak{a}_0$ vorkommen; jedem dieser Elemente kann man ein Polynom des Grades 1 aus $\mathfrak{A}$ zuordnen, das es als höchsten Koeffizienten besitzt; diese Polynome nehmen wir ebenfalls in die Basis von $\mathfrak{A}$ auf. Und so können wir weiter fortfahren bis zum Ideal $\mathfrak{a}_s$, wo wir am Ende sind. Daß wir auf diese Weise tatsächlich eine Basis von $\mathfrak{A}$ gewonnen haben, zeigt folgende Überlegung: es sei $p(x)\,\varepsilon\,\mathfrak{A}$, etwa vom Grade $m \geqslant s$; der höchste Koeffizient ist Element von $\mathfrak{a}_s$; wir können also mit Hilfe unserer Basis ein Polynom desselben Grades m herstellen, das den nämlichen höchsten Koeffizienten besitzt; ziehen wir es von $p(x)$ ab, so bleibt ein Polynom übrig, das ebenfalls in $\mathfrak{A}$ liegt und höchstens den Grad $m-1$ hat. Wir können in der gleichen Weise fortfahren, bis der Rest völlig aufgezehrt, d. h. $p(x)$ durch unsere Basis dargestellt ist.

12. Durch jedes Ideal $\mathfrak{a}$ wird eine *Klasseneinteilung* der Ringelemente bewirkt. Wir nennen zwei Elemente a, b des Ringes R *kongruent modulo* $\mathfrak{a}$, in Zeichen

$$a \equiv b\,(\mathfrak{a}),$$

wenn ihre Differenz in $\mathfrak{a}$ liegt, d. h. wenn

$$(a-b)\,\varepsilon\,\mathfrak{a}\ \text{oder}\ a-b \equiv 0\,(\mathfrak{a})$$

---

[1] Denn jedes Polynom vom Grade null kann durch Multiplikation mit x in ein solches vom Grade 1 verwandelt werden, welches denselben höchsten Koeffizienten hat und ebenfalls in $\mathfrak{A}$ liegt.

ist. Die so definierte Kongruenzbeziehung erfüllt die für eine Gleichheitsbeziehung wesentlichen Gesetze: sie ist *reflexiv*, d. h. es ist immer $a \equiv a$ ($\mathfrak{a}$); sie ist *symmetrisch*, weil aus $a \equiv b$ ($\mathfrak{a}$) auch $b \equiv a$ ($\mathfrak{a}$) folgt; sie ist endlich *transitiv*, weil aus $a \equiv b$ ($\mathfrak{a}$) und $b \equiv c$ ($\mathfrak{a}$) auch $a \equiv c$ ($\mathfrak{a}$) folgt. Daher dürfen wir alle untereinander kongruenten Elemente des Ringes R in Klassen einordnen; eine erste Klasse bildet das Ideal $\mathfrak{a}$ selbst. Ist weiter a ein beliebiges Ringelement, so bilden alle mit a kongruenten Elemente eine *Restklasse modulo* $\mathfrak{a}$, die durch das Element a oder ein beliebiges anderes Element der Klasse charakterisiert („vertreten") ist.

13. Für das Rechnen mit Kongruenzen gelten folgende Regeln:

$$\text{Aus } a \equiv a', \quad b \equiv b' \text{ folgt } a \pm b \equiv a' \pm b' \text{ und } a\,b \equiv a'\,b' \ (\mathfrak{a}). \qquad (13a)$$

Deshalb können wir die Restklassen modulo $\mathfrak{a}$ selbst wieder als Elemente eines neuen Bereiches ansehen, in dem Addition, Subtraktion und Multiplikation eindeutig und den Ringgesetzen entsprechend erklärt sind. Das Resultat irgendeiner Rechnung mit Restklassen ist nämlich diejenige Restklasse, in der sich das Element von R befindet, welches herauskommt, wenn man dieselbe Rechnung mit irgendwelchen Vertretern der einzelnen Klassen ausführt. Wegen (13a) hängt das Resultat nicht von der speziellen Auswahl der Vertreter ab.

14. *Die Restklassen eines Ideals* $\mathfrak{a}$ *in R bilden also einen Ring, den Restklassenring modulo* $\mathfrak{a}$, *der mit $R/\mathfrak{a}$ bezeichnet wird.* Der Restklassenring des Nullideals ist R selbst, derjenige des Einheitsideals besteht nur aus dem Nullelement.

15. Der Ring R steht zum Restklassenring $R/\mathfrak{a}$ in einer gewissen Beziehung, die man *Homomorphie* nennt: Allgemein heißen zwei Ringe R und R' *homomorph*, in Zeichen

$$R \underset{\rightarrow}{\sim} R' \qquad (15a)$$

wenn jedem Element aus R ein bestimmtes Element in R' zugeordnet ist, wenn zweitens jedes Element von R' durch diese Zuordnung mindestens einmal getroffen wird, und wenn diese Zuordnung *operationstreu* ist, d. h. wenn dem Resultat von Rechenoperationen in R immer das Resultat derselben Rechenoperationen, ausgeführt an den entsprechenden Elementen in R', zugeordnet ist.[1]

---

[1] Ganz analog wird die Homomorphie auch zwischen zwei Gruppen definiert. Es ist klar, daß Null- und Einselement von R notwendig wieder auf das Null- und Einselement in R' und daß Ideale von R auf Ideale von R' abgebildet werden.

16. Die Homomorphie ist im allgemeinen nur in einer Richtung
eindeutig; wird aber jedes Element von R' durch die Zuordnung genau
einmal getroffen, so ist sie auch in umgekehrter Richtung eindeutig.
Man nennt diese Zuordnung dann eine *Isomorphie*, und die beiden Ringe
R und R' *isomorph*, in Zeichen

$$R \rightleftarrows R'. \tag{16a}$$

Zwei isomorphe Ringe unterscheiden sich nur durch die Bezeichnung
ihrer Elemente; ändert man diese in geeigneter Weise, so können die
beiden Ringe identifiziert werden.[1]

17. Die Homomorphie $R \rightrightarrows R/\mathfrak{a}$ kommt einfach dadurch zustande,
daß man jedem Element von R seine Restklasse in $R/\mathfrak{a}$ zuordnet. Es
ist das mit Rücksicht auf das eben Gesagte bereits der allgemeinste
Fall einer homomorphen Beziehung eines Ringes R auf einen andern;
wir können nämlich jede Homomorphie $R \rightrightarrows R'$ auf eine Homomorphie
$R \rightrightarrows R/\mathfrak{a}$ zurückführen auf Grund des *Homomorphiesatzes*: *Ist $R \rightrightarrows R'$,
so gibt es ein Ideal $\mathfrak{a}$ in R derart, daß $R' \rightleftarrows R/\mathfrak{a}$ ist, oder jeder zu R
homomorphe Ring ist isomorph einem Restklassenring $R/\mathfrak{a}$.*

Das Ideal $\mathfrak{a}$ ist die Menge aller Elemente von R, welche auf Grund
der Homomorphie $R \rightrightarrows R'$ auf das Nullelement von R' abgebildet
werden;[2] weiter erkennt man leicht, daß alle Elemente einer Restklasse
modulo $\mathfrak{a}$ notwendig auf dasselbe Element in R' abgebildet werden;
endlich werden voneinander verschiedene Restklassen auch auf ver-
schiedene Elemente in R' abgebildet. Daher gilt tatsächlich $R/\mathfrak{a} \rightleftarrows R'$.
Identifiziert man R' mit dem isomorphen Restklassenring $R/\mathfrak{a}$, so ist
die Homomorphie nichts anderes, als die homomorphe Abbildung von
R auf $R/\mathfrak{a}$.

18. Sind $\mathfrak{a}$ und $\mathfrak{b}$ beliebige Ideale des Ringes R, so wird $\mathfrak{b}$ vermöge
der Homomorphie $R \rightrightarrows R/\mathfrak{a}$ auf ein Ideal $\bar{\mathfrak{b}}$ des Restklassenringes $R/\mathfrak{a}$
abgebildet. Die Elemente von $\bar{\mathfrak{b}}$ sind *volle* Restklassen modulo $\mathfrak{a}$, welche,
in ihre Ringelemente aufgelöst, im allgemeinen ein $\mathfrak{b}$ umfassendes Ideal
liefern; es ist das Ideal $(\mathfrak{a}, \mathfrak{b})$ (vgl. **21**), welches zu jedem Element $b\,\varepsilon\,\mathfrak{b}$
auch die volle Restklasse $b + \mathfrak{a}$ enthält. Nur wenn $\mathfrak{b}$ Teiler von $\mathfrak{a}$ ist,
enthält es von vornherein lauter volle Restklassen modulo $\mathfrak{a}$, und dann
ist auch $(\mathfrak{a}, \mathfrak{b}) = \mathfrak{b}$. Das Ideal $\bar{\mathfrak{b}}$ des Restklassenringes $R/\mathfrak{a}$ kann also

---

[1] Von dieser Möglichkeit werden wir oft Gebrauch machen, ohne dies jedesmal
weitläufig zu begründen.

[2] Offenbar bilden diese Elemente tatsächlich ein Ideal in R, weil die Abbildung
operationstreu ist.

auch geschrieben werden: $\bar{\mathfrak{b}} = (\mathfrak{a}, \mathfrak{b})/\mathfrak{a}$, was bedeutet, daß die Elemente von $(\mathfrak{a}, \mathfrak{b})$ in Restklassen modulo $\mathfrak{a}$ aufgeteilt werden sollen. Da $\mathfrak{b} \leftrightarrows \bar{\mathfrak{b}}$ abgebildet ist und $[\mathfrak{a}, \mathfrak{b}]$ (vgl. **20**) diejenigen Elemente enthält, welche dabei auf das Nullelement von $\bar{\mathfrak{b}}$ auftreffen, so hat man $\bar{\mathfrak{b}} \leftrightarrows \mathfrak{b}/[\mathfrak{a}, \mathfrak{b}]$. Wir können dieses Ergebnis im sogenannten **1.** *Isomorphiesatz* zusammenfassen

$$(\mathfrak{a}, \mathfrak{b})/\mathfrak{a} \leftrightarrows \mathfrak{b}/[\mathfrak{a}, \mathfrak{b}]. \tag{18a}$$

19. Bezeichnet man den Restklassenring $R/\mathfrak{a}$ kurz mit R^*, und ist $\mathfrak{b}^*$ ein Ideal in R^*, so gelten die Homomorphien

$$R \leftrightarrows R^* \leftrightarrows R^*/\mathfrak{b}^*.$$

Bedeutet nun $\mathfrak{b}$ das umfassendste Ideal in R, das vermöge $R \leftrightarrows R^*$ auf $\mathfrak{b}^*$ abgebildet wird, so wird $\mathfrak{b}$ auf das Nullelement des Ringes $R^*/\mathfrak{b}^*$ abgebildet.[1] Das liefert den sogenannten **2.** *Isomorphiesatz:*

$$R/\mathfrak{b} \leftrightarrows R^*/\mathfrak{b}^* \quad \text{mit} \quad R^* = R/\mathfrak{a}, \quad \mathfrak{b}^* = \mathfrak{b}/\mathfrak{a}. \tag{19a}$$

20. Die Ideale eines und derselben Ringes R bilden einen *Idealkörper*, in dem folgende Operationen ausgeführt werden können: Von zwei Idealen $\mathfrak{a}$ und $\mathfrak{b}$ kann man den *Durchschnitt* bilden, d. i. die Menge derjenigen Ringelemente, die sowohl in $\mathfrak{a}$ wie in $\mathfrak{b}$ vorkommen, in Zeichen

$$\mathfrak{a} \cap \mathfrak{b} = [\mathfrak{a}, \mathfrak{b}]; \tag{20a}$$

offenbar ist der Durchschnitt zweier Ideale wieder ein Ideal, und zwar ist er das umfassendste Ideal, das Unterideal sowohl von $\mathfrak{a}$ wie von $\mathfrak{b}$ ist, d. h. das *KGV* der beiden Ideale (**001**).

21. Ebenso ist die *Vereinigungsmenge* zweier Ideale $\mathfrak{a}$ und $\mathfrak{b}$, wenn man noch alle Elemente hinzufügt, die sich als Summe $a + b$ zweier Elemente $a \,\varepsilon\, \mathfrak{a}$ und $b \,\varepsilon\, \mathfrak{b}$ darstellen lassen, ein Ideal, nämlich die *Summe* von $\mathfrak{a}$ und $\mathfrak{b}$, in Zeichen

$$\mathfrak{a} + \mathfrak{b} = (\mathfrak{a}, \mathfrak{b}); \tag{21a}$$

besitzen $\mathfrak{a}$ und $\mathfrak{b}$ die Basisdarstellungen

$$\mathfrak{a} = (a_1, \ldots, a_s), \qquad \mathfrak{b} = (b_1, \ldots, b_t), \tag{21b}$$

so gilt

$$(\mathfrak{a}, \mathfrak{b}) = (a_1, \ldots, a_s, b_1, \ldots, b_t). \tag{21c}$$

Die Summe $\mathfrak{a} + \mathfrak{b}$ ist das Ideal geringsten Umfanges, das Oberideal sowohl von $\mathfrak{a}$ wie von $\mathfrak{b}$ ist, also der *GGT* dieser Ideale (**001**).

22. Summe und Durchschnitt lassen sich unmittelbar auf mehrere Ideale $\mathfrak{a}_1, \ldots, \mathfrak{a}_r$ ausdehnen; ihr Durchschnitt $[\mathfrak{a}_1, \ldots, \mathfrak{a}_r]$ ist das *KGV*,

---

[1] $\mathfrak{b}$ ist notwendig Teiler von $\mathfrak{a}$.

ihre Summe $(\mathfrak{a}_1, \ldots \mathfrak{a}_r)$, d. i. die Menge der Ringelemente $a_1 + \ldots + a_r$ mit $a_1 \,\varepsilon\, \mathfrak{a}_1, \ldots, a_r \,\varepsilon\, \mathfrak{a}_r$, ist der *GGT* dieser Ideale.

23. Das *Produkt* zweier Ideale $\mathfrak{a}$ und $\mathfrak{b}$ ist dasjenige Ideal, welches sämtliche Produkte $a\,b$, $a \,\varepsilon\, \mathfrak{a}$, $b \,\varepsilon\, \mathfrak{b}$, und (endliche) Summen solcher Produkte enthält; das Produkt der beiden Ideale (21b) besitzt die Basis

$$\mathfrak{a}\,\mathfrak{b} = (a_1\,b_1,\, a_1\,b_2, \ldots,\, a_i\,b_k, \ldots,\, a_s\,b_t). \tag{23a}$$

Das Produkt des Nullideals (0) mit einem beliebigen Ideal $\mathfrak{a}$ ergibt wieder das Nullideal

$$(0)\,\mathfrak{a} = (0); \tag{23b}$$

enthält R ein Einselement[1] 1, so ist das Einheitsideal $R = (1)$ und

$$R\,\mathfrak{a} = (1)\,\mathfrak{a} = \mathfrak{a}. \tag{23c}$$

In allen Fällen gilt

$$\mathfrak{a}\,\mathfrak{b} \subseteq R\,\mathfrak{b} \subseteq \mathfrak{b}, \qquad \mathfrak{a}\,\mathfrak{b} \subseteq R\,\mathfrak{a} \subseteq \mathfrak{a},$$

also

$$\mathfrak{a}\,\mathfrak{b} \subseteq [\mathfrak{a},\,\mathfrak{b}]. \tag{23d}$$

Das *KGV* zweier Ideale ist also immer ein (echter oder unechter) Teiler ihres Produktes in Übereinstimmung mit der gewöhnlichen Regel, wie sie etwa bei ganzen Zahlen geläufig ist.

24. Die Operationen Durchschnitt, Summe und Produkt von Idealen sind *kommutativ* und *assoziativ*

$$[\mathfrak{a},\,\mathfrak{b}] = [\mathfrak{b},\,\mathfrak{a}], \qquad [[\mathfrak{a},\,\mathfrak{b}],\,\mathfrak{c}] = [\mathfrak{a},\,[\mathfrak{b},\,\mathfrak{c}]] = [\mathfrak{a},\,\mathfrak{b},\,\mathfrak{c}]; \tag{24a}$$

$$(\mathfrak{a},\,\mathfrak{b}) = (\mathfrak{b},\,\mathfrak{a}), \qquad ((\mathfrak{a},\,\mathfrak{b}),\,\mathfrak{c}) = (\mathfrak{a},\,(\mathfrak{b},\,\mathfrak{c})) = (\mathfrak{a},\,\mathfrak{b},\,\mathfrak{c}); \tag{24b}$$

$$\mathfrak{a}\,\mathfrak{b} = \mathfrak{b}\,\mathfrak{a}, \qquad (\mathfrak{a}\,\mathfrak{b})\,\mathfrak{c} = \mathfrak{a}\,(\mathfrak{b}\,\mathfrak{c}) = \mathfrak{a}\,\mathfrak{b}\,\mathfrak{c};\ [2] \tag{24c}$$

außerdem gilt das *Distributivgesetz:*

$$\mathfrak{a}\,(\mathfrak{b},\,\mathfrak{c}) = (\mathfrak{a}\,\mathfrak{b},\,\mathfrak{a}\,\mathfrak{c}); \tag{24d}$$

es besteht nämlich $\mathfrak{a}\,(\mathfrak{b},\,\mathfrak{c})$ aus allen Elementen $a\,(b+c) = a\,b + a\,c$ mit $a \,\varepsilon\, \mathfrak{a}$, $b \,\varepsilon\, \mathfrak{b}$, $c \,\varepsilon\, \mathfrak{c}$, und diese sind sämtlich in $(\mathfrak{a}\,\mathfrak{b},\,\mathfrak{a}\,\mathfrak{c})$ enthalten, d. h. es gilt

$$\mathfrak{a}\,(\mathfrak{b},\,\mathfrak{c}) \subseteq (\mathfrak{a}\,\mathfrak{b},\,\mathfrak{a}\,\mathfrak{c});$$

andererseits besteht $(\mathfrak{a}\,\mathfrak{b},\,\mathfrak{a}\,\mathfrak{c})$ aus sämtlichen Produkten $a\,b$, $a\,c$ und Summen solcher Produkte; jedes einzelne Produkt ist aber bereits in $\mathfrak{a}\,(\mathfrak{b},\,\mathfrak{c})$ enthalten, so daß auch umgekehrt gilt

---

[1] Das ist bei unseren Anwendungen immer der Fall.

[2] Die sehr einfache Bestätigung dieser Formeln darf dem Leser überlassen bleiben.

$$(\mathfrak{a}\,\mathfrak{b},\,\mathfrak{a}\,\mathfrak{c}) \subseteq \mathfrak{a}\,(\mathfrak{b},\,\mathfrak{c});$$

aus beiden Ungleichungen folgt die Gleichung (24d). Mit Hilfe des Distributivgesetzes läßt sich die Formel (23d) vervollständigen; es gilt nämlich

$$[\mathfrak{a},\,\mathfrak{b}]\,(\mathfrak{a},\,\mathfrak{b}) = ([\mathfrak{a},\,\mathfrak{b}]\,\mathfrak{a},\,[\mathfrak{a},\,\mathfrak{b}]\,\mathfrak{b}) \subseteq (\mathfrak{b}\,\mathfrak{a},\,\mathfrak{a}\,\mathfrak{b}) = \mathfrak{a}\,\mathfrak{b},$$

also

$$[\mathfrak{a},\,\mathfrak{b}]\,(\mathfrak{a},\,\mathfrak{b}) \subseteq \mathfrak{a}\,\mathfrak{b} \subseteq [\mathfrak{a},\,\mathfrak{b}]. \tag{24e}$$

25. Als vierte Operation ist der *Quotient* $\mathfrak{c} = \mathfrak{a}:\mathfrak{b}$ zweier Ideale $\mathfrak{a}$, $\mathfrak{b}$ erklärt: das Quotientenideal $\mathfrak{c}$ enthält alle Ringelemente c, welche $c\,\mathfrak{b} \subseteq \mathfrak{a}$ erfüllen. Aus der letzten Beziehung folgt $(R\,c)\,\mathfrak{b} \subseteq R\,\mathfrak{a} \subseteq \mathfrak{a}$, also ist zugleich mit c auch $R\,c \subseteq \mathfrak{c}$; ferner folgt aus $c_1\,\mathfrak{b} \subseteq \mathfrak{a}$, $c_2\,\mathfrak{b} \subseteq \mathfrak{a}$ auch $(c_1 \pm c_2)\,\mathfrak{b} \subseteq \mathfrak{a}$, d. h. zugleich mit c_1 und c_2 ist auch ihre Summe $c_1 + c_2$ und ihre Differenz $c_1 - c_2$ in $\mathfrak{c}$ enthalten, also ist $\mathfrak{c}$ wirklich ein Ideal. Es gilt insbesondere[1]

$$\mathfrak{a}:\mathfrak{a} = R = (1), \qquad \mathfrak{a}:(1) = \mathfrak{a}, \qquad \mathfrak{a}:(0) = (1). \tag{25a}$$

26. Für Idealquotienten gelten die leicht zu bestätigenden Formeln:

$$\text{Aus} \quad \mathfrak{c} = \mathfrak{a}:\mathfrak{b} \quad \text{folgt} \quad \mathfrak{b}\,\mathfrak{c} = \mathfrak{b}\,(\mathfrak{a}:\mathfrak{b}) \subseteq \mathfrak{a}; \tag{26a}$$

$$\text{Aus} \quad \mathfrak{b}\,\mathfrak{c} \subseteq \mathfrak{a} \quad \text{folgt} \quad \mathfrak{c} \subseteq \mathfrak{a}:\mathfrak{b} \quad \text{und} \quad \mathfrak{b} \subseteq \mathfrak{a}:\mathfrak{c}; \tag{26b}$$

$$\text{Aus} \quad \mathfrak{a} \subseteq \mathfrak{b} \quad \text{folgt} \quad \mathfrak{a}:\mathfrak{c} \subseteq \mathfrak{b}:\mathfrak{c} \quad \text{und} \quad \mathfrak{c}:\mathfrak{b} \subseteq \mathfrak{c}:\mathfrak{a}; \tag{26c}$$

$$\mathfrak{a}:(\mathfrak{b},\,\mathfrak{c}) = [\mathfrak{a}:\mathfrak{b},\,\mathfrak{a}:\mathfrak{c}]; \tag{26d}$$

denn wegen (26c) hat man $\mathfrak{a}:(\mathfrak{b},\,\mathfrak{c}) \subseteq \mathfrak{a}:\mathfrak{b}$ und $\subseteq \mathfrak{a}:\mathfrak{c}$, also $\mathfrak{a}:(\mathfrak{b},\,\mathfrak{c}) \subseteq [\mathfrak{a}:\mathfrak{b},\,\mathfrak{a}:\mathfrak{c}]$; ist andererseits d ein beliebiges Element des Durchschnittes rechts, so ist $d\,\mathfrak{b} \subseteq \mathfrak{a}$, $d\,\mathfrak{c} \subseteq \mathfrak{a}$, also auch $d\,(\mathfrak{b},\,\mathfrak{c}) \subseteq \mathfrak{a}$, und folglich $[\mathfrak{a}:\mathfrak{b},\,\mathfrak{a}:\mathfrak{c}] \subseteq \mathfrak{a}:(\mathfrak{b},\,\mathfrak{c})$, womit (26d) vollständig bewiesen ist. Ferner gilt:

$$(\mathfrak{a}:\mathfrak{b}):\mathfrak{c} = \mathfrak{a}:\mathfrak{b}\mathfrak{c}; \tag{26e}$$

$$\mathfrak{a}:(\mathfrak{b}_1,\,\mathfrak{b}_2,\,\ldots,\,\mathfrak{b}_s) = [\mathfrak{a}:\mathfrak{b}_1,\,\mathfrak{a}:\mathfrak{b}_2,\,\ldots,\,\mathfrak{a}:\mathfrak{b}_s]; \tag{26f}$$

$$[\mathfrak{a}_1,\,\mathfrak{a}_2,\,\ldots,\,\mathfrak{a}_s]:\mathfrak{b} = [\mathfrak{a}_1:\mathfrak{b},\,\mathfrak{a}_2:\mathfrak{b},\,\ldots,\,\mathfrak{a}_s:\mathfrak{b}]. \tag{26g}$$

Der Quotient $\mathfrak{a}:b$, wo b ein Ringelement ist, ist gleichbedeutend mit $\mathfrak{a}:(b)$, wo (b) das durch b erzeugte Hauptideal ist. Es gilt in diesem Fall die leicht zu bestätigende Gleichung

$$[\mathfrak{a},\,(b)] = (\mathfrak{a}:b)\,b. \tag{26h}$$

27. Einem Ideal $\mathfrak{b}^*$ des Restklassenringes $R^* = R/\mathfrak{a}$ entspricht zufolge der Homomorphie $R \overset{\sim}{\to} R^*$ ein Ideal $\mathfrak{b}$ in R, welches aus $\mathfrak{b}^*$ hervorgeht, wenn man die Klasseneinteilung modulo $\mathfrak{a}$ aufhebt. Da $\mathfrak{b}^*$ die

---

[1] Unter der bei uns immer erfüllten Voraussetzung, daß R ein Einselement enthält.

volle Restklasse null enthält, enthält $\mathfrak{b}$ das Ideal $\mathfrak{a}$, d. h. $\mathfrak{b}$ ist Teiler von $\mathfrak{a}$. Umgekehrt liefert jeder Teiler $\mathfrak{b}$ von $\mathfrak{a}$, wenn man seine Elemente modulo $\mathfrak{a}$ in Klassen einteilt, ein Ideal $\mathfrak{b}^*$ in R^*; die zugehörigen Restklassenringe sind nach dem 2. Isomorphiesatz (19) isomorph.

28. *Die Ideale des Restklassenringes $R/\mathfrak{a}$ entsprechen so eindeutig denjenigen Idealen des Ringes R, die Teiler von $\mathfrak{a}$ sind.* Dabei bleiben die Beziehungen $\subset$ und $=$ gewahrt, ebenso die Operationen der Durchschnitts-, Summen- und Quotientenbildung. Das gilt allerdings nicht mehr für das Produkt, weil das Produkt zweier Teiler von $\mathfrak{a}$ im allgemeinen nicht wieder Teiler von $\mathfrak{a}$ ist, sich daher nicht mehr in volle Restklassen modulo $\mathfrak{a}$ aufspalten läßt.

29. Wir können den wichtigen Schluß ziehen, daß *der Restklassenring $R/\mathfrak{a}$ sicher immer dann ein O-Ring ist, wenn R selbst ein solcher ist.* Denn eine nicht abbrechende echte Teilerkette in $R/\mathfrak{a}$ würde eine ebensolche in R induzieren.

116. Algebraische und transzendente Erweiterungen eines Körpers.

1. Es bedeute K einen Körper (Rationalitätsbereich), S einen Oberkörper von K (d. h. einen Körper, der K umfaßt); α sei ein Element von S, das nicht schon in K liegt. Bei der Untersuchung der Reihe der Potenzen

$$1, \alpha, \alpha^2, \ldots, \alpha^m, \ldots \tag{1a}$$

können sich zwei Fälle herausstellen: es können für ein gewisses m die m ersten Potenzen linear abhängig über K sein,[1] also eine Gleichung

$$f(\alpha) = c_0 + c_1 \alpha + c_2 \alpha^2 + \ldots + c_m \alpha^m = 0, \quad c_i \, \varepsilon \, K, \quad c_0 c_m \neq 0 \tag{1b}$$

befriedigen; dabei setzen wir voraus, daß m bereits so bestimmt ist, daß es keine Gleichung derselben Art und geringeren Grades gibt. In diesem Falle nennen wir α algebraisch vom Grade m über K.[2]

---

[1] Allgemein nennt man Größen $u_1 \ldots, u_m$ *linear abhängig über* (dem Körper oder Ring) K, wenn es eine Beziehung gibt $c_1 u_1 + \ldots + c_m u_m = 0$ mit $c_i \, \varepsilon \, K$ und mindestens einem $c_i \neq 0$; im Gegenteil heißen sie *linear unabhängig über* K.

[2] Z. B. ist $\alpha = \sqrt{2}$ algebraisch vom Grade 2 über dem rationalen Zahlkörper ($c_0 = 2$, $c_1 = 0$, $c_2 = -1$). Ist $m = 1$, so ist $\alpha = -\dfrac{c_0}{c_1} \, \varepsilon \, K$; die Elemente von K sind also „algebraisch vom Grade 1" über K; es ist bequem, diese Ausdrucksweise nicht auszuschließen, doch werden wir im allgemeinen $m > 1$ voraussetzen.

2. Im zweiten Falle existiert keine Gleichung (1b), die Potenzen (1a) sind, wie groß man m auch wählen möge, immer linear unabhängig über K. Dann nennt man α transzendent über K.[1] Adjungiert man α zu K, so erhält man einen Körper $K(\alpha)$, der isomorph dem Körper $K(x)$ der rationalen Funktionen einer Variablen x ist (**113**). $K(\alpha)$ heißt eine *transzendente Erweiterung* von K vom *Transzendenzgrad* 1.

3. Wir kommen nun wieder auf den ersten Fall zurück. Zunächst bemerken wir, daß das Polynom (1b) irreduzibel über K, und wenn wir $c_m = 1$ normieren, auch eindeutig bestimmt ist. Wäre nämlich (1b) reduzibel, so müßte ein Faktor verschwinden, was unserer Voraussetzung über den Grad m widerspricht. Gäbe es andererseits noch ein zweites, von $f(\alpha)$ verschiedenes Polynom $g(\alpha)$ derselben Art, so hätte man in $g(\alpha) - f(\alpha) = 0$ wieder eine Gleichung geringeren Grades, der α genügt.

4. Wir adjungieren die Größe α zum Körper K, d. h. wir betrachten die Gesamtheit aller Größen, welche aus den Elementen von K unter Hinzunahme von α mittels rationaler Rechenoperationen gebildet werden können. Dieser Bereich $K(\alpha)$ ist wieder ein Körper, der zwischen K und S liegt. Wir sprechen in diesem Falle von einer *algebraischen Erweiterung des Körpers K vom Grade m*. Ist $m = 1$, so ist $K(\alpha)$ mit K identisch; das ist insbesondere immer dann der Fall, wenn K algebraisch abgeschlossen ist (**111.1, 112.5**); z. B. besitzt der Körper der komplexen Zahlen keinen echten algebraischen Erweiterungskörper.

5. Jede Größe des Körpers $K(\alpha)$ können wir als rationale Funktion $h(\alpha)/g(\alpha)$ schreiben, wo $h(\alpha)$ und $g(\alpha)$ Polynome in α mit Koeffizienten aus K bedeuten. Da der Nenner $g(\alpha) \neq 0$ sein muß, darf $g(x)$ nicht durch das irreduzible Polynom $f(x)$ teilbar sein. Auf die teilerfremden Polynome $f(x)$ und $g(x)$ aus $K[x]$ können wir nun den euklidischen Algorithmus (**112.6**) anwenden, welcher uns (**112.9a**) eine Beziehung

$$\varphi(x)\,g(x) + \psi(x)\,f(x) = 1 \qquad (5\text{a})$$

mit gewissen Polynomen $\varphi(x)$ und $\psi(x)$ aus $K[x]$ liefert. Ersetzen wir hier x durch α, so erhalten wir wegen $f(\alpha) = 0$

$$\frac{1}{g(\alpha)} = \varphi(\alpha), \qquad \frac{h(\alpha)}{g(\alpha)} = h(\alpha)\,\varphi(\alpha); \qquad (5\text{b})$$

das zeigt, daß wir jede Größe aus $K(\alpha)$ als Polynom in α (ohne Nenner)

---

[1] Über dem Körper der rationalen Zahlen sind z. B. die Zahlen e und π des komplexen Zahlkörpers transzendent, die Zahl $i = \sqrt{-1}$ algebraisch.

schreiben können; da man ferner jedes Polynom modulo $f(x)$ auf einen Grad $< m$ reduzieren kann,[1] so kann für jede Größe $a \, \varepsilon \, K(\alpha)$ eine Darstellung

$$a = a_0 + a_1 \alpha + a_2 \alpha^2 + \ldots + a_{m-1} \alpha^{m-1}, \qquad a_0, \ldots, a_{m-1} \, \varepsilon \, K \qquad (5c)$$

ermittelt werden. Diese Darstellung ist eindeutig, denn andernfalls würde wieder folgen, daß α bereits einer Gleichung geringeren Grades als m genügt. Man nennt die Größen $1, \alpha, \ldots, \alpha^{m-1}$ eine *Basis* des algebraischen Erweiterungskörpers $K(\alpha)$.

6. Wir können den P-Ring $K[x]$ homomorph auf den Körper $K(\alpha)$ abbilden, indem wir einfach in allen Polynomen von $K[x]$ die Unbestimmte x durch α ersetzen. Aus dem Homomorphiesatz (**115.17**), angewandt auf $K[x] \backsimeq K(\alpha)$, folgt, daß $K(\alpha)$ *isomorph* einem gewissen Restklassenring $K[x]/\mathfrak{a}$ ist, und zwar gewinnen wir das Ideal $\mathfrak{a}$, welches die gewünschte Klasseneinteilung bewirkt, dadurch, daß wir alle Polynome in $K[x]$ aufsuchen, welche auf die Null von $K(\alpha)$ abgebildet werden. Das sind alle durch $f(x)$ teilbaren Polynome und nur diese; d. h. es ist $\mathfrak{a}$ das durch $f(x)$ erzeugte Hauptideal $\mathfrak{a} = (f(x))$. Ist umgekehrt $f(x)$ ein beliebiges irreduzibles Polynom aus $K[x]$, $\mathfrak{a}$ das von von ihm erzeugte Hauptideal, so ist $K[x]/\mathfrak{a}$ ein *Körper*, der isomorph ist dem algebraischen Erweiterungskörper $K(\alpha)$, welcher durch Adjunktion einer Wurzel[2] α der Gleichung $f(x) = 0$ zu K hervorgeht.

7. *Jedes Element β aus $K(\alpha)$ ist ebenfalls algebraisch über K, und zwar höchstens vom Grade m.* Drücken wir nämlich die Potenzen von β nach der Regel (5 c) aus:

$$\beta^i = a_{i1} + a_{i2} \alpha + \ldots + a_{i,\,m-1} \alpha^{m-1}, \qquad a_{ik} \, \varepsilon \, K, \quad i = 1, 2, \ldots, m \qquad (7a)$$

so können wir aus diesen m Gleichungen (eventuell schon aus weniger als m) die Größen $\alpha, \alpha^2, \ldots, \alpha^{m-1}$ eliminieren und erhalten so eine Gleichung

$$c_0 + c_1 \beta + \ldots + c_m \beta^m = 0, \qquad (7b)$$

oder eine Gleichung derselben Art aber geringeren Grades, falls die Determinante $|a_{ik}|$ $(i, k = 1, \ldots, m)$ der Koeffizienten in (7a) verschwindet. Ist diese Determinante nicht null, so ist die linke Seite von

---

[1] Man kann jedes Polynom $g(x)$, dessen Grad $\geq m$ ist, durch $f(x)$ dividieren, und erhält so: $g(x) = q(x) f(x) + r(x)$; der Rest $r(x)$ hat höchstens den Grad $m-1$. Setzt man $x = \alpha$, so folgt $g(\alpha) = r(\alpha)$ in Übereinstimmung mit der Behauptung.

[2] Um welche individuelle Wurzel der Gleichung $f(x) = 0$ es sich handelt, ist dabei gleichgültig; sind $\alpha_1, \ldots, \alpha_m$ die Wurzeln von $f(x) = 0$, so sind die algebraischen Erweiterungskörper $K(\alpha_1), \ldots, K(\alpha_m)$ einander isomorph und können identifiziert werden (**115.16**).

(7b) irreduzibel und $K(\alpha) = K(\beta)$; wir erhalten den nämlichen Erweiterungskörper, gleichgültig, ob wir α oder β adjungieren. β heißt in diesem Falle ein *primitives* Element von $K(\alpha)$. Zum Beweise bemerke man, daß sich unter dieser Voraussetzung aus den $m-1$ ersten Gleichungen (7a) α berechnen läßt.

$$\alpha = d_0 + d_1\beta + \ldots + d_{m-1}\beta^{m-1}, \qquad d_0, \ldots, d_{m-1} \, \varepsilon \, K.$$

Es ist also nicht nur $K(\beta) \subseteq K(\alpha)$, sondern auch $K(\alpha) \subseteq K(\beta)$, also $K(\alpha) = K(\beta)$. Wäre ferner β vom Grade $\mu < m$, so könnte man auf die gleiche Weise folgern, daß α höchstens den Grad μ haben könnte, was nicht wahr ist.

8. Bei unseren Überlegungen sind wir bisher davon ausgegangen, daß bereits ein Oberkörper S vorliege, der die Größe α und damit $K(\alpha)$ enthält. Diese etwas schwerfällige Voraussetzung können wir nun fallen lassen, weil wir jetzt in der Lage sind, den algebraischen Erweiterungskörper $K(\alpha)$ zu *konstruieren*, ohne uns seiner Existenz im voraus versichern zu müssen. Wir gehen von einer beliebigen über K irreduziblen Gleichung $f(x) = 0$ aus und stellen uns die Aufgabe, einen Erweiterungskörper von K zu konstruieren, der eine Wurzel α dieser Gleichung enthält. Das ist eine formale algebraische Aufgabe, die wesentlich von der andern verschieden ist, eine Wurzel dieser Gleichung zu *berechnen*, d. h. sie durch einen unendlichen Dezimalbruch oder eine andere konvergente Reihe darzustellen. Die Berechnung einer Wurzel erfordert einen unendlichen Grenzprozeß,[1] während die Konstruktion des algebraischen Erweiterungskörpers $K(\alpha)$ mit endlich vielen Gedankenschritten erledigt wird.

Der Unterschied zeigt sich auch darin, daß, — wie bereits bemerkt — die Struktur von $K(\alpha)$ gar nichts darüber aussagt, welche individuelle Wurzel der Gleichung $f(x) = 0$ adjungiert wurde. Wir gelangen in jedem Falle zu isomorphen, also algebraisch gleichwertigen Erweiterungskörpern, gleichgültig um welche individuelle Wurzel es sich handelt. Erst die Berechnung der Wurzeln in einem irgendwie *angeordneten* Körper gestattet ihre Unterscheidung oder Individualisierung, indem man nun die Umgebungen feststellen kann, innerhalb welcher die einzelnen Wurzeln liegen.

---

[1] Außerdem müssen noch gewisse Voraussetzungen über dem Grundkörper K, bzw. seinem algebraisch abgeschlossenen Erweiterungskörper C, in dem man die Wurzel berechnen will, erfüllt sein. Vor allem muß ein nach Cauchy konvergenter Grenzprozeß tatsächlich immer zu einem Grenzwert führen, d. h. C muß *stetig* sein (**111.2**). Auch darauf kann man bei der algebraischen Konstruktion von $K(\alpha)$ verzichten.

9. Für die Lösung unserer algebraischen Aufgabe genügt es, daß eine über K irreduzible Gleichung $f(x) = 0$ vorliegt. Der Restklassenring $K[x]/\mathfrak{a}$ mit $\mathfrak{a} = (f(x))$ ist dann bereits der gesuchte algebraische Erweiterungskörper, in dem die Gleichung $f(x) = 0$ eine Wurzel besitzt; in der Tat ist die Restklasse modulo $\mathfrak{a}$, in welcher sich das Element x befindet, eine Wurzel dieser Gleichung. Nichts hindert uns, ihr die neue Bezeichnung α zu erteilen und so den Restklassenring $K[x]/\mathfrak{a}$ mit dem Körper $K(\alpha)$ zu identifizieren.

10. Wir können nun mehrere algebraische Erweiterungen eines Körpers K entweder hintereinander oder gleichzeitig vornehmen. Es sei etwa β eine über $K(\alpha)$ algebraische Größe des Grades μ, welche einer in $K(\alpha)$ irreduziblen Gleichung

$$g(\beta) = C_0 + C_1 \beta + \ldots + C_\mu \beta^\mu = 0, \qquad C_i \, \varepsilon \, K(\alpha)$$

genügt. Die Elemente γ dieses neuen Erweiterungskörpers, den wir gleich mit $K(\alpha, \beta)$ bezeichnen dürfen, gestatten eine eindeutige Darstellung

$$\gamma = \Sigma c_{ik} \, \alpha^i \beta^k, \quad c_{ik} \, \varepsilon \, K, \quad i = 0, 1, \ldots, m{-}1 \quad k = 0, 1, \ldots, \mu - 1$$

in der $\mu \, m$-gliedrigen Basis $1, \alpha, \beta, \ldots, \alpha^i \beta^k, \ldots, \alpha^{m-1} \beta^{\mu-1}$. Daraus folgt wieder, daß jedes Element von $K(\alpha, \beta)$ algebraisch von einem Grade $\leq \mu \, m$ über K ist. Insbesondere ist auch β algebraisch, d. h. *eine Größe, die algebraisch vom Grade μ über einer algebraischen Erweiterung des Grades m von K ist, ist auch algebraisch über K von einem Grade $\leq \mu \, m$.*

11. Wir wollen jetzt in Verallgemeinerung der Definition **4** einen Oberkörper K^* von K eine *endliche (algebraische) Erweiterung des Grades m* von K nennen, wenn K^* eine *Basis* $u_1, \ldots, u_m$ besitzt, derart, daß jedes Element γ aus K^* sich *eindeutig* so darstellen läßt:

$$\gamma = c_1 u_1 + \ldots + c_m u_m, \qquad c_i \, \varepsilon \, K. \tag{11a}$$

Die Größen $u_1, \ldots u_m$ sind Elemente von K^*, die linear unabhängig (**116.1**) über K sein müssen, weil sonst die Darstellung (11a) nicht eindeutig wäre. Wir werden zeigen, daß diese Definition in Wirklichkeit mit der ursprünglichen **4** übereinstimmt, d. h. daß in K^* ein primitives Element γ vorkommt, so daß $K^* = K(\gamma)$ ist.

12. Bedeuten $v_1, \ldots, v_m$ ebenfalls über K linear unabhängige Elemente aus K^*, so hängen sie mit den $u_1, \ldots, u_m$ durch eine lineare homogene Substitution

$$v_i = \Sigma d_{ij} u_j, \qquad d_{ij} \, \varepsilon \, K, \qquad |d_{ij}| \neq 0, \qquad i, j = 1, \ldots, m, \tag{12a}$$

zusammen und bilden auch eine Basis von K^* über K. Umgekehrt liefert jede solche Substitution wieder eine Basis. *Es gibt in K^* niemals mehr als m linear unabhängige Elemente über K; jede kleinere Anzahl von linear unabhängigen Elementen kann zu einer Basis ergänzt werden.*[1] In der Tat braucht man in diesem Falle nur die Substitutionsmatrix (12a) zu einer nicht singulären quadratischen Matrix zu ergänzen.

13. Wir beweisen jetzt den bereits angekündigten Satz: *Jede endliche algebraische Erweiterung K^* des Grades m von K enthält ein primitives Element γ, so daß $K^* = K(\gamma)$ ist und $1, \gamma, \ldots, \gamma^{m-1}$ eine Basis von K^* über K vorstellt.*[2]

14. Gibt es nämlich in K^* ein Element u, welches den Grad m erreicht, so sind $1, u, \ldots, u^{m-1}$ linear unabhängig über K und bilden eine Basis von K^* über K. Es ist dann $K^* = K(u)$ und unsere Behauptung erwiesen. Wir wollen daher annehmen, es gäbe in K^* kein Element, dessen Grad größer als $\sigma < m$ sei. Das Element u habe den Grad σ und genüge der irreduziblen Gleichung des Grades σ

$$f(u) = 0. \tag{14a}$$

Da $K(u) \subset K^*$ ist, gibt es in K^* ein Element v, das nicht in $K(u)$ vorkommt. Wir bilden mit einer Unbestimmten λ die Größe

$$\gamma = u + \lambda v. \tag{14b}$$

Drücken wir $\gamma^0 = 1, \gamma, \gamma^2, \ldots$ durch eine Basis von K^* aus und eliminieren die Elemente der Basis, so sehen wir, daß γ Wurzel einer gewissen irreduziblen Gleichung $F(\lambda, \gamma) = 0$ ist, deren linke Seite ein Polynom in λ und γ mit Koeffizienten aus K ist, das bezüglich γ voraussetzungsgemäß höchstens den Grad σ hat.[3] Wir dürfen schreiben

$$F(\lambda, \gamma) = f_0(\gamma) + \lambda f_1(\gamma) + \lambda^2 f_2(\gamma) + \cdots + \lambda^t f_t(\gamma) = 0. \tag{14c}$$

Diese Gleichung gilt für jede Spezialisierung von λ in K, insbesondere für $\lambda = 0$; das gibt

---

[1] Das ist der sogenannte „Austauschsatz" von *Steinitz*.

[2] Vgl. *v. d. Waerden*, Moderne Algebra, 1. Aufl., Bd. 1, S. 120. Mit Hilfe des Begriffes „konjugierte Größen" kann der Beweis dieses Satzes vereinfacht werden.

[3] Das gilt auch für *unbestimmtes* λ; denn ist $u_1, \ldots, u_m$ eine Basis von K^* über K, so hat man zunächst
$$\gamma^i = \Sigma\, c_{ij}(\lambda)\, u_j, \quad c_{ij}(\lambda)\, \varepsilon\, K[\lambda], \quad i = 0, 1, \ldots, \sigma; \quad j = 0, 1, \ldots, m;$$
die Matrix $(c_{ij}(\lambda))$ hat für jeden speziellen Wert von λ höchstens den Rang $\sigma-1$; daher müssen die σ-reihigen Determinanten dieser Matrix, welche Polynome in λ sind, *identisch* verschwinden, weil sie sonst nur für eine endliche Anzahl spezieller Werte von λ verschwinden könnten. Also hat die Matrix $(c_{ij}(\lambda))$ auch für unbestimmtes λ höchstens den Rang $\sigma-1$ und das besagt, daß die Größen $1, \gamma, \ldots, \gamma^\sigma$ auch für unbestimmtes λ linear abhängig sind.

$$F(0, u) = f_0(u) = 0;$$

$f_0(u)$ ist entweder identisch null, dann könnten wir in (14c) den Faktor λ wegheben und von neuem beginnen, oder $f_0(u)$ ist durch das irreduzible Polynom (14a) teilbar; da aber der Grad von $f_0(u)$ höchstens σ ist, so muß $f_0(u)$ bis auf einen konstanten Faktor mit $f(u)$ zusammenfallen, und daher muß gelten

$$f'_0(u) \neq 0. \tag{14d}$$

Entwickeln wir nun in (14c) alle Glieder nach λ, so erhalten wir **(112.18)**

$$F(\lambda, \gamma) = f_0(u) + \lambda\,[v\,f'_0(u) + f_1(u)] + \ldots = 0,$$

wo nur noch Glieder höherer Ordnung in λ folgen. Diese Gleichung muß identisch in λ gelten, d. h. es müssen alle Koeffizienten verschwinden, insbesondere der Koeffizient von λ; das gibt mit Rücksicht auf (14d)

$$v = -f_1(u)/f'_0(u) \quad \varepsilon \quad K(u)$$

entgegen unserer Voraussetzung, daß v nicht in $K(u)$ vorkomme. Damit ist unser Satz bewiesen, λ kann immer so gewählt werden, daß die Größe (14b) primitiv ist.[1]

15. Es sind also alle endlichen Erweiterungen eines Körpers K, insbesondere solche Erweiterungen, die durch Adjunktion mehrerer algebraischer Größen bewirkt werden, *einfache* algebraische Erweiterungen, d. h. sie können durch Adjunktion einer einzigen primitiven Größe erzeugt werden.

16. Ein Oberkörper K^* von K, der keine endliche Basis besitzt, ist entweder eine *unendliche algebraische Erweiterung*, wenn jedes Element von K^* algebraisch über K ist; z. B. ist der algebraisch abgeschlossene Körper im allgemeinen eine unendliche algebraische Erweiterung des Ausgangskörpers; oder K^* ist eine transzendente Erweiterung von K, wenn K^* wenigstens eine bezüglich K transzendente Größe enthält; z. B. ist der komplexe Zahlkörper eine transzendente Erweiterung des rationalen Zahlkörpers **(116.2)**.

---

[1] Beim Beweise wurde außer den Eigenschaften, welche K als Körper zukommen, noch benützt, daß K unendlich viele Elemente enthalte und daß eine irreduzible Gleichung $f(x) = 0$ mit ihrer Ableitung $f'(x)$ keine Wurzel gemein habe (daß also $f'(x)$ nicht identisch verschwinde). Diese Eigenschaften sind bei Körpern der Charakteristik null, welche den rationalen Zahlkörper als Primkörper enthalten, immer verwirklicht. Andere Körper haben wir aber aus unseren Betrachtungen grundsätzlich ausgeschlossen.

17. Es sei x_1 eine transzendente Größe von K^* über K, und es sei K^* auch noch transzendent über $K(x_1)$; x_2 sei ferner eine transzendente Größe[1] von K^* über $K(x_1)$; ist K^* auch noch transzendent über $K(x_1, x_2)$, so können wir in der gleichen Weise fortfahrend immer neue Größen $x_1, x_2, \ldots, x_n, \ldots$ ermitteln, so daß immer x_{n+1} transzendent über $K(x_1, \ldots x_n)$ ist. Wir werden es immer mit Körpern zu tun haben, wo diese Reihe nicht ins Unendliche fortgesetzt werden kann, sondern nach einer gewissen Zahl von Schritten deshalb zum Abschluß kommt, weil K^* algebraisch über $K(x_1, \ldots, x_d)$ ist. Man sagt dann, K^* habe den *Transzendenzgrad* oder die *Dimension* d über K. Es ist wichtig zu zeigen, daß *diese Zahl d unabhängig von der speziellen Auswahl der transzendenten Größen $x_1, \ldots, x_d$ ist.*

18. In der Tat, es seien $x_1, \ldots, x_d$ *voneinander unabhängige transzendente Größen* oder kurz *algebraisch unabhängig* über K, d. h. solche Größen, welche keinerlei Gleichung $f(x_0, \ldots, x_d) = 0$ mit (nicht verschwindenden) Koeffizienten aus K genügen, und es sei K^* algebraisch über $K(x_1, \ldots, x_d)$. Irgendeine Größe y_1 aus K^* genügt dann einer irreduziblen Gleichung

$$f(Y, x_1, \ldots, x_d)_{Y=y_1} = 0, \qquad f \,\varepsilon\, K[Y, x_1, \ldots, x_d], \qquad (18a)$$

deren Grad bezüglich Y mindestens 1 ist.

Es seien nun $y_1, \ldots, y_\delta$ ebenfalls algebraisch unabhängige Größen aus K^* über K. Dann müssen wir zeigen, daß $\delta \leq d$ ist und daß im Falle $\delta = d$　K^* algebraisch über $K(y_1, \ldots, y_d)$ ist.

19. Die Gleichung (18a) muß mindestens eine Variable x, etwa x_1 wirklich enthalten, weil sonst y_1 algebraisch über K wäre. Wir behaupten, daß $y_1, x_2, \ldots, x_d$ algebraisch unabhängig sind und daß K^* algebraisch über $K(y_1, x_2, \ldots, x_d)$ ist. Wäre das erste nämlich nicht wahr, so gäbe es eine irreduzible Gleichung

$$g(Y, x_2, \ldots, x_d)_{Y=y_1} = 0, \quad g \,\varepsilon\, K[Y, x_2, \ldots, x_d], \qquad (19a)$$

die von ihnen erfüllt wird. Diese steht aber in Widerspruch zu (18a), mit der sie bis auf einen konstanten Faktor übereinstimmen müßte, was wegen Fehlens der Variablen x_1 in (19a) nicht möglich ist.

Ferner sei z eine beliebige Größe aus K^* und

$$h(Z, x_1, \ldots, x_d)_{Z=z} = 0, \quad h \,\varepsilon\, K[Z, x_1, \ldots, x_d] \qquad (19b)$$

---

[1] x_2 ist natürlich auch transzendent über K; es ist aber nicht umgekehrt jede transzendente Größe über K auch noch transzendent über $K(x_1)$, z. B. x_1 selbst.

die irreduzible Gleichung, welcher z als algebraische Größe über $K(x_1, \ldots, x_d)$ genügt. Enthält (19b) die Variable x_1 nicht, so zeigt (19b) bereits, daß unserer Behauptung entsprechend z algebraisch über $K(y_1, x_2, \ldots, x_d)$ ist. Andernfalls können wir x_1 aus (18a) und (19b) eliminieren, indem wir deren linke Seite als Elemente des P-Ringes $K(Z, Y, x_2, \ldots, x_d)[x_1]$ betrachten und den euklidischen Algorithmus (112.6) darauf anwenden. Da f und h teilerfremd sind, erhalten wir (112.16)

$$\varphi f + \psi h = \chi, \quad \varphi \text{ und } \psi \; \varepsilon \; K[Z, Y, x_1, \ldots, x_d], \quad \chi \; \varepsilon \; K[Z, Y, x_2, \ldots, x_d].$$
$$(19c)$$

Nun erfüllen die Größen $x_1, \ldots, x_d$, y_1, z des Körpers K^* die Gleichungen $f = 0$ und $h = 0$, also auch $\chi = 0$. χ enthält die Variable z wirklich, weil die algebraische Unabhängigkeit von $y_1, x_2, \ldots, x_d$ bereits feststeht. Damit ist bewiesen, daß jedes Element z von K^*, und damit K^* selbst algebraisch über $K(y_1, x_2, \ldots, x_d)$ ist, so wie behauptet worden ist.

Dieselben Überlegungen fortsetzend können wir y_2 gegen eine andere Variable, etwa x_2 austauschen und so fort bis y_δ. Daher kann δ niemals größer als d sein; ist $\delta < d$, so sind[1] $y_1, \ldots, y_\delta, x_{\delta+1}, \ldots, x_d$ algebraisch unabhängig und K^* algebraisch über $K(y_1, \ldots, y_\delta, x_{\delta+1}, \ldots, x_d)$. Insbesondere ist im Falle $\delta = d$ K^* algebraisch über $K(y_1, \ldots, y_d)$. In jedem andern Fall kann die Anzahl δ auf d algebraisch unabhängige Größen ergänzt werden, niemals aber d übersteigen.

20. Ein Oberkörper K^* über K von endlichem Transzendenzgrad d ist also eine algebraische Erweiterung der rein transzendenten Erweiterung $K(x_1, \ldots, x_d)$; K^* kann aus K durch d transzendente Erweiterungen und eine anschließende algebraische Erweiterung gewonnen werden. Wir werden fast ausschließlich solche Fälle zu untersuchen haben, wo die anschließende algebraische Erweiterung endlich ist. Wie wir soeben sahen, ist der Transzendenzgrad d unabhängig von der Auswahl der transzendenten Größen $x_1, \ldots, x_d$ ebenso ist bei einer rein algebraischen Erweiterung der Grad der Erweiterung ganz unabhängig davon, durch welche spezielle Adjunktionen sie erwirkt wird, da die Anzahl der Elemente einer Basis immer dieselbe bleibt (116.12). Das ist bei einer gemischten transzendenten und algebraischen

---

[1] Es kann sein, daß eine Umnumerierung der Variablen notwendig war. Wesentlich ist, daß die δ Variablen y_i sich immer durch Hinzufügen von $d{-}\delta$ Variablen x_j zu einem vollständigen System algebraisch unabhängiger Variablen ergänzen lassen.

Erweiterung K^* von K nicht mehr richtig; wohl steht der Transzendenzgrad von K^* über K fest, aber der Grad der anschließenden algebraischen Erweiterung hängt weitgehend von der Auswahl der transzendenten Größen ab, welche zuerst adjungiert wurden.

21. Wir können z. B. den Körper $K^* = K(x, \sqrt{1-x^2})$ dadurch gewinnen, daß wir zunächst die Transzendente x zu K adjungieren und darauf die algebraische Größe $y = \sqrt{1-x^2}$ des Grades 2 hinzunehmen, welche der über $K(x)$ irreduziblen Gleichung $y^2 + x^2 - 1 = 0$ genügt. Denselben Körper K^* können wir aber auch durch Adjunktion einer einzigen transzendenten Größe, nämlich $z = \dfrac{\sqrt{1-x^2}}{1-x}$ herstellen.
Denn es ist

$$z^2 = \frac{1+x}{1-x}, \quad x = \frac{z^2-1}{z^2+1}, \quad \sqrt{1-x^2} = \frac{2z}{z^2+1};$$

daher gilt

$$K^* = K(x, \sqrt{1-x^2}) = K\left(\frac{\sqrt{1-x^2}}{1-x}\right). \tag{21a}$$

Diese Beispiele können nach Belieben vermehrt werden. Dagegen kann der Körper $K(x, \sqrt{1-x^3})$ in keiner Weise durch eine einfache transzendente Erweiterung gewonnen werden.[1]

22. Wie man sieht, sind die Möglichkeiten hier unerschöpflich und auf den ersten Blick ganz unübersehbar. Es ist gerade die vornehmlichste Aufgabe der algebraischen Geometrie, hier Ordnung und Übersicht hineinzubringen. Da die Diskussion der Eigenschaften einer algebraischen Körpererweiterung im allgemeinen um so schwieriger ist, je höher ihr Grad ist, wird man bestrebt sein, die vorausgehenden transzendenten Erweiterungen in geschickter Weise so auszuwählen, daß die schließlich noch auszuführende algebraische Körpererweiterung entweder ganz überflüssig oder doch so niedrig wie möglich wird.

23. Genau so wie wir eine endliche algebraische Erweiterung von K mit dem Restklassenring eines passenden Ideals $\mathfrak{a}$ im P-Ring $K[x]$ identifizieren können (6), so können wir auch in den eben besprochenen

---

[1] In diesem Falle sind nämlich x und $y = \sqrt{1-x^3}$ durch die Gleichung $y^2 + x^3 - 1 = 0$ verknüpft, die eine elliptische Kurve (des Geschlechtes 1) darstellt. Wäre $K(x, y) = K(z)$, so hätte man vermöge $z = \varphi(x, y)$, $x = \psi(z)$, $y = \chi(z)$ eine eineindeutige Abbildung der elliptischen Kurve auf eine Gerade, die, wie wir sehen werden, nicht möglich ist.

allgemeinen Fällen K^* dem Restklassenring eines gewissen Ideals $\mathfrak{a}$ im P-Ring $K(x_1, \ldots, x_d)[x_{d+1}]$ gleichsetzen; denn K^* ist eine einfache algebraische Erweiterung des Körpers $K(x_1, \ldots, x_d)$. Es ist aber bequemer, im P-Ring $K[x_1, \ldots, x_{d+1}]$ zu arbeiten und das Ideal $\bar{\mathfrak{a}}$ desselben zu betrachten, welches aus $\mathfrak{a}$ entsteht, wenn man alles durch Multiplikation mit dem Hauptnenner ganz macht. Man kann auch sagen

$$\bar{\mathfrak{a}} = \mathfrak{a} \cap K[x_1, \ldots, x_{d+1}].$$

Das Ideal $\bar{\mathfrak{a}}$ ist ebenso wie $\mathfrak{a}$ Hauptideal; es wird durch das Polynom $f(x_1, \ldots, x_{d+1})$ erzeugt, dessen Nullsetzen die algebraische Abhängigkeit der Größe x_{d+1} von den algebraisch unabhängigen Größen $x_1, \ldots, x_d$ dokumentiert. Der Restklassenring $\mathfrak{o} = K[x_1, \ldots, x_{d+1}]/\bar{\mathfrak{a}}$ ist ein Integritätsbereich,[1] dessen Quotientenkörper isomorph K^* ist. Das wird leicht durch Wiederholung der schon öfter durchgeführten Überlegungen bestätigt; denn jedes Polynom g aus $K[x_1, \ldots, x_{d+1}]$ kann modulo f so reduziert werden, daß es bezüglich x_{d+1} höchstens den Grad $s-1$ erreicht, wo s den Grad von f bezüglich x_{d+1} bedeutet. Falls f nicht regulär hinsichtlich x_{d+1} ist, muß man, um diese Reduktion ausführen zu können, allenfalls g noch mit einem von x_{d+1} unabhängigen Polynom multiplizieren, bzw. dieses Polynom als Nenner zulassen. So erhält man

$$g \equiv a_0 + a_1 x_{d+1} + \ldots + a_{s-1} x_{d+1}^{s-1} \text{ (modulo } f), \quad a_i \,\varepsilon\, K(x_1, \ldots, x_d). \quad \text{(23a)}$$

Ferner liefert der euklidische Algorithmus, angewandt auf f und ein durch f nicht teilbares Polynom h

$$\varphi f + \psi h = \chi, \quad \varphi \text{ und } \psi \,\varepsilon\, K[x_1, \ldots, x_{d+1}], \quad \chi \,\varepsilon\, K[x_1, \ldots, x_d]; \quad \text{(23b)}$$

daraus folgert man

$$\psi h \equiv \chi \quad \text{oder} \quad \frac{1}{h} \equiv \frac{\psi}{\chi} \quad \text{(modulo } f). \qquad \text{(23c)}$$

Man kann also jedes Element des *Restklassenkörpers*[2] modulo f durch ein Polynom in der Gestalt (23a) charakterisieren. Die Polynome (23a) sind aber gleichzeitig auch die Vertreter der Restklassen des Restklassenringes $K(x_1, \ldots, x_d)[x_{d+1}]/\mathfrak{a}$, dessen Isomorphie mit K^* bereits

---

[1] Hätte $\mathfrak{o}$ Nullteiler, so gäbe es zwei Polynome g_1 und g_2, deren Produkt in $\bar{\mathfrak{a}}$ liegt, d. h. durch f teilbar ist, ohne daß dies bereits für einen Faktor gilt, d. h. das Polynom f wäre nicht irreduzibel.

[2] Der *Restklassenkörper* eines Primideals ist der Quotientenkörper (003) seines Restklassenringes.

feststeht; also ist auch der Restklassenkörper des Primideals $\bar{\mathfrak{a}}$ in $K[x_1, \ldots,$ $x_{d+1}]$ isomorph K^*. Wir können das gewonnene Ergebnis so festhalten:

24. *Der Oberkörper K^* über K habe die endliche Dimension d und einen endlichen algebraischen Grad, d. h. K^* werde aus K durch eine d-dimensionale transzendente und eine nachfolgende endliche algebraische Erweiterung gewonnen. Dann gibt es ein Hauptideal $\mathfrak{a} = (f)$ in $K[x_1, \ldots, x_{d+1}]$, dessen Restklassenkörper isomorph K^* ist.* Das Ideal $\mathfrak{a}$ ist nicht eindeutig bestimmt, sondern hängt in weitem Maße von der Auswahl der zuerst adjungierten transzendenten Größen ab. Damit haben wir aber die vorhandenen Möglichkeiten noch keineswegs ausgeschöpft; denn wir können ja die schließliche algebraische Erweiterung auch in mehreren Schritten vornehmen; wir kommen dann, wenn wir die bisherigen Überlegungen sinngemäß verallgemeinern, zu P-Idealen $\mathfrak{a}$ in P-Ringen $K[x_1, \ldots, x_n]$ mit $n > d + 1$ Variablen, die Primideale sind und deren Restklassenkörper isomorph K^* sind.

So stehen uns eine große Anzahl von Wegen offen, Oberkörper von vorgegebener Struktur zu konstruieren. Es ist geradezu die wichtigste Aufgabe der algebraischen Geometrie, diese Wege zu registrieren und die Beziehungen zu erforschen, in denen die Primideale derselben oder verschiedener P-Ringe zueinander stehen, deren Restklassenkörper zueinander isomorph sind.

25. In diesem Zusammenhang ist oft die Frage zu beantworten, ob gewisse vorgegebene Elemente eines P-Ringes $K[x_1, \ldots, x_n]$ algebraisch unabhängig (über K) sind oder nicht. Diese Frage beantwortet der Satz: *Die Polynome $f_1, \ldots, f_n$ des P-Ringes $K[x_1, \ldots, x_n]$ sind dann und nur dann algebraisch unabhängig (über K), wenn ihre Jacobische Determinante $\left| f'_{ik} \right| \neq 0$ ist.*[1]

Sind nämlich die Polynome $f_1, \ldots, f_n$ algebraisch abhängig, so existiert eine Beziehung

$$G(f_1, \ldots, f_n) = 0,$$

wo G ein (nicht identisch verschwindendes) Polynom mit Koeffizienten aus K bedeutet. Durch Differentiation nach der Variablen x_k erhält man daraus[2]

$$\Sigma\, G'_i f'_{ik} = 0, \qquad i, k = 1, \ldots, n; \qquad G'_i = \frac{\partial G}{\partial f_i}, \qquad f'_{ik} = \frac{\partial f_i}{\partial x_k}\ .$$

---

[1] Es bedeutet $f'_{ik} = \dfrac{\partial f_i}{\partial x_k}$, $i, k = 1, 2, \ldots, n$.

[2] Die Summationen erstrecken sich, wenn nichts weiter angegeben ist, immer über die doppelt vorkommenden Indizes und über die Zahlen $1, \ldots, n$.

Da die G_i' nicht alle null sind (d. h. G enthält mindestens ein f_i), so muß $|f_{ik}'| = 0$ sein. Sind dagegen die Polynome $f_1, \ldots, f_n$ algebraisch unabhängig, so ist $K(x_1, \ldots, x_n)$ nach **116.17** algebraisch über $K(f_1, \ldots f_n)$ usw.; es existieren Gleichungen

$$G_i(x_i, f_1, \ldots, f_n) = 0, \qquad i = 1, \ldots, n,$$

welche die algebraische Abhängigkeit der Variablen x_i von den Größen $f_1, \ldots, f_n$ dokumentieren. Differentiation nach der Variablen x_k liefert

$$[i, k] G_{i0}' + \Sigma G_{ij}' f_{jk}' = 0, \qquad i, j, k = 1, \ldots, n \ ^1$$

mit $G_{i0}' = \dfrac{\partial G_i}{\partial x_i}, \ \ G_{ij}' = \dfrac{\partial G_i}{\partial f_j}$; setzt man zur Abkürzung $\varphi_{ij} = -\dfrac{G_{ij}'}{G_{i0}'}$, so lauten diese Gleichungen:

$$\Sigma \varphi_{ij} f_{jk}' = [i, k] \ .$$

In Determinantenform geschrieben lautet dies $|\varphi_{ij}| \, |f_{ik}'| = 1$, woraus $|f_{ik}'| \neq 0$ folgt.[2]

26. Handelt es sich um s Polynome $f_1, \ldots, f_s$ aus $K[x_1, \ldots, x_n]$, so sind sie sicher algebraisch abhängig (**19**), falls $s > n$ ist. Ist dagegen $s < n$, so sind sie algebraisch unabhängig oder abhängig, je nachdem die Matrix (f_{ik}') den Rang s oder $< s$ hat. Das folgt sofort aus **25**, wenn man berücksichtigt, daß nach **19** die Polynome $f_1, \ldots, f_s$, wofern sie algebraisch unabhängig sind, durch $n - s$ passend gewählte Variable x_i auf n algebraisch unabhängige Polynome ergänzt werden können; sind sie dagegen algebraisch abhängig, so ist das nicht möglich.

§ 2. Nullstellentheorie der Polynomideale.

121. Nullstellen und Nullstellengebilde eines P-Ideals.

1. Unter einer *Nullstelle* eines P-Ideals $\mathfrak{a}$ im P-Ring $K[x_1, \ldots, x_n]$ verstehen wir ein System $\{\xi_1, \ldots, \xi_n\}$ von Zahlen aus dem Konstantenkörper K (oder aus einer algebraischen Erweiterung von K, falls K nicht algebraisch abgeschlossen ist), für welches jedes Polynom $f(x_1, \ldots, x_n)$ des Ideals $\mathfrak{a}$ verschwindet:

$$f(\xi_1, \ldots, \xi_n) = 0.$$

---

[1] Das Symbol $[i, k]$ hat die Bedeutung: $[i, k] = \begin{cases} 0 \text{ wenn } i \neq k, \\ 1 \text{ wenn } i = k. \end{cases}$

[2] Die Matrix (φ_{ij}) ist also die zu (f_{ik}') inverse Matrix, da ihr Produkt die Einheitsmatrix liefert.

Hat das Ideal die Basisdarstellung $\mathfrak{a} = (f_1, \ldots, f_s)$, so ist $\{\xi_1, \ldots, \xi_n\}$ dann und nur dann Nullstelle von $\mathfrak{a}$, wenn es Nullstelle sämtlicher Basispolynome ist:

$$f_1(\xi_1, \ldots, \xi_n) = 0, \quad \ldots \ldots, \quad f_s(\xi_1, \ldots, \xi_n) = 0.$$

2. Die Menge aller Nullstellen eines P-Ideals $\mathfrak{a}$ heißt das Nullstellengebilde (NG) von $\mathfrak{a}$, kurz $NG(\mathfrak{a})$. Man kann die Nullstellen $\{\xi_1, \ldots, \xi_n\}$ eines Ideals als Punkte eines affinen Raumes R_n deuten und auf diese Weise mit dem Begriff des NG eine räumliche Anschauung verknüpfen; z. B. ist das NG des Ideals $(a_1 x_1 + a_2 x_2 + a_3)$ diejenige Gerade im R_2, deren Punkte $\{\xi_1, \xi_2\}$ die Gleichung $a_1 \xi_1 + a_2 \xi_2 + a_3 = 0$ befriedigen; das NG des Ideals $(x_1^2 + x_2^2 - 1)$ ist der Einheitskreis mit dem Zentrum im Ursprung usw.

3. Bei einem Hauptideal $\mathfrak{a} = (f)$ kann man im allgemeinen $n - 1$ Zahlen $\xi_1, \ldots, \xi_{n-1}$ willkürlich vorgeben und man erhält dann die letzte Zahl ξ_n der Nullstelle durch Auflösung der Gleichung

$$f(\xi_1, \ldots, \xi_{n-1}, x_n) = 0. \tag{3a}$$

Je nach dem Grade von f in x_n wird man mehrere Werte ξ_n ermitteln können, welche $\xi_1, \ldots, \xi_{n-1}$ zu einer Nullstelle ergänzen. Von dieser Regel gibt es aber Ausnahmen, denn es kann vorkommen, daß die Gleichung (3a) bei einer gewissen Vorgabe $\xi_1, \ldots, \xi_{n-1}$ identisch verschwindet, also keine Bedingung für x_n liefert, oder daß sie einen Widerspruch enthält, der durch keinen Wert von x_n beseitigt werden kann; z. B. wird

$$f = x_1 x_3 + x_2 - 1 = 0 \tag{3b}$$

für $\xi_1 = 0, \xi_2 = 1$ identisch null und besitzt folglich alle Nullstellen $\{0, 1, \xi\}$ mit beliebigen $\xi \, \varepsilon \, K$; dagegen kann die Vorgabe $\xi_1 = \xi_2 = 0$ in keiner Weise zu einer Nullstelle ergänzt werden. Ist aber f regulär in bezug auf x_n (**114.**7), so können diese Ausnahmsfälle nicht eintreten und man kann sicher sein, daß jede Vorgabe $\xi_1, \ldots, \xi_{n-1}$ auf mindestens eine Weise zu einer Nullstelle von f ergänzt werden kann.

4. Ist f nicht von vorneherein regulär in bezug auf x_n, so kann man dies leicht erreichen, indem man die Variablen x_i einer allgemeinen linearen homogenen Transformation unterwirft, etwa der folgenden

$$x_1 = y_1 + u_1 y_n, \ldots, x_{n-1} = y_{n-1} + u_{n-1} y_n, x_n = u_n y_n. \tag{4a}$$

Setzt man dies in $f(x)$ ein, so erhält man ein Polynom $g(y)$ vom selben Grad m wie $f(x)$, in dem das Glied y_n^m mit dem Koeffizienten $f_m(u_1, \ldots, u_n)$ behaftet ist: dabei bedeutet f_m den homogenen Bestandteil des Grades m

von f. Es genügt also, für die u_i solche Zahlen aus K einzusetzen, daß $u_n \neq 0$ und $f_m(u_1, \ldots, u_n) \neq 0$ ausfällt; dann ist das transformierte Polynom $g(y)$ regulär in bezug auf y_n.[1] Wir können offenbar die Transformation (4a) auch immer so wählen, daß nicht nur ein Polynom $f(x)$, sondern sogar s Polynome $f_1(x), \ldots, f_s(x)$ in Polynome $g_1(y), \ldots, g_s(y)$ transformiert werden, welche alle regulär in bezug auf y_n sind.

5. Offenbar entspricht jeder Nullstelle $\{\eta_1, \ldots, \eta_n\}$ des transformierten Polynoms $g(y)$ eine Nullstelle $\{\xi_1, \ldots, \xi_n\}$ des ursprünglichen Polynoms $f(x)$, welche durch Einsetzen in (4a) berechnet wird:

$$\xi_1 = \eta_1 + u_1 \eta_n, \ldots, \qquad \xi_{n-1} = \eta_{n-1} + u_{n-1} \eta_n, \qquad \xi_n = u_n \eta_n; \qquad (5a)$$

umgekehrt entspricht jeder Nullstelle $\{\xi_1, \ldots, \xi_n\}$ eine Nullstelle $\{\eta_1, \ldots, \eta_n\}$, die man mit Hilfe der inversen Transformation berechnet:

$$\eta_1 = \xi_1 - \frac{u_1}{u_n} \xi_n, \ldots, \qquad \eta_{n-1} = \xi_{n-1} - \frac{u_{n-1}}{u_n} \xi_n, \qquad \eta_n = \frac{1}{u_n} \xi_n. \qquad (5b)$$

Das gilt natürlich nicht nur für die spezielle Transformation (4a), sondern für jede allgemeinen Transformation mit nicht verschwindender Determinante

$$x_i = \Sigma\, a_{ik}\, y_k, \quad i, k = 1, \ldots, n; \quad |a_{ik}| \neq 0,\,^2 \qquad (5c)$$

deren inverse Transformation wir regelmäßig so schreiben:

$$y_k = \Sigma\, \hat{a}_{ki}\, x_i; \qquad (5d)$$

es bedeutet also $(\hat{a}_{ki})$ die zu (a_{ik}) inverse oder reziproke Matrix,[3] deren Elemente die Gleichungen erfüllen:

$$\Sigma\, a_{ik}\, \hat{a}_{kl} = [i, l], \qquad \Sigma\, \hat{a}_{ki}\, a_{il} = [k, l].\,^2 \qquad (5e)$$

6. Übt man die Transformation (5c) nicht nur auf ein einzelnes Polynom, sondern auf alle Polynome eines Ideals $\mathfrak{a}$ in $K[x_1, \ldots, x_n]$ aus, so erhält man ein Ideal $\bar{\mathfrak{a}}$ in $K[y_1, \ldots, y_n]$. Die *NG* dieser beiden Ideale werden durch dieselben Transformationen (5c) und (5d) aufeinander abgebildet, so daß sie sich punktweise eindeutig entsprechen.

7. Das *NG* eines P-Ideals $\mathfrak{a}$ ist keineswegs charakteristisch für $\mathfrak{a}$, denn es gibt noch beliebig viele weitere P-Ideale, welche genau dasselbe *NG* besitzen wie $\mathfrak{a}$, z. B. alle Ideale $\mathfrak{a}^2, \mathfrak{a}^3, \ldots$ Besitzt $\mathfrak{a}$ die Basis

---

[1] Daß entsprechende Werte für die Unbestimmten u innerhalb K existieren, ist evident, weil K unendlich viele Zahlen enthält, während nur endlich viele Werte, nämlich die Wurzeln gewisser algebraischer Gleichungen zu vermeiden sind. Daher wird eine allgemein angesetzte lineare homogene Transformation immer das Gewünschte leisten.

[2] Hinsichtlich des Summenzeichens und des Symbols $[k, l]$ vgl. **116.25**.

[3] Bekanntlich gilt $\hat{a}_{ki} = A_{ik} : A$, wo A_{ik} das Komplement des Elementes a_{ik}, A die Determinante $|a_{ik}|$ bedeuten.

$\mathfrak{a} = (f_1, \ldots, f_s)$, so hat jedes Ideal $\bar{\mathfrak{a}}$, dessen Basis beispielsweise aus Potenzprodukten der Polynome f_i gebildet ist, worunter die reinen Potenzen der f_i selber vorkommen:

$$\bar{\mathfrak{a}} = (f_1^\alpha, \ldots, f_i^\beta f_k^\gamma, \ldots, f_s^\delta)$$

dasselbe NG wie $\mathfrak{a}$. Weitere Beispiele für P-Ideale, die voneinander verschieden sind und doch dasselbe NG besitzen, lassen sich noch auf mancherlei Weise bilden.

8. Das Einheitsideal besitzt offenbar keine Nullstelle, und diese Eigenschaft ist nun auch tatsächlich charakteristisch für das Einheitsideal. Denn es gilt der grundlegende Satz: *Jedes P-Ideal mit einziger Ausnahme des Einheitsideals besitzt mindestens eine Nullstelle.* Den Beweis werden wir im folgenden mit Hilfe der Eliminationstheorie führen.

122. Eliminationstheorie.

1. Wir betrachten zunächst Ideale $\mathfrak{a} = (f, g)$ mit zweigliedriger Basis im P-Ring $K[x]$, wo K ein beliebiger Körper ist. Es gibt sicher eine ganze Zahl $\varkappa$ derart, daß $\mathfrak{a}$ ein Polynom φ des Grades $\varkappa$, aber keines von geringerem Grade enthält. Wenn dieser Grad $\varkappa$ null ist, so enthält $\mathfrak{a}$ eine nicht verschwindende Konstante und ist daher das Einheitsideal.[1] Andernfalls können wir das Polynom niedersten Grades eindeutig durch die Normierung festlegen, daß der höchste Koeffizient 1 sein soll. Gäbe es nämlich noch ein zweites Polynom ψ derselben Art, so wäre ihre Differenz $\varphi - \psi$ höchstens vom Grade $\varkappa - 1$ und ebenfalls in $\mathfrak{a}$ enthalten. Ferner sind alle in $\mathfrak{a}$ enthaltenen Polynome, insbesondere f und g durch φ teilbar; das folgt sofort, wenn man f durch φ dividiert:

$$f = q\,\varphi + \psi;$$

die Division muß aufgehen, d. h. $\psi = 0$ sein, denn sonst enthielte $\mathfrak{a}$ das Polynom ψ, dessen Grad kleiner als $\varkappa$ ist. Das bedeutet, daß $\mathfrak{a} = (\varphi)$, das durch φ erzeugte Hauptideal ist. Die Gleichung $\varphi(x) = 0$ besitzt in K oder in einem passenden algebraischen Erweiterungskörper von K (mindestens) eine Wurzel ξ, welche Nullstelle des Ideals $\mathfrak{a}$ ist.

2. Man kann das Polynom φ, den GGT der Polynome f und g, durch den euklidischen Algorithmus (**112.6—9**) ermitteln. Übersichtlicher ist

---

[1] Es kann $\mathfrak{a} = (1)$ sein, ohne daß die Eins in der Basis auftritt oder dies auf den ersten Blick erkennbar ist; z. B. ist $\mathfrak{a} = (f, fg+1) = (1)$, allgemeiner ist $(f, g) = (1)$, wenn die Basispolynome f und g teilerfremd sind (**112.9**).

folgender Weg, der zeigt, daß die Aufgabe im wesentlichen in der Auflösung eines linearen Gleichungssystems besteht. Die Polynome f, g und φ sind durch folgende Beziehung miteinander verknüpft:

$$h\,f + k\,g = \varphi, \tag{2a}$$

wo h und k Polynome aus $K\,[x]$ bedeuten, deren Grade man $< m$, bzw. $< l$ annehmen darf, wenn l der Grad von f, m derjenige von g ist.[1] Wir können daher die Polynome h und k mit unbestimmten Koeffizienten ansetzen und in die Gleichung (2a) einführen. Multiplizieren wir dann links aus und ordnen nach Potenzen von x, so erhalten wir durch Koeffizientenvergleichung der linken und rechten Seite ein System von $l + m$ Gleichungen, welche linear in den unbekannten Koeffizienten von h und k sind (deren Anzahl insgesamt ebenfalls $l + m$ ist) und rechts die Koeffizienten eines (vorläufig) willkürlichen Polynoms φ enthalten. Ist die Gleichungsdeterminante von null verschieden, so können wir das Gleichungssystem immer auflösen, gleichgültig welches Polynom φ (eines Grades $< l + m$) wir darstellen wollen; insbesondere können wir $\varphi = 1$ setzen. In diesem Falle sind also f und g teilerfremd und $\mathfrak{a} = (1)$.

Wenn jedoch die Determinante verschwindet, so müssen nach den allgemeinen Regeln über die Auflösung eines inhomogenen linearen Gleichungssystems die Koeffizienten des Polynoms φ, welche auf der rechten Seite erscheinen, gewissen linearen Bedingungen genügen, damit eine Lösung existiert. Man muß in einem solchen Falle untersuchen, welche diese Bedingungen sind und für welchen Grad $\varkappa$ sie zum ersten Male durch ein nicht verschwindendes Polynom φ erfüllt werden können. Dieses Polynom stellt dann den *GGT* von f und g dar.

3. Diese Überlegungen führen auf ein übersichtliches Kriterium dafür, daß zwei Polynome aus $K\,[x]$

$$\begin{aligned}
f &= a_0\,x^l + a_1\,x^{l-1} + \ldots + a_l \\
g &= b_0\,x^m + b_1\,x^{m-1} + \ldots + b_m
\end{aligned} \tag{3a}$$

einen Teiler gemeinsam haben, oder, was damit gleichbedeutend ist, daß das Ideal $\mathfrak{a} = (f, g)$ eine Nullstelle besitzt. Zu diesem Zwecke bilden wir die Polynome

---

[1] Wäre beispielsweise der Grad von h größer als m, so könnte man das Polynom q so bestimmen, daß $h_1 = h - qg$ einen Grad $< m$ besitzt; dann besitzt notwendig auch $k_1 = k + qf$ einen Grad $< l$ und es bleibt die Gleichung $h_1\,f + k_1\,g = \varphi$ richtig.

$$x^{m-1}\,f,\ x^{m-2}\,f,\ldots,\,f,\ x^{l-1}\,g,\ x^{l-2}\,g,\ldots,\,g, \tag{3b}$$

deren Anzahl $l+m$ ist; sie erreichen den Grad $l+m-1$ unter der Voraussetzung, daß nicht etwa $a_0=b_0=0$ ist.[1] Wir zeigen nun, daß *die Polynome f und g einen gemeinsamen Teiler besitzen oder teilerfremd sind, je nachdem die Polynome* (3b) *linear abhängig oder unabhängig über K sind.* Im Falle der linearen Abhängigkeit existieren Zahlen $c_0,\ldots,c_{m-1}, d_0,\ldots, d_{l-1}$, die nicht alle null sind und die Identität in x befriedigen

$$c_0 x^{m-1}f + c_1 x^{m-2}f + \ldots + c_{m-1}f + d_0 x^{l-1}g + d_1 x^{l-1}g + \ldots + d_{l-1}g = 0;$$

das können wir kürzer so schreiben:

$$h\,f + k\,g = 0, \tag{3c}$$

wenn wir setzen

$$h = c_0 x^{m-1} + c_1 x^{m-2} + \ldots + c_{m-1}, \quad k = d_0 x^{l-1} + d_1 x^{l-2} + \ldots + d_{l-1}.$$

Also müssen f und g einen Teiler gemeinsam haben, denn andernfalls müßten k durch f und h durch g teilbar sein (**112.10**), was wegen ihrer Grade nicht möglich ist.

Haben umgekehrt f und g einen Teiler φ gemein, so daß

$$f = \varphi f_1, \qquad g = \varphi g_1$$

ist und f_1, bzw. g_1 höchstens die Grade $l-1$, bzw. $m-1$ erreichen, so besteht eine Gleichung (3c) mit $h = g_1$ und $k = -f_1$; das bedeutet aber die lineare Abhängigkeit der Polynome (3b).

Unser Schluß wird hinfällig, wenn die Polynome f und g in Wirklichkeit geringere Grade besitzen, als angegeben ist, d. h., wenn beide Anfangskoeffizienten a_0 und b_0 gleichzeitig verschwinden. Dieser Fall muß also ausdrücklich ausgeschlossen werden.

4. Denkt man sich die Polynome (3b) ausmultipliziert und so untereinander geschrieben, daß gleiche x-Potenzen in derselben Kolonne stehen, so sieht man, daß die notwendige und hinreichende Bedingung für ihre lineare Abhängigkeit im Verschwinden einer gewissen, von ihren Koeffizienten gebildeten Determinante liegt, welche nach *Sylvester* benannt wird:

---

[1] Mindestens eines der beiden Polynome f und g muß den angegebenen Grad l, bzw. m wirklich besitzen.

$$r\,(f,\,g)=
\begin{vmatrix}
a_0 & a_1 \dots\dots\dots\dots\dots a_l & & & & \\
& a_0 & a_1 \dots\dots\dots\dots\dots a_l & & & \\
& & \dots\dots\dots\dots\dots\dots & & & \\
& & a_0 & a_1 \dots\dots\dots\dots a_l & \\
b_0 & b_1 \dots\dots\dots\dots b_m & & & & \\
& b_0 & b_1 \dots\dots\dots\dots b_m & & & \\
& & \dots\dots\dots\dots\dots & & \\
& & b_0 & b_1 \dots\dots\dots\dots b_m &
\end{vmatrix}
\begin{matrix}
\left.\vphantom{\begin{matrix}a\\a\\a\\a\end{matrix}}\right\} m \text{ Zeilen} \\[1em]
\left.\vphantom{\begin{matrix}a\\a\\a\\a\end{matrix}}\right\} l \text{ Zeilen}
\end{matrix}
\qquad (4\mathrm{a})$$

Diese Determinante,[1] deren freie Stellen durch Nullen auszufüllen sind, stellt entwickelt eine Form des Grades m hinsichtlich der Koeffizienten a_i, und des Grades l hinsichtlich der b_i vor. Sie heißt die *Resultante* der beiden Polynome f und g.

5. Multipliziert man die Kolonnen der Determinante (4a) der Reihe nach mit $1, k, k^2, \ldots, k^{l+m-1}$, wo k eine willkürliche Größe ist, und die Zeilen mit $1, k^{-1}, \ldots, k^{-m+1}, 1\, k^{-1}, \ldots, k^{-l+1}$, so läuft das darauf hinaus, daß a_i durch $k^i a_i$ und b_j durch $k^j b_j$ ersetzt wird. Wie man leicht feststellt, hat die Determinante dabei den Faktor k^{lm} erhalten, ohne sonst geändert zu sein. Diesen Fator muß auch jeder einzelne in der Resultante auftretende Term

$$\pm\, a_{i_1} a_{i_2} \ldots a_{i_m}\, b_{j_1} b_{j_2} \ldots b_{j_l} \qquad (5\mathrm{a})$$

annehmen; das ist aber nur dann der Fall, wenn

$$i_1 + i_2 + \ldots + i_m + j_1 + j_2 + \ldots + j_l = l\,m \qquad (5\mathrm{b})$$

ist. Diese Eigenschaft ist gemeint, wenn man sagt, die Resultante sei *isobar vom Gewichte lm* in den a_i und b_j.

6. Zusammenfassend können wir sagen: *Das Ideal* $\mathfrak{a} = (f, g)$ *in* $K\,[x]$ *besitzt genau dann keine Nullstelle, wenn* $\mathfrak{a} = (1)$ *ist; in diesem Falle sind die Polynome f und g teilerfremd. Ist* $\mathfrak{a} \neq (1)$, *so ist* $\mathfrak{a} = (\varphi)$, *nämlich das durch den GGT φ der Polynome f und g erzeugte Hauptideal und besitzt alle Wurzeln von $\varphi = 0$ (und nur diese) als Nullstellen. Das Verschwinden der Resultante ist ein notwendiges und hinreichendes Kriterium dafür, daß entweder die Polynome f und g einen GGT besitzen oder in beiden Polynomen die höchsten Koeffizienten null sind.*[2]

7. Dieses Resultat läßt sich leicht auf Ideale $\mathfrak{a} = (f_1, \ldots, f_s)$ mit mehrgliedriger Basis in $K\,[x]$ ausdehnen. In der Tat gilt der Satz 6

---

[1] Sie ist natürlich identisch mit der Determinante, von der in **2** die Rede war.

[2] Mit anderen Worten, die beiden Polynome erreichen nicht die angegebenen Grade.

bereits für $s = 1, 2$; daher dürfen wir seine Gültigkeit[1] für alle Ideale mit weniger als s Basispolynomen voraussetzen, insbesondere für das Ideal $\bar{\mathfrak{a}} = (f_1, \ldots, f_{s-1})$. Es gilt also $\bar{\mathfrak{a}} = (\bar{\varphi})$, wo $\bar{\varphi}$ den GGT der Polynome $f_1, \ldots, f_{s-1}$ bedeutet, bzw. 1, falls diese Polynome teilerfremd sind. Dann folgt aber $\mathfrak{a} = (\bar{\varphi}, f_s) = (\varphi)$, wo φ den GGT der Polynome $\bar{\varphi}, f_s$, also den GGT der Polynome $f_1, \ldots, f_s$ bedeutet, bzw. 1, falls ein solcher nicht vorhanden ist. Wir können das Resultat so formulieren:

8. *Der P-Ring $K[x]$ über einem beliebigen Konstantenkörper K ist Hauptidealring;[2] jedes Ideal besitzt mindestens eine Nullstelle mit alleiniger Ausnahme des Einheitsideals.*

9. Wir gehen nun zur analogen Untersuchung der Ideale $\mathfrak{a} = (f_1, \ldots, f_s)$ in $R[x]$ über, wo R einen Integritätsbereich mit Eins bedeutet; $K = \dfrac{R}{R}$ sei der Quotientenkörper von R. Offenbar sind die Nullstellen[3] des Ideals $\mathfrak{a}$ identisch mit den Nullstellen des durch dieselbe Basis in $K[x]$ erzeugten Ideals $\bar{\mathfrak{a}}$. Es wird also $\mathfrak{a}$ eine Nullstelle besitzen oder nicht, je nachdem $\bar{\mathfrak{a}} \subset (1)$ oder $= (1)$ ist. Um dies zu ermitteln, bilden wir den Durchschnitt

$$\mathfrak{b} = \mathfrak{a} \cap R.$$

$\mathfrak{b}$ ist ein Ideal des Ringes R, das auch das Nullideal sein kann. Wir nennen $\mathfrak{b}$ das *Eliminationsideal* von $\mathfrak{a}$. Enthält $\mathfrak{b}$ ein Element $a \neq 0$ des Integritätsbereiches R, so ist $\bar{\mathfrak{a}}$ das Einheitsideal und weder $\bar{\mathfrak{a}}$ noch $\mathfrak{a}$ können eine Nullstelle haben. Ist umgekehrt $\bar{\mathfrak{a}} = (1)$, so gilt in $K[x]$ eine Gleichung

$$h_1 f_1 + \ldots + h_s f_s = 1, \qquad h_i \, \varepsilon \, K[x];$$

multipliziert man diese Gleichung mit einem passenden Element $a \, \varepsilon \, R$, so daß alle Nenner in den Koeffizienten der Polynome $h_i(x)$ gekürzt werden können, so erhält man eine Beziehung, die ausdrückt, daß a in $\mathfrak{a}$ enthalten und folglich $\mathfrak{b} \supset (0)$ ist.

10. Im Falle $\mathfrak{b} = (0)$ ist notwendig $\bar{\mathfrak{a}} \subset (1)$, $\bar{\mathfrak{a}}$ und folglich auch $\mathfrak{a}$ besitzen mindestens eine Nullstelle. Die Polynome $f_1, \ldots, f_s$ besitzen dann in $K[x]$ einen GGT $\bar{\varphi}$, welcher das Ideal $\bar{\mathfrak{a}}$ erzeugt. Dasselbe ist

---

[1] Mit Ausnahme des Teiles, der die Resultante betrifft; denn die Resultante ist nur für zwei Polynome definiert worden.

[2] Ein Ring heißt *Hauptidealring*, wenn jedes Ideal des Ringes Hauptideal ist, also durch ein einziges Ringelement erzeugt werden kann. Der Ring der ganzen rationalen Zahlen $\mathfrak{J}$ ist beispielsweise Hauptidealring, nicht aber der P-Ring $\mathfrak{J}[x]$, in dem z. B. das Ideal $(4, 2x)$ keine eingliedrige Basis besitzt.

[3] Es versteht sich, daß die Nullstellen von $\mathfrak{a}$ dem Quotienkörper K, bzw. einer algebraischen Erweiterung desselben angehören dürfen.

aber nicht mehr unbedingt in $R[x]$ richtig, denn $\overline{\varphi}$ wird im allgemeinen gebrochene Koeffizienten besitzen, deren Nenner durch Multiplikation mit einem passenden Element a aus R beseitigt werden müssen; nichts aber bürgt dafür, daß a immer so gewählt werden kann, daß auch in $R[x]$ alle Polynome $f_1,\ldots,f_s$ durch $\varphi = a\,\overline{\varphi}$ teilbar sind.[1] Daher ist zwar $\overline{\mathfrak{a}}$, aber nicht notwendig auch $\mathfrak{a}$ Hauptideal.

11. Besitzt $\mathfrak{a} = (f,\,g)$ eine zweigliederige Basis, so ist das Verschwinden der Resultante (4a) von f und g notwendig und hinreichend dafür, daß die Polynome einen GGT in $K[x]$ und das Ideal $\mathfrak{a}$ eine Nullstelle besitze, unter der Voraussetzung, daß nicht etwa beide Anfangskoeffizienten verschwinden. Es ist[2]

$$r\,(f,\,g)\ \varepsilon\ \mathfrak{a} \cap R = \mathfrak{b} \tag{11a}$$

und daher $r\,(f,\,g) = 0$, falls $\mathfrak{b} = (0)$ ist; auch umgekehrt ist $\mathfrak{b} = (0)$, falls $r\,(f,\,g) = (0)$ ist. Daraus darf aber nicht etwa gefolgert werden, daß $\mathfrak{b}$ durch die Resultante $r\,(f,\,g)$ erzeugt wird.[3]

12. Wir können dieses Ergebnis so zusammenfassen: *Ein Ideal $\mathfrak{a}$ im P-Ring $R[x]$, wo R einen Integritätsbereich mit Eins bedeutet, besitzt dann und nur dann eine Nullstelle, wenn das Eliminationsideal $\mathfrak{b} = \mathfrak{a} \cap R$ das Nullideal ist. Besitzt $\mathfrak{a} = (f,\,g)$ eine zweigliedrige Basis, so ist das Verschwinden der Resultante $r\,(f,\,g)$ notwendig und hinreichend für die Existenz einer Nullstelle unter der Voraussetzung, daß die beiden formalen Anfangskoeffizienten von f und g nicht gleichzeitig verschwinden.*

13. Nun können wir uns dem allgemeinen Fall eines Ideals

---

[1] Das könnte nur mit Sicherheit behauptet werden, wenn in R und folglich auch in $R[x]$ der ZPE-Satz gilt (**112.13**). Als Gegenbeispiel diene die kubische Raumkurve (**155.7**): Es sei R der Restklassenring $R = C[y_0,\,y_1,\,y_2]/(y_0 y_2 - y_1^2)$; man kann R als den Bereich aller Polynome $f(y_0,\,y_1,\,y_2)$ auffassen, welche in y_1 linear sind; bei Multiplikation auftretende höhere Potenzen von y_1 werden mittels der Substitution $y_1^2 = y_0 y_2$ entfernt. In $R[x]$ betrachten wir nun das Ideal

$$\mathfrak{a} = (y_0 x - y_1 y_2,\ y_1 x - y_2^2);$$

das Eliminationsideal $\mathfrak{b} = \mathfrak{a} \cap R = (0)$, denn die Resultante $y_1^2 y_2 - y_0 y_2^2$ verschwindet. Es ist $\overline{\mathfrak{a}} = (\overline{\varphi})$ mit $\overline{\varphi} = x - \dfrac{y_1 y_2}{y_0} = x - \dfrac{y_2^2}{y_1}$; man kann $\overline{\varphi}$ entweder durch Multiplikation mit y_0 oder y_1 ganz machen, man bekommt aber in keinem Falle einen gemeinsamen Teiler der beiden Basispolynome von $\mathfrak{a}$ in $R[x]$. Deshalb kann $\mathfrak{a}$ nicht als Hauptideal geschrieben werden.

[2] Die Resultante ist nämlich ein lineares Aggregat der Polynome (3b); man multipliziere die Polynome (3b) der Reihe nach mit den Komplementen der letzten Kolonne der Determinante (4a) und summiere, so kommt $r\,(f,\,g)$ heraus. Daher gilt $r\,(f,\,g)\ \varepsilon\ \mathfrak{a}$ und natürlich auch $r\,(f,\,g)\ \varepsilon\ R$.

[3] Z. B. sei $R = $ Integritätsbereich der ganzen rationalen Zahlen, $f = 2x-1$; $g = 2x+1$; es ist $r\,(f,\,g) = 4$, dagegen $\mathfrak{b} = (f,\,g) \cap R = (2)$.

$$\mathfrak{a} = (f_1, \ldots, f_s) \tag{13a}$$

in einem P-Ring $K[x_1, \ldots, x_n]$ zuwenden. Ohne Einschränkung der Allgemeinheit dürfen wir voraussetzen, daß die Basispolynome $f_1, \ldots, f_s$ regulär in bezug auf x_n seien (**121.4**).[1]

Wir bilden das *erste Eliminationsideal*

$$\mathfrak{b}_1 = \mathfrak{a} \cap K[x_1, \ldots, x_{n-1}], \tag{13b}$$

welches ein Ideal des P-Ringes $K[x_1, \ldots, x_{n-1}]$ ist und wollen beweisen, daß *jede Nullstelle* $\{\xi_1, \ldots, \xi_{n-1}\}$ *von* $\mathfrak{b}_1$ *auf mindestens eine Weise zu einer Nullstelle* $\{\xi_1, \ldots, \xi_n\}$ *von* $\mathfrak{a}$ *ergänzt werden kann*.[2] Für $s = 1$ ist das selbstverständlich (**121.3**), auch bei zwei Basispolynomen können wir es leicht einsehen. Wir setzen $R = K[x_1, \ldots, x_{n-1}]$ und benützen Satz 12. Wegen (11a) verschwindet $r(f_1, f_2)$ in jeder Nullstelle $\{\xi_1, \ldots, \xi_{n-1}\}$ von $\mathfrak{b}_1$, woraus auf die Existenz einer gemeinsamen Nullstelle von f_1 und f_2 geschlossen werden kann, weil infolge unserer Voraussetzung die Anfangskoeffizienten von f_1 und f_2 nicht verschwinden, auch wenn man für die Variablen $x_1, \ldots, x_{n-1}$ die Werte $\xi_1, \ldots, \xi_{n-1}$ einsetzt. Bei dieser Einsetzung geht $\mathfrak{a}$ in ein Hauptideal in $K^*[x_n]$ über,[3] welches durch ein Polynom $\varphi(x_n)$ (positiven Grades) erzeugt wird (8), dessen Nullstellen die möglichen Werte ξ_n liefern.

14. Um das Resultantenkriterium auch auf Ideale (13a) mit mehrgliedriger Basis anwenden zu können, benützen wir einen von *Kronecker* herrührenden Kunstgriff. Unter Hinzunahme von Unbestimmten u_i und v_i setzen wir[4]

$$g_u = u_1 f_1 + \ldots + u_s f_s, \qquad g_v = v_1 f_1 + \ldots + v_s f_s. \tag{14a}$$

Jede Nullstelle von $\mathfrak{a}$ ist gemeinsame Nullstelle von g_u und g_v; umgekehrt ist jede gemeinsame Nullstelle der letzteren wegen der

---

[1] Es würde genügen vorauszusetzen, daß $\mathfrak{a}$ wenigstens ein Polynom f enthalte, das regulär hinsichtlich x_n ist; denn dann können wir eine neue Baiss $\mathfrak{a} = (f, f_1 + x_n^m f, \ldots, f_s + x_n^m f)$ bilden, welche unsere Forderung erfüllt, falls nur m groß genug gewählt wurde.

[2] Die Voraussetzung, daß $\mathfrak{a}$ ein in bezug auf x_n reguläres Polynom enthalte, ist wesentlich; z. B. sei

$$\mathfrak{a} = (x_1 x_3 + 1, x_2 x_3 + 1);$$

dann ist $\mathfrak{b}_1 = (x_1 - x_2)$. Die Nullstelle $\{0, 0\}$ von $\mathfrak{b}_1$ läßt sich in keiner Weise zu einer Nullstelle von $\mathfrak{a}$ ergänzen.

[3] $K^* = K(\xi_1, \ldots, \xi_{n-1})$ ist ein algebraischer Erweiterungskörper über K, der auch mit K identisch sein kann.

[4] Wir setzen voraus, daß diese Unbestimmten bereits im Körper K enthalten sind, bzw. für diesen Zweck vorher adjungiert wurden. Nach Aufstellung des Resultantensystems kann man sie wieder aus dem Körper entlassen.

Unbestimmtheit der u_i und v_i notwendig eine Nullstelle von $\mathfrak{a}$. Für die Existenz einer Nullstelle von (g_u, g_v) ist aber das Verschwinden der Resultante $r(g_u, g_v)$ charakteristisch. Nun gilt (11a)

$$r(g_u, g_v) \ \varepsilon \ \mathfrak{d}_1$$

und folglich verschwindet $r(g_u, g_v)$ in jeder Nullstelle $\{\xi_1, \ldots, \xi_{n-1}\}$ von $\mathfrak{d}_1$ (identisch hinsichtlich der u und v), was hinwieder die Existenz einer gemeinsamen Nullstelle von g_u, g_v anzeigt, da ein Verschwinden der Anfangskoeffizienten für $x_1 = \xi_1, \ldots, x_{n-1} = \xi_{n-1}$ ausgeschlossen ist.[1]

15. Es ist zweckmäßig, nach dem ersten Eliminationsideal (13b) auch die Folge der weiteren Eliminationsideale

$$\begin{aligned}\mathfrak{d}_i &= \mathfrak{d}_{i-1} \cap K[x_1, \ldots, x_{n-i}] = \mathfrak{a} \cap K[x_1, \ldots, x_{n-i}], \quad i=1,2,\ldots,n-1 \\ \mathfrak{d}_n &= \mathfrak{d}_{n-1} \cap K = \mathfrak{a} \cap K\end{aligned} \tag{15a}$$

zu betrachten. Ihre Abhängigkeit von der Reihenfolge der Variablen hat auf unsere allgemeinen Überlegungen keinen Einfluß. Das letzte Eliminationsideal $\mathfrak{d}_n$ ist nicht nur von dieser Reihenfolge, sondern auch davon unabhängig, ob wir die x_i vorher einer homogenen linearen Transformation (**121.**4) unterwarfen. Wir können uns eine solche vorher ausgeführt denken, welche so allgemein ist, daß nicht nur die Basis von $\mathfrak{a}$ regulär in bezug auf x_n, sondern auch diejenige von $\mathfrak{d}_i$ ($i = 1, 2, \ldots, n-1$) regulär in bezug auf x_{n-i} ist. Dann können wir sicher sein, daß jede Nullstelle $\{\xi_1, \ldots, \xi_{n-i}\}$ von $\mathfrak{d}_i$ sukzessive auf mindestens eine Weise zu einer Nullstelle $\{\xi_1, \ldots, \xi_n\}$ von $\mathfrak{a}$ ergänzt werden kann. Es sind nun zwei Fälle möglich: entweder ist $\mathfrak{d}_n = K$, dann ist $\mathfrak{a} = (1)$ und es existiert keine Nullstelle, oder $\mathfrak{d}_n = (0)$, dann besitzen der Reihe nach $\mathfrak{d}_{n-1}, \ldots, \mathfrak{d}_1$, $\mathfrak{a}$ mindestens eine Nullstelle.

16. So haben wir allgemein den Satz bewiesen: *Jedes Ideal $\mathfrak{a}$ in einem P-Ring $K[x_1, \ldots, x_n]$ besitzt mindestens eine Nullstelle mit alleiniger Ausnahme des Einheitsideals. Besitzt $\mathfrak{a} = (f_1, \ldots, f_s)$ keine Nullstelle, so besteht eine Gleichung*

$$h_1 f_1 + \ldots + h_s f_s = 1, \qquad h_i \ \varepsilon \ K[x_1, \ldots, x_n]. \tag{16a}$$

---

[1] $r(g_u, g_v)$ ist eine Form der Unbestimmten u_i, v_i, deren Koeffizienten dem Körper $K[x_1, \ldots, x_{n-1}]$ angehören und das *Resultantensystem* von $\mathfrak{a}$ ausmachen. Das Kroneckersche Resultantensystem ist im Gegensatz zum Eliminationsideal von der speziellen Basis des Ideals $\mathfrak{a}$ abhängig; es bildet im allgemeinen auch keine Basis des Eliminationsideals, wie wir bereits in **11** bemerkten. Das ist der Grund, weshalb der oben neu eingeführte Begriff des Eliminationsideals demjenigen des Resultantensystems überlegen ist.

17. Aus diesem Satz folgt sofort der *Hilbertsche Nullstellensatz:*[1] *Verschwindet ein Polynom f (x) an sämtlichen Nullstellen eines Ideals* $\mathfrak{a} = (f_1, \ldots, f_s)$, *so ist wenn nicht f selbst, so doch eine gewisse Potenz von f in* $\mathfrak{a}$ *enthalten:*

$$f^\varrho \; \varepsilon \; \mathfrak{a}, \qquad (\varrho = \text{eine natürliche Zahl}). \tag{17a}$$

Beweis: Wir bilden im P-Ring $K [x_1, \ldots, x_n, y]$ das Ideal $\bar{\mathfrak{a}} = (\mathfrak{a}, 1 - yf) = (f_1, \ldots, f_s, 1 - y\,f)$; $\bar{\mathfrak{a}}$ besitzt keine Nullstelle, denn in allen Nullstellen von $\mathfrak{a}$ verschwindet auch f, nicht aber das Polynom $1 - y\,f$, auch wenn man für y irgendeinen speziellen Wert einsetzt. Daher besteht eine identische Beziehung (16a)

$$1 = g_1 f_1 + \cdots + g_s f_s + g\,(1 - y\,f), \qquad g \text{ und } g_i \; \varepsilon \; K [x_1, \ldots, x_n, y]. \tag{17b}$$

Setzt man in dieser Identität $y = 1/f$ und multipliziert das Ganze mit einer geeigneten Potenz von f, etwa f^ϱ, so daß alle Nenner gekürzt werden können, so kommt

$$f^\varrho = h_1 f_1 + \cdots + h_s f_s \; \varepsilon \; \mathfrak{a}. \tag{17c}$$

123. Geometrische Veranschaulichung der Elimination.

1. Eine Nullstelle $\{\xi_1, \ldots, \xi_n\}$ eines Ideals $\mathfrak{a}$ im P-Ring $C [x_1, \ldots, x_n]$, wo C den Körper der komplexen Zahlen bedeute, kann als der durch die Koordinaten $\xi_1, \ldots, \xi_n$ festgelegte Punkt des affinen Raumes R_n von n (komplexen) Dimensionen gedeutet werden.[2] In ihrer Gesamtheit fügen sich die Nullstellen zu gewissen Gebilden, den Nullstellengebilden (NG) des Ideals $\mathfrak{a}$ zusammen; sie können aus einzelnen, isolierten oder diskreten Punkten, aus Kurven, Flächen und Mannigfaltigkeiten höherer

---

[1] Verallgemeinerung dieses Satzes auf Ideale in **127. 3.**

[2] Da die Koordinaten des R_n beliebige komplexe Werte annehmen dürfen, handelt es sich um einen Raum von n *komplexen,* d. i. von $2n$ *reellen* Dimensionen. Es ist üblich mit komplexen Dimensionen zu arbeiten, trotzdem dies der an reelle Darstellungen gewöhnten Anschauung hinderlich erscheint, weil sich die geltenden Gesetze so am einfachsten ausdrücken lassen. Die gewöhnliche visuelle Anschauung kann sich allerdings komplexe Dimensionen nicht vorstellen, aber sie kann wenigstens den reellen Teilen eines NG in einem R_2 oder R_3 gerecht werden, während die vollständigen NG sich schon bei Kurven, die Mannigfaltigkeiten von 2 reellen Dimensionen (also Flächen), eingebettet in Räume von mindestens 4 reellen Dimensionen vorstellen, dieser Anschauung gänzlich entziehen. Bei noch mehr Dimensionen muß die visuelle Anschauung ohnehin durch die allerdings abstrakte, aber mehr exakte Vorstellung der den Systemen $\{\xi_1, \ldots, \xi_n\}$ von n komplexen Zahlen innewohnenden Gesetzmäßigkeiten ersetzt werden, wobei die visuelle, bildhafte Anschauung nur mehr wie eine leichte Farbtönung leise und undeutlich mitwirken darf.

Dimension bestehen. Das NG des Nullideals ist der gesamte Raum R_n, dasjenige des Einheitsideals ist leer.

2. Wir wollen nun die Beziehung studieren, in welcher das NG eines Ideals $\mathfrak{a}$ zum NG seines ersten Eliminationsideals

$$\mathfrak{b}_1 = \mathfrak{a} \cap C\,[x_1, \ldots, x_{n-1}]$$

steht. Das NG von $\mathfrak{b}_1$ liegt in dem von den Koordinaten $x_1, \ldots, x_{n-1}$ ausgespannten R_{n-1}, also in der Koordinatenhyperebene $x_n = 0$. Nehmen wir zunächst an, daß das Ideal $\mathfrak{a}$ regulär in bezug auf x_n sei;[1] dann entspricht jedem Punkt $\{\xi_1, \ldots, \xi_{n-1}\}$ des NG ($\mathfrak{b}_1$) wenigstens ein Punkt $\{\xi_1, \ldots, \xi_n\}$ des NG ($\mathfrak{a}$) (**122.13**). Umgekehrt liefern die $n-1$ ersten Koordinaten $\{\xi_1, \ldots, \xi_{n-1}\}$ einer Nullstelle von $\mathfrak{a}$ immer eine Nullstelle von $\mathfrak{b}_1$. Der räumlichen Vorstellung nach ist also das NG ($\mathfrak{b}_1$) nichts anderes als die *Projektion parallel zur Richtung der x_n-Achse des NG ($\mathfrak{a}$) auf die Koordinatenhyperebene $x_n = 0$.*

3. Ist das Ideal $\mathfrak{a}$ nicht regulär in bezug auf x_n, so entspricht zwar noch immer jeder Nullstelle $\{\xi_1, \ldots, \xi_n\}$ von $\mathfrak{a}$ eine Nullstelle $\{\xi_1, \ldots, \xi_{n-1}\}$ von $\mathfrak{b}_1$, aber es kann vorkommen, daß einer gewissen Nullstelle $\{\xi_1, \ldots, \xi_{n-1}\}$ von $\mathfrak{b}_1$ keine Nullstelle von $\mathfrak{a}$ entspricht (**122.13**). Wie man bei näherer Untersuchung sieht, tritt das immer dann ein, wenn sich das NG ($\mathfrak{a}$) längs des vom Punkte $\{\xi_1, \ldots, \xi_{n-1}, 0\}$ ausgehenden Projektionsstrahles ins Unendliche entfernt; wenn wir uns auf dem NG ($\mathfrak{b}_1$) dem Punkte $\{\xi_1, \ldots, \xi_{n-1}\}$ nähern,[2] so wachsen die Koordinaten ξ_n der zugehörigen Nullstelle von $\mathfrak{a}$ unbegrenzt an. Die „unendlich fernen" oder „uneigentlichen" Punkte gehören aber nicht mehr zum affinen Raum R_n, weil die Koordinaten seiner Punkte nur Zahlen aus dem komplexen Zahlkörper sein dürfen und dieser keine unendlich große Zahl enthält.

4. Die hier offenstehende Lücke kann erst ausgefüllt werden, wenn man zum projektiven Raum P_n und zu homogenen Koordinaten übergeht. Wenn wir aber schon jetzt die projektive Sprechweise vorwegnehmen,

---

[1] D. h. $\mathfrak{a}$ enthalte mindestens ein in bezug auf x_n reguläres Polynom (**122.13** Anm).

[2] Der Punkt $\{\xi_1, \ldots, \xi_{n-1}\}$ kann keinesfalls isolierter Punkt des NG ($\mathfrak{b}_1$) sein. Das sieht man auf Grund der Entwicklungen in **126** so ein: Im entgegengesetzten Falle besäße $\mathfrak{b}_1$ eine Primärkomponente zum Primideal $(x_1 - \xi_1, \ldots, x_{n-1} - \xi_{n-1})$; die entsprechende Primärkomponente von $\mathfrak{a}$ kann nur zu einem Primideal der Gestalt $(x_1 - \xi_1, \ldots, x_{n-1} - \xi_{n-1}, x_n - \xi_n)$ gehören, das die Nullstelle $\{\xi_1, \ldots, \xi_n\}$ besitzt. Da diese aber im NG ($\mathfrak{a}$) nicht vorkommt, muß die Annahme verworfen werden.

so können wir sagen, daß in dem oben angeführten Fall das Projektionszentrum, nämlich der unendlich ferne Punkt der x_n-Achse, auf dem $NG\,(\mathfrak{a})$ liegt. Daraus wird plausibel, daß Schwierigkeiten entstehen müssen, sobald der zu projizierende Punkt in das Projektionszentrum selbst hineinrückt. Diese Schwierigkeiten können nur durch Stetigkeitsbetrachtungen behoben werden, für welche wieder die Voraussetzung erfüllt sein muß, daß der Raum stetig und abgeschlossen sei, daß also insbesondere jede unendliche Punktmenge mindestens einen Häufungspunkt besitze. Das letztere ist beim affinen Raum nicht erfüllt.

5. Wir verstehen nun auch besser, was die Transformation (**121.**4a) bezweckte; ihr Zweck war, das Projektionszentrum in einen Punkt des projektiven Raumes zu verlegen, der nicht dem $NG\,(\mathfrak{a})$ angehört; dann kann der Ausnahmefall, daß der zu projizierende Punkt in das Projektionszentrum selbst hineinrückt, nicht vorkommen. Zu jeder Nullstelle von $\mathfrak{b}_1$ gehört dann wenigstens eine Nullstelle von $\mathfrak{a}$, deren Projektion sie ist und umgekehrt; die uneigentlichen Punkte des $NG\,(\mathfrak{a})$ werden auf uneigentliche Punkte des $NG\,(\mathfrak{b}_1)$ projiziert.

6. Allgemein können wir eine beliebige Richtung als Projektionsrichtung (einen beliebigen unendlich fernen Punkt von R_n als Projektionszentrum) und eine beliebige, diese Richtung nicht enthaltende Hyperebene als Projektionshyperebene auszeichnen. Analytisch wird das dadurch bewirkt, daß man vor der Elimination eine allgemeine affine Transformation

$$\bar{x}_i = a_{i0} + a_{i1}\,x_1 + \ldots + a_{in}\,x_n, \quad i = 1, \ldots, n \qquad (6a)$$

ausführt. Die Hyperebene $\bar{x}_n = 0$ ist dann Projektionshyperebene, während $\bar{x}_1 = \bar{x}_2 = \ldots = \bar{x}_{n-1} = 0$ die $\bar{x}_n$-Achse, also die Projektionsrichtung liefern.

Um die Projektion noch allgemeiner, von einem endlichen Punkt des Raumes R_n als Projektionszentrum ausführen zu können, muß man eine projektive, d. i. linear gebrochene Transformation vorausschicken; damit verlassen wir aber den P-Ring $K\,[x_1, \ldots, x_n]$, was zu Unbequemlichkeiten führt; diese können vermieden werden, wenn wir zu homogenen Variablen übergehen und den projektiven Koordinatenraum P_n zugrundelegen.

7. Es ist nun auch klar, wie die NG der auf $\mathfrak{b}_1$ folgenden Eliminationsideale $\mathfrak{b}_2, \ldots$ zu deuten sind. Das $NG\,(\mathfrak{b}_2)$ ist die Projektion des $NG\,(\mathfrak{b}_1)$ aus dem unendlich fernen Punkt der x_{n-1}-Achse, das $NG\,(\mathfrak{b}_3)$ ist die

Projektion des NG ($\mathfrak{d}_2$) aus dem unendlich fernen Punkt der x_{n-2}-Achse usw. Wir können auch das NG ($\mathfrak{d}_2$) direkt erhalten, wenn wir das NG ($\mathfrak{a}$) aus der unendlich fernen Geraden, welche die unendlich fernen Punkte der x_n-Achse und x_{n-1}-Achse verbindet, auf den linearen Raum $x_n = x_{n-1} = 0$ projizieren. Das geschieht, wenn wir durch eine beliebige Nullstelle von $\mathfrak{a}$ eine zur x_n- und x_{n-1}-Achse parallele Ebene legen und deren Schnittpunkt mit dem linearen Raum $x_n = x_{n-1} = 0$ bestimmen. Allgemein erhalten wir so das NG ($\mathfrak{d}_{i+1}$) durch Projektion des NG ($\mathfrak{a}$) auf den linearen Raum $x_n = x_{n-1} = \ldots = x_{n-i} = 0$, wobei als Projektionszentrum der unendlich ferne Raum R_i fungiert, welcher die unendlich fernen Punkte der x_n-,$\ldots$, x_{n-i}-Achse verbindet.

8. Aus diesen anschaulichen Überlegungen wird auch klar, daß $\mathfrak{d}_i = (0)$ sein muß, wenn das NG von $\mathfrak{a}$ die *Dimension* $n - i$ hat und das Projektionszentrum nicht enthält; umgekehrt folgt aus $\mathfrak{d}_i = (0)$, $\mathfrak{d}_{i-1} \supset (0)$, daß das NG ($\mathfrak{a}$) die Dimension $n - i$ hat, unter der Voraussetzung, daß das Projektionszentrum keine spezielle Lage einnimmt.[1]

124. Homogene Variable. Projektive Räume.

1. Wie wir eben sahen, ist der Zusammenhang, den wir zwischen den Idealen des P-Ringes $K\,[x_1, \ldots, x_n]$ und ihren NG im affinen Raum R_n hergestellt haben, sowohl vom geometrischen, wie auch vom analytischen Standpunkt aus nicht völlig befriedigend. Wir haben im affinen Raum das Fehlen der „uneigentlichen" oder „unendlich fernen" Punkte feststellen müssen und waren auch nicht in der Lage, die beiden wesensverwandten Operationen der Parallel- und Zentralprojektion einheitlich analytisch zu behandeln.

2. Das Fehlen der unendlich fernen Punkte im affinen Raum[2] macht sich bei der Untersuchung der NG von P-Idealen störend bemerkbar; alle Eigenschaften nämlich, welche von diesen unendlich fernen Teilen eines NG abhängen, sind im affinen Raum sozusagen unauffindbar. So können etwa Singularitäten, welche den Charakter eines NG

---

[1] Daß die Voraussetzung über die allgemeine Lage des Projektionszentrums wesentlich ist, zeigt das Beispiel $\mathfrak{a} = (x_1)$, dessen NG die Hyperebene $x_1 = 0$ ist, und das also die Dimension $n-1$ hat; trotzdem sind alle Eliminationsideale $\mathfrak{d}_i = (x_1) \supset (0)$, erst $\mathfrak{d}_n = (0)$.

[2] Der affine Raum R_n ist, wie schon einmal bemerkt wurde, ganz unabhängig von der visuellen Anschauung als die Menge aller Wertesysteme $\{\xi_1, \ldots, \xi_n\}$ von n komplexen Zahlen definiert; jedes Wertesystem stellt einen bestimmten „Punkt" des Raumes vor, zwei verschiedene Wertesysteme auch zwei verschiedene Punkte des Raumes.

entscheidend beeinflussen, nicht diskutiert werden, wenn sie ins Unendliche fallen, obwohl ihr Einfluß dadurch nicht aufhört zu wirken.

3. Hat man z. B. die Schnittpunkte einer geraden Linie $ax+by+c=0$ mit einer Hyperbel $x\,y=1$ zu ermitteln, so muß man die Nullstellen des Ideals

$$\mathfrak{a} = (a\,x + b\,y + c, \; x\,y - 1)$$

aufsuchen. Eliminiert man y, so erhält man das erste Eliminationsideal

$$\mathfrak{d}_1 = \mathfrak{a} \cap K\,[x] = (a\,x^2 + c\,x + b);$$

$\mathfrak{d}_1$ hat die beiden Nullstellen

$$\xi_{1,\,2} = \frac{1}{2\,a}\,[-c \pm \sqrt{c^2 - 4\,ab}\,],$$

welche sich zu zwei Nullstellen $\{\xi_1, \eta_1\}$, $\{\xi_2, \eta_2\}$ von $\mathfrak{a}$ ergänzen lassen, wenn

$$\eta_{1,\,2} = 1/\xi_{1,\,2} = \frac{1}{2\,b}\,[-c \mp \sqrt{c^2 - 4\,a\,b}\,]$$

bedeutet. Man hat also im allgemeinen zwei Schnittpunkte. Anders, wenn $a = 0$ ist, d. h. unsere Gerade parallel zu der Asymptote $y = 0$ ist; dann ist $\mathfrak{d}_1 = (c\,x + b)$ und liefert nur den einen Schnittpunkt

$$\xi = -\,b/c, \qquad \eta = -c/b.$$

Wenn nun gar die Gerade mit einer Asymptote zusammenfällt, wenn $a = c = 0$, $b = 1$ ist, so wird $\mathfrak{d}_1 = (1)$ und es gibt überhaupt keinen Schnittpunkt.

4. Da wäre es sicher klarer und einfacher, wenn wir sagen könnten, jede Gerade schneide die Hyperbel in zwei Punkten, nur könnten in gewissen besonderen Fällen einer von ihnen, oder auch alle beide ins Unendliche rücken. Das wird auf die einfachste Weise erreicht, wenn man zum projektiven Raum P_n und zu homogenen Variablen $x_0, x_1, \ldots, x_n$ übergeht.[1] Der Übergang von inhomogenen zu homogenen Variablen, bzw. von affinen zu projektiven Koordinaten erfolgt mit Hinzunahme der neuen Variablen x_0 nach den Formeln.

$$x_1 \longrightarrow \frac{x_1}{x_0}, \ldots, x_n \longrightarrow \frac{x_n}{x_0}; \tag{4a}$$

jedes Polynom $f\,(x_1, \ldots, x_n)$ des Grades μ aus dem P-Ring $K\,[x_1, \ldots, x_n]$ geht bei dieser Substitution zunächst in eine Funktion des Körpers

---

[1] Das bloße Auftreten der Variablen x_0 soll ohne weiteren Zusatz im folgenden immer schon anzeigen, daß es sich um homogene Variable handelt.

$K(x_0, \ldots, x_n)$ über, welche durch Multiplikation mit x_0^μ in eine *Form* (homogenes Polynom) des homogenen P-Ringes oder kurz H-Ringes $K[x_0, x_1, \ldots, x_n]$ verwandelt wird. Wir wollen die Multiplikation mit einer höheren Potenz von x_0 nicht ausschließen und lassen daher dem Polynom f sämtliche Formen

$$f(x_1, \ldots, x_n) \longrightarrow x_0^{\mu+\nu} f\left(\frac{x_1}{x_0}, \ldots, \frac{x_n}{x_0}\right) = x_0^\nu \varphi(x_0, \ldots, x_n), \quad \nu = 0, 1, \ldots \quad (4\text{b})$$

entsprechen. Den Konstanten c des P-Ringes $K[x_1, \ldots, x_n]$ entsprechen auf diese Weise nicht nur die Konstanten c des H-Ringes $K[x_0, \ldots, x_n]$, sondern auch alle Formen $c\,x_0^\nu$. Umgekehrt entspricht jeder Form φ des H-Ringes eindeutig ein bestimmtes Polynom f des P-Ringes, welches man einfach dadurch erhält, daß man $x_0 = 1$ setzt:

$$\varphi(x_0, \ldots, x_n) \longrightarrow f = \varphi(1, x_1, \ldots, x_n). \quad (4\text{c})$$

5. Der H-Ring ist an und für sich von dem P-Ring im bisherigen Sinne nicht unterschieden; der Unterschied liegt eigentlich nur darin, daß wir beim H-Ring unsere Aufmerksamkeit lediglich auf die homogenen Polynome richten, nur diese sozusagen als vorhanden oder als zulässig betrachten. Deshalb bedarf es auch keiner neuen Untersuchung, um seine Eigenschaften klarzustellen, sie sind die nämlichen wie diejenigen des P-Ringes. Wohl aber sind die *homogenen Ideale* oder kurz *H-Ideale*, die wir allein in einem H-Ring als zulässig ansehen, durch eine charakteristische Eigenschaft vor den gewöhnlichen P-Idealen ausgezeichnet: *Ein H-Ideal muß gleichzeitig mit irgendeinem Polynom auch dessen homogene Bestandteile einzeln enthalten.* Es ist also jedes H-Ideal ein P-Ideal im bisherigen Sinne, aber nicht jedes P-Ideal auch ein H-Ideal; z. B. ist das durch ein inhomogenes Polynom erzeugte Hauptideal kein H-Ideal. Bei der Untersuchung eines H-Ideals dürfen wir uns auf die darin enthaltenen Formen beschränken und alle inhomogenen Polynome als unerlaubte Zusammensetzungen von Formen verschiedenen Grades aus der Betrachtung ausschließen.

6. Ein H-Ideal kann man daran erkennen, daß es eine Basis, bestehend aus lauter Formen, besitzt, oder daß wenigstens eine solche Basis gefunden werden kann. Eine solche Basis heißt *H-Basis*, und dies auch dann noch, wenn wir durch die Substitution $x_0 = 1$ daraus eine Basis des entsprechenden inhomogenen Ideals ableiten.

7. Einem Ideal $\mathfrak{a}$ des P-Ringes $K[x_1, \ldots, x_n]$ entspricht dasjenige H-Ideal $\mathfrak{a}_0$ des H-Ringes $K[x_0, \ldots, x_n]$, welches alle Formen enthält, die gemäß (4b) aus den Polynomen von $\mathfrak{a}$ hervorgehen. Enthomogenisiert man $\mathfrak{a}_0$, indem man $x_0 = 1$ setzt, so erhält man wieder das Ideal $\mathfrak{a}$. $\mathfrak{a}_0$ heißt das *zu $\mathfrak{a}$ äquivalente H-Ideal.* Jedem Polynom $f(x_1, \ldots, x_n)$ in $\mathfrak{a}$, dessen Grad $\leq \mu$ ist, entspricht eineindeutig eine Form des Grades μ in $\mathfrak{a}_0$, nämlich die Form $f(\dfrac{x_1}{x_0}, \ldots, \dfrac{x_n}{x_0}) \, x_0^\mu$. *Daher ist die Anzahl linear unabhängiger Polynome in $\mathfrak{a}$, deren Grade $\leq \mu$ sind, gleich der Anzahl linear unabhängiger Formen des Grades μ im äquivalenten H-Ideal $\mathfrak{a}_0$.*

8. Diese H-Ideale $\mathfrak{a}_0$, die einem inhomogenen P-Ideal $\mathfrak{a}$ in $K[x_1, \ldots, x_n]$ äquivalent sind, sind noch nicht völlig allgemeine H-Ideale, m. a. W. es gibt H-Ideale, die keinem P-Ideal äquivalent sind (so lange die homogenisierende Variable x_0 festbleibt). Die äquivalenten H-Ideale; $\mathfrak{a}_0$ besitzen die besondere Eigenschaft, daß aus $x_0 \varphi \, \varepsilon \, \mathfrak{a}_0$ immer auf $\varphi \, \varepsilon \, \mathfrak{a}_0$ geschlossen werden darf, d. h. es gilt

$$\mathfrak{a}_0 : x_0 = \mathfrak{a}_0. \tag{8a}$$

Ist $\mathfrak{a}_0$ ein H-Ideal, das diese Bedingung erfüllt, so ist es das äquivalente H-Ideal zum inhomogenen P-Ideal

$$\mathfrak{a} = (\mathfrak{a}_0)_{x_0 = 1}. \tag{8b}$$

Erfüllt $\mathfrak{a}_0$ die Bedingung (8a) nicht, so ist das zu (8b) äquivalente H-Ideal ein $\mathfrak{a}_0$ umfassendes Ideal. Es gehen daher beim Enthomogenisierungsprozeß (8b) gewisse Eigenschaften des H-Ideals $\mathfrak{a}_0$ verloren; das kann man gewöhnlich vermeiden, wenn man vorher eine lineare homogene Transformation der Variablen ausführt.[1]

9. Es ist zu beachten, daß die Basis des äquivalenten H-Ideals $\mathfrak{a}_0$ nicht immer aus der Basis des inhomogenen Ideals $\mathfrak{a}$ durch einfache Homogenisierung (4b, $\nu = 0$) gewonnen wird. So ist z. B. das äquivalente H-Ideal zu

$$\mathfrak{a} = (x_1 x_2, \ x_1^2 + x_2)$$

das Ideal

$$\mathfrak{a} = (x_1 x_2, \ x_1^2 + x_0 x_2, \ x_2^2);$$

die H-Basis enthält oft, wie in diesem Beispiel, mehr Glieder als die inhomogene Basis.

10. Besitzt ein H-Ideal die Nullstelle $\{\xi_0, \ldots, \xi_n\}$, so auch alle Nullstellen $\{\varrho \, \xi_0, \ldots, \varrho \, \xi_n\}$, welche aus der ersten durch Multiplikation

---

[1] Es ist z. B. nicht vermeidbar bei $\mathfrak{a}_0 = (x_0, \ldots, x_n)$; hier ist, gleichgültig welche linearhomogene Transformation man vorausschicken mag, immer ist $(\mathfrak{a}_0)_{x_0 = 1} = (1)$, und es gibt daher kein inhomogenes P-Ideal, zu dem $\mathfrak{a}_0$ äquivalent ist.

aller Koordinatenzahlen mit einem beliebigen Faktor ϱ hervorgehen. Jedes H-Ideal mit Ausnahme des Einheitsideals besitzt die Nullstelle $\{0, \ldots, 0\}$; wir nennen dies die *triviale Nullstelle*. Ein H-Ideal, welches nur die triviale Nullstelle und sonst keine besitzt, heißt ein *triviales H-Ideal* oder kurz *T-Ideal*. Da x_i an allen Nullstellen eines T-Ideals $\mathfrak{a}_0$ verschwindet, so gilt

$$x_i^{\varrho i} \; \varepsilon \; \mathfrak{a}_0, \qquad i = 0, \ldots, n \tag{10a}$$

mit gewissen natürlichen Zahlen ϱ_i (122.17). Daher ist $(\mathfrak{a}_0)_{x_0=1} = (1)$, auch wenn wir vorher eine allgemeine lineare homogene Transformation der Variablen vorausschicken; es gibt kein inhomogenes P-Ideal, zu dem $\mathfrak{a}_0$ das äquivalente H-Ideal wäre.

11. Im allgemeinen werden wir die Nullstellen eines H-Ideals nicht auf den affinen Raum R_{n+1}, sondern auf den projektiven Raum P_n beziehen. *Der projektive Raum P_n ist die Gesamtheit aller Systeme $\{\xi_0, \ldots, \xi_n\}$ von $n+1$ komplexen Zahlen, die nicht alle null sind; zwei Systeme $\{\xi_0, \ldots, \xi_n\}$ und $\{\varrho\,\xi_0, \ldots, \varrho\,\xi_n\}$, welche durch Multiplikation mit einer beliebigen Zahl $\varrho \neq 0$ auseinander hervorgehen, werden als gleich angesehen.* Da das System $\{0, \ldots, 0\}$ nicht zugelassen ist, besitzt jedes H-Ideal mit Ausnahme der T-Ideale und des Einheitsideals wenigstens eine Nullstelle im projektiven Raum P_n; dagegen besitzen T-Ideale und das Einheitsideal keine Nullstelle im P_n.

12. Entsprechend der Art und Weise (4), wie die inhomogenen und homogenen Variablen zusammenhängen, werden auch die Punkte des affinen Raumes auf diejenigen des projektiven Raumes abgebildet. Einem Punkt $\{\xi_1, \ldots, \xi_n\}$ des affinen Raumes R_n entspricht eindeutig der Punkt $\{1, \xi_1, \ldots, \xi_n\}$ des projektiven Raumes P_n, und umgekehrt, einem Punkt $\{\xi_0, \ldots, \xi_n\}$ des letzteren, wenn $\xi_0 \neq 0$, der Punkt $\{\xi_1/\xi_0, \ldots, \xi_n/\xi_0\}$ im R_n. Denjenigen Punkten des projektiven Raumes P_n, deren erste Koordinate $\xi_0 = 0$ ist, entspricht kein Punkt im affinen Raum R_n; es sind das die „uneigentlichen" oder „unendlich fernen" Punkte (123.3), welche im affinen Raum fehlen und erst im projektiven Raum der analytischen Behandlung zugänglich werden.[1]

---

[1] Die Umrechnung des Beispiels in 3 auf homogene Variable liefert das H-Ideal $\mathfrak{a}_0 = (cx_0 + ax_1 + bx_2,\ x_1 x_2 - x_0^2)$. Die zwei Nullstellen von $\mathfrak{a}_0$ sind $\xi_0 : \xi_1 : \xi_2 = (-c \pm \sqrt{c^2 - 4ab})b : 2b^2 : (c^2 - 2ab \mp c\sqrt{c^2 - 4ab})$. Für $a = 0$ hat man die zwei Nullstellen $\{-bc,\ b^2,\ c^2\}$ und $\{0, 1, 0\}$, von denen die zweite im Unendlichen liegt. Ist schließlich $a = c = 0$, $b = 1$, so nimmt $\mathfrak{a}_0$ die Gestalt (x_2, x_0^2) an; dieses Ideal hat zwar nur die einzige Nullstelle $\{0, 1, 0\}$, aber mit der Multiplizität 2 (127.16), in Übereinstimmung damit, daß eine Asymptote die Hyperbel in einem unendlich fernen Punkt berührt.

13. Die Nullstellen eines inhomogenen P-Ideals $\mathfrak{a}$ im R_n entsprechen auf diese Weise eineindeutig denjenigen Nullstellen des äquivalenten H-Ideals $\mathfrak{a}_0$, welche im „Endlichen" liegen, d. h. $\xi_0 \neq 0$ haben; das geht aus den Homogenisierungs- und Enthomogenisierungsvorschriften in **4** unmittelbar hervor. Dagegen gehen die „unendlich fernen" Nullstellen von $\mathfrak{a}_0$, welche durch $\xi_0 = 0$ charakterisiert sind, bei der Enthomogenisierung verloren. Das ist besonders unangenehm, wenn das NG in diesen Punkten ein besonderes „singuläres" Verhalten zeigt, welches für den allgemeinen Charakter des NG maßgebend ist.

Aus diesem Grunde halten wir es gerechtfertigt, wenn wir im folgenden grundsätzlich mit homogenen Variablen und projektiven Koordinaten arbeiten werden; für die dadurch erzielte größere Schärfe und Allgemeinheit der Untersuchung nehmen wir die Beschwerung, welche die erhöhte Anzahl der Variablen mit sich bringt, in Kauf; übrigens wird durch die Symmetrie in den homogenen Variablen manche Arbeit wieder eingespart werden können.

125. Resultanten von H-Idealen.

1. Die Eliminationstheorie läßt sich auf H-Ideale genau so anwenden, wie auf inhomogene P-Ideale. Es ist klar, daß sämtliche Eliminationsideale eines H-Ideals auch wieder H-Ideale sind. Wir dürfen daher die Sätze von **122** ohne weiteres hierher übertragen. Jedoch wird uns bei H-Idealen weniger die Frage, ob überhaupt eine Nullstelle da ist, interessieren, als vielmehr die Frage, ob eine *nicht triviale* Nullstelle vorhanden ist.

2. Es sei $\mathfrak{a} = (\varphi_0, \ldots, \varphi_s)$ ein H-Ideal in $R[x_0, \ldots, x_n]$, wo R einen Integritätsbereich mit Einselement bedeute. Die Formen $\varphi_0, \ldots, \varphi_s$ sollen die Grade $m_0, \ldots, m_s$ (sämtlich > 0) haben; $\mathfrak{a}$ ist daher sicher nicht das Einheitsideal und besitzt die triviale Nullstelle. Wir fragen, ob $\mathfrak{a}$ auch eine nicht triviale Nullstelle hat. Wir bilden die Reihe der Eliminationsideale [1]

$$\mathfrak{b}_1 = \mathfrak{a} \cap R[x_0, \ldots, x_{n-1}], \ldots, \mathfrak{b}_j = \mathfrak{a} \cap R[x_0, \ldots, x_{n-j}], \quad j = 1, \ldots, n. \quad (2a)$$

Die Elemente von $\mathfrak{b}_n = \mathfrak{a} \cap R[x_0]$ haben die Gestalt $r\, x_0^i$, mit $r\,\varepsilon\,R$; diese Koeffizienten r bilden für sich ein Ideal $\mathfrak{r}$ des Integritätsbereiches R. In der Tat folgt aus $r_1\, x_0^{i_1}\,\varepsilon\,\mathfrak{b}_n$ und $r_2\, x_0^{i_2}\,\varepsilon\,\mathfrak{b}_n$ sofort $\varrho_1 r_1 x_0^{i_1+i_2} + \varrho_2 r_2 x_0^{i_1+i_2} = (\varrho_1 r_1 + \varrho_2 r_2)\, x_0^{i_1+i_2}\,\varepsilon\,\mathfrak{b}_n$, also $\varrho_1 r_1 + \varrho_2 r_2\,\varepsilon\,\mathfrak{r}$ mit beliebigen $\varrho_1, \varrho_2\,\varepsilon\,R$.

---

[1] Das Eliminationsideal $\mathfrak{b}_{n+1} = \mathfrak{a} \cap \mathsf{R}$ ist sicher das Nullideal, weil die triviale Nullstelle vorhanden ist.

3. Das Ideal $\mathfrak{r}$ heißt das *Resultantenideal* des H-Ideals $\mathfrak{a}$. Es hängt, wenn man keine Voraussetzungen über $\mathfrak{a}$ macht und keine allgemeine lineare homogene Transformation der Variablen vorausschickt, von der Variablen x_0 ab, welche bei der Elimination zuletzt übrig bleibt. Jedenfalls ist das *Verschwinden des Resultantenideals* $\mathfrak{r}$ *notwendig und hinreichend dafür, daß das H-Ideal* $\mathfrak{a}$ *eine Nullstelle mit* $\xi_0 \neq 0$ *besitzt.*

Die Notwendigkeit der Bedingung ist klar; nehmen wir also jetzt $\mathfrak{r} = (0)$ an und setzen $x_0 = 1$, so ist $\bar{\mathfrak{a}} = (\mathfrak{a})_{x_0=1}$ ein inhomogenes Ideal des P-Ringes $R\,[x_1,\ldots,x_n]$, dessen letztes Eliminationsideal $\bar{\mathfrak{b}}_n = = \bar{\mathfrak{a}} \cap R = (0)$ ist. Wäre das nämlich nicht wahr, so gäbe es eine Gleichung

$$h_0 f_0 + \ldots + h_s f_s = r,\quad h_i \,\varepsilon\, R[x_1,\ldots,x_n],\quad r \neq 0,\quad r \,\varepsilon\, R,\quad f_i = \varphi_i(1,x_1,\ldots,x_n);$$

homogenisiert man diese Gleichung, so erhält man

$$x_0^m\, r \;\varepsilon\; (\varphi_0,\ldots,\varphi_s) = \mathfrak{a},$$

also $r \,\varepsilon\, \mathfrak{r}$ entgegen unserer Voraussetzung $\mathfrak{r} = (0)$. Aus $\bar{\mathfrak{b}}_n = (0)$ folgt[1] die Existenz einer Nullstelle $\{\xi_1,\ldots,\xi_n\}$ von $\bar{\mathfrak{a}}$, also einer Nullstelle $\{1,\xi_1,\ldots,\xi_n\}$ von $\mathfrak{a}$. Die Koordinaten ξ_i gehören dem Quotientenkörper $\dfrac{R}{R}$, oder einer algebraischen Erweiterung derselben an (**122.15**).

4. Man könnte die Abhängigkeit des Resultantenideals von der Variablen x_0 dadurch beseitigen, daß man die Variablen vorher einer allgemeinen homogenen Transformation unterwirft. Gewöhnlich geht man aber noch weiter, indem man die Formen φ_i der Basis mit unbestimmten Koeffizienten ansetzt:[2]

$$\varphi_j = a_j\, x_0^{m_j} + b_j\, x_0^{m_j-1}\, x_1 + \ldots + c_j\, x_n^{m_j},\quad j = 0,\ldots,s \qquad (4\text{a})$$

und als Integritätsbereich R den P-Ring $K\,[\ldots a_j \ldots b_j \ldots c_j \ldots]$ annimmt. Jedes Element des Resultantenideals ist dann ein Polynom $r\,(\ldots a_j \ldots b_j \ldots c_j \ldots)$; $\mathfrak{r}$ enthält mindestens ein solches nicht verschwindendes Polynom, wenn $\mathfrak{a}$ keine Nullstelle mit $\xi_0 \neq 0$ besitzt.[3]

5. *Das Resultantenideal* $\mathfrak{r}$ *ist homogen in den Koeffizienten* $a_j, b_j, \ldots, c_j$ *einer jeden Form* φ_j. Es sei nämlich

$$r = r_0 + r_1 + \ldots + r_t$$

---

[1] $\bar{\mathfrak{a}}$ regulär bezüglich der Variablen $x_1,\ldots,x_n$ vorausgesetzt.

[2] In φj tritt jedes Potenzprodukt des Grades mj mit einem unbestimmten Koeffizienten behaftet auf.

[3] Nachträglich kann man die Koeffizienten $aj, bj, \ldots, cj$ dem gegebenen Fall entsprechend spezialisieren.

die Entwicklung von r in homogene Bestandteile hinsichtlich dieser Koeffizienten. Multiplizieren wir φ_j mit einer Konstanten $k \, \varepsilon \, K$, so geht r über in

$$\bar{r} = r_0 + k\, r_1 + \ldots + k^t\, r_t$$

und auch $\bar{r}$ ist in $\mathfrak{r}$ enthalten. Setzt man hier $t + 1$ voneinander ver- schiedene Werte für k ein, so schließt man durch Auflösung des Gleichungssystems nach $r_0, \ldots, r_t$, daß jeder dieser homogenen Bestand- teile für sich in $\mathfrak{r}$ liegt. Wir dürfen daher unsere Untersuchung auf solche Elemente von $\mathfrak{r}$ beschränken, welche in bezug auf jede Koeffi- zientenreihe $a_j, b_j, \ldots, c_j$ homogen sind.

6. Um die folgenden Entwicklungen, deren Hauptgedanken von *Hurwitz*[1] stammen, bequem durchführen zu können, wollen wir zum Grundkörper K noch die Unbestimmten $u_0, \ldots, u_n$ adjungieren, so daß unser Integritätsbereich R jetzt so aussieht

$$R = K\,(u_0, \ldots, u_n)\,[\ldots a_j \ldots b_j \ldots c_j \ldots]. \tag{6a}$$

Die Unbestimmten u treten weder in den Koeffizienten der Formen φ_j, noch in den zu untersuchenden Polynomen r des Resultantenideals auf. Von den Polynomen φ_j spalten wir den letzten Term ab und schreiben

$$\varphi_j\,(x) = \bar{\varphi}_j\,(x) + c_j\, x_n^{m_j}\,, \quad j = 0, \ldots, s. \tag{6b}$$

Wenn wir jetzt die Koeffizienten c_j in der folgenden Art spezialisieren:

$$c_j = -\bar{\varphi}_j\,(u)\, u_n^{-m_j}, \quad j = 0, \ldots, s, \tag{6c}$$

so erhalten die Formen φ_j die gemeinsame (nicht triviale) Nullstelle $\{u_0, \ldots, u_n\}$ und es muß daher

$$r\,(\ldots a_j \ldots b_j \ldots (-\bar{\varphi}_j\,(u)\, u_n^{-m_j}) \ldots) = 0 \tag{6d}$$

gelten. Entwickeln wir daher r gemäß der Taylorschen Formel **(112.19)** nach Potenzen von $c_j + \bar{\varphi}_j\,(u)\, u_n^{-m_j} = \varphi_j\,(u)\, u_n^{-m_j}$, indem wir schreiben

$$r\,(\ldots a_j \ldots b_j \ldots c_i \ldots) = r\,(\ldots a_j \ldots b_j \ldots [-\bar{\varphi}_j\,(u)\, u_n^{-m_j} + \varphi_j\,(u)\, u_n^{-m_j}]\ldots),$$

so folgt, da wegen (6d) das erste Glied der Entwicklung verschwindet,

$$u_n^\sigma\, r = A_0\,(u)\,\varphi_0\,(u) + \ldots + A_s\,(u)\,\varphi_s\,(u),$$

wo mit dem Hauptnenner u_n^σ multipliziert wurde, so daß auch in den u alles ganz ist. In dieser Identität dürfen wir nun statt u auch x schreiben, dann ergibt sich

$$x_n^\sigma\, r \;\; \varepsilon \;\; \mathfrak{a}. \tag{6e}$$

Das zeigt, daß r auch in dem Resultantenideal enthalten ist, welches

---

[1] *Hurwitz* nennt die Formen des Resultantenideals „Trägheitsformen".

sich einstellt, wenn man die Variable x_n bei der Elimination an der letzten Stelle läßt. Die Variable x_n spielt aber keine Ausnahmsrolle, daher können wir schließen:

7. *Das Resultantenideal r ist unter den oben ausgesprochenen Voraussetzungen über die Allgemeinheit der Koeffizienten der Formen φ_j unabhängig von der Variablen x_i, welche bei der Elimination an der letzten Stelle steht.*

8. Aus dem Beweise ersieht man noch, daß die Bedingung (6d) charakteristisch für die Formen r des Resultantenideals ist. Ist r eine reduzible Form, so muß (6d) bereits für einen Fator gelten und also auch dieser bereits in r enthalten sein. Es ist also r unter den gemachten Voraussetzungen ein Primideal (**126.1**).

9. Ist $s < n$, so muß $r = (0)$ sein; andernfalls würde (6d) eine algebraische Abhängigkeit der Polynome

$$\varphi_j\left(\frac{u_0}{u_n}, \ldots, \frac{u_{n-1}}{u_n}, 1\right), \quad j = 0, \ldots, s \tag{9a}$$

feststellen, die wegen der Allgemeinheit der Koeffizienten nicht stattfinden kann.[1] Wir können dieses Ergebnis noch allgemeiner aussprechen:

10. *Ist die Anzahl $s + 1$ der Formen φ_j in der Basis von $\mathfrak{a}$ geringer als die Anzahl $n + 1$ der homogenen Variablen x_i, so ist nicht nur $\mathfrak{b}_n = \mathfrak{a} \cap K[x_0] = (0)$, sondern bereits $\mathfrak{b}_{s+1} = \mathfrak{a} \cap K[x_0, \ldots, x_{n-s-1}] = (0)$.*

Zum Beweise nehmen wir an, $\mathfrak{b}_{s+1}$ sei $\supset (0)$, d. h. $\mathfrak{a}$ enthalte eine Form φ, die nur von den Variablen $x_0, \ldots, x_{n-s-1}$ abhängt und nicht identisch null ist. Wir führen mit unbestimmten $u_0, \ldots, u_{n-s-2}$, welche wir zu K adjungieren, die Substitution aus

$$x_0 = u_0\, x_{n-s-1}, \ldots, x_{n-s-2} = u_{n-s-2}\, x_{n-s-1};$$

dadurch wird die Anzahl der Variablen auf $s+2$ herabgedrückt, während die Anzahl der Formen $s + 1$ geblieben ist und die Allgemeinheit ihrer Koeffizienten keine Beeinträchtigung erfahren hat. Nach **9** dürfte es daher in dem so transformierten Ideal $\bar{\mathfrak{a}}$ keine Form geben, die nur die Variable x_{n-s-1} enthielte; dagegen würde die Form φ eine solche liefern. Da dies ein Widerspruch ist, erscheint unsere Behauptung $\mathfrak{b}_{s+1} = (0)$ bewiesen.

---

[1] Wären die Polynome (9a) algebraisch abhängig, so hätte nach **116.26** die Matrix $(\varphi'_{\nu k})$ einen Rang $\leq s$; das müßte auch noch gelten, wenn wir die Polynome spezialisieren, etwa so, daß $\varphi_0 = x_0^{m_0}, \varphi_1 = x_1^{m_1}, \ldots, \varphi_s = x_s^{m_s}$ $(s \leq n-1)$ wird; das ist aber ein Widerspruch, denn diese Polynome sind offenbar algebraisch unabhängig, auch dann noch, wenn man $x_n = 1$ setzt.

11. *Ist die Anzahl $s+1$ der Formen φ_j gleich der Anzahl $n+1$ der homogenen Variablen x_i, also $s = n$, so ist das Resultantenideal $\mathfrak{r} = (r)$ ein Hauptideal, dessen Basis eine irreduzible, in den Koeffizienten einer jeden Form φ_j homogene Form r ist; sie heißt die Resultante des Gleichungssystems $\varphi_j = 0$. Werden die Koeffizienten der Formen φ_j irgendwie spezialisiert, so ist das Verschwinden der in gleicher Art spezialisierten Resultante $r = r(\varphi_0,\ldots,\varphi_n)$ notwendig und hinreichend für die Existenz einer nicht trivialen Nullstelle.*

Die Resultante r ist nämlich die (bis auf konstante Faktoren eindeutig bestimmte) Form, welche nach Einsetzung (6c) die algebraische Abhängigkeit der Polynome (9a) im Falle $s = n$ dokumentiert.

12. Die explizite Gestalt der Resultanten wird bei höheren Gradzahlen und mit steigender Anzahl der Variablen rasch überaus kompliziert und unübersichtlich. Nur in den folgenden zwei Fällen läßt sich die Resultante in geschlossener Form anschreiben:

Die Resultante von $n+1$ linearen Formen in $n+1$ homogenen Variablen

$$\varphi_j = a_{j0}\,x_0 + \ldots + a_{jn}\,x_n, \quad j = 0,\ldots,n$$

ist die Determinante ihrer Koeffizientenmatrix

$$r = |\,a_{jk}\,|. \tag{12a}$$

Die Resultante von zwei Formen in zwei homogenen Variablen

$$\begin{aligned}
f &= a_0\,x_0^l + a_1\,x_0^{l-1}\,x_1 + \ldots + a_l\,x_1^l,\\
g &= b_0\,x_0^m + b_1\,x_0^{m-1}x_1 + \ldots + b_m\,x_1^m
\end{aligned}$$

ist die Sylvestersche Determinante **122.4a**. Speziell erhält man für $m = 1$:

$$r(f,g) = a_0 b_1^l - a_1 b_0 b_1^{l-1} + a_2 b_0^2 b_1^{l-2} - + \ldots + (-1)^l a_l b_0^l; \tag{12b}$$

für $l = m = 2$:

$$r(f,g) = a_0^2 b_2^2 + a_2^2 b_0^2 - a_0 a_1 b_1 b_2 - a_1 a_2 b_0 b_1 + a_0 a_2 b_1^2 + a_1^2 b_0 b_2 - 2 a_0 a_2 b_0 b_2; \tag{12c}$$

für $l = 3,\ m = 2$:

$$\begin{aligned}
r(f,g) = {}& a_0^2 b_2^3 + a_3^2 b_0^3 - a_0 a_1 b_1 b_2^2 - a_2 a_3 b_0^2 b_1 - 2 a_0 a_2 b_0 b_2^2 - 2 a_1 a_3 b_0^2 b_2 +\\
& + a_0 a_2 b_1^2 b_2 + a_1 a_3 b_0 b_1^2 + 3 a_0 a_3 b_0 b_1 b_2 - a_0 a_3 b_1^3 + a_1^2 b_0 b_2^2 + a_2^2 b_0^2 b_2 -\\
& - a_1 a_2 b_0 b_1 b_2; \tag{12d}
\end{aligned}$$

für $l = m = 3$:

$$\begin{aligned}
r(f,g) = {}& a_0^3 b_3^3 - a_3^3 b_0^3 - a_0^2 a_1 b_2 b_3^2 + a_2 a_3^2 b_0^2 b_1 - 2 a_0^2 a_2 b_1 b_3^2 + 2 a_1 a_3^2 b_0^2 b_2 +\\
& + a_0^2 a_2 b_2^2 b_3 - a_1 a_3^2 b_0 b_1^2 - 3 a_0^2 a_3 b_0 b_3^2 + 3 a_0 a_3^2 b_0^2 b_3 + 3 a_0^2 a_3 b_1 b_2 b_3 -\\
& - 3 a_0 a_3^2 b_0 b_1 b_2 - a_0^2 a_3 b_2^3 + a_0 a_3^2 b_1^3 + a_0 a_1^2 b_1 b_3^2 - a_2^2 a_3 b_0^2 b_2 +
\end{aligned}$$

$$+3a_0a_1a_2b_0b_3{}^2-3a_1a_2a_3b_0{}^2b_3-a_0a_1a_2b_1b_2b_3+a_1a_2a_3b_0b_1b_2-$$
$$-a_0a_1a_3b_0b_2b_3+a_0a_2a_3b_0b_1b_3-2a_0a_1a_3b_1{}^2b_3+2a_0a_2a_3b_0b_2{}^2+$$
$$+a_0a_1a_3b_1b_2{}^2-a_0a_2a_3b_1{}^2b_2-2a_0a_2{}^2b_0b_2b_3+2a_1{}^2a_3b_0b_1b_3+a_0a_2{}^2b_1{}^2b_3-$$
$$-a_1{}^2a_3b_0b_1{}^2-a_1{}^3b_0b_3{}^2+a_2{}^3b_0{}^2b_3+a_1{}^2a_2b_0b_2b_3-a_1a_2{}^2b_0b_1b_3. \qquad (12\mathrm{e})$$

13. Bei der Aufstellung dieser Formeln ist es nützlich, außer den bereits in (**122.4—5**) erwähnten homogenen und isobaren Eigenschaften der Resultante auch die folgende im Auge zu behalten: *Die Resultante erhält den Faktor* $(-1)^{lm}$, *wenn man die Vertauschungen vornimmt*

$$a_i \leftrightarrow a_{l-i}, \qquad b_k \leftrightarrow b_{m-k};$$

in der Tat läuft das auf eine Vertauschung der Variablen x_0, x_1 hinaus, welche die Resultante (abgesehen von einem konstanten Faktor) nicht beeinflussen kann.

14.[1] Im allgemeinen Fall von $n+1$ Formen in $n+1$ homogenen Variablen hat *Macaulay*[2] eine explizite Darstellung der Resultante als Quotient zweier Determinanten angegeben, die wir nun herleiten wollen. Man erhält alle Formen eines gewissen Grades t, die im Ideal

$$\mathfrak{a} = (\varphi_0, \ldots, \varphi_n) \qquad (14\mathrm{a})$$

enthalten sind, wenn man jede Form φ_j (deren Grad $m_j \geqslant 1$ sei) mit sämtlichen Potenzprodukten

$$\omega = x_0^{i_0} \ldots x_n^{i_n}, \quad i_0 + \ldots + i_n = t - m_j \qquad (14\mathrm{b})$$

des Grades $t-m_j$ ($t \geqslant m_j$ vorausgesetzt) multipliziert und diese Formen linear mit beliebigen Koeffizienten aus dem zugrundeliegenden Zahlkörper kombiniert. Wir betrachten die Matrix der Koeffizienten dieser Formen; sie enthält so viele Kolonnen, als es Potenzprodukte des Grades t in $n+1$ Variablen gibt, nämlich

$$H(t; n) = \binom{t+n}{n},{}^3 \qquad (14\mathrm{c})$$

und so viele Zeilen, als Formen des Grades t auf die angegebene Weise gebildet werden können. Wir dürfen erwarten, daß diese Matrix, wenn

---

[1] Die Entwicklungen dieser und der nächsten Nummern werden später nicht mehr gebraucht, können daher ohne Beeinträchtigung für das Verständnis des folgenden überschlagen werden.

[2] *F. S. Macaulay*, Some Formulae in Elimination, Proc. London Math. Soc. **35** (1903), p. 3—27. Der oben gegebene Beweis ist gegenüber dem Macaulayschen vereinfacht.

[3] Diese Formel läßt sich leicht durch vollständige Induktion beweisen auf Grund der Beziehung

$$H(t; n) = H(t; n-1) + H(t-1; n);$$

die Potenzprodukte des Grades t in $n+1$ Variablen $x_0, \ldots, x_n$ können nämlich in zwei Klassen geteilt werden, deren erste alle Potenzprodukte umfaßt, welche

t genügend groß gewählt ist, den Rang $H\,(t;n)$ hat, das werden wir erweisen, indem wir eine spezielle Determinante aus dieser Matrix angeben, welche nicht verschwindet.

Ohne weiteres ist klar, daß jede aus dieser Matrix gezogene Determinante D, ob sie nun verschwindet oder nicht, im Resultantenideal $\mathfrak{r}$ enthalten ist; denn durch Auflösung des Gleichungssystems etwa nach x_i^t erhält man

$$D\,x_i^t\;\varepsilon\;\mathfrak{a} \qquad \text{für } i = 0,\ldots,n.$$

Jede derartige Determinante ist also durch die Resultante r, von der bereits feststeht, daß sie eine irreduzible Form der Koeffizienten der φ_j ist, teilbar.

15. Wir bilden nun eine spezielle Determinante $D\,(t;n)$ auf folgende Weise: Zunächst sei gesetzt

$$T = m_0 + m_1 + \ldots + m_n - n. \tag{15a}$$

Alle Potenzprodukte $\omega^{(t)}$ eines Grades $t \gtrless T$ können folgendermaßen in Klassen aufgeteilt werden: die Klasse $\mathfrak{K}_0$ enthalte sämtliche Potenzprodukte,[1] für die $i_0 \gtrless m_0$ gilt, die Klasse $\mathfrak{K}_1$ alle noch nicht in der ersten Klasse enthaltenen Potenzprodukte, die $i_1 \gtrless m_1$ haben usw., allgemein die Klasse $\mathfrak{K}_\alpha$ alle Potenzprodukte, für deren Exponenten

$$i_0 < m_0,\ldots, i_{\alpha-1} < m_{\alpha-1}, \quad i_\alpha \gtrless m_\alpha \quad (\alpha = 0,\ldots,n) \tag{15b}$$

gilt. Auf diese Weise werden sämtliche Potenzprodukte des Grades t erfaßt, denn der Fall $i_0 < m_0,\ldots,i_n < m_n$ kann wegen $t = i_0 + \ldots + i_n \gtrless T$ und (15a) nicht vorkommen.

Man nennt ein Potenzprodukt oder ein Polynom, in dem sämtliche vorkommende Potenzprodukte der Bedingung

$$i_0 < m_0,\ldots, i_\alpha < m_\alpha \tag{15c}$$

genügen, reduziert[2] hinsichtlich $x_0,\ldots, x_\alpha$. Streichen wir in allen Potenzprodukten der Klasse $\mathfrak{K}_\alpha$ den Faktor $x_\alpha^{m_\alpha}$, was wir kurz durch $\{\mathfrak{K}_\alpha : x_\alpha^{m_\alpha}\}$

---

x_n nicht enthalten, alle übrigen die zweite. Die erste Klasse enthält $H\,(t;n-1)$ Elemente, die zweite $H\,(t-1;n)$, weil die Potenzprodukte der zweiten Klasse durch Streichung eines Faktors x_n in die Potenzprodukte des Grades $t-1$ übergeführt werden. Da (14c) für $n = 0, 1$ und $t = 0$ offenbar richtig ist, folgt alles weitere aus der bekannten Relation der Binomialkoeffizienten

$$\binom{t+n}{n} = \binom{t+n-1}{n-1} + \binom{t+n-1}{n}.$$

[1] $\omega^{(t)} = x_0^{i_0} x_1^{i_1} \ldots x_n^{i_n}$, $\quad i_0 + i_1 + \ldots + i_n = t$.

[2] Natürlich hängt dieser Begriff wie auch die Klasseneinteilung $\mathfrak{K}_0,\ldots, \mathfrak{K}_n$ von der Numerierung der Variablen und von der Numerierung der Formen φ_j ab.

andeuten, so erhalten wir Potenzprodukte des Grades $t - m_\alpha$, welche reduziert hinsichtlich $x_0, \ldots, x_{\alpha-1}$ sind, und umgekehrt liefert ein solches reduziertes Potenzprodukt, mit $x_\alpha^{m_\alpha}$ multipliziert, ein Potenzprodukt der Klasse $\Re_\alpha$. Die letzte Klasse $\Re_n$ enthält genau

$$M_n = m_0 \ldots m_{n-1} \tag{15d}$$

Elemente, weil für die ersten n Exponenten jeweils $m_0, \ldots, m_{n-1}$ Möglichkeiten offen stehen, während der letzte Exponent i_n durch die Bedingung $i_0 + \ldots + i_n = t$ bestimmt ist.

16. Wir multiplizieren nun φ_0 der Reihe nach mit allen Potenzprodukten der Klasse $\{\Re_0 : x_0^{m_0}\}$, φ_1 mit allen denjenigen der Klasse $\{\Re_1 : x_1^{m_1}\}$ usw., endlich φ_n mit allen Potenzprodukten der Klasse $\{\Re_n : x_n^{m_n}\}$. Auf diese Weise erhalten wir, wie wir gleich bestätigen werden, genau $H(t; n)$ Formen, deren Koeffizientendeterminante wir $D(t; n)$ nennen. Bezeichnen wir nämlich mit β_j den Koeffizienten von $x_j^{m_j}$ in der Form φ_j $(j = 0, \ldots, n)$, so sehen wir, daß nicht nur in jeder Reihe, sondern auch in jeder Kolonne von $D(t; n)$ genau einer der Koeffizienten β_j auftritt. Daher ist die Matrix $D(t; n)$ quadratisch und ihre Determinante enthält entwickelt das Glied

$$\pm \beta_0^{k_0} \beta_1^{k_1} \ldots \beta_n^{k_n}, \tag{16a}$$

kann folglich auch nicht identisch null sein; ferner ist $k_n = M_n$, weil M_n Zeilen von φ_n herrühren.

Die Resultante r, welche ein Teiler von $D(t; n)$ ist, muß ebenfalls ein Glied von der Art (16a) enthalten, das sogenannte „führende Glied"

$$+ \beta_0^{h_0} \beta_1^{h_1} \ldots \beta_n^{h_n} ; \tag{16b}$$

dabei haben wir den Zahlenfaktor der Resultante r so festgelegt, daß das führende Glied mit dem Koeffizienten $+1$ behaftet ist. Die Exponenten h_j können nicht größer sein als die entsprechenden Exponenten k_j in (16a), und da x_n keine Ausnahmsrolle spielt, folgt

$$h_j \leqq M_j = \frac{m_0 \ldots m_n}{m_j}, \quad j = 0, \ldots, n. \tag{16c}$$

17. Wir wollen jetzt zeigen, daß in (16c) das Gleichheitszeichen richtig ist, daß also die *Resultante r homogen vom Grade M_j in den Koeffizienten von φ_j ist.* Spezialisieren wir eine Form, etwa φ_0 so, daß sie das Produkt zweier allgemeiner Formen $\varphi_0 = \psi_0 \chi_0$ ist, so wird die spezialisierte Resultante $r = r(\psi_0 \chi_0, \varphi_1, \ldots, \varphi_n)$ durch die Resultanten

$r_1 = r(\psi_0, \varphi_1, \ldots, \varphi_n)$ und $r_2 = r(\chi_0, \varphi_1, \ldots, \varphi_n)$ teilbar sein. In der Tat hat man (6e, wo x_n keine Ausnahmsrolle spielt)

$$x_n^{\sigma} \, r \; \varepsilon \; (\varphi_0, \varphi_1, \ldots, \varphi_n) \subset \begin{cases} (\psi_0, \varphi_1, \ldots, \varphi_n) \\ (\chi_0, \varphi_1, \ldots, \varphi_n) \end{cases},$$

d. h. r ist sowohl im Resultantenideal $\mathfrak{r}_1 = (r_1)$, wie auch in $\mathfrak{r}_2 = (r_2)$ enthalten. Da r_1 und r_2 irreduzibel sind, ist r durch das Produkt $r_1 r_2$ teilbar. Der Grad von r hinsichtlich der Koeffizienten von φ_n ist also mindestens gleich der Summe der Grade von r_1 und r_2 hinsichtlich derselben Koeffizienten.

Wir können nun sämtliche Formen $\varphi_0, \ldots, \varphi_{n-1}$ so spezialisieren, daß sie in Produkte von allgemeinen Linearformen zerfallen, und den eben gemachten Schluß wiederholen; da die Resultante in den Koeffizienten von φ_n sicher einen Grad ≥ 1 hat,[1] falls $m_0 = m_1 = \ldots = m_{n-1} = 1$ ist, schließen wir, daß r *mindestens* den Grad M_n in den Koeffizienten von φ_n besitzen muß. Da wir schon wissen, daß dieser Grad auch nicht größer als M_n sein kann, folgt die Richtigkeit unserer Behauptung, und zwar nicht nur für den Index n, sondern für alle Indizes.

Als weiteres Ergebnis können wir die Formel verbuchen

$$r(\psi_0 \chi_0, \varphi_1, \ldots, \varphi_n) = r(\psi_0, \varphi_1 \ldots, \varphi_n) \cdot r(\chi_0, \varphi_1, \ldots, \varphi_n). \tag{17a}$$

Zur Bestätigung genügt es, die Übereinstimmung der führenden Glieder, welche nach unserem Übereinkommen immer den Koeffizienten $+1$ haben sollen, auf beiden Seiten zu überprüfen.

18. Spezialisieren wir nun φ_n so:

$$\varphi_n = \beta_n \, x_n^{m_n}, \tag{18a}$$

so folgt für die Resultante wegen (17a)

$$r(\varphi_0, \ldots, \varphi_n) = r(\varphi_0, \ldots, \varphi_{n-1}, \beta_n x_n) \cdot [r(\varphi_0, \ldots, \varphi_{n-1}, x_n)]^{m_n - 1} =$$
$$= \beta_n^{M_n} [r(\varphi_0, \ldots, \varphi_{n-1}, x_n)]^{m_n}.$$

Führen wir die Bezeichnung ein

$$\bar{\varphi}_j(x_0, \ldots, x_{n-1}) = \varphi_j(x_0, \ldots, x_{n-1}, 0), \quad j = 0, \ldots, n{-}1,$$

so gilt für das Ideal

$$(\varphi_0, \ldots, \varphi_{n-1}, x_n) = (\bar{\varphi}_0, \ldots, \bar{\varphi}_{n-1}, x_n),$$

und also auch für die Resultante

---

[1] Andernfalls würde sie nur von den Koeffizienten der Formen $\varphi_0, \ldots, \varphi_{n-1}$ abhängen, welche algebraisch unabhängig sind, was dem Satz in **9** widerspricht.

$$r\,(\varphi_0,\ldots,\varphi_{n-1},\,x_n) = r\,(\bar{\varphi}_0,\ldots,\dot{\bar{\varphi}}_{n-1},\,x_n);\qquad (18\mathrm{b})$$

Nun ist aber (vgl. **2**)

$$(\varphi_0,\ldots,\varphi_{n-1},\,x_n)\cap R\,[x_0] = (\bar{\varphi}_0,\ldots,\bar{\varphi}_{n-1})\cap R\,[x_0],$$

d. h. die Resultante (18b) stimmt überein mit der Resultante

$$\bar{r} = r\,(\bar{\varphi}_0,\ldots,\bar{\varphi}_{n-1})\qquad (18\mathrm{c})$$

der n Formen $\bar{\varphi}_0,\ldots,\bar{\varphi}_{n-1}$ in n homogenen Variablen $x_0,\ldots,x_{n-1}$. Zusammenfassend erhalten wir das Resultat

$$r\,(\varphi_0,\ldots,\varphi_{n-1},\,\beta_n\,x_n^{mn}) = \beta_n^{Mn}\,\bar{r}^{\,mn}\,.\qquad (18\mathrm{d})$$

Wir können das auch so ausdrücken: *Der Koeffizient von β_n^{Mn} in der Resultante*[1] *$r\,(\varphi_0,\ldots,\varphi_n)$ ist $\bar{r}^{\,mn}$* :

$$r\,(\varphi_0,\ldots,\varphi_n) = \beta_n^{Mn}\,\bar{r}_n^{\,mn} + \cdots\qquad (18\mathrm{e})$$

wo rechts weitere Glieder folgen, welche in β_n geringere Grade aufweisen.

19. Wir kehren nun zur Besprechung der Determinante $D\,(t;n)$, welche wir in **16** definiert haben, zurück. Es ist jedenfalls

$$D\,(t;n) = r\,.\,A;\qquad (19\mathrm{a})$$

der „außerwesentliche" Faktor A ist eine Form der Koeffizienten von $\varphi_0,\ldots,\varphi_{n-1}$ (unabhängig von φ_n). Unsere Aufgabe ist es nun, diesen Faktor zu bestimmen. Zu diesem Zwecke müssen wir ebenso wie für r in (18e) eine Entwicklung nach β_n herleiten:

$$D\,(t;n) = \beta_n^{Mn}\,D_1 + \cdots\qquad (19\mathrm{b})$$

D_1 ist bis auf das Vorzeichen gleich der Unterdeterminante, welche aus $D\,(t;n)$ entsteht, wenn wir die M_n von φ_n herrührenden Zeilen und diejenigen Kolonnen unterdrücken, welche zu Potenzprodukten der Klasse $\mathfrak{R}_n$ gehören.[2] Um den Aufbau von D_1 besser übersehen zu können, wollen wir die Kolonnen so ordnen, daß zuerst alle Potenzprodukte kommen, welche die Variable x_n nicht enthalten, sodann alle diejenigen, welche x_n nur in erster Potenz enthalten usw. Desgleichen ordnen wir die Zeilen von D_1 so an, daß zuerst alle Zeilen $\omega\,\varphi_j$ kommen, wo ω die Variable x_n nicht enthält, dann alle diejenigen, wo $\omega\,x_n$ in erster Potenz enthält usw. Dann wird D_1 die folgende Gestalt aufweisen:

---

[1] Hier ist die Spezialisierung (18a) wieder aufgehoben.
[2] Das sind nämlich die Zeilen und Kolonnen, in welchen β_n auftritt.

$$D_1 = \begin{vmatrix} D\,(t;\,n{-}1) & \cdots\cdots & \cdots\cdots & \cdots\cdots \\ 0 & D(t{-}1;\,n{-}1) & \cdots\cdots & \cdots\cdots \\ 0 & 0 & D(t{-}2;\,n{-}1) & \cdots\cdots \\ \cdots\cdots\cdots\cdots\cdots\cdots\cdots\cdots\cdots\cdots\cdots\cdots \\ \cdots\cdots\cdots\cdots\cdots\cdots\cdots\cdots\cdots\cdots\cdots\cdots \end{vmatrix} \qquad (19c)$$

Das erste, mit $D\,(t;\,n{-}1)$ bezeichnete Kästchen enthält alle und nur die Koeffizienten der Formen $\bar\varphi_0, \ldots, \bar\varphi_{n-1}$ (18) und hat $H\,(t;\,n{-}1)$ Zeilen und Kolonnen; es ist genau die nach Vorschrift **16** für die Formen $\bar\varphi_0, \ldots, \bar\varphi_{n-1}$ und den Grad t gebildete Determinante $D\,(t;\,n{-}1)$. Die darunter liegenden Kästchen enthalten nur mehr Nullen, weil alle weiteren Zeilen von Produkten $\omega\,\varphi_\nu$ herrühren, wo ω x_n mindestens in erster Potenz enthält.

Genau so erkennt man beim zweiten Kästchen, wenn man den gemeinsamen Faktor x_n überall wegläßt, daß es sich um die nach Vorschrift **16** für die Formen $\bar\varphi_0, \ldots, \bar\varphi_{n-1}$ und den Grad $t-1$ gebildete Determinante $D\,(t-1;\,n-1)$ handelt; die darunterliegenden Kästchen enthalten wieder lauter Nullen. Das geht ohne Komplikationen weiter bis zum m_n-ten Kästchen, das die Determinante $D\,(t-m_n+1;\,n-1)$ enthält. Es ist (15a)

$$t \geqq T = m_1 + \ldots + m_n - n,$$

also

$$t - m_n + 1 \geqq m_1 + \ldots + m_{n-1} - (n-1),$$

so daß die für die Bildung dieser Determinante notwendige Gradbedingung erfüllt ist.

20. Die nachfolgenden Kästchen können nicht mehr auf die nämliche Weise interpretiert werden, weil dann die Gradbedingung nicht mehr erfüllt ist. Es ist aber nicht notwendig, daß wir uns genauer mit ihrem Aufbau beschäftigen, weil sie, wie wir gleich sehen werden, als Ganzes in den außerwesentlichen Faktor A eingehen. Wir fassen sie mit den Buchstaben D_r zusammen und können nun schreiben

$$D_1 = D\,(t;\,n-1).D\,(t-1;n-1)\ldots D\,(t-m_n+1;\,n-1).D_r. \quad (20a)$$

Nun hat man analog zu (19a)

$$D(t;n{-}1)=\bar{r}A_1,\ D(\ {-}1;n{-}1)=\bar{r}A_2,\ldots,D(t{-}m_n{+}1;n{-}1)=\bar{r}A_{m_n} \qquad (20b)$$

und also zufolge (19a) und (19b)

$$D\,(t;n) = r\,A = \beta_n^{M_n}\,\bar{r}^{m_n}A_1\ldots A_{m_n}\,D_r + \ldots \qquad (20c)$$

Der Vergleich mit (18d) liefert endlich

$$A = A_1\ldots A_{m_n}\,D_r, \qquad (20d)$$

womit unsere Behauptung, daß D_r im außerwesentlichen Faktor A aufgehe, eingelöst ist. Der außerwesentliche Faktor A der Determinante $D\,(t;n)$ setzt sich also zusammen aus D_r und den außerwesentlichen Faktoren der Determinante (20b).

21. Wir können nun den folgenden Satz von *Macaulay* beweisen: *Die Resultante von $n+1$ Formen in $n+1$ homogenen Variablen kann als Quotient zweier Determinanten dargestellt werden*

$$r\,(\varphi_0,\ldots,\varphi_n) = D\,(t;n):A; \qquad (21a)$$

$D\,(t;n)$ *ist die nach Vorschrift* **16** *für die Formen* $\varphi_0,\ldots,\varphi_n$ *und für irgendeinen Grad* $t \geqq T$ *gebildete Determinante; A ist die aus $D\,(t;n)$ hervorgehende Unterdeterminante, wenn man alle zu voll reduzierten Potenzprodukten gehörenden Kolonnen unterdrückt, sowie diejenigen Zeilen, welche die Elemente* $\beta_1,\ldots,\beta_n$ *in den unterdrückten Kolonnen enthalten.*

Wir haben hier ein Potenzprodukt $\omega = x_0^{i_0}\ldots x_n^{i_n}$ *voll reduziert* genannt, wenn höchstens für einen Exponenten die Ungleichung $i_j \geqq m_j$ erfüllt ist. Alle Potenzprodukte der letzten Klasse $\mathfrak{K}_n$ sind voll reduziert, nicht aber die Potenzprodukte, welche die Kolonnen des Kästchens D_r bezeichnen; denn für diese gilt außer $i_n \geqq m_n$ mindestens noch eine weitere Ungleichung $i_j \geqq m_j$, weil sie sonst zur Klasse $\mathfrak{K}_n$ gehörten, die in D_1 nicht mehr vorkommt (**19**). Da ferner jede Zeile von D_r eines der Elemente $\beta_1,\ldots,\beta_{n-1}$ enthält, ersieht man, daß das Kästchen D_r als ganzes in die oben definierte Unterdeterminante übernommen wird. Die restlichen nicht voll reduzierten Potenzprodukte kennzeichnen die Kolonnen, welche die außerwesentlichen Faktoren $A_1,\ldots,A_{m_n}$ aus den vorangehenden Kästchen (20b) ausscheiden. Für diese aber dürfen wir die Richtigkeit des Ausscheidungsprinzips als Induktionsvoraussetzung annehmen.

22. Von den Eigenschaften der Resultante haben wir bereits die beiden folgenden bewiesen:

1. Die Resultante ist eine *irreduzible* Form der Koeffizienten der $\varphi_0, \ldots, \varphi_n$, falls diese Koeffizienten *allgemein* sind (4);

2. sie ist *homogen vom Grade* $M_j = M : m_j$ in den Koeffizienten der Form φ_j $(j = 0, \ldots, n; M = m_0 \ldots m_n)$;

im folgenden werden wir noch zwei wichtige Eigenschaften beweisen:

3. die Resultante ist *invariant* gegenüber linearen homogenen Transformationen der Variablen;

4. die Resultante ist *isobar vom Gewichte* $M = m_0 \ldots m_n$ in bezug auf jede Variable x_i.

23. Die Invarianz der Resultante bedeutet folgendes: Üben wir auf die Variablen eine lineare homogene Transformation (**121.5**) aus

$$x_i = \Sigma \, a_{ik} \, y_k, \quad i, k = 0, \ldots, n \tag{23a}$$

deren Determinante

$$A = |\, a_{ik} \,| \neq 0 \tag{23b}$$

ist, so gehen die Formen $\varphi_j(x)$ in Formen $\bar{\varphi}_j(y)$ über, deren Grade m_j hinsichtlich der Variablen die gleichen sind und deren Koeffizienten sich homogen und linear in den Koeffizienten von φ_j, homogen vom Grade m_j in den Elementen a_{ik} der Transformationsmatrix ausdrücken. Die Resultanten hängen durch folgende Beziehung zusammen

$$r(\bar{\varphi}_0, \ldots, \varphi_n) = A^M \, r(\varphi_0, \ldots, \varphi_n). \tag{23c}$$

Zum Beweise benötigen wir folgenden Hilfssatz:

24. *Gehen die Variablen* $x_0, \ldots, x_n$ *durch die Transformation* (23a) *in die Variablen* $y_0, \ldots, y_n$ *über, so gehen die Potenzprodukte* $\omega_j^{(t)}$ *des Grades* t *in den* x *durch die Transformation*

$$\omega_j^{(t)} = \Sigma \, a_{jl}^{(t)} \, \overline{\omega}_l^{(t)}, \quad j, l = 1, \ldots, \binom{t+n}{n} \tag{24a}$$

in die Potenzprodukte $\overline{\omega}_l^{(t)}$ *desselben Grades in den* y *über; die Transformationsdeterminante hat den Wert*

$$A^{(t)} = |\, a_{jl}^{(t)} \,| = A^{\varkappa}, \quad \varkappa = \binom{t+n}{n+1}. \tag{24b}$$

Wir denken uns hier die Potenzprodukte immer in einer festen Reihenfolge, etwa lexikographisch[1] geordnet. Die Matrix $(a_{jl}^{(t)})$ heißt

---

[1] In lexikographischer Anordnung kommt das Potenzprodukt $x_0^{i_0} \ldots x_n^{i_n}$ vor dem Potenzprodukt $x_0^{j_0} \ldots x_n^{j_n}$ immer dann, wenn $i_0 < j_0$, oder wenn $i_0 = j_0$, $i_1 = j_1, \ldots, i_{\nu-1} = j_{\nu-1}$ und $i_\nu < j_\nu$ ist.

die Potenzmatrix des Grades t von (a_{ik}); sie hat $\binom{t+n}{n}$ Zeilen und Kolonnen. Ihre Elemente $a_{jl}^{(t)}$ sind Formen des Grades t in den a_{ik}.

Aus der zu (23a) inversen Transformation (**121.5**)

$$y_k = \Sigma \, \hat{a}_{ki} \, x_i, \quad i, k = 0, \dots, n \tag{24c}$$

erhalten wir auf demselben Weg die zu (24a) inverse Transformation

$$\overline{\omega}_l^{(t)} = \Sigma \, \hat{a}_{lj}^{(t)} \, \omega_j^{(t)}, \quad j, l = 1, \dots, \binom{t+n}{n}; \tag{24d}$$

Die $\hat{a}_{lj}^{(t)}$ sind genau so in den $\hat{a}_{ki}$ aufgebaut, wie die $a_{jl}^{(t)}$ in den a_{ik}. Da (24d) zu (24a) invers ist, gilt

$$\big| \, a_{ij}^{(t)} \, \big| \, \big| \, \hat{a}_{jl}^{(t)} \, \big| = 1. \tag{24e}$$

Nun ist aber

$$\hat{a}_{ki} = \frac{A_{ki}}{A},$$

wo A_{ki} das algebraische Komplement von a_{ik} in A bedeutet.[1] Setzt man das im zweiten Faktor der linken Seite von (24e) ein und multipliziert mit einer genügend hohen Potenz A^τ von A, um die Nenner zu entfernen, so bleibt

$$\big| \, a_{jl}^{(t)} \, \big| \, \Phi \, (a_{ik}) = A^\tau,$$

wo Φ eine *ganze* Form der a_{ik} bedeutet. Da aber A irreduzibel ist, muß auch

$$\big| \, a_{jl}^{(t)} \, \big| = A^\varkappa,$$

also (24b) gelten, und es ist nur noch notwendig, den Exponenten $\varkappa$ zu bestimmen. Das gelingt durch Vergleich der Gradzahlen auf beiden Seiten, nämlich

$$t \, \binom{t+n}{n} = \varkappa \, (n+1),$$

womit (24b) vollständig bestätigt ist.

25. Wir gehen nun von den Kongruenzen[2]

$$\omega_j^{(t)} \, r \equiv 0 \, (\varphi_0, \dots, \varphi_n), \qquad j = 1, \dots, \binom{t+n}{n}, \tag{25a}$$

welche von der Resultante r erfüllt werden, aus. Üben wir auf (25a) die Transformation (23a) aus, durch die r nicht berührt wird, so erhalten wir zufolge (24a)

---

[1] Das ist die mit $(-1)^{i+k}$ multiplizierte Unterdeterminante des Elementes a_{ik} in der Determinante A.

[2] $a \equiv 0 \, (\mathfrak{a})$ ist gleichbedeutend mit $a \, \varepsilon \, \mathfrak{a}$, **115.12**.

$$\Sigma\, a_{jl}^{(t)}\, \overline{\omega}_l^{(t)}\, r \equiv 0\ (\overline{\varphi}_0,\ldots,\overline{\varphi}_n),\quad j,l = 1,\ldots,\tbinom{t+n}{n};$$

durch Auflösung dieses Kongruenzensystems nach den $\overline{\omega}_l^{(t)}$ erhalten wir

$$A^{(t)}\cdot \overline{\omega}_l^{(t)}\, r \equiv 0\ (\overline{\varphi}_0,\ldots,\overline{\varphi}_n),\quad l = 1,\ldots,\tbinom{t+n}{n},$$

woraus wegen (24b) folgt

$$A^{\varkappa}\, r \equiv 0\ (\overline{r}).$$

Wegen der Irreduzibilität von A und r schließt man daraus auf die Gleichung [1]

$$\overline{r} = A^{\sigma}\, r$$

also auf (23c), wenn man noch durch Vergleich der Gradzahlen auf beiden Seiten feststellt, daß der Exponent $\sigma = M$ sein muß.

26. Aus der dritten in **22** aufgezählten Eigenschaft folgt leicht die vierte. Wählen wir nämlich für (23a) speziell die folgende Transformation

$$x_i = y_i \quad \text{für } i = 0,\ldots, n-1,\quad x_n = \varrho\, y_n \qquad (26a)$$

mit einer Unbestimmten ϱ, so haben wir $A = \varrho$ und wegen (23c)

$$\overline{r} = \varrho^M\, r. \qquad (26b)$$

Die Transformation (26a) bewirkt, daß jeder Koeffizient von φ_j, dessen zugehöriges Potenzprodukt den Grad g hinsichtlich x_n besitzt, den Faktor ϱ^g erhält; man nennt g das Gewicht des Koeffizienten hinsichtlich x_n. Die Gleichung (26b) lehrt nun, daß die einzelnen Glieder von r so gebaut sein müssen, daß ihr Gesamtgewicht hinsichtlich x_n (und analog hinsichtlich jeder andern Variablen x_i) gerade $M = m_0\ldots m_n$ ist. Diese Eigenschaft war in **22.4.** gemeint.

27. Auf ähnliche Weise kann man durch geschickte Wahl der Transformation (23a) weitere Eigenschaften der Resultante erschließen, welche bei der Berechnung sich nützlich erweisen können. Wählen wir beispielsweise diese Transformation so, daß sie auf eine Permutation der Variablen hinausläuft, so folgt, daß die Resultante dabei immer ungeändert bleibt, falls die Permutation gerade (d. h. ihre Determinante $+1$) ist, daß sie den Faktor $(-1)^M$ annimmt, falls sie ungerade ist; bei $n = 1$ hatten wir das schon in **13** bemerkt.

---

[1] Bis auf einen Zahlenfaktor, der aber 1 sein muß, wie man durch Spezialisierung von A zur Einheitsmatrix ersieht.

28. Als Beispiel diene die Resultante von drei ternären Formen 2. Grades

$$\begin{cases} \varphi_0 = a_{00}x_0{}^2 + a_{01}x_0x_1 + a_{11}x_1{}^2 + a_{02}x_0x_2 + a_{12}x_1x_2 + a_{22}x_2{}^2, \\ \varphi_1 = b_{00}x_0{}^2 + b_{01}x_0x_1 + b_{11}x_1{}^2 + b_{02}x_0x_2 + b_{12}x_1x_2 + b_{22}x_2{}^2, \\ \varphi_2 = c_{00}x_0{}^2 + c_{01}x_0x_1 + c_{11}x_1{}^2 + c_{02}x_0x_2 + c_{12}x_1x_2 + c_{22}x_2{}^2; \end{cases} \quad (28\mathrm{a})$$

die Resultante r dieser Formen ist homogen vom Grade 4 sowohl in den a, wie auch in den b und den c, und sie hat das Gewicht 8 hinsichtlich jeder Variablen. Es werden also Glieder von der Gestalt

$$\gamma\, a\, a\, a\, a\, b\, b\, b\, b\, c\, c\, c\, c \qquad (28\mathrm{b})$$

die Resultante zusammensetzen; jeder Buchstabe a, b, c erhält hier noch je zwei Indizes, und zwar müssen im ganzen je 8 Nullen, Einser und Zweier auftreten. γ ist eine ganze Zahl.

Die Möglichkeiten, 3 verschiedene Indizes auf 24 Lehrstellen zu verteilen, sind $24!/8!\,8!\,8!$, das sind ungefähr 9,5 Milliarden. Nun liefern allerdings diese Verteilungen noch nicht durchwegs verschiedene Glieder (28b), da eine Vertauschung der beiden Indizes eines Buchstabens, falls sie verschieden sind, zwar die Verteilung, nicht aber das Glied (28b) ändert; ferner können noch die Buchstaben a, b, c je untereinander vertauscht werden. Würden diese Operationen in allen Fällen verschiedene Indizesverteilungen erzeugen, so müßte man die obige Zahl noch durch $12.2!\,3.4!$ dividieren, was immer noch die Zahl $5{,}5.\,10^5$ als untere Schranke für die Anzahl der Glieder, die in der Resultante auftreten können, erscheinen läßt. Auch der Umstand, daß bei einer Reihe von Gliedern der zugehörige Koffizient γ verschwinden mag, dürfte an diesem Ergebnis nicht viel ändern. Daraus ersieht man die Aussichtslosigkeit des Bestrebens, diese Resultante in expliziter Gestalt hinzuschreiben. Auch der Umstand, daß man jeweils 6 Glieder, welche durch die 6 Permutationen der Indizes 0, 1, 2 auseinander hervorgehen, zusammenfassen kann, weil die Resultante diesen gegenüber invariant ist (**27**), bessert die Lage nicht wesentlich.

Dagegen kann man die Macanlaysche Darstellung der Resultante als Quotient zweier Determinanten in diesem Falle noch gut überblicken. Es ist $T = 4$ (15a) und die in **16** definierte Determinante $D\,(4; 2)$ sieht so aus:

$$D\,(4;2) =$$

$a_{00}\ a_{01}\ a_{11}$	$a_{02}\ a_{12}$	a_{22}		$x_0^2\varphi_0$
$a_{00}\ a_{01}\ a_{11}$	$a_{02}\ a_{12}$		a_{22}	$x_0x_1\varphi_0$
$a_{00}\ a_{01}\ a_{11}$	$a_{02}\ a_{12}$	a_{22}		$x_1^2\varphi_0$
$b_{00}\ b_{01}\ b_{11}$	$b_{02}\ b_{12}$		b_{22}	$x_0x_1\varphi_1$
$b_{00}\ b_{01}\ b_{11}$	$b_{02}\ b_{12}$	b_{22}		$x_1^2\varphi_1$
	$a_0\ a_{01}\ a_{11}$	a_{02}	$a_{12}\ a_{02}$	$x_0x_2\varphi_0$
	$a_{00}\ a_{01}\ a_{11}$	a_{12}	$a_{02}\quad a_{22}$	$x_1x_2\varphi_0$
	$b_{00}\ b_{01}\ b_{11}$	b_{02}	$b_{12}\ b_{22}$	$x_0x_2\varphi_1$
	$b_{00}\ b_{01}\ b_{11}$	b_{12}	$b_{02}\quad b_{22}$	$x_1x_2\varphi_1$
		$a_0\ a_{11}$	$a_{01}\ a_{02}\ a_{12}\ a_{22}$	$x_2^2\varphi_0$
		$b_{00}\ b_{11}$	$b_{01}\ b_{02}\ b_{12}\ b_{22}$	$x_2^2\varphi_1$
$c_{00}\ c_{01}\ c_{11}$	$c_{02}\ c_{12}$		c_{22}	$x_0x_1\varphi_2$
	$c_{00}\ c_{01}\ c_{11}$	c_{02}	$c_{12}\ c_{22}$	$x_0x_2\varphi_2$
	$c_{00}\ c_{01}\ c_{11}$	c_{12}	$c_{02}\quad c_{22}$	$x_1x_2\varphi_2$
		$c_{00}\ c_1$	$c_{01}\ c_{02}\ c_{12}\ c_{22}$	$x_2^2\varphi_2$

Der außerwesentliche Faktor ist, wie man nach der Vorschrift **21** leicht feststellt,

$$A = a_{00}\,(a_{00}\,b_{11} - a_{11}\,b_{00}),$$

so daß gilt

$$r\,(\varphi_0,\varphi_1,\varphi_2) = D\,(4;2):A.$$

In Übereinstimmung mit (18e) ist:

$$\mathfrak{r} = c_{22}^{\,4}\big(a_{00}^{\,2}b_{11}^{\,2} + a_{11}^{\,2}b_{00}^{\,2} - a_{00}a_{01}b_{01}b_{11} - a_{01}a_{11}b_{00}b_{01} + a_{00}a_{11}b_{01}^{\,2} +$$
$$a_{01}^{\,2}b_{00}b_{11} - 2a_{00}a_{11}b_{00}b_{11}^{\,2}\big)^2 + \ldots$$

126. Fortsetzung der Idealtheorie in kommutativen Ringen.[1]

1. Ein Ideal $\mathfrak{p}$ eines Ringes R heißt *Primideal*, wenn der Restklassenring $R/\mathfrak{p}$ keine Nullteiler besitzt. Ein Primideal ist daher durch die Tatsache charakterisiert, daß aus $ab\ \varepsilon\ \mathfrak{p}$ stets darauf geschlossen werden kann, daß wenigstens ein Faktor bereits dem Ideal $\mathfrak{p}$ angehört:

$$\text{Aus } ab\ \varepsilon\ \mathfrak{p} \text{ und } a\ \varepsilon\!\!\mid\ \mathfrak{p} \text{ folgt } b\ \varepsilon\ \mathfrak{p}. \tag{1a}$$

Dieses Kriterium kann in leicht verständlicher Weise auch folgendermaßen auf Idealteiler ausgedehnt werden:

$$\text{Aus } \mathfrak{a}\,\mathfrak{b}\subseteq\mathfrak{p} \text{ und } \mathfrak{a}\not\subseteq\mathfrak{p} \text{ folgt } \mathfrak{b}\subseteq\mathfrak{p}. \tag{1b}$$

2. Ein Primideal kann echte Teiler besitzen; z. B. ist $\mathfrak{p}=(x_n)$ ein Primideal des P-Ringes $K\,[x_1,\ldots,x_n]$, denn sein Restklassenring ist isomorph dem P-Ring $K\,[x_1,\ldots,x_{n-1}]$, also nullteilerfrei; es besitzt den echten Teiler $\mathfrak{p}_1=(x_n,x_{n-1})$, der ebenfalls Primideal ist. Eine Reihe von Primidealen desselben Ringes, deren jedes echter Teiler des vorhergehenden ist, heißt *Primidealkette*; z. B. bilden eine Kette die Primideale des P-Ringes $K\,[x_1,\ldots,x_n]$

$$(0)\subset(x_1)\subset(x_1,x_2)\subset\ldots\subset(x_1,\ldots,x_n)\subset(1). \tag{2a}$$

Das Einheitsideal ist immer Primideal, dagegen ist das Nullideal dann und nur dann Primideal, wenn der Ring nullteilerfrei, d. h. *Integritätsbereich* ist.

3. Ein Element (Nullteiler) a eines Ringes heißt *nilpotent*, wenn eine Potenz desselben $a^\varrho=0$ ist. Sind sämtliche Nullteiler nilpotent, so heißt der Ring *primär*.

Ein Ideal $\mathfrak{q}$ des Ringes R, dessen Restklassenring $R/\mathfrak{q}$ primär ist, heißt selbst primär oder kurz *Primärideal*. Ein Primärideal ist also durch die Tatsache charakterisiert, daß aus $ab\ \varepsilon\ \mathfrak{q}$ stets darauf geschlossen werden kann, daß eine gewisse Potenz eines der beiden Faktoren in $\mathfrak{q}$ enthalten ist:

$$\text{Aus } ab\ \varepsilon\ \mathfrak{q} \text{ und } a\ \varepsilon\!\!\mid\ \mathfrak{q} \text{ folgt } b^\varrho\ \varepsilon\ \mathfrak{q} \tag{3a}$$

für eine gewisse natürliche Zahl ϱ. Der Begriff Primärideal ist also eine

---

[1] Unsere Betrachtungen beschränken sich grundsätzlich auf kommutative Ringe mit Einselement, auch wenn wir diese Kennzeichnung in Zukunft nicht mehr regelmäßig wiederholen werden.

Verallgemeinerung des Begriffes Primideal und umfaßt diesen.[1] Die Exponenten ϱ in (3a) können beim selben Primärideal $\mathfrak{q}$ von Fall zu Fall verschieden sein, ja es gibt Ringe und Primärideale in denselben bei welchen keine obere Schranke für die auftretenden Koeffizienten ϱ existiert.[2] Jedoch werden wir gleich sehen, daß im Bereiche unserer Untersuchungen dieser Fall nicht vorkommt. Dann wird es auch möglich sein, das Kriterium (3a) auf Idealteiler analog (1b) auszudehnen.

4. Ein primärer Ring ist also dadurch ausgezeichnet, daß sein Nullideal primär ist; jeder Nullteiler ist nilpotent. Die Menge aller Nullteiler dieses Ringes bilden ein Ideal $\mathfrak{p}$, das Primideal ist. Denn sind a und b zwei Nullteiler, also $a^\varrho = 0$, $b^\sigma = 0$, so ist auch $(r\,a + s\,b)^{\varrho+\sigma-1} = 0$ mit beliebigen Ringelementen r, s, weil bei Entwicklung der Klammer jedes Glied mindestens eine Potenz a^ϱ oder b^σ enthält. Also ist $r\,a + s\,b$ entweder bereits null oder Nullteiler, und folglich die Menge aller Nullteiler ein Ideal (**115.2**); es ist Primideal, weil das Produkt zweier Ringelemente dann und nur dann Nullteiler ist, wenn mindestens ein Faktor Nullteiler ist: denn ist ab Nullteiler, also $(ab)\,c = 0$, $ab \neq 0$, $c \neq 0$, so ist entweder $b\,c = 0$, also b Nullteiler, oder es ist $b\,c \neq 0$, $a\,(bc) = 0$, also a Nullteiler.

5. Nun ist der Restklassenring $R/\mathfrak{q}$ eines Primärideals $\mathfrak{q}$ ein primärer Ring; dem von seinen Nullteilern gebildeten Primideal entspricht vermöge der Homomorphie $R \to R/\mathfrak{q}$ ein Primideal $\mathfrak{p}$ in R (**115.19**), welches das *zu $\mathfrak{q}$ gehörige Primideal* heißt. Dieses Primideal umfaßt alle Ringelemente, von denen eine gewisse Potenz in $\mathfrak{q}$ liegt. Ist R ein O-Ring, was wir immer voraussetzen dürfen, so hat

$$\mathfrak{p} = (p_1, \ldots, p_s)$$

eine Basis (**115.8**), und daraus kann man schließen, daß auch eine Potenz von $\mathfrak{p}$ selbst in $\mathfrak{q}$ enthalten ist:

$$\mathfrak{p}^\varrho \subseteq \mathfrak{q}. \tag{5a}$$

---

[1] Die Potenzen eines Primideals sind gewöhnlich Primärideale. Ist z. B. $p\,(x)$ ein irreduzibles Polynom, so sind alle Ideale (p^n) Primärideale, denn aus $a\,b \in (p^n)$, $a \,\epsilon\!\!\!| \,(p^n)$ folgt wegen (**112.11**) $b \,\epsilon\, (p)$, also $b^n \,\epsilon\, (p^n)$. Auch die Primidealpotenzen $\mathfrak{p}^n = (x_1, x_2)^n = (x_1{}^n, x_1{}^{n-1}\, x_2, \ldots, x_2{}^n)$ sind Primärideale. Aber es ist keineswegs jedes Primärideal eine Primidealpotenz; so sind die Ideale $\mathfrak{q} = (x_1{}^n, x_2{}^m)$ bei beliebigen ganzen Exponenten n und m immer primär, aber offenbar keine Primidealpotenzen. Auch umgekehrt ist eine Primidealpotenz nicht notwendig primär; vgl. *v. d. Waerden*, Moderne Algebra, 1. Aufl., § 82.

[2] Solche Primärideale nennt man *schwach primär*, im Gegensatz zu den *stark primären* bei welchen eine obere Schranke für ϱ existiert. vgl. auch **136.20**.

In der Tat gilt für jedes einzelne Basiselement eine Beziehung $p_i^{\varrho_i} \,\varepsilon\, q$ mit einer gewissen natürlichen Zahl ϱ_i. Macht man $\varrho = \Sigma\,(\varrho_i - 1) + 1$, so enthält die Basis von $\mathfrak{p}^\varrho$ lauter Potenzprodukte der p_i des Grades ϱ; in jedem muß mindestens ein p_i mit einem Exponenten, der größer als ϱ_i ist, vorkommen; also ist jedes Basiselement von $\mathfrak{p}^\varrho$ in q enthalten, womit (5a) bestätigt ist. Der kleinste Exponent ϱ, für den (5a) erfüllt ist, heißt der *Exponent* (auch *charakteristische Zahl*) des Primärideals q.[1]

6. Für Primärideale q in O-Ringen und die zugehörigen Primideale $\mathfrak{p}$ ist außer (3a) auch folgende Bedingung zusammen mit (5a) charakteristisch:

$$\text{Aus } ab \,\varepsilon\, q \text{ und } a \,\varepsilon\!\!\mid q \text{ folgt } b \,\varepsilon\, \mathfrak{p}; \qquad (6\text{a})$$

denn nach (3a) hat man $b^\varrho \,\varepsilon\, q$, also $b \,\varepsilon\, \mathfrak{p}$. Ist umgekehrt für zwei Ideale q und $\mathfrak{p}$ (5a) und (6a) erfüllt, so ist q primär und $\mathfrak{p}$ das zugehörige Primideal. Denn aus (6a) folgt in Verbindung mit (5a) $b^\varrho \,\varepsilon\, \mathfrak{p}^\varrho \subseteq q$, also (3a); daher ist q primär. Ist ferner $a^\sigma \,\varepsilon\, q$, $a^{\sigma-1} \,\varepsilon\!\!\mid q$, so folgt wieder aus (6a) $a \,\varepsilon\, \mathfrak{p}$; also ist $\mathfrak{p}$ das zu q gehörige Primideal, weil es aus allen Elementen des Ringes gebildet ist, von denen eine Potenz in q liegt.

Diese Kriterien können wie folgt auf Idealteiler ausgedehnt werden:

$$\text{Aus } \mathfrak{a}\,\mathfrak{b} \subseteq q \text{ und } \mathfrak{a} \subset\!\!\mid q \text{ folgt } \mathfrak{b}^\varrho \subseteq q \text{ und } \mathfrak{b} \subseteq \mathfrak{p}; \qquad (6\text{b})$$

$$\text{Aus } \mathfrak{a}\,\mathfrak{b} \subseteq q \text{ und } \mathfrak{a} \subset\!\!\mid \mathfrak{p} \text{ folgt } \mathfrak{b} \subseteq q. \qquad (6\text{c})$$

Wegen $\mathfrak{a} \subset\!\!\mid q$ gibt es in $\mathfrak{a}$ ein Element a, das $a \,\varepsilon\!\!\mid q$ erfüllt; es sei $\mathfrak{b} = (b_1, \ldots, b_s)$; voraussetzungsgemäß gilt $a\,b_i \,\varepsilon\, q$, also wegen (3a) $b_i^{\varrho_i} \,\varepsilon\, q$; wie in **5** schließt man auf $\mathfrak{b}^\varrho \subseteq q$ und $\mathfrak{b} \subseteq \mathfrak{p}$. Das Kriterium (6c) ist mit der zweiten Folgerung (6b) identisch, denn aus $\mathfrak{b} \subset\!\!\mid q$ würde nach (6b) $\mathfrak{a} \subseteq \mathfrak{p}$ im Widerspruch mit der Voraussetzung $\mathfrak{a} \subset\!\!\mid \mathfrak{p}$ folgen.

7. Ist $\mathfrak{p}$ ein Primideal und q ein Primärideal in einem O-Ring, welche die Beziehung

$$\mathfrak{p}^\varrho \subseteq q \subseteq \mathfrak{p} \qquad (7\text{a})$$

erfüllen, so ist $\mathfrak{p}$ das zu q gehörige Primideal. Wäre nämlich $\mathfrak{p}_1$ das zu q gehörige Primideal, so hätte man auch

$$\mathfrak{p}_1^{\varrho_1} \subseteq q \subseteq \mathfrak{p}_1, \quad \text{also } \mathfrak{p}_1^{\varrho_1} \subseteq q \subseteq \mathfrak{p}$$

und wegen (1b) $\mathfrak{p}_1 \subseteq \mathfrak{p}$; genau so folgt umgekehrt $\mathfrak{p} \subseteq \mathfrak{p}_1$, also $\mathfrak{p} = \mathfrak{p}_1$.

---

[1] Ist R kein O-Ring, so kann man diesen Schluß nicht machen: z. B. sei R der P-Ring $K[x_1, \ldots, x_n, \ldots]$ mit unendlich vielen Variablen, $q = (x_1, x_2^2, \ldots, x_n^n, \ldots)$, das zugehörige Primideal $\mathfrak{p} = (x_1, x_2, \ldots, x_n, \ldots)$; offenbar gibt es keinen (endlichen) Exponenten ϱ, der (5a) erfüllt.

8. Ein Ideal $\mathfrak{a}$, das als Durchschnitt zweier *echter* Teiler $\mathfrak{b}$ und $\mathfrak{c}$ dargestellt werden kann, $\mathfrak{a} = [\mathfrak{b}, \mathfrak{c}]$, heißt *reduzibel*; ein Ideal, bei dem dies in keiner Weise möglich ist, heißt *irreduzibel*. *Jedes Primideal ist irreduzibel*, denn aus $\mathfrak{p} = [\mathfrak{a}, \mathfrak{b}]$ folgt (**115.**23d): $\mathfrak{a}\,\mathfrak{b} \subseteq \mathfrak{p}$, und nach (1b) entweder $\mathfrak{a} \subseteq \mathfrak{p}$, oder $\mathfrak{b} \subseteq \mathfrak{p}$ im Widerspruch mit der Voraussetzung $\mathfrak{p} \subset \mathfrak{a}$ und $\mathfrak{p} \subset \mathfrak{b}$.

9. Umgekehrt gilt: *Jedes irreduzible Ideal ist primär*, d. h. ein nicht primäres Ideal ist sicher reduzibel. Ist nämlich $\mathfrak{a}$ nicht primär, so gibt es zwei Elemente b und c, welche folgende Voraussetzungen erfüllen:

$$bc \;\varepsilon\; \mathfrak{a}, \quad b \;\varepsilon\mkern-6mu|\; \mathfrak{a}, \quad c^\varrho \;\varepsilon\mkern-6mu|\; \mathfrak{a} \quad \text{für } \varrho = 1, 2, \ldots \tag{9a}$$

Wegen Gültigkeit des Teilerkettensatzes (**115.6**), die wir immer voraussetzen, gilt in der Kette der Idealquotienten (**115.26**)

$$\mathfrak{a}{:}c \subseteq \mathfrak{a}{:}c^2 \subseteq \ldots \subseteq \mathfrak{a}{:}c^k \subseteq \mathfrak{a}{:}c^{k+1} \subseteq \ldots ^1$$

von einem bestimmten Glied, etwa dem k-ten ab, das Gleichheitszeichen

$$\mathfrak{a}{:}c^k = \mathfrak{a}{:}c^{k+1} = \ldots \tag{9b}$$

Dann gilt, wie wir zeigen wollen, die Darstellung

$$\mathfrak{a} = [(\mathfrak{a}, b), (\mathfrak{a}, c^k)], \tag{9c}$$

wo es sich offenbar um den Durchschnitt zweier *echter* Teiler von $\mathfrak{a}$ handelt. Wir müssen daher nur beweisen, daß jedes Element des Durchschnittes rechts in $\mathfrak{a}$ enthalten ist. Es sei also u ein beliebiges Element, das sowohl in $(\mathfrak{a}, b)$ wie auch in $(\mathfrak{a}, c^k)$ enthalten ist, so daß man schreiben kann

$$u = a + br = a_1 + c^k\, r_1, \quad a \text{ und } a_1 \;\varepsilon\; \mathfrak{a}, \quad r \text{ und } r_1 \;\varepsilon\; R; \tag{9d}$$

multiplizieren wir mit c, so folgern wir wegen $b\,c\;\varepsilon\;\mathfrak{a}$ (9a)

$$c^{k+1}\,r_1 \;\varepsilon\; \mathfrak{a}$$

und wegen (9b)

$$r_1 \;\varepsilon\; \mathfrak{a}{:}c^{k+1} = \mathfrak{a}{:}c^k, \qquad \text{oder } c^k\, r_1 \;\varepsilon\; \mathfrak{a};$$

das liefert in (9d) eingesetzt $u \;\varepsilon\; \mathfrak{a}$, wie zu zeigen war.

10. Damit ist die Reduzibilität jedes nicht primären Ideals in einem O-Ring erwiesen. Es darf aber nicht umgekehrt geschlossen werden, daß jedes Primärideal auch irreduzibel sei, vielmehr gibt es auch *reduzible Primärideale*: z. B. ist das Ideal $\mathfrak{q} = (x_1{}^2, x_1\,x_2, x_2{}^2)$ des P-Ringes $K\,[x_1, x_2]$ primär, $\mathfrak{p} = (x_1, x_2)$ ist das zugehörige Primideal; wie man sich leicht überzeugt, besitzt $\mathfrak{q}$ die Darstellung

---

^{1} $\mathfrak{a} : c$ ist gleichbedeutend mit $\mathfrak{a} : (c)$.

$$\mathfrak{q} = [(x_1{}^2, x_2), (x_1, x_2{}^2)],$$

wo $\mathfrak{q}_1 = (x_1{}^2, x_2)$ und $\mathfrak{q}_2 = (x_1, x_2{}^2)$ ebenfalls Primärideale zum selben Primideal $\mathfrak{p}$ und echte Teiler von $\mathfrak{q}$ sind. Man kann zeigen, daß $\mathfrak{q}_1$ und $\mathfrak{q}_2$ irreduzibel sind.[1]

11. Der Satz, dem die allgemeine Idealtheorie einen großen Teil ihrer Bedeutung verdankt, und der sie vor allem befähigt, in ihrer Anwendung auf die algebraische Geometrie jene Schärfe und Allgemeinheit der Begriffsbildungen zu vermitteln, die für den Aufbau einer modernen Wissenschaft unerläßlich sind, ist das von *E. Lasker* für *H*-Ringe und von *E. Noether*[2] für allgemeine *O*-Ringe bewiesene Theorem über die bis zu einem gewissen Grade *eindeutige Darstellbarkeit jedes Ideals als Durchschnitt von endlich vielen irreduziblen Idealen, bzw. Primäridealen.*

12. Zunächst erkennt man leicht, daß *jedes Ideal eines O-Ringes als Durchschnitt von endlich vielen irreduziblen Idealen darstellbar ist.* Es sei $\mathfrak{a}$ ein beliebiges Ideal unseres *O*-Ringes; ist $\mathfrak{a}$ irreduzibel, so brauchen wir nichts mehr zu beweisen; andernfalls gibt es eine Zerlegung $\mathfrak{a} = [\mathfrak{a}_1, \mathfrak{a}_2]$, wo $\mathfrak{a}_1$ und $\mathfrak{a}_2$ echte Oberideale von $\mathfrak{a}$ sind. Sind beide irreduzibel, so ist unsere Behauptung erwiesen, andernfalls können wir die „*Komponenten*" $\mathfrak{a}_1$ und $\mathfrak{a}_2$ weiter zerlegen und so fort, bis wir schließlich zu einer Zerlegung

$$\mathfrak{a} = [\mathfrak{j}_1, \mathfrak{j}_2, \ldots, \mathfrak{j}_s] \tag{12a}$$

gelangen, wo sämtliche Komponenten $\mathfrak{j}_1, \ldots, \mathfrak{j}_s$ irreduzible Primärideale sind. Kämen wir nämlich nicht nach endlich vielen Schritten zu diesem Ende, so gäbe es eine mit $\mathfrak{a}$ beginnende Kette von echten Teilen, lauter reduziblen Idealen, die nicht abbricht; das aber widerspricht dem vorausgesetzten Teilerkettensatz.

13. Die Darstellung (12a) heißt *verkürzbar,* wenn eine oder mehrere Komponenten $\mathfrak{j}$ im Durchschnitt weggelassen werden dürfen, ohne die Gleichung zu stören; andernfalls heißt die Darstellung *unverkürzbar.* Es ist klar, daß jede verkürzbare Darstellung durch einfaches Streichen der überflüssigen Komponenten zu einer unverkürzbaren gemacht werden kann.

Zu den einzelnen irreduziblen Primäridealen $\mathfrak{j}_i$ der Darstellung (12a) gehören Primideale $\mathfrak{p}_i$, die nicht notwendig alle voneinander verschieden

[1] *W. Gröbner,* Über irreduzible Ideale in kommutativen Ringen, Math. Anm. **110** (1934), S. 197—222.

[2] *E. Lasker,* Zur Theorie der Moduln und Ideale, Math. Ann. **60** (1905); *E. Noether,* Idealtheorie in Ringbereichen, Math. Ann. **83** (1921); der oben wiedergegebene Beweis stammt von E. Noether.

sind. Wir wollen nun alle diejenigen irreduziblen Komponenten, welche zum selben Primideale gehören, zu einer einzigen *Primärkomponente*[1] zusammenfassen; diese sind wieder (im allgemeinen reduzible) Primärideale auf Grund des Satzes:

14. *Der Durchschnitt von zwei oder mehreren Primäridealen, welche zum selben Primideal $\mathfrak{p}$ gehören, ist wieder ein Primärideal, dessen zugehöriges Primideal $\mathfrak{p}$ ist.* Zum Beweise sei angenommen $\mathfrak{a} = [\mathfrak{q}_1, \mathfrak{q}_2]$, $\mathfrak{q}_1$ und $\mathfrak{q}_2$ seien Primärideale zum Primideal $\mathfrak{p}$. Gilt nun für zwei Ringelemente a und b die Beziehung $ab \ \varepsilon \ \mathfrak{a}$, $a \ \varepsilon| \ \mathfrak{a}$, so muß $a \ \varepsilon| \ \mathfrak{q}_1$ (bzw. $\mathfrak{q}_2$) sein, also nach (6a) und (7a) $b \ \varepsilon \ \mathfrak{p}$, $b^\varrho \ \varepsilon \ [\mathfrak{q}_1, \mathfrak{q}_2] = \mathfrak{a}$ für ein ϱ, das nicht größer ist als der größte der beiden Exponenten von $\mathfrak{q}_1$ und $\mathfrak{q}_2$. Also ist $\mathfrak{a}$ Primärideal (3) und $\mathfrak{p}$ das zugehörige Primideal (5).

Andererseits sei $\mathfrak{a} = [\mathfrak{q}_1, \mathfrak{q}_2]$ Durchschnitt zweier Primärideale $\mathfrak{q}_1$ und $\mathfrak{q}_2$, die zu verschiedenen Primidealen $\mathfrak{p}_1$ und $\mathfrak{p}_2$ gehören; die Darstellung sei unverkürzbar. Dann ist $\mathfrak{a}$ kein Primärideal. Denn es gilt wenigstens eine der beiden Beziehungen $\mathfrak{p}_1 \subset| \mathfrak{p}_2$, $\mathfrak{p}_2 \subset| \mathfrak{p}_1$, etwa die erste; es gibt also in $\mathfrak{p}_1$ ein Element[2] $p \ \varepsilon| \ \mathfrak{p}_2$, $p^\varrho = q \ \varepsilon \ \mathfrak{q}_1$, $q \ \varepsilon| \ \mathfrak{q}_2$. Ferner gibt es in $\mathfrak{q}_2$ ein Element $b \ \varepsilon| \ \mathfrak{a}$, weil $\mathfrak{q}_2$ echtes Oberideal von $\mathfrak{a}$ ist. Nun ist $qb \ \varepsilon \ [\mathfrak{q}_1, \mathfrak{q}_2] = \mathfrak{a}$, und keine Potenz von q liegt in $\mathfrak{q}_2$, also auch nicht in $\mathfrak{a}$; daher ist $\mathfrak{a}$ nicht Primärideal (3). Dasselbe gilt auch für Durchschnitte von mehr als zwei Primäridealen, wenn mindestens zwei zugehörige Primideale verschieden sind.

15. Werden die irreduziblen Komponenten in der Darstellung (12a) derart zu Primärkomponenten zusammengezogen, daß die zugehörigen Primideale sämtlich voneinander verschieden sind, und ist die Darstellung auch unverkürzbar, so nennen wir sie kurz eine *reduzierte* Darstellung („unverkürzbare Darstellung durch größte Primärkomponenten"). Es kann hier vorkommen, daß zwei (oder mehr) zu den Primärkomponenten $\mathfrak{q}_i$, $\mathfrak{q}_k$ gehörige Primideale $\mathfrak{p}_i$, $\mathfrak{p}_k$ in der Beziehung $\mathfrak{p}_i \subset \mathfrak{p}_k$ zueinander stehen.[3] Eine Primärkomponente $\mathfrak{q}_i$, deren zugehöriges Primideal $\mathfrak{p}_i$ zu keinem andern Primideal derselben Darstellung in der Beziehung $\mathfrak{p}_i \supset \mathfrak{p}_k$ steht, nennen wir *isoliert*,[4] andernfalls heißt die Primärkomponente $\mathfrak{q}_i$ *eingebettet*.[5]

---

[1] „Relevant primary module" bei Macaulay.

[2] Aus $q = p\varrho \ \varepsilon \ \mathfrak{q}_2 \subseteq \mathfrak{p}_2$ würde $p \ \varepsilon \ \mathfrak{p}_2$ folgen (1a).

[3] Aus $\mathfrak{p}_i \subset \mathfrak{p}_k$ folgt natürlich nicht $\mathfrak{q}_i \subseteq \mathfrak{q}_k$; z. B. $\mathfrak{p}_i = (x)$, $\mathfrak{p}_k = (x, y)$, $\mathfrak{q}_i = (x^2)$, $\mathfrak{q}_k = (x^3, y)$.

[4] „Isolated primary module" bei Macaulay.

[5] „Imbedded primary module" bei Macaulay.

Ist also

$$\mathfrak{a} = [\mathfrak{q}_1, \ldots, \mathfrak{q}_s] \tag{15a}$$

eine reduzierte Darstellung des Ideals $\mathfrak{a}$ und sind $\mathfrak{p}_1, \ldots, \mathfrak{p}_s$ die zugehörigen Primideale, so ist jede Primärkomponente $\mathfrak{q}_i$ isoliert, deren Primideal $\mathfrak{p}_i$ *minimal*, d. h. nicht Teiler (Oberideal) eines $\mathfrak{p}_k$ derselben Reihe ist; dagegen zeigen die nicht minimalen Primideale der Reihe $\mathfrak{p}_1, \ldots, \mathfrak{p}_s$ (wofern solche vorkommen) die eingebetteten Primärkomponente an. Man sagt noch genauer, die Primärkomponente $\mathfrak{q}_i$ sei in $\mathfrak{q}_k$ eingebettet, wenn $\mathfrak{p}_i \supset \mathfrak{p}_k$ ist.[1]

16. Wir beweisen nun den folgenden *Eindeutigkeitssatz*: *In einer reduzierten Darstellung* (15a) *sind die isolierten Primärkomponenten eindeutig bestimmt, dagegen sind von den eingebetteten Primärkomponenten im allgemeinen nur die zugehörigen Primideale (nicht die Primärkomponenten selbst) eindeutig bestimmt.*

17. Dem Beweise schicken wir folgenden Hilfssatz voraus; es sei $\mathfrak{q}$ ein Primärideal mit dem zugehörigen Primideal $\mathfrak{p}$ und dem Exponenten ϱ. Dann gilt

$$\mathfrak{q}:\mathfrak{a} = \mathfrak{q}, \text{ wenn } \mathfrak{a} \subset\!\!\mid \mathfrak{p}, \text{ und umgekehrt;} \tag{17a}$$

$$\mathfrak{q}:\mathfrak{a} = \bar{\mathfrak{q}}, \text{ wenn } \mathfrak{a} \subseteq \mathfrak{p}, \mathfrak{a} \subset\!\!\mid \mathfrak{q}; \ \bar{\mathfrak{q}} \text{ ist ein Primärideal zum selben Primideal}$$
$$\mathfrak{p} \text{ mit einem Exponenten } \bar{\varrho} < \varrho, \text{ also } \mathfrak{q} \subset \bar{\mathfrak{q}}, \text{ und umgekehrt;} \tag{17b}$$

$$\mathfrak{q}:\mathfrak{a} = (1), \text{ wenn } \mathfrak{a} \subseteq \mathfrak{q}, \text{ und umgekehrt.} \tag{17c}$$

Die erste Behauptung ist eine unmittelbare Folge der Definition des Idealquotienten (**115.25**) und (6c). Es gilt auch die Umkehrung, nämlich (17b), denn aus $\mathfrak{a} \subseteq \mathfrak{p}$, $\mathfrak{p}^\varrho \subseteq \mathfrak{q}$, $\mathfrak{p}^{\varrho-1} \subset\!\!\mid \mathfrak{q}$ folgt die Existenz eines Elementes $p \ \varepsilon \ \mathfrak{p}^{\varrho-1}$, $p \ \varepsilon\!\mid \mathfrak{q}$, $p \, \mathfrak{a} \subseteq \mathfrak{p}^\varrho \subseteq \mathfrak{q}$, also $p \ \varepsilon \ (\mathfrak{q}:\mathfrak{a}) = \bar{\mathfrak{q}}$; da p nicht in $\mathfrak{q}$ liegt, ist $\bar{\mathfrak{q}}$ ein echter Teiler von $\mathfrak{q}$. Ferner ist $\mathfrak{p}^{\varrho-1} \mathfrak{a} \subseteq \mathfrak{p}^\varrho \subseteq \mathfrak{q}$, also

$$\mathfrak{p}^{\varrho-1} \subseteq \bar{\mathfrak{q}} \subseteq \mathfrak{p};$$

denn wegen $\mathfrak{a}\,\bar{\mathfrak{q}} \subseteq \mathfrak{q}$, $\mathfrak{a} \subset\!\!\mid \mathfrak{q}$ folgt nach (6b) $\bar{\mathfrak{q}} \subseteq \mathfrak{p}$. Es ist noch zu zeigen, daß $\bar{\mathfrak{q}}$ primär ist. Sei also $bc \ \varepsilon \ \bar{\mathfrak{q}}$ und $b \ \varepsilon\!\mid \bar{\mathfrak{q}}$; daraus folgt

$$\mathfrak{a}\,b\,c \subseteq \mathfrak{q}, \quad \mathfrak{a}\,b \subset\!\!\mid \mathfrak{q}$$

und da $\mathfrak{q}$ Primärideal ist, $c^\sigma \ \varepsilon \ \mathfrak{q} \subset \bar{\mathfrak{q}}$; d. h. auch $\bar{\mathfrak{q}}$ ist Primärideal. Da (17c) ohne weiteres klar ist, ist der Hilfssatz damit endgültig bewiesen.

---

[1] Eine Primärkomponente kann in mehreren andern eingebettet sein, z. B. $\mathfrak{a} = (x^2 y, \, xy^2) = [(x), \, (y), \, (x^2, \, y^2)]$; hier sind die Primärkomponenten (x) und (y) isoliert, $(x^2, \, y^2)$ ist in beiden vorangehenden eingebettet.

18. Zum Beweise unseres Eindeutigkeitssatzes nehmen wir nun an, ein Ideal $\mathfrak{a}$ besitze zwei reduzierte Darstellungen:

$$\mathfrak{a} = [\mathfrak{q}_1, \ldots, \mathfrak{q}_s] = [\bar{\mathfrak{q}}_1, \ldots, \bar{\mathfrak{q}}_t] \qquad (18a)$$

mit den zugehörigen Primidealen $\mathfrak{p}_1, \ldots, \mathfrak{p}_s$, bzw. $\bar{\mathfrak{p}}_1, \ldots, \bar{\mathfrak{p}}_t$. Wir zeigen zunächst, daß diese Primideale bei passender Numerierung übereinstimmen.

Es sei nämlich $\mathfrak{p}_1$ ein *maximales* Primideal, daß weder in einem $\mathfrak{p}_i$ noch in einem $\bar{\mathfrak{p}}_i$ als echtes Unterideal enthalten ist (befindet sich unter den $\mathfrak{p}_1, \ldots, \mathfrak{p}_s$ kein solches Primideal, so gibt es sicher unter den $\bar{\mathfrak{p}}_1, \ldots, \bar{\mathfrak{p}}_t$ ein solches, und wir wollen dann einfach die beiden Darstellungen (18a) miteinander vertauschen). Wir wollen nun, entgegen unserer Behauptung, annehmen, $\mathfrak{p}_1$ komme in der zweiten Darstellung nicht vor. Bilden wir dann den Idealquotienten $\mathfrak{a}:\mathfrak{q}_1$, so erhalten wir mit Rücksicht auf (**115.**26g) und (17a, c)

$$\mathfrak{a}:\mathfrak{q}_1 = [(1), \mathfrak{q}_2, \ldots, \mathfrak{q}_s] = [\bar{\mathfrak{q}}_1, \ldots, \bar{\mathfrak{q}}_t] = \mathfrak{a} = [\mathfrak{q}_1, \ldots, \mathfrak{q}_s];^1$$

das hieße, daß man die Komponente $\mathfrak{q}_1$ in der ersten Darstellung (18a) weglassen dürfte entgegen der Voraussetzung, daß die Darstellung unverkürzbar sei. Also muß $\mathfrak{p}_1$ auch unter den $\bar{\mathfrak{p}}_1, \ldots, \bar{\mathfrak{p}}_t$ vorkommen; es sei $\bar{\mathfrak{p}}_1 = \mathfrak{p}_1$. Nun bilden wir

$$\mathfrak{a}:\mathfrak{q}_1\,\bar{\mathfrak{q}}_1 = [\mathfrak{q}_2, \ldots, \mathfrak{q}_s] = [\bar{\mathfrak{q}}_2, \ldots, \bar{\mathfrak{q}}_t].$$

Wenn wir denselben Schluß wiederholen, finden wir, daß bei richtiger Numerierung $\bar{\mathfrak{p}}_2 = \mathfrak{p}_2, \ldots, \bar{\mathfrak{p}}_s = \mathfrak{p}_s$ und also auch $s = t$ sein muß.

19. Nun sei $\mathfrak{p}_1$ ein *minimales* Primideal, das kein anderes Primideal derselben Darstellung umfaßt, also $\mathfrak{q}_1$ eine isolierte Primärkomponente. Wir setzen zur Abkürzung

$$\mathfrak{b} = [\mathfrak{q}_2, \ldots, \mathfrak{q}_s], \quad \bar{\mathfrak{b}} = [\bar{\mathfrak{q}}_2, \ldots, \bar{\mathfrak{q}}_s];$$

es ist $\mathfrak{b} \subset\!\!\!| \;\mathfrak{p}_1$, $\bar{\mathfrak{b}} \subset\!\!\!| \;\mathfrak{p}_1$. Denn zunächst ist $\mathfrak{q}_i \subset\!\!\!| \;\mathfrak{p}_1$ $(i = 2, \ldots, s);^2$ es gibt also in jedem $\mathfrak{q}_i$ ein Element q_i, das nicht in $\mathfrak{p}_1$ liegt; ihr Produkt $q_2 \ldots q_s$ ist ein Element aus $\mathfrak{b}$, das nicht in $\mathfrak{p}_1$ vorkommt. Das Entsprechende folgert man für $\bar{\mathfrak{b}}$. Nun bilden wir den Idealquotienten

$$\mathfrak{a}:\mathfrak{b} = [\mathfrak{q}_1:\mathfrak{b}, \mathfrak{b}:\mathfrak{b}] = \mathfrak{q}_1$$
$$= [\bar{\mathfrak{q}}_1:\mathfrak{b}, \bar{\mathfrak{b}}:\mathfrak{b}] = [\bar{\mathfrak{q}}_1, \bar{\mathfrak{b}}:\mathfrak{b}]$$

---

[1] $\mathfrak{q}_1$ ist in keinem Primideal außer $\mathfrak{p}_1$ enthalten; wäre nämlich etwa $\mathfrak{q}_1 \subseteq \mathfrak{p}_2$, so folgte $\mathfrak{p}_1\varrho_1 \subseteq \mathfrak{q}_1 \subseteq \mathfrak{p}_2$, also $\mathfrak{p}_1 \subseteq \mathfrak{p}_2$ wegen (1b); das widerspräche unserer Voraussetzung, nach der $\mathfrak{p}_1$ maximal ist.

[2] Aus $\mathfrak{q}_i \subseteq \mathfrak{p}_1$ folgt $\mathfrak{p}_i\varrho_i \subseteq \mathfrak{q}_i \subseteq \mathfrak{p}_1$, also $\mathfrak{p}_i \subseteq \mathfrak{p}_1$ entgegen der Voraussetzung, daß $\mathfrak{p}_1$ minimal sei.

Daraus folgt $q_1 \subseteq \bar{q}_1$, und wenn man denselben Schluß für $a:b$ wiederholt, $\bar{q}_1 \subseteq q_1$, also $q_1 = \bar{q}_1$, wie zu beweisen war.

20. Wir können nun den Hilfssatz **17** folgendermaßen vervollständigen: *Es ist dann und nur dann* $a:b = a$, *wenn* b *durch kein zu* a *gehöriges Primideal teilbar ist.* Es sei nämlich

$$a = [q_1, \ldots, q_s] \tag{20a}$$

eine reduzierte Darstellung mit den zugehörigen Primidealen $\mathfrak{p}_1, \ldots, \mathfrak{p}_s$, welche unabhängig von der speziellen Darstellung (20a) eindeutig festliegen (**18**). Voraussetzungsgemäß ist $b \subset\!\!\!| \ \mathfrak{p}_i \ (i = 1, \ldots, s)$; also

$$a:b = [q_1:b, \ldots, q_s:b] = [q_1, \ldots, q_s] = a.$$

Man nennt in diesem Fall b *relativ prim* zu a; es ist zu beachten, daß dann nicht notwendig auch umgekehrt a relativ prim zu b sein muß.[1]

21. Man nennt a_1 ein *isoliertes Komponentenideal* von a, wenn

$$a = [a_1, a_2] \quad \text{und} \quad a_1:a_2 = a_1,$$

also a_2 relativ prim zu a_1 ist. Man erhält ein isoliertes Komponentenideal von a, wenn man irgendwelche Primärkomponente einer reduzierten Darstellung zusammenfaßt und darauf achtet, daß man zu jeder eingebetteten Primärkomponente alle diejenigen Primärkomponenten mitnimmt, in die sie eingebettet ist. *Gibt man die zu einer isolierten Komponente* a_1 *gehörigen Primideale in passender Weise vor, so ist dadurch* a_1 *eindeutig bestimmt.* Das wird genau so bewiesen, wie die Eindeutigkeit der isolierten Primärkomponenten in **19** erwiesen wurde.

22. Besitzt das Ideal a keine eingebetteten Komponenten, so gehört ein Primideal $\mathfrak{p}$ dann und nur dann zu a, wenn die beiden Bedingungen

$$a \subseteq \mathfrak{p}, \qquad a:\mathfrak{p} \supset a \tag{22a}$$

erfüllt sind. Sei nämlich $a = [q_1, \ldots, q_s]$ eine reduzierte Darstellung, $\mathfrak{p}_1, \ldots, \mathfrak{p}_s$ die zugehörigen Primideale, so gilt

$$q_1 \cdots q_s \subseteq [q_1, \ldots, q_s] \subseteq \mathfrak{p},$$

also etwa $q_1 \subseteq \mathfrak{p}$, woraus $\mathfrak{p}_1 \subseteq \mathfrak{p}$ folgt. Andererseits folgt aus der zweiten Bedingung (22a) und **20**, daß $\mathfrak{p}$ durch eines der Primideale $\mathfrak{p}_1, \ldots, \mathfrak{p}_s$ teilbar sein muß, etwa $\mathfrak{p} \subseteq \mathfrak{p}_i$. Aus $\mathfrak{p}_1 \subseteq \mathfrak{p} \subseteq \mathfrak{p}_i$ schließt man nun, da $\mathfrak{p}_1 \subset \mathfrak{p}_i$ ausgeschlossen ist, daß $\mathfrak{p} = \mathfrak{p}_1$ gilt.

---

[1] Z. B. von zwei Primäridealen q_1 und q_2, deren zugehörige Primideale in der Beziehung $\mathfrak{p}_1 \subset \mathfrak{p}_2$ zueinander stehen, ist q_2 relativ prim zu q_1, aber nicht umgekehrt q_1 relativ prim zu q_2.

127. Algebraische Mannigfaltigkeiten.

1. Wir haben bereits in **121** den Begriff des NG (Nullstellengebilde) eines Ideals eingeführt und vor allem gefunden, daß jedes P-Ideal mit Ausnahme des Einheitsideals wenigstens eine Nullstelle besitzt. H-Ideale, welche keine andere Nullstelle als $\xi_0 = \xi_1 = \ldots = \xi_n = 0$ besitzen (der kein Punkt des projektiven Raumes entspricht) haben wir trivial, kurz T-Ideale genannt (**124.**10). Jedem P-, bzw. H-Ideal entspricht *eindeutig* ein bestimmtes NG im zugehörigen *Darstellungsraum*, welcher bei inhomogenen Idealen der affine Raum, bei homogenen der projektive Raum ist;[1] das NG kann leer sein, d. h. überhaupt keinen Punkt enthalten, wenn es sich um das Einheitsideal oder um ein T-Ideal handelt, oder es kann auch den gesamten Darstellungsraum ausfüllen, wenn es das Nullideal ist. In allen andern Fällen ist das NG eine gewisse Mannigfaltigkeit von Punkten, deren Koordinaten durch eine (endliche) Anzahl von *algebraischen Gleichungen*[2] festgelegt sind, und die deshalb gewöhnlich *algebraische Mannigfaltigkeiten* genannt werden. Wir werden diese Bezeichnung hier nicht in dem gewöhnlichen allgemeinen Sinn verwenden, sondern ihr eine verfeinerte Bedeutung unterlegen, welche im folgenden entwickelt werden soll.

Wie wir nämlich schon wissen, ist die Zuordnung von Idealen und NG des Darstellungsraumes nur in einer Richtung eindeutig; es gibt ja immer unendlich viele Ideale, welche dasselbe NG besitzen (**121.**7). Es wird unser Bestreben sein, diese Unbestimmtheiten zu klären und die geometrischen Begriffe derart auszubilden, daß eine eineindeutige Beziehung zwischen den Idealen und unseren geometrischen Vorstellungen hergestellt wird.

2. Zunächst wollen wir einige grundlegende Sätze formulieren, welche für NG ohne weiteres einzusehen sind, welche aber auch für

---

[1] Es soll natürlich nicht ausgeschlossen werden, daß man in besonderen Fällen das NG eines homogenen Ideals im affinen Raum betrachten kann, als ob es sich um ein inhomogenes Ideal handelte.

[2] Es ist wesentlich, daß nur *algebraische Gleichungen* dabei auftreten. Eine oder mehrere transzendente Gleichungen, z. B. $y - e^x = 0$, besitzen als NG keine algebraische Punktmannigfaltigkeit. Es dürfen zu den Gleichungen auch keine *Ungleichungen* hinzutreten; z. B. wird durch $y - x = 0$, $x \geqq 0$ ein vom Ursprung ausgehender Strahl (Halbgerade) festgelegt; diese Punktmannigfaltigkeit ist in unserem Sinne nicht algebraisch. Dasselbe gilt von einer Strecke, von einer Geraden, von der ein oder mehrere Punkte weggenommen wurden, von einem Halbkreis (Linie), von einer Kreisfläche oder dem Innern einer Kugel usw. Zur Definition dieser Punktmannigfaltigkeiten müssen jeweils außer algebraischen Gleichungen auch noch Ungleichungen herangezogen werden.

algebraische Mannigfaltigkeiten (AM) gültig sein sollen, denn wir wollen diese neue Begriffsbildung gerade so vornehmen, daß die Konstanz dieser Sätze nicht gestört wird. In einer leicht verständlichen Symbolik bezeichnen wir das NG eines Ideals $\mathfrak{a}$ kurz mit $NG\,(\mathfrak{a})$, entsprechend mit $AM\,(\mathfrak{a})$ zu die $\mathfrak{a}$ gehörige AM.[1]

Stehen zwei Ideale $\mathfrak{a}$ und $\mathfrak{b}$ in der Beziehung $\mathfrak{a} \subset \mathfrak{b}$, so ist sicher jede Nullstelle von $\mathfrak{b}$ auch Nullstelle von $\mathfrak{a}$, d. h. $NG\,(\mathfrak{b}) \subseteq NG\,(\mathfrak{a})$. Das Gleichheitszeichen können wir hier nicht ausschließen, jedoch werden wir fordern, daß der Begriff der AM so verfeinert sei, daß aus $\mathfrak{a} \subset \mathfrak{b}$ auch $AM\,(\mathfrak{b}) \subset AM\,(\mathfrak{a})$ folge (mit Ausschluß des Gleichheitszeichens):

$$\text{Aus} \quad \mathfrak{a} \subset \mathfrak{b} \quad \text{folgt} \quad NG\,(\mathfrak{b}) \subseteq NG\,(\mathfrak{a}) \quad \text{und} \quad AM\,(\mathfrak{b}) \subset AM\,(\mathfrak{a}). \tag{2a}$$

3. Hier ergibt sich leicht auf Grund des *Hilbertschen Nullstellensatzes* **(122.17)** eine gewisse Umkehrung dieses Schlusses:

$$\text{Aus} \quad NG\,(\mathfrak{b}) \subseteq NG\,(\mathfrak{a}) \quad \text{folgt} \quad \mathfrak{a}^\varrho \subseteq \mathfrak{b} \quad \text{und umgekehrt;} \tag{3a}$$

denn jedes Polynom $a \,\varepsilon\, \mathfrak{a}$ verschwindet in allen Nullstellen des Ideals $\mathfrak{b}$ und daher gilt $a^\sigma \,\varepsilon\, \mathfrak{b}$ für einen gewissen Exponenten σ; das gilt insbesondere für jedes der (endlich vielen) Basispolynome von $\mathfrak{a}$, woraus (3a) für genügend große natürliche Zahlen ϱ folgt. Die Umkehrung ist klar wegen

$$NG\,(\mathfrak{a}^\varrho) = NG\,(\mathfrak{a}), \qquad \varrho = 1, 2, \ldots \tag{3b}$$

4. *Dem Durchschnitt* $[\mathfrak{a}, \mathfrak{b}]$ *zweier beliebiger Ideale* $\mathfrak{a}$ *und* $\mathfrak{b}$ *entspricht als NG die Vereinigungsmenge* [2] *der NG von* $\mathfrak{a}$ *und* $\mathfrak{b}$:

$$NG\,[\mathfrak{a}, \mathfrak{b}] = NG\,(\mathfrak{a}) + NG\,(\mathfrak{b}). \tag{4a}$$

Denn eine Nullstelle von $\mathfrak{a}$ oder $\mathfrak{b}$ ist Nullstelle jedes Polynoms, das in $\mathfrak{a}$, bzw. $\mathfrak{b}$ vorkommt, also auch Nullstelle jedes Polynoms in $[\mathfrak{a}, \mathfrak{b}]$. Ist umgekehrt $\{\xi\}$ Nullstelle von $[\mathfrak{a}, \mathfrak{b}]$ und etwa nicht Nullstelle von $\mathfrak{a}$, so gibt es in $\mathfrak{a}$ ein Polynom $a\,(x)$, das an dieser Stelle nicht verschwindet. Nun ist

$$a\,\mathfrak{b} \subseteq \mathfrak{a}\,\mathfrak{b} \subseteq [\mathfrak{a}, \mathfrak{b}];$$

---

[1] Die folgenden Entwicklungen beziehen sich in gleicher Weise auf inhomogene und homogene Ideale sowie auf deren NG oder AM im zugehörigen affinen oder projektiven Darstellungsraum.

[2] Vereinigungsmenge oder Summe von zwei oder mehr Mengen ist im gewöhnlichen mengentheoretischen Sinne als die Menge derjenigen Elemente zu verstehen, welche in wenigstens einer der zu summierenden Mengen enthalten sind. Es dürfen also nicht etwa Nullstellen, die sowohl in $NG\,(\mathfrak{a})$ wie in $NG\,(\mathfrak{b})$ gleichzeitig auftreten, in $NG\,(\mathfrak{a}) + NG\,(\mathfrak{b})$ doppelt gezählt werden.

da $a(\xi) \neq 0$ ist, muß jedes Polynom aus $\mathfrak{b}$ an der Stelle $\{\xi\}$ verschwinden, d. h. $\{\xi\}$ ist Nullstelle von $\mathfrak{b}$.

Die Gleichung (4a) läßt sich leicht auf den Durchschnitt von mehr Idealen ausdehnen:

$$NG\,[\mathfrak{a}_1,\ldots,\mathfrak{a}_s] = NG\,(\mathfrak{a}_1) + \ldots + NG\,(\mathfrak{a}_s). \tag{4b}$$

Wir werden fordern, daß diese Gleichung auch für den später zu präzisierenden Begriff AM gelte:

$$AM\,[\mathfrak{a}_1,\ldots,\mathfrak{a}_s] = AM\,(\mathfrak{a}_1) + \ldots + AM\,(\mathfrak{a}_s). \tag{4c}$$

5. *Der Summe* $(\mathfrak{a}, \mathfrak{b})$ *zweier Polynomideale* $\mathfrak{a}$ *und* $\mathfrak{b}$ *entspricht als* NG *der Durchschnitt* **(002)** *der* NG *von* $\mathfrak{a}$ *und* $\mathfrak{b}$

$$NG\,(\mathfrak{a}, \mathfrak{b}) = NG\,(\mathfrak{a}) \cap NG\,(\mathfrak{b}). \tag{5a}$$

Denn eine Nullstelle von $\mathfrak{a}$, die gleichzeitig auch Nullstelle von $\mathfrak{b}$ ist, ist Nullstelle jedes Polynoms in $(\mathfrak{a}, \mathfrak{b})$. Umgekehrt muß eine Nullstelle von $(\mathfrak{a}, \mathfrak{b})$ sowohl Nullstelle jedes Polynoms aus $\mathfrak{a}$, wie auch jedes Polynoms aus $\mathfrak{b}$, also sowohl Nullstelle von $\mathfrak{a}$ wie von $\mathfrak{b}$ sein.

Auch (5a) läßt sich unmittelbar auf mehr Ideale ausdehnen und wir werden wieder fordern, daß dieselbe Gleichung für die zugehörigen AM gültig bleibt:

$$NG\,(\mathfrak{a}_1,\ldots,\mathfrak{a}_s) = NG\,(\mathfrak{a}_1) \cap \ldots \cap NG\,(\mathfrak{a}_s); \tag{5b}$$

$$AM\,(\mathfrak{a}_1,\ldots,\mathfrak{a}_s) = AM\,(\mathfrak{a}_1) \cap \ldots \cap AM\,(\mathfrak{a}_s). \tag{5c}$$

Man findet also den Schnitt algebraischer Mannigfaltigkeiten, wenn man die algebraische Mannigfaltigkeit des entsprechenden Summenideals aufsucht.

6. Gehen wir umgekehrt von einer irgendwie definierten Mannigfaltigkeit von Punkten des Darstellungsraums aus, so wissen wir, daß die Ideale, welche in diesen Punkten verschwinden, nicht eindeutig bestimmt sind.[1] Da aber die Menge dieser Ideale nicht leer ist, denn sie enthält sicher das Nullideal, so gibt es **(115.6)** wenigstens ein *maximales* Ideal unter ihnen. Es kann aber auch nicht mehr als ein maximales Ideal geben, denn wären etwa $\mathfrak{a}$ und $\mathfrak{b}$ zwei voneinander verschiedene maximale Ideale, so wäre $(\mathfrak{a}, \mathfrak{b})$ ein beide umfassendes Ideal, das ebenfalls auf der gegebenen Mannigfaltigkeit verschwindet und daher in der genannten Menge enthalten ist; das ist ein Widerspruch. Das *maximale* Ideal ist also jeweils durch Vorgabe einer Nullstellenmenge

---

[1] Dabei ist nicht ausgeschlossen, daß die einzelnen Ideale auch noch in andern als den vorgegebenen Punkten verschwinden; bei nicht algebraischen Punktmannigfaltigkeiten wird das sogar notwendig immer der Fall sein.

eindeutig bestimmt. *Insbesondere ist das maximale Ideal, dessen NG mit dem NG eines gegebenen Ideals übereinstimmt, immer eindeutig festgelegt.*

7. Es liegt nahe, ein *NG reduzibel* oder *irreduzibel* zu nennen, je nach dem es als Summe zweier echter Teilmannigfaltigkeiten, die ebenfalls *NG* von Idealen sind,[1] erhalten werden kann oder nicht. Dann gilt der Satz:

8. *Das NG eines Primideals $\mathfrak{p}$ ist irreduzibel und gleichzeitig ist $\mathfrak{p}$ das maximale Ideal, das auf NG ($\mathfrak{p}$) verschwindet. Umgekehrt ist das maximale Ideal, das auf einem gegebenen irreduziblen NG verschwindet, notwendig ein Primideal. Es besteht also eine eineindeutige Zuordnung zwischen den Primidealen und den irreduziblen NG des Darstellungsraumes.*

Denn für irgendein Polynom p, welches auf *NG* ($\mathfrak{p}$) verschwindet, gilt nach dem Hilbertschen Nullstellensatz (**122.17**) $p^{\varrho}\,\varepsilon\,\mathfrak{p}$, also nach (**126.1a**) $p\,\varepsilon\,\mathfrak{p}$; daher ist $\mathfrak{p}$ das maximale Ideal, welches auf *NG* ($\mathfrak{p}$) verschwindet. Ferner ist *NG* ($\mathfrak{p}$) irreduzibel, denn wäre etwa *NG* ($\mathfrak{p}$) $=$ $=\mathfrak{M}_1+\mathfrak{M}_2$, wo $\mathfrak{M}_1$ und $\mathfrak{M}_2$ zwei durch algebraische Gleichungen definierte echte Teilmannigfaltigkeiten bedeuten, so gäbe es ein Polynom p_1, welches auf $\mathfrak{M}_1$ aber nicht auf $\mathfrak{M}_2$, und ein Polynom p_2, welches auf $\mathfrak{M}_2$ und nicht auf $\mathfrak{M}_1$ verschwindet; da ihr Produkt auf *NG* ($\mathfrak{p}$) verschwindet, hätte man $p_1\,p_2\,\varepsilon\,\mathfrak{p}$, ohne daß bereits ein Faktor in $\mathfrak{p}$ enthalten wäre, im Widerspruch zur Voraussetzung, daß $\mathfrak{p}$ Primideal sei.

Endlich sei ein irreduzibles *NG* vorgegeben und es sei angenommen, daß das zugehörige maximale Ideal $\mathfrak{a}$ entgegen unserer Behauptung nicht prim sei. Dann gibt es zwei Polynome a und b, deren Produkt in $\mathfrak{a}$ liegt, ohne daß dasselbe für einen der beiden Faktoren gilt. Jede Nullstelle von $\mathfrak{a}$ ist entweder Nullstelle von a oder von b, also

$$NG\,(\mathfrak{a}) = NG\,(\mathfrak{a},\,a) + NG\,(\mathfrak{a},\,b);$$

rechts stehen zwei echte Teilmannigfaltigkeiten, weil es mindestens eine Nullstelle von $\mathfrak{a}$ gibt, wo a, bzw. b nicht verschwindet.[2] Das steht im Widerspruch mit der vorausgesetzten Irreduzibilität des vorgelegten *NG*.

9. Wir können nun den ersten Schritt zur Definition des Begriffes der *AM* machen, indem wir festsetzen: *Die irreduziblen AM sind identisch mit den irreduziblen NG; es gilt:*

$$AM\,(\mathfrak{p}) = NG\,(\mathfrak{p}) \quad \text{für jedes Primideal } \mathfrak{p}. \tag{9a}$$

---

[1] Die Teilmannigfaltigkeiten müssen algebraisch sein, da sonst jede Punktmenge, die mehr als einen Punkt enthält, in echte Teilmengen aufgespalten werden könnte, z. B. eine Kreisperipherie in zwei Hälften usw.

[2] Andernfalls müßte ja $a\,\varepsilon\,\mathfrak{a}$, bzw. $b\,\varepsilon\,\mathfrak{a}$ gelten.

Wir können auch mit einer naheliegenden Auswertung der Ergebnisse in **7** und **8** sagen: *Eine irreduzible algebraische Mannigfaltigkeit (AM) ist eine durch endlich viele algebraische Gleichungen definierte Punktmenge des Darstellungsraumes, welche so beschaffen ist, daß das Produkt zweier Polynome dann und nur dann auf ihr verschwindet, wenn bereits ein Faktor allein auf ihr verschwindet.*[1]

10. Ein Primärideal $\mathfrak{q}$ besitzt nur solche Nullstellen, die auch Nullstellen des zugehörigen Primideals $\mathfrak{p}$ sind und umgekehrt, ihre NG stimmen überein:

$$NG\,(\mathfrak{q}) = NG\,(\mathfrak{p}). \tag{10a}$$

Das folgt ohne Schwierigkeit aus (**126.**7a), (2a) und (3b). *Das NG eines Primärideals $\mathfrak{q}$ ist also immer irreduzibel und das zugehörige Primideal ist das maximale Ideal, welches auf $NG\,(\mathfrak{q})$ verschwindet.*[2] Hier wird es nun darauf ankommen, den Begriff des NG so zum Begriff der AM zu verfeinern, daß allen Primäridealen, die zum selben Primideal gehören, verschiedene, für sie jeweils charakteristische AM zugeordnet werden können. Wie das gemacht werden kann, soll an einigen einfachen Beispielen erklärt werden.

11. Das Primideal $\mathfrak{p} = (x,\,y)$ des P-Ringes $K\,[x,\,y]$ hat im R_2 die einzige Nullstelle $x = y = 0$. Das Ideal $\mathfrak{q} = (x^2,\,a\,x - y)$, $a\,\varepsilon\,K$, das dieselbe einzige Nullstelle besitzt, ist ein zu $\mathfrak{p}$ gehöriges Primärideal. Man erkennt das am besten durch Konstruktion des Restklassenringes mod $\mathfrak{q}$; bezeichnet u die Restklasse, welche x enthält, so können alle Restklassen durch die Größen $a + b\,u$, $a, b\,\varepsilon\,K$, dargestellt werden;[3] es wird in gewöhnlicher Weise mit ihnen gerechnet, nur muß, wenn bei Multiplikationen höhere Potenzen von u auftreten, immer $u^2 = 0$

---

[1] Bei dieser Definition ist es wesentlich, daß der Konstantenkörper algebraisch abgeschlossen ist, also, wie wir vereinbarungsgemäß immer voraussetzen, der komplexe Zahlkörper ist. Über dem rationalen Zahlkörper wäre beispielsweise das H-Ideal $\mathfrak{p} = (x_0^2 + x_1^2)$ prim; das $NG\,(\mathfrak{p})$ besteht aus den zwei Punkten $\{1, \sqrt{-1}\}$ und $\{1, -\sqrt{-1}\}$ der projektiven Geraden. Es würde unseren geometrischen Vorstellungen widersprechen, diese aus zwei getrennten Punkten bestehende Mannigfaltigkeit als irreduzibel zu bezeichnen. Tatsächlich ist sie es auch nicht, so bald wir $\sqrt{-1}$ zum rationalen Zahlkörper adjungieren, weil $(x_0 + \sqrt{-1}\,x_1)(x_0 - \sqrt{-1}\,x_1)\,\varepsilon\,\mathfrak{p}$ ist; $\mathfrak{p}$ zerfällt dann in zwei konjugierte Primideale, entsprechend den zwei konjugierten Nullstellen.

[2] Die naheliegende Umkehrung, daß jedes Ideal mit irreduziblen NG primär sein müsse, ist nicht richtig; Beispiel: $\mathfrak{a} = (x^2, xy) = [(x), (x^2, y)]$ ist nicht primär, jedoch $NG\,(\mathfrak{a}) = NG\,(x)$ (nämlich die Gerade $x = 0$) ist irreduzibel.

[3] Sie bilden ein kommutatives hyperkomplexes System; vgl. *v. d. Waerden*, Moderne Algebra II (1931), S. 149ff.

gesetzt werden, z. B. $(a + bu)(c + du) = ac + (ad + bc)u$. Die Nullteiler sind die Größen au, und diese sind alle nilpotent: $(au)^2 = 0$.
Also ist q primär und p das zugehörige Primideal.

Ein Polynom aus p ist dadurch charakterisiert, daß das konstante
Glied fehlt; es stellt also, gleich null gesetzt, eine Kurve dar, die durch
den Ursprung geht. Umgekehrt ist jede solche Kurve, d. h. das sie
definierende Polynom, in p enthalten. Ein Polynom aus q ist dadurch
charakterisiert, daß das konstante Glied fehlt und daß die linearen
Glieder bis auf einen konstanten Faktor (der auch null sein kann) mit
$ax - y$ übereinstimmen. Geometrisch bedeutet das, daß die zugehörige
Kurve durch den Ursprung geht und dort die Tangente $ax - y = 0$
besitzt. Wir können, eine gebräuchliche Sprechweise benützend, sagen,
die Nullstellen von q sind der Punkt $x = y = 0$ und der in der Tangentenrichtung „unmittelbar benachbarte'' Punkt. Wenn wir AM (q) so definieren, so ist unserer Forderung, daß AM (q) das Primärideal q eindeutig
charakterisieren müsse, offenbar Genüge getan.

12. Es ist hier am Platze, über den Begriff „benachbarter'' Punkt
Klarheit zu schaffen. Es wäre vielleicht korrekter, von einem *Linienelement* im Punkte $\{0, 0\}$ mit der Richtung $y = ax$ zu sprechen. Der
„benachbarte'' Punkt dient nur dazu, um dieses Linienelement festzulegen; er ist kein Punkt des Raumes R_2 im eigentlichen Sinne, denn
er kann nicht durch Angabe der Koordinaten festgelegt werden. In der
Tat hat er gar keine selbständige Existenz, sondern existiert nur in
Verbindung mit dem Punkt $\{0, 0\}$, den wir den *Kernpunkt* nennen
wollen, an den er sozusagen angeheftet ist. Deutlich erkennt man diesen
Unterschied auch daran, daß es wohl Kurven gibt, welche durch den
Punkt $\{0, 0\}$ und nicht durch den genannten „benachbarten'' Punkt
gehen, jedoch keine Kurven, welche durch den „benachbarten'' Punkt
gehen, ohne gleichzeitig auch den Kernpunkt zu enthalten.

Dem ersten benachbarten Punkt kann ein weiterer benachbarter
Punkt (Nachbarschaft 2. Ordnung) angeheftet werden, welcher zusammen
mit dem Kernpunkt und dem benachbarten Punkt erster Ordnung etwa
das Element eines Parabelbogens bildet. Das Primärideal mit diesen
drei Punkten als NG ist

$$q = (x^3, ax - y + \beta x^2);$$

alle Kurven von q besitzen nämlich mit der Parabel $ax - y + \beta x^2$ eine
(wenigstens) 3-punktige Berührung im Ursprung. Während NG (q) nur
den einzigen Punkt $\{0, 0\}$ enthält, werden wir sagen, AM (q) bestehe

aus dem Punkt $\{0, 0\}$ und zwei benachbarten Punkten, womit der eben beschriebene Sachverhalt kurz angedeutet sein soll. Diese und kompliziertere Beispiele zeigen, daß die Methode, von benachbarten Punkten zu sprechen, wegen ihrer Kürze und einprägsamen Anschaulichkeit große Vorteile bietet, und daß sie, wenn man sich ihres wahren Sinnes bewußt bleibt, auch nicht zu irrigen Schlüssen verleitet.

13. Als weiteres Beispiel betrachten wir das Ideal $\mathfrak{q} = (x^2, xy, y^2) = \mathfrak{p}^2$, das wieder primär ist und zum Primideal $\mathfrak{p}$ gehört. Jedes Polynom f aus $\mathfrak{q}$ beginnt mit den quadratischen Gliedern (oder Gliedern höherer Ordnung)

$$f = a\,x^2 + b\,x\,y + c\,y^2 + \cdots;$$

geometrisch bedeutet dies, daß die Kurve $f = 0$ mit zwei Zweigen (wenigstens, bzw. einem Zweig höherer Ordnung) durch den Ursprung geht, deren Tangenten man durch Nullsetzen der quadratischen Glieder $ax^2 + b\,x\,y + c\,y^2 = 0$ gewinnt. Man sagt, die Kurve besitzt einen *Doppelpunkt*[1] im Ursprung $\{0, 0\}$. Dementsprechend besteht $AM(\mathfrak{q})$ aus dem doppelt zu zählenden Punkt $\{0, 0\}$. Analog ist $AM(\mathfrak{p}^3) = {} = AM(x^3, x^2y, xy^2, y^3)$ der dreifach zu zählende Punkt $\{0, 0\}$ usw.[2]

---

[1] Auf die Unterscheidung zwischen Doppelpunkten im strengen Sinn (2 lineare Zweige) und Spitzen (1 irreduzibler Zweig 2. Ordnung) brauchen wir an dieser Stelle noch nicht einzugehen.

[2] Nach **21** besitzt das Primärideal $\mathfrak{p}^2$ die Multiplizität 3, so daß $AM(\mathfrak{p}^2)$ aus insgesamt 3 Punkten bestehen muß: das ist der Kernpunkt und zwei beliebige Punkte der 1. Nachbarschaft. Wenn man nämlich einer Kurve vorschreibt, durch diese Punkte zu gehen, so muß sie zwei Tangenten, also notwendig einen Doppelpunkt besitzen. Führen wir die Rechnung gemäß (4c) idealtheoretisch durch, so müssen wir den Durchschnitt zweier Ideale

$$\mathfrak{q}_1 = (x^2, \alpha x + \beta y), \qquad \mathfrak{q}_2 = (x^2, \gamma x + \delta y) \qquad (\beta, \delta \neq 0)$$

bilden; es muß $\alpha\delta - \beta\gamma \neq 0$ sein, weil sonst $\mathfrak{q}_1 = \mathfrak{q}_2$ wäre. Man stellt leicht fest

$$[\mathfrak{q}_1, \mathfrak{q}_2] = \mathfrak{p}^2;$$

also ist nach (4c) $\mathfrak{p}^2$ das Primärideal, dessen AM aus den bezeichneten 3 Punkten besteht. Das ist überraschend, weil $\mathfrak{p}^2$ nur die Bedingung eines Doppelpunktes enthält, während die Tangenten der Zweige im Doppelpunkt völlig frei sind; die Konstanten $\alpha, \beta, \gamma, \delta$, welche die Tangentenrichtungen von $\mathfrak{q}_1$ und $\mathfrak{q}_2$ bestimmten, kommen in $\mathfrak{p}^2$ nicht mehr vor. Wir können auch den Durchschnitt von beliebig vielen Primäridealen derselben Art wie $\mathfrak{q}_1$ und $\mathfrak{q}_2$ bilden und erhalten immer $\mathfrak{p}^2$. Wir können uns dieses paradoxe Ergebnis durch folgende Vorstellung näher bringen: Jeder Punkt der Ebene besitzt als Kernpunkt zwar unendlich viele Punkte der 1. Nachbarschaft entsprechend den unendlich vielen möglichen Tangentenrichtungen, jedoch können höchstens 2 Punkte der 1. Nachbarschaft wirklich besetzt werden; sind sie besetzt, so ist die 1. Nachbarschaft voll ausgefüllt und es hat keinen Sinn mehr darnach zu fragen, welche besondere Lage diese Punkte hatten. Ist die 1. Nachbarschaft durch 2 Punkte ausgefüllt, so ist analog die 2. Nachbarschaft durch 3 weitere Punkte voll besetzt usw. Es scheint sich hier eine gewisse Analogie zu den in der Atomphysik geltenden geheimnisvollen Gesetzen zu offenbaren, nach denen die den Atomkern umkreisenden Elektronen nur eine begrenzte Zahl von Leerstellen (oder Bahnen) in den aufeinanderfolgenden Schalen zur Verfügung haben. Wir dürfen vermuten, daß diese Analogie nicht ganz zufällig ist, sondern auf einem noch verborgenen Zusammenhang beruht.

Wenn wir daher durchgehend die AM der Primärideale, die zum Primideal $\mathfrak{p} = (x, y)$ gehören, auf diese Weise als eine Menge von Punkten erklären, welche sich aus dem Kernpunkt $\{0, 0\}$ und gewissen benachbarten Punkten, jeden mit einer bestimmten Vielfachheit gerechnet, zusammensetzt, so können wir eine eineindeutige Charakterisierung der Primärideale durch die zugehörigen AM erreichen, und das so, daß die Regeln (2a), (4c) und (5c) gewahrt bleiben.[1] Im Grunde handelt es sich hier darum, die linearen homogenen Beziehungen,[2] welche von den Koeffizienten der Polynome des Primärideals q, oder was dasselbe ist, von ihren partiellen Ableitungen an der Stelle $\{0, 0\}$ erfüllt werden, und deren Anzahl gleich der Multiplizität (16) von q ist, auf passende Weise geometrisch zu deuten.

14. Die Absicht, das eben für das spezielle Primideal $\mathfrak{p} = (x, y)$ ausgeführte auf allgemeine Primideale auszudehnen, scheint auf keine prinzipiellen Schwierigkeiten zu stoßen. Ist AM ($\mathfrak{p}$) von höherer Dimension (Kurve, Fläche usw.), so wird einem zu $\mathfrak{p}$ gehörigen Primärideal q als AM eine Menge von gleichartigen Mannigfaltigkeiten, die der Kernmannigfaltigkeit AM ($\mathfrak{p}$) benachbart, und jeweils mit einer bestimmten Vielfachheit zu zählen sind, zugeordnet werden müssen.

15. Aus diesen Entwicklungen kann also entnommen werden, daß wir sehr wohl in der Lage sind, die AM, welche zu beliebigen Primäridealen gehören, eindeutig geometrisch zu charakterisieren, wenn wir die Vorstellungen von unmittelbar *benachbarten* Punkten und *vielfachen* Punkten, bzw. Mannigfaltigkeiten zu Hilfe nehmen. Freilich erfordert die Diskussion in den einzelnen Fällen eine genaue Untersuchung der Struktur des vorliegenden Primärideals, die sehr kompliziert sein kann.

16. Für eine Reihe von Folgerungen ist jedoch nicht die volle Kenntnis der Struktur des Primärideals notwendig, sondern es reicht schon die Kenntnis seiner *Multiplizität*[3] aus: *Die Multiplizität eines*

---

[1] Wir glauben dieses Ergebnis vorwegnehmen zu dürfen, wenn auch die erschöpfende allgemeine Untersuchung und die genaue Formulierung der dabei zu beachtenden Regeln noch aussteht.

[2] Die sogenannten „*Hilbertschen Gleichungen*" eines P-Ideals (**141.6**).

[3] Geometrisch bedeutet die Multiplizität die *Anzahl* der benachbarten Punkte (einschließlich des Kernpunktes), welche die AM (q) ausmachen (q nulldimensional). Dabei sind vielfache Punkte mit der ihnen zukommenden Multiplizität zu rechnen, also ein r-facher Punkt in der Ebene mit der Multiplizität $\binom{r+1}{2}$ (**127.21**). Bei Primäridealen höherer Dimensionen sind anstelle benachbarter Punkte benachbarte Mannigfaltigkeiten vorzustellen.

Primärideals $\mathfrak{q}$*, das zum Primideal* $\mathfrak{p}$ *gehört, ist gleich der Länge* l *(= Anzahl der Glieder) einer Kompositionsreihe von* $\mathfrak{q}$ *nach* $\mathfrak{p}$*, d. i. einer echten Teilerkette*

$$\mathfrak{q} = \mathfrak{q}_1 \subset \mathfrak{q}_2 \subset \ldots \subset \mathfrak{q}_l = \mathfrak{p}, \tag{16a}$$

die aus lauter zu $\mathfrak{p}$ *gehörenden Primäridealen besteht und durch Einschalten weiterer Glieder nicht mehr verlängert werden kann.* Ein Primideal hat also die Multiplizität 1. Die inneren Primärideale der Kette (16a) sind zwar nicht eindeutig bestimmt, wohl aber ist ihre Anzahl, wie wir beweisen wollen, immer dieselbe.[1]

17. Beim Beweise ist nur vorauszusetzen, daß der zugrundeliegende Ring R ein kommutativer O-Ring sei. Da es nur darauf ankommt, die Struktur des Primärideals $\mathfrak{q}$ hinsichtlich des Primideals $\mathfrak{p}$ zu untersuchen, so geht man zweckmäßig von R zum Restklassenring $R/\mathfrak{q}$ über, der ein primärer Ring ist, und bildet von diesem den Quotientenring, indem man alle Nichtnullteiler (das sind alle nicht in $\mathfrak{p}$ enthaltenen Elemente, bzw. deren Restklassen mod $\mathfrak{q}$) als Nenner zuläßt. Wir nennen diesen Ring $\mathfrak{o}$; er ist nicht nur ein O-Ring, sondern sogar ein U-Ring. In $\mathfrak{o}$ gibt es außer dem Einheitsideal nur Nullteilerideale; diese entsprechen umkehrbar eindeutig dem Primideal $\mathfrak{p}$ und denjenigen Primäridealen des Ringes R, die zu $\mathfrak{p}$ gehören und Teiler von $\mathfrak{q}$ sind; $\mathfrak{q}$ selbst entspricht dem Nullideal in $\mathfrak{o}$. Das Primideal $\mathfrak{p}$ wird auf ein teilerloses[2] Primideal $\bar{\mathfrak{p}}$ in $\mathfrak{o}$, die Primärideale $\mathfrak{q}_i$ auf Primärideale $\bar{\mathfrak{q}}_i$ in $\mathfrak{o}$, die zu $\bar{\mathfrak{p}}$ gehören, abgebildet. Bei dieser Abbildung bleiben die Operationen der Summen-, Durchschnitts- und Quotientenbildung, sowie die Beziehungen $=$ und $\subset$ erhalten.

18. Die Kompositionsreihe (16a) induziert in $\mathfrak{o}$ eine analoge Kompositionsreihe

---

Der hier eingeführte Begriff der Multiplizität ist *nicht* identisch mit dem in der übrigen Literatur gebräuchlichen. Der erste ist rein idealtheoretisch definiert, während der zweite auf gewissen umständlichen und schwer definierbaren Stetigkeitsbetrachtungen gegründet ist. In allen einfachen Fällen stimmen beide Begriffe noch überein, erst in komplizierten Fällen ergeben sich Unterschiede. Das kommt besonders beim Bezoutschen Satz zum Ausdruck, der mit dem obigen idealtheoretischen Multiplizitätsbegriff nicht mehr mit derselben Allgemeinheit gilt. Dieser Nachteil wird durch die größere Schärfe und Klarheit der idealtheoretischen Begriffsbildung ausgeglichen (**144.8**).

[1] Das folgt aus dem Satz von *Jordan* und *Hölder* über die Isomorphie der Kompositionsreihen einer Gruppe. Wir geben oben einen den vorliegenden einfachen Verhältnissen angepaßten Beweis.

[2] Der Restklassenring eines teilerlosen Primideals ist ein Körper und umgekehrt. Tatsächlich besitzt in $\mathfrak{o}$ jedes nicht in $\bar{\mathfrak{p}}$ enthaltene Element a ein inverses a^{-1}, so daß der Restklassenring $\mathfrak{o}/\bar{\mathfrak{p}}$ ein Körper ist.

$$(0) \subset \bar{q}_2 \subset \ldots \subset \bar{q}_{i-1} \subset \bar{q}_i \subset \ldots \subset \bar{q}_l = \bar{p}. \qquad (18a)$$

Alle Ideale besitzen eine endliche Basis; insbesondere kann man eine Basis von $\bar{q}_i$ erhalten, wenn man zu derjenigen von $\bar{q}_{i-1}$ noch einige passende Elemente hinzufügt:

$$\bar{q}_i = (\bar{q}_{i-1}, u_1, \ldots, u_k);$$

es muß aber bereits ein Element genügen, denn andernfalls hätte man

$$\bar{q}_{i-1} \subset (\bar{q}_{i-1}, u_1) \subset \ldots \subset (\bar{q}_{i-1}, u_1, \ldots, u_k) = \bar{q}_i,$$

was im Widerspruch zur Voraussetzung steht, daß zwischen $\bar{q}_{i-1}$ und $\bar{q}_i$ keine weiteren Glieder mehr eingeschaltet werden können. Wir dürfen also setzen

$$\bar{q}_i = (\bar{q}_{i-1}, u_i), \quad i = 2, 3, \ldots, l. \qquad (18b)$$

Ferner ist

$$\bar{p}\,\bar{q}_i \subseteq \bar{q}_{i-1}, \quad i = 2, 3, \ldots, l; \qquad (18c)$$

denn wäre das nicht wahr, so hätte man

$$\bar{q}_{i-1} \subset (\bar{q}_{i-1}, \bar{p}\,\bar{q}_i) = \bar{q}_i,$$

wo an zweiter Stelle das Gleichheitszeichen (und nicht etwa $\subset$) stehen muß, weil zwischen $\bar{q}_{i-1}$ und $\bar{q}_i$ keine Ideale von $\mathfrak{o}$ liegen. Aus

$$u_i \;\varepsilon\; \bar{q}_i = (\bar{q}_{i-1}, \bar{p}\,\bar{q}_i)$$

folgt nun

$$u_i = q + p u_i, \quad q \,\varepsilon\, \bar{q}_{i-1}, \quad p \,\varepsilon\, \bar{p},$$

oder

$$u_i = \frac{q}{1-p} \;\varepsilon\; \bar{q}_{i-1}$$

was absurd ist. Es ist also (18c) richtig.

19. Alle Elemente $q_i \,\varepsilon\, \bar{q}_i$ können so geschrieben werden

$$q_i = q_{i-1} + \alpha\, u_i, \quad q_{i-1} \,\varepsilon\, \mathfrak{q}_{i-1}, \quad \alpha \,\varepsilon\, \mathfrak{o} \qquad (19a)$$

und zwar sind zwei Elemente q_i dann und nur dann kongruent mod $\bar{q}_{i-1}$, wenn ihre Koeffizienten α kongruent mod $\bar{p}$ sind. Daher besteht die Isomorphie

$$\bar{q}_i/\bar{q}_{i-1} \xrightarrow{\sim} \mathfrak{o}/\bar{p} \qquad (19b)$$

denn jede Restklasse mod $\bar{q}_{i-1}$ innerhalb $\bar{q}_i$ ist durch ein Element α (mod $\bar{p}$) eindeutig festgelegt. $\mathfrak{o}/\bar{p}$ ist aber ein Körper, der als solcher nur die beiden Ideale (0) und (1) besitzt; dadurch wird wieder zum Ausdrucke gebracht, daß zwischen $\bar{q}_i$ und $\bar{q}_{i-1}$ keine Ideale existieren, denn ein solches müßte ein Ideal im Körper $\bar{q}_i/\bar{q}_{i-1}$ induzieren.

20. Wir beweisen nun durch vollständige Induktion hinsichtlich l den Satz von *Jordan* und *Hölder*, daß *jede Kompositionsreihe mit demselben Anfangs- und Schlußglied die gleiche Anzahl von Gliedern besitzt.*

Der Satz ist trivial für $l = 1, 2$; wir werden daher seine Richtigkeit für alle Kompositionsreihen mit weniger als l Gliedern voraussetzen dürfen. Dann sei neben (18a)

$$(0) \subset \mathfrak{q}_2^* \subset \mathfrak{q}_3^* \subset \ldots \subset \mathfrak{q}_k^* = \bar{\mathfrak{p}} \tag{20a}$$

eine zweite Kompositionsreihe von (0) nach $\bar{\mathfrak{p}}$. Ist $\bar{\mathfrak{q}}_2 = \mathfrak{q}_2^*$, so können wir unsere Induktionsvoraussetzung auf die Kompositionsreihen mit dem Anfangsglied $\bar{\mathfrak{q}}_2$ anwenden und $k = l$ folgern. Ist $\bar{\mathfrak{q}}_2 \neq \mathfrak{q}_2^*$, so betrachten wir die Ideale

$$\mathfrak{d} = [\bar{\mathfrak{q}}_2, \mathfrak{q}_2^*] \quad \text{und} \quad \mathfrak{s} = (\bar{\mathfrak{q}}_2, \mathfrak{q}_2^*).$$

Da jedenfalls $(0) \subseteq \mathfrak{d} \subseteq \bar{\mathfrak{q}}_2$, aber $\mathfrak{d} = \bar{\mathfrak{q}}_2$ und auch $(0) \subset \mathfrak{d} \subset \bar{\mathfrak{q}}_2$ auszuschließen sind, bleibt nur $\mathfrak{d} = (0)$ übrig. Nach dem ersten Isomorphiesatz (**115**.18a) und wegen (19b) hat man

$$\mathfrak{s}/\bar{\mathfrak{q}}_2 \overset{\sim}{\to} \mathfrak{q}_2^*/\mathfrak{d} \overset{\sim}{\to} \mathfrak{o}/\bar{\mathfrak{p}}; \tag{20b}$$

daher läßt sich zwischen $\bar{\mathfrak{q}}_2$ und $\mathfrak{s}$ — analog zwischen $\mathfrak{q}_2^*$ und $\mathfrak{s}$ — kein Ideal einschalten. Die Reihe

$$\bar{\mathfrak{q}}_2 \subset \mathfrak{s} \subset \ldots \subset \bar{\mathfrak{p}} \tag{20c}$$

kann durch Einschalten weiterer Glieder zwischen $\mathfrak{s}$ und $\bar{\mathfrak{p}}$ zu einer Kompositionsreihe ergänzt werden; diese muß nach unserer Induktionsvoraussetzung genau $l - 1$ Glieder aufweisen. Also hat auch die Kompositionsreihe

$$\mathfrak{q}_2^* \subset \mathfrak{s} \subset \ldots \subset \bar{\mathfrak{p}} \tag{20d}$$

genau $l - 1$ Glieder. Daraus folgt aber, daß (20a) genau l Glieder enthalten muß.

21. Als Beispiel wollen wir zeigen, daß *die Multiplizität eines r-fachen Punktes im Raum* R_n *genau* $\binom{r + n - 1}{n}$ *beträgt.* Das Primärideal in $K[x_1, \ldots, x_n]$, das einen r-fachen Punkt als AM besitzt, ist

$$\mathfrak{q} = \mathfrak{p}^r, \quad \mathfrak{p} = (x_1, \ldots, x_n).^1 \tag{21a}$$

Die Behauptung ist offenbar richtig für $r = 1$; wir dürfen daher ihre Richtigkeit für alle Potenzen die kleiner als r sind, voraussetzen und

---

[1] Wir haben der einfacheren Schreibweise halber den r-fachen Punkt im Koordinatenursprung angenommen. Das ist keine Einschränkung der Allgemeinheit, denn wir könnten die obigen Entwicklungen genau so am Primideal $\mathfrak{p} = (x_1 - \xi_1, \ldots, x_n - \xi_n)$ durchführen, dessen Nullstelle der Punkt $\{\xi_1, \ldots, \xi_n\}$ ist. Man stellt sich aber gewöhnlich vor, daß man den zu betrachtenden Punkt vorher durch eine Translation ($\bar{x}_i = x_i - \xi_i$) in den Ursprung gerückt hat.

müssen dann zeigen, daß die Kompositionsreihe von $\mathfrak{p}^r$ nach $\mathfrak{p}^{r-1}$ genau $\binom{r+n-1}{n} - \binom{r+n-2}{n} = \binom{r+n-2}{n-1}$ Glieder enthält, wobei das letzte Glied $\mathfrak{p}^{r-1}$ nicht mehr mitgezählt werden darf. Wie man leicht bestätigt, ist eine spezielle Kompositionsreihe die folgende

$$\mathfrak{p}^r \subset (\mathfrak{p}^r, x_1^{r-1}) \subset (\mathfrak{p}^r, x_1^{r-1}, x_1^{r-2} x_2) \subset \ldots \subset (\mathfrak{p}^r, x_1^{r-1}, x_1^{r-2} x_2, \ldots, x_n^{r-1}) = \mathfrak{p}^{r-1}.$$

Die Anzahl der Glieder ist gleich der Anzahl der Potenzprodukte des Grades $r-1$ in n Variablen (**125.**14c), also $\binom{r+n-2}{n-1}$, wie behauptet wurde.

22. Freilich reicht die Angabe der Multiplizität allein bei weitem nicht aus, um ein Primärideal vollständig zu charakterisieren; z. B. haben die zum Primideal $\mathfrak{p} = (x_1, x_2)$ gehörigen Primärideale

$$\mathfrak{q} = (x_1^2, \alpha\, x_1 + x_2),$$

wo α eine beliebige Konstante aus K bedeutet, alle die Multiplizität 2; in der Tat besteht ihre Kompositionsreihe nur aus $\mathfrak{q} \subset \mathfrak{p}$. Erst wenn man AM ($\mathfrak{q}$) kennt, kennt man auch $\mathfrak{q}$; AM ($\mathfrak{q}$) besteht aus dem Punkt (bzw. Unterraum, falls wir in $K[x_1, \ldots, x_n]$ mit $n > 2$ arbeiten) $x_1 = x_2 = 0$ und dem benachbarten, auf der Geraden (Hyperebene) $\alpha x_1 + x_2 = 0$ liegenden Punkt (Unterraum). Das heißt, jedes Polynom, das kein konstantes Glied besitzt und dessen lineare Glieder ein Vielfaches von $\alpha x_1 + x_2$ sind, gehört dem Ideal $\mathfrak{q}$ an.

Nur im P-Ring $K[x]$ einer einzigen Variablen ist jedes Primärideal bereits durch die Angabe des zugehörigen Primideals und der Multiplizität eindeutig bestimmt. In der Tat sind hier die von (0) und (1) verschiedenen Primideale sämtlich von der Gestalt:[1]

$$\mathfrak{p} = (x-\xi),$$

wo $\xi \varepsilon K$ die einzige Nullstelle von $\mathfrak{p}$ bedeutet. Ist $\mathfrak{q}$ ein zugehöriges Primärideal, $q(x)$ ein Polynom aus $\mathfrak{q}$, so können wir setzen: $q(x) = (x-\xi)^\nu\, \bar{q}(x)$ mit $\bar{q}(\xi) \neq 0$, also $\bar{q}(x)\, \varepsilon\!\mid \mathfrak{p}$; dann folgt nach (**126.**6a) $(x-\xi)^\nu\, \varepsilon\, \mathfrak{q}$. Daher kann die Basis von $\mathfrak{q}$ nur aus einer Potenz von $(x-\xi)$ bestehen:

$$\mathfrak{q} = ((x-\xi)^\mu) = \mathfrak{p}^\mu.$$

Die Kompositionsreihe ist

$$\mathfrak{q} = \mathfrak{p}^\mu \subset \mathfrak{p}^{\mu-1} \subset \ldots \subset \mathfrak{p}.$$

---

[1] Bei algebraisch abgeschlossenem Zahlkörper K; andernfalls sind die Primideale $\mathfrak{p} = (p)$, wo p ein irreduzibles Polynom aus $K[x]$ bedeutet; die zugehörigen Primärideale sind die Potenzen von $\mathfrak{p}$, so wie oben.

Die Multiplizität von q ist also μ und durch Angabe von μ ist $q = \mathfrak{p}^\mu$ auch bereits festgelegt.

23. Das steht in Einklang mit unserer geometrischen Veranschaulichung, da man auf einer eindimensionalen Mannigfaltigkeit zur Festlegung des Nachbarpunktes keine Richtung anzugeben braucht. Dasselbe überträgt sich im wesentlichen auch auf algebraische Kurven,[1] denn auch dort sind die Nachbarpunkte bereits durch die Kurve selbst eindeutig festgelegt.[2] Daher genügt auch hier im allgemeinen die Angabe der Multiplizität des Primärideals, in geometrischer Sprechweise der Vielfachheit des betreffenden Kurvenpunktes, um es erschöpfend zu charakterisieren. Eine Ausnahme bilden — und das ist auch anschaulich klar — die singulären Punkte der Kurve, im einfachsten Fall die Doppelpunkte, weil man hier noch angeben muß, auf welchem der beiden Kurvenzweige der Nachbarpunkt liegen soll.

Das kann sinngemäß auch auf die Geometrie auf algebraischen Flächen übertragen werden, wenn es sich um die Multiplizität auf der Fläche liegender algebraischer Kurven handelt. Auch hier können im allgemeinen keine Zweifel darüber herrschen, wo die benachbarten Kurven sich befinden und daher sind die zugehörigen Primärideale (im Restklassenring) durch Angabe ihrer Multiplizität eindeutig charakterisiert. Eine Ausnahme bilden nur die singulären Kurven der Fläche, z. B. Doppelkurven, in denen sich zwei Mäntel der Fläche durchdringen usw. Dasselbe gilt aber nicht mehr für die zu einzelnen Flächenpunkten gehörenden Primärideale, denn hier gibt es in jeder unmittelbaren Nachbarschaft unendlich viele Punkte, welche erst durch Angabe einer Richtung ausgeschieden werden können. Hier genügt also die Multiplizität nicht mehr, um das Primärideal festzulegen.

24. Nachdem es uns auf diese Weise[3] gelungen ist, jedem Primärideal eine *AM* zuzuordnen, welche umgekehrt für das Primärideal

---

[1] Die „Geometrie auf einer algebraischen Kurve" ist gleichwertig der Idealtheorie des Restklassenringes nach dem Primideal, welches die Kurve definiert. In diesem Restklassenring sind alle Primärideale Potenzen ihrer Primideale, ausgenommen diejenigen Primideale, welche Singularitäten (Doppelpunkte usw.) der Kurve beinhalten.

[2] Man muß sich die Vorstellung zu eigen machen, daß es auf einem linearen Zweig einer Kurve nur *einen* Punkt in der ersten Nachbarschaft des Kernpunktes gibt, nicht etwa zwei, einen „vorne" und einen „rückwärts".

[3] Wie schon einmal angedeutet wurde, könnte man die dabei verwendeten Begriffe „benachbarte" und „vielfache" Punkte (Mannigfaltigkeiten) auch völlig ausschalten, wenn man an deren Stelle gewisse Beziehungen einsetzte, denen die Koeffizienten der Polynome, oder was dasselbe ist, ihre Ableitungen an der betrachteten Stelle genügen müssen. Wie wir sehen werden, ist die Anzahl dieser

charakteristisch ist, sind wir nun auch in der Lage, die AM für beliebige P-Ideale $\mathfrak{a}$ zu definieren. Auf Grund des Lasker-Noetherschen Zerlegungssatzes kann man nämlich für $\mathfrak{a}$ eine reduzierte Darstellung (**126.15**).

$$\mathfrak{a} = [\mathfrak{q}_1, \ldots, \mathfrak{q}_s] \tag{24a}$$

durch Primärkomponenten angeben und entsprechend (4c) haben wir zu setzen:

$$AM(\mathfrak{a}) = AM(\mathfrak{q}_1) + \ldots + AM(\mathfrak{q}_s). \tag{24b}$$

Wenn keine eingebetteten Komponenten vorkommen, so liegt (24a) und also auch (24b) eindeutig fest; umgekehrt kann, wenn $AM(\mathfrak{a})$ gegeben ist, diese Mannigfaltigkeit in ihre irreduziblen Bestandteile und deren Nachbarmannigfaltigkeiten zerlegt, d. h. (24b) hergestellt werden, woraus sich rückwärts (24a) ergibt.[1]

25. Zweifel über die Eindeutigkeit von $AM(\mathfrak{a})$ können sich dagegen dann ergeben, wenn eingebettete Komponenten vorkommen, denn diese sind, wie wir wissen, in (24a) nicht eindeutig bestimmt. Ist etwa die Komponente $\mathfrak{q}_2$ in $\mathfrak{q}_1$ eingebettet, so daß die zugehörigen Primideale die Beziehung

$$\mathfrak{p}_1 \subset \mathfrak{p}_2$$

erfüllen, so ist

$$AM(\mathfrak{p}_2) \subset AM(\mathfrak{p}_1),$$

d. h. die erste ist eine Teilmannigfaltigkeit der zweiten. Gerade auf diese Tatsache soll ja die Bezeichnung „eingebettet" hinweisen. Ein einfaches Beispiel ist, daß $AM(\mathfrak{p}_1)$ eine Kurve, $AM(\mathfrak{p}_2)$ einen auf dieser Kurve liegenden Punkt bedeutet.

Gleichungen, die linear und homogen sind, genau gleich der Multiplizität des Primideals. Aber durch diese Abstraktion würde die ganze Anschaulichkeit der Überlegungen, die ja gerade erzielt werden soll, verloren gehen. Man könnte diesen Verzicht für berechtigt erklären, wenn es sich darum handelte, die Sicherheit und Beweiskraft der Entwicklungen damit zu erhöhen. Das ist aber nicht der Fall, weil die Beweise völlig unabhängig von der geometrischen Interpretierung geführt werden müssen. Die geometrische Veranschaulichung der Idealtheorie in P-Ringen, welche in der algebraischen Geometrie erfolgt, soll nicht dem Zwecke dienen, die logischen Beweise zu stützen und zu erhärten, sondern einem ganz andern, wenn man will übergeordneten Zwecke, nämlich den Erzeugnissen unseres reinen Verstandes einen neuen Inhalt und eine gewichtige Bedeutung zu verleihen, indem sie zu der realen, unseren Geist umgebenden Welt in Wechselbeziehung gesetzt werden.

[1] Es ist zu beachten, daß die einer Kernmannigfaltigkeit benachbarten Mannigfaltigkeiten keiner andern Mannigfaltigkeit benachbart sind; daher können sie bei der Summenbildung (24b) nicht verwechselt werden.

Die eingebettete Primärkomponente q_2 in (24a) bringt nun die Tatsache zum Ausdruck, daß AM ($\mathfrak{a}$) im speziellen Kurvenpunkt AM ($\mathfrak{p}_2$) mehr Nachbarpunkte enthält, als die Komponente q_1 für den allgemeinen Kurvenpunkt vorsieht. Wesentlich an q_2 ist also nur das, daß AM (q_2) diejenigen besonderen Nachbarpunkte enthalten muß, die noch nicht in AM (q_1) enthalten sind; dagegen kann AM (q_2) beliebig viele Nachbarpunkte enthalten, die bereits in AM (q_1) vorkommen, ohne daß sich an der Summe (24b) etwas ändert. Diese geometrische Deutung macht es verständlich, warum die eingebetteten Primärkomponenten niemals eindeutig festliegen können.[1] Die Formeln (24a) und (24b) bleiben aber ungeändert, da alle Punkte von AM (q_2), die bereits in AM (q_1) enthalten sind, bei der Summenbildung unberücksichtigt bleiben.

§ 3. Dimensionstheorie der Polynomideale.

131. Dimension und Rang von (inhomogenen) P-Idealen.

1. Es sei $\mathfrak{p}$ ein beliebiges Primideal des P-Ringes $K [x_1, \ldots, x_n]$, den wir kurz mit $\mathfrak{o}$ bezeichnen. Der Restklassenring $\mathfrak{o}/\mathfrak{p}$ ist ein Integritätsbereich (**126.1**), welcher den Zahlkörper K, oder genauer einen mit K isomorphen Körper umfaßt; dieser wird von allen denjenigen Restklassen mod $\mathfrak{p}$ gebildet, welche ein Element aus K enthalten.[2] Den Quotientenkörper des Restklassenringes $\mathfrak{o}/\mathfrak{p}$ nennen wir kurz den *Restklassenkörper* des Primideals $\mathfrak{p}$ und bezeichnen ihn mit $\mathfrak{o}_\mathfrak{p}$.

---

[1] Ein einfaches Beispiel ist $\mathfrak{a} = (x^2, xy) = [(x), (x^2, y)]$; AM (x) ist die Gerade $x = 0$, AM (x^2, y) besteht aus dem Punkt $x = y = 0$ und dem benachbarten Punkt in Richtung $y = 0$. Wir können an Stelle von (x^2, y) ein Primärideal (x^2, xy, y^n) setzen, indem wir $n-1$ benachbarte Punkte auf der Geraden $x = 0$, die ohnehin schon zu AM (x) gehören, hinzunehmen. An $\mathfrak{a}$ und AM ($\mathfrak{a}$) ändert sich dadurch nichts. Da in der Ebene zwei benachbarte Punkte in verschiedenen Richtungen einen Doppelpunkt erzeugen (**13**), kommt dasselbe Resultat heraus, wenn wir den einen nicht auf $x = 0$ gelegenen Nachbarpunkt in irgendeiner andern Richtung wählen, also statt (x^2, y) das Primärideal $(x^2, ax+y)$ oder allgemeiner $(x^2, xy, (ax+y)^n)$ einsetzen. Alle diese Änderungen lassen sowohl $\mathfrak{a}$ wie AM ($\mathfrak{a}$) unberührt.

[2] Wir dürfen diesen Körper, um Schwerfälligkeiten im Ausdruck zu vermeiden, mit K identifizieren (**115.16**).

2. $\mathfrak{o}_\mathfrak{p}$ ist ein Erweiterungskörper des Zahl- oder Konstantenkörpers K. Den *Transzendenzgrad* (116.17) von $\mathfrak{o}_\mathfrak{p}$ über K nennen wir die *Dimension* d des Primideals $\mathfrak{p}$. Es ist sicher $d \leq n$. Denn bezeichnen wir die Restklassen, welche die Variablen $x_1, \ldots, x_n$ enthalten, mit $\bar{x}_1, \ldots, \bar{x}_n$, so erhalten wir jede weitere Restklasse $\bar{p}$, welche das Polynom $p(x_1, \ldots, x_n)$ und alle damit mod $\mathfrak{p}$ kongruenten Polynome enthalte, dadurch, daß wir auf $\bar{x}_1, \ldots, \bar{x}_n$ die durch $p(x_1, \ldots, x_n)$ vorgeschriebenen rationalen Operationen ausüben, d. h. es gilt in $\mathfrak{o}_\mathfrak{p}$ die Gleichung

$$\bar{p} = p(\bar{x}_1, \ldots, \bar{x}_n); \tag{2a}$$

das bedeutet aber, daß alle Elemente von $\mathfrak{o}_\mathfrak{p}$ *rational* von $\bar{x}_1, \ldots, \bar{x}_n$ abhängen. Ist $p(x_1, \ldots, x_n)$ insbesondere ein in $\mathfrak{p}$ enthaltenes Polynom, so gilt in $\mathfrak{o}_\mathfrak{p}$

$$p(\bar{x}_1, \ldots, \bar{x}_n) = 0, \tag{2b}$$

d. h. $\bar{x}_1, \ldots, \bar{x}_n$ sind in $\mathfrak{o}_\mathfrak{p}$ *algebraisch abhängig über* K. Nur wenn $\mathfrak{p}$ das Nullideal ist, sind $\bar{x}_1, \ldots, \bar{x}_n$ algebraisch unabhängig; in diesem Fall ist $\mathfrak{o}_\mathfrak{p}$ der Körper aller rationalen Funktionen $K(x_1, \ldots, x_n)$. Umgekehrt folgt aus (2b), daß das Polynom $p(x_1, \ldots, x_n)$ dem Ideal $\mathfrak{p}$ angehört.

3. Für die Dimension d eines jeden vom Nullideal verschiedenen Primideals gilt also

$$0 \leq d < n. \tag{3a}$$

Das Nullideal hat die Dimension n. Auf das Einheitsideal kann die obige Definition nicht angewendet werden, weil sein Restklassenkörper nur aus der Null besteht[1] und also kein Erweiterungskörper von K ist. Es ist zweckmäßig, dem Einheitsideal die Dimension -1 zuzusprechen.

4. Der Restklassenkörper eines nulldimensionalen Primideals $\mathfrak{p}$ ist ein endlicher algebraischer Erweiterungskörper von K, denn er enthält voraussetzungsgemäß keine über K transzendenten Elemente; er kann durch Adjunktion von höchstens n algebraischen Elementen zu K, nämlich der Restklassen $\bar{x}_1, \ldots, \bar{x}_n$ erreicht werden. Das über K algebraische Element $\bar{x}_1$ genügt einer hinsichtlich K irreduziblen Gleichung

$$p(\bar{x}_1) = 0; \tag{4a}$$

daraus folgt aber

$$p(x_1) \ \varepsilon \ \mathfrak{p}. \tag{4b}$$

Ist K algebraisch abgeschlossen, so kann das irreduzible Polynom $p(x_1)$ nur den Grad 1 haben:

---

[1] Er ist also überhaupt kein Körper, da jeder Körper außer dem Nullelement noch mindestens ein weiteres Element enthalten muß (003.3).

$$p\,(x_1) = x_1 - \xi_1, \quad \xi_1 \,\varepsilon\, K.$$

Analoges erschließt man für $x_2, \ldots, x_n$. Daher sind die nulldimensionalen Primideale bei algebraisch abgeschlossenem Konstantenkörper K von der Gestalt

$$\mathfrak{p} = (x_1 - \xi_1, \ldots, x_n - \xi_n) \tag{4c}$$

und besitzen offensichtlich die einzige Nullstelle $\{\xi_1, \ldots, \xi_n\}$.

Ist der Konstantenkörper K nicht algebraisch abgeschlossen, so kann die Basis eines nulldimensionalen Primideals komplizierter aussehen (**133.5**); immer aber muß ein solches Ideal Polynome enthalten (die nicht unbedingt in der Basis auftreten müssen), welche jeweils nur von einer einzigen Variablen abhängen. Ihr NG besteht aus einer endlichen Zahl diskreter Punkte des R_n, welche zueinander algebraisch konjugiert sind. Es kann ihnen eine *Galoissche Gruppe* zugeordnet werden, welche sämtliche Permutationen der konjugierten Punkte enthält, bei denen $\mathfrak{p}$ ungeändert bleibt und alle richtigen Relationen ihrer Koordinaten wieder in richtige Relationen übergehen.

5. Es empfiehlt sich, neben der Dimension d noch einen zweiten Begriff, den *Rang r* einzuführen, der einfach durch die Gleichung

$$r - n - d \tag{5a}$$

mit der Dimension zusammenhängt. Wegen (3a) gilt

$$1 \leqq r \leqq n \tag{5b}$$

für jedes vom Null- und Einheitsideal verschiedene Ideal. Der Rang des Nullideals ist 0, derjenige des Einheitsideals $n + 1$.[1]

6. Wir nennen die Variablen $x_1, \ldots, x_d$ *unabhängig in bezug auf ein P-Ideal* $\mathfrak{a}$, wenn es in $\mathfrak{a}$ kein Polynom gibt, das nur von diesen Variablen (und keinen anderen) abhängt, d. h. wenn

$$\mathfrak{a} \cap K\,[x_1, \ldots, x_d] = (0) \tag{6a}$$

ist. Bei einem Primideal $\mathfrak{p}$ ist das gleichbedeutend damit, daß die Restklassen $\bar{x}_1, \ldots, \bar{x}_d$ *algebraisch unabhängig* über K sind; hat $\mathfrak{p}$ die Dimension d, so sind $x_1, \ldots, x_d$ und eine beliebige weitere Variable $x_i\,(i = d + 1, \ldots, n)$ abhängig bezüglich $\mathfrak{p}$ und umgekehrt ist diese Tatsache auch kennzeichnend dafür, daß $\mathfrak{p}$ die Dimension d habe. Wir können das benützen, um die Dimension, die wir erst für Primideale definiert haben, nun auch für allgemeine P-Ideale zu definieren:

---

[1] Man könnte auch von vornherein davon absehen, die Begriffe Dimension und Rang auf das Einheits- und Nullideal auszudehnen.

7. *Die Dimension eines (inhomogenen) P-Ideals $\mathfrak{a}$ ist die maximale Anzahl unabhängiger Variablen in bezug auf $\mathfrak{a}$.* Wir können auch sagen: *Das P-Ideal $\mathfrak{a}$ hat die Dimension d, wenn es d unabhängige Variable gibt, während $d + 1$ Variable immer abhängig sind,* oder *wenn es d unabhängige Variable, etwa $x_1, \ldots, x_d$ gibt, während $x_1, \ldots, x_d, x_{d+j}$ $(j = 1, \ldots, n - d)$ immer abhängig sind.*[1]

Bei Primidealen sind diese Definitionen, wie wir soeben bemerkt haben, der Definition **2** gleichwertig; nur bei der letzten Variante könnte man in Zweifel sein, ob aus der angegebenen Bedingung bereits folge, daß irgendwelche Variablen immer abhängig sind, sobald nur ihre Anzahl $\geqq d + 1$ ist. Das folgt aber aus den Überlegungen **116.18-19**.[2]

8. Es seien nun $\mathfrak{a}$ und $\mathfrak{b}$ zwei beliebige P-Ideale; $\mathfrak{a}$ habe die Dimension d, $\mathfrak{b}$ eine Dimension $\leqq d$; dann hat $[\mathfrak{a}, \mathfrak{b}]$ ebenfalls die Dimension d. In der Tat sind bei passender Numerierung $x_1, \ldots, x_d$ unabhängig in bezug auf $\mathfrak{a}$, also auch in bezug auf $[\mathfrak{a}, \mathfrak{b}]$; dagegen sind $d + 1$ Variable immer abhängig in bezug auf $\mathfrak{a}$, und auch in bezug auf $\mathfrak{b}$, weil $\mathfrak{b}$ keine höhere Dimension besitzt, also auch abhängig in bezug auf $[\mathfrak{a}, \mathfrak{b}]$.[3]

Auf Grund von (**126.**7a) folgert man leicht, daß die Dimension eines Primärideals immer gleich der Dimension des zugehörigen Primideals ist.

9. *Es ist also die Dimension eines beliebigen P-Ideals gleich der größten Dimension, welche die zugehörigen Primärkomponenten, oder, was dasselbe ist, die zugehörigen Primideale aufweisen.*

Der *Rang* eines allgemeinen P-Ideals ist wieder durch die Gleichung (5a) definiert; der Rang von $\mathfrak{a}$ ist also gleich dem kleinsten Rang, den die zu $\mathfrak{a}$ gehörigen Primideale besitzen.

10. Ein P-Ideal, dessen Primärkomponenten alle dieselbe Dimension haben, heißt *ungemischt*; treten Komponenten verschiedener Dimension auf, so heißt es *gemischt*. Es sind also insbesondere alle Prim- und Primärideale ungem scht. Auch jedes *Hauptideal* ist ungemischt (**135.3**) noch allgemeiner ist, wie wir zeigen werden (**135.6**), jedes *Ideal der Hauptklasse*[4] ungemischt.

---

[1] Es ist zu beachten, daß es eine spezielle Kombination von weniger als d Variablen geben kann, dio abhängig sind; z. B. hat $\mathfrak{p} = (x_n)$ die Dimension $d = n{-}1$, weil $x_1, \ldots, x_{n-1}$ unabhängig sind; dagegen ist die Variable x_n für sich allein abhängig.

[2] Diese Überlegungen können so modifiziert werden, daß sie für beliebige P-Ideale gelten, indem man anstelle der „irreduziblen" Gleichung immer die im Ideal enthaltene Gleichung „niedersten Grades" in Betracht zieht.

[3] Es gibt in $\mathfrak{a}$ ein Polynom a, in $\mathfrak{b}$ ein Polynom b, das nur diese Variablen enthält; das Produkt $a\,b$ enthält ebenfalls nur diese Variablen und kommt in $[\mathfrak{a}, \mathfrak{b}]$ vor.

[4] Das sind Ideale des Ranges r mit r-gliedriger Basis (**135.1**).

11. Hat das Primideal $\mathfrak{p}$ die Dimension d und ist durch passende Numerierung der Variablen dafür gesorgt, daß $x_1, \ldots, x_d$ unabhängig bezüglich $\mathfrak{p}$ sind, so sind die Restklassen (mod $\mathfrak{p}$) $\bar{x}_1, \ldots, \bar{x}_d$ algebraisch unabhängig über K; der Restklassenkörper $\mathfrak{o}_\mathfrak{p}$ enthält den Körper aller rationalen Funktionen $K(\bar{x}_1, \ldots, \bar{x}_d)$, den wir wieder mit $K(x_1, \ldots, x_d)$ identifizieren dürfen. Da $\mathfrak{o}_\mathfrak{p}$ außerdem keine transzendenten Elemente enthält, ist $\mathfrak{o}_\mathfrak{p}$ ein (endlicher) algebraischer Erweiterungskörper von $K(x_1, \ldots, x_d)$. Es sind also die Restklassen $\bar{x}_{d+1}, \ldots, \bar{x}_n$ in $\mathfrak{o}_\mathfrak{p}$ *algebraische Funktionen* der Restklassen $\bar{x}_1, \ldots, \bar{x}_d$ (**116.**17ff.).

12. Wir wollen nun vom P-Ring

$$\mathfrak{o} = K[x_1, \ldots, x_n]$$

zum P-Ring

$$\mathfrak{o}^* = K(x_1, \ldots, x_d)[x_{d+1}, \ldots, x_n]$$

übergehen und das Ideal $\mathfrak{p}^* = \mathfrak{p}\,\mathfrak{o}^*$ betrachten, das von $\mathfrak{p}$ in $\mathfrak{o}^*$ erzeugt wird. $\mathfrak{p}^*$ heißt das *Erweiterungsideal* von $\mathfrak{p}$ in $\mathfrak{o}^*$; $\mathfrak{p}^*$ hat dieselbe Basis wie $\mathfrak{p}$. Man kann auch sagen, $\mathfrak{p}^*$ ist das kleinste Ideal in $\mathfrak{o}^*$, das $\mathfrak{p}$ umfaßt. Ferner ist

$$\mathfrak{p}^* \cap \mathfrak{o} = \mathfrak{p}, \tag{12a}$$

denn die Elemente von $\mathfrak{p}^*$ sind Brüche p/q, wo $p\ \varepsilon\ \mathfrak{p}$, $q\ \varepsilon\ K[x_1, \ldots, x_d]$ ist; soll p/q in $\mathfrak{p}^* \cap \mathfrak{o}$ liegen, so muß $p/q = \bar{p}$ (ein Polynom), oder $\bar{p}\,q = p\ \varepsilon\ \mathfrak{p}$ sein; nun ist aber $q\ \varepsilon\!\!\mid\ \mathfrak{p}$, also $\bar{p}\ \varepsilon\ \mathfrak{p}$, und damit (12a) bewiesen.

$\mathfrak{p}^*$ ist Primideal in $\mathfrak{o}^*$ und hat die Dimension null, weil der Restklassenkörper $\mathfrak{o}^*_{\mathfrak{p}^*}$ algebraisch über $K^* = K(x_1, \ldots, x_d)$ ist. Freilich ist K^* im allgemeinen nicht algebraisch abgeschlossen, so daß $\mathfrak{p}^*$ nicht die einfache Basisdarstellung (4c) besitzt. Trotzdem ist diese Überlegung oft nützlich, um Sätze, welche für nulldimensionale Primideale gezeigt wurden, auf höhere dimensionale Primideale auszudehnen.

13. Ist $\mathfrak{q}$ ein zu $\mathfrak{p}$ gehörendes Primärideal, so ist auch das Erweiterungsideal $\mathfrak{q}^* = \mathfrak{q}\,\mathfrak{o}^*$ ein zum Primideal $\mathfrak{p}^*$ gehörendes Primärideal mit demselben Exponenten und es ist $\mathfrak{q}^* \cap \mathfrak{o} = \mathfrak{q}$. In der Tat folgt für zwei gebrochene Elemente f/g, h/k aus $\mathfrak{o}^*$, g, $k\ \varepsilon\ K[x_1, \ldots, x_d)$, wenn $f/g \cdot h/k\ \varepsilon\ \mathfrak{q}^*$ und $f/g\ \varepsilon\!\!\mid\ \mathfrak{q}^*$ ist, zunächst $f\,h\ \varepsilon\ \mathfrak{q}$ und $f\ \varepsilon\!\!\mid\ \mathfrak{q}$, also $h^\varrho\ \varepsilon\ \mathfrak{q}$ und $h\ \varepsilon\ \mathfrak{p}$, woraus wieder $(h/k)^\varrho\ \varepsilon\ \mathfrak{q}^*$ und $h/k\ \varepsilon\ \mathfrak{p}^*$ folgt. Damit ist der erste Teil unserer Behauptung erwiesen (**126.**3—6). Ferner folgt aus $\bar{p} = p/q\ \varepsilon\ \mathfrak{q}^* \cap \mathfrak{o}$, $p = \bar{p}q\ \varepsilon\ \mathfrak{q}$, und wegen $q\ \varepsilon\!\!\mid\ \mathfrak{p}$, $\bar{p}\ \varepsilon\ \mathfrak{q}$; daher ist nicht nur $\mathfrak{q} \subseteq \mathfrak{q}^* \cap \mathfrak{o}$, sondern auch $\mathfrak{q}^* \cap \mathfrak{o} \subseteq \mathfrak{q}$, also $\mathfrak{q}^* \cap \mathfrak{o} = \mathfrak{q}$.

14. Es sei nun $\mathfrak{a} = (f_1, \ldots, f_s) = [\mathfrak{q}_1, \ldots, \mathfrak{q}_t]$ die reduzierte Darstellung eines beliebigen P-Ideals $\mathfrak{a}$ in $\mathfrak{o}$. Die Dimensionen der Primärkomponenten $\mathfrak{q}_i$ dürfen verschieden sein; es sei d (> 0) die geringste vorkommende Dimension, und es seien $x_1, \ldots, x_d$ unabhängig bezüglich *jeder* Primärkomponente $\mathfrak{q}_i$ von $\mathfrak{a}$.[1] Dann gilt für das Erweiterungsideal $\mathfrak{a}^* = \mathfrak{a}\,\mathfrak{o}^*$ das in $\mathfrak{o}^*$ dieselbe Basis wie $\mathfrak{a}$ in $\mathfrak{o}$ besitzt,

$$\mathfrak{a}^* = \mathfrak{a}\,\mathfrak{o}^* = [\mathfrak{q}_1^*, \ldots, \mathfrak{q}_t^*], \quad \mathfrak{a} = \mathfrak{a}^* \cap \mathfrak{o}, \tag{14a}$$

wo $\mathfrak{q}_i^* = \mathfrak{q}_i\,\mathfrak{o}^*$ ($i = 1, \ldots, t$) die Erweiterungsideale der Primärkomponenten $\mathfrak{q}_i$ von $\mathfrak{a}$ bedeuten. Zum Beweise beachte man, daß aus $\mathfrak{a} \subseteq \mathfrak{q}_i$, $\mathfrak{a}^* \subseteq \mathfrak{q}_i^*$ und also

$$\mathfrak{a}^* \subseteq [\mathfrak{q}_1^*, \ldots, \mathfrak{q}_t^*]$$

folgt. Ist umgekehrt $p/q \;\varepsilon\; [\mathfrak{q}_1^*, \ldots, \mathfrak{q}_t^*]$, $q \;\varepsilon\; K[x_1, \ldots, x_d]$, so muß $p \;\varepsilon\; \mathfrak{q}_i$ ($i = 1, \ldots, t$), also $p \;\varepsilon\; \mathfrak{a}$, also $p/q \;\varepsilon\; \mathfrak{a}^*$ gelten; d. h. es ist auch

$$[\mathfrak{q}_1^*, \ldots, \mathfrak{q}_t^*] \subseteq \mathfrak{a}^*,$$

womit der erste Teil von (14a) gezeigt ist. Der zweite Teil folgt sofort aus der Überlegung:

$$\mathfrak{a}^* \cap \mathfrak{o} = [\mathfrak{q}_1^*, \ldots, \mathfrak{q}_t^*] \cap \mathfrak{o} = [\mathfrak{q}_1^* \cap \mathfrak{o}, \ldots, \mathfrak{q}_t^* \cap \mathfrak{o}] = [\mathfrak{q}_1, \ldots, \mathfrak{q}_t] = \mathfrak{a}.$$

Die Dimension von $\mathfrak{a}^*$ ist gegenüber derjenigen von $\mathfrak{a}$ um d kleiner geworden; der Rang dagegen ist der gleiche geblieben, weil die Anzahl der Variablen über dem Grundkörper um dieselbe Zahl abgenommen hat. $\mathfrak{a}^*$ besitzt mindestens eine nulldimensionale Primärkomponente; ferner ist $\mathfrak{a}^*$ gemischt oder ungemischt, je nachdem $\mathfrak{a}$ gemischt oder ungemischt ist.

15. Aus der Definition **7** geht unmittelbar hervor, daß die Dimension eines Teilers von $\mathfrak{a}$ nicht größer, diejenige eines Vielfachen nicht kleiner als die Dimension von $\mathfrak{a}$ selbst sein kann. Ein echter Teiler eines Primideals muß sogar, wie wir später (**133.12**) beweisen werden, notwendig eine geringere Dimension besitzen.

132. Geometrische Interpretation der Dimension. H-Ideale.

1. Der bisher nur abstrakt definierte Dimensionsbegriff erhält greifbaren Inhalt, wenn man seine Bedeutung für das NG des betreffenden Ideals untersucht: *Die Dimension eines P-Ideals ist nämlich identisch mit der Dimension seines NG,* letztere im gewöhnlichen (topologischen)

---

[1] Solche Variable gibt es sicher, wenn wir vorher eine allgemeine lineare homogene Variablentransformation ausführen.

Sinne verstanden. Es genügt, wenn wir dies für Primideale zeigen, weil das NG eines allgemeinen P-Ideals aus den NG der zugehörigen Primideale zusammengesetzt ist (**127.4**).

2. Es sei also $\mathfrak{p}$ ein Primideal der Dimension d und es sei nötigenfalls durch Ausführung einer allgemeinen homogenen linearen Transformation dafür gesorgt, daß das Koordinatenkreuz eine allgemeine Lage hinsichtlich NG ($\mathfrak{p}$) einnimmt, d. h. daß $x_1, \ldots, x_d$ unabhängig bezüglich $\mathfrak{p}$ und $\mathfrak{p}$ selbst, wie auch die Eliminationsideale $\mathfrak{d}_1, \ldots, \mathfrak{d}_{r-1}$ jeweils regulär hinsichtlich der letzten Variablen sind. Dann ist

$$\mathfrak{d}_r = \mathfrak{p} \cap K\,[x_1, \ldots, x_d] = (0) \tag{2a}$$

und wir können jedes Zahlensystem $\{\xi_1, \ldots, \xi_d\}$ auf wenigstens eine und höchstens endlich viele Weisen zu einer Nullstelle $\{\xi_1, \ldots, \xi_n\}$ von $\mathfrak{p}$ ergänzen (**122.15**). Die Zahlen $\xi_1, \ldots, \xi_d$ können völlig willkürlich im Grundkörper K gewählt werden, $\xi_{d+1}, \ldots, \xi_n$ ergeben sich dann als Wurzeln von algebraischen Gleichungen und sind folglich ebenfalls Zahlen aus K oder aus einer algebraischen Erweiterung von K. Die Mannigfaltigkeit der Nullstellen von $\mathfrak{p}$ hängt also in der Umgebung einer festen Nullstelle von d freien Parametern ab.

3. Das steht in Übereinstimmung mit der Bemerkung in **131.11**, daß die Restklassen $\bar{x}_{d+1}, \ldots, \bar{x}_n$ in $\mathfrak{o}_\mathfrak{p}$ algebraische Funktionen der (algebraisch unabhängigen Restklassen $\bar{x}_1, \ldots, \bar{x}_d$ sind. Aus (**131.2b**) folgt, daß jedes Polynom aus $\mathfrak{p}$ verschwindet, wenn man diese Funktionen einsetzt; man nennt sie deshalb nach *v. d. Waerden* eine *allgemeine Nullstelle*[1] des Primideals $\mathfrak{p}$. Die Koordinanten $\{\xi_1, \ldots, \xi_n\}$ einer allgemeinen Nullstelle eines d-dimensionalen Primideals sind also algebraische Funktionen von genau d freien Parametern.[2] Durch diese Funktionen, die in einer genügend kleinen Umgebung einer beliebigen

---

[1] Z. B. besitzt das Primideal $\mathfrak{p} = (x_1^2 + x_2^2 - 1)$ die allgemeine Nullstelle $x_1 = \xi$, $x_2 = \sqrt{1-\xi^2}$; der Restklassenkörper $\mathfrak{o}_\mathfrak{p}$ ist isomorph $K\,(\xi, \sqrt{1-\xi^2})$ vgl. **116.21**. Wir sehen, daß die algebraischen Funktionen, die in einer allgemeinen Nullstelle auftreten, von der speziellen Auswahl der transzendenten Größen (Parameter) in $\mathfrak{o}_\mathfrak{p}$ abhängt; so hat $\mathfrak{p}$ auch eine nur rationale Funktionen enthaltende allgemeine Nullstelle: $x_1 = \dfrac{\tau^2-1}{\tau^2+1}$, $x_2 = \dfrac{2\,\tau}{\tau^2+1}$; der Parameter τ hängt mit ξ durch die Gleichungen zusammen: $\xi = \dfrac{\tau^2-1}{\tau^2+1}$, $\tau = \sqrt{\dfrac{1+\xi}{1-\xi}}$.

[2] Im allgemeinen wird man die unabhängigen Restklassen $x_1, \ldots, x_d$ als freie Parameter einsetzen, doch zeigt das Beispiel der vorigen Anmerkung, daß eine andere Wahl oft sehr vorteilhaft sein kann.

festen Nullstelle von $\mathfrak{p}$ im allgemeinen[1] stetig und eindeutig umkehrbar sind, wird die Umgebung[2] dieser Nullstelle eineindeutig und stetig auf die Umgebung eines Punktes im affinen Raum R_n (dem Parameterraum) abgebildet. Das ist aber gerade das topologische Kennzeichen dafür, daß NG $(\mathfrak{p})$, oder, was dasselbe ist, AM $(\mathfrak{p})$ in diesem Punkte die Dimension d besitzt.[3]

4. Das NG eines allgemeinen P-Ideals $\mathfrak{a}$ ist die Summe der NG der zugehörigen Primideale (**127.4, 10**). Ist $\mathfrak{a}$ ungemischt, so ist auch NG $(\mathfrak{a})$ aus lauter Gebilden derselben Dimension zusammengesetzt; das NG von gemischten Idealen besteht dagegen im allgemeinen aus Bestandteilen verschiedener Dimensionen, und zwar ist die höchste auftretende Dimension wieder gleich der Dimension des Ideals. Die NG der eingebetteten Komponenten treten nicht gesondert in Erscheinung (**127.25**); daher kann es vorkommen, daß ein gemischtes Ideal ein ungemischtes NG besitzt. Die genaue Übereinstimmung des idealtheoretischen und des geometrischen Dimensionsbegriffes ergibt sich erst, wenn wir gemäß den Ausführungen in **127** den differenzierten Begriff der AM in Betracht ziehen.

5. Die Rücksicht auf die geometrische Veranschaulichung ist der Grund dafür, weshalb die Dimension eines H-Ideals anders definiert wird als diejenige eines gewöhnlichen P-Ideals. Das NG eines H-Ideals in $K[x_0, \ldots, x_n]$ wird ja nicht im affinen Raum R_{n+1} von $n+1$ Dimensionen, sondern im projektiven Raum P_n, dessen Dimension um eins geringer ist, gedeutet. Die $n+1$ Koordinaten $\{\xi_0, \ldots, \xi_n\}$ eines Punktes im P_n enthalten noch einen willkürlichen Parameter, da $\{\varrho\,\xi_0, \ldots, \varrho\,\xi_n\}$ mit beliebigen $\varrho \neq 0$ denselben Punkt bedeutet (**124.11**).

---

[1] Ausnahmen, wo die umkehrbare Eindeutigkeit verloren geht, bilden die *singulären Punkte* von NG $(\mathfrak{p})$; z. B. kann die Umgebung eines gewöhnlichen Punktes einer algebraischen Kurve stetig und eineindeutig auf die Umgebung eines Punktes auf einer geraden Linie abgebildet werden (etwa durch Projektion). Das ist aber bei der Umgebung eines Doppelpunktes nicht mehr möglich; hier müßte man eine doppelt überdeckte Gerade, d. i. eine Riemannsche Fläche mit einem dem Doppelpunkt entsprechenden Verzweigungspunkt heranziehen.

[2] Eine *Umgebung* eines Punktes $\{\xi_1, \ldots, \xi_n\}$ im affinen Raum R_n (von $2n$ reellen Dimensionen) wird von allen Punkten $\{\xi_1, \ldots, \xi_n\}$ gebildet, deren Entfernungen $\sqrt{|\xi_1 - \eta_1|^2 + \ldots + |\xi_n - \eta_n|^2}$ gewissen Einschränkungen unterworfen sind; die einfachste Umgebungsdefinition ist die *Umgebungskugel*

$$|\xi_1 - \eta_1|^2 + \ldots + |\xi_n - \eta_n|^2 \leq \varepsilon$$

wo ε eine den jeweiligen Erfordernissen entsprechend gewählte positive Zahl bedeutet. Die Umgebung eines Punktes auf einer AM ist der Durchschnitt einer Umgebung dieses Punktes im R_n und der AM.

[3] Wir erinnern daran, daß wir immer „komplexe" Dimensionen verstehen; die Anzahl der „reellen" Dimensionen ist das doppelte (**123.1**).

6. Daher muß bei der Abzählung der freien Parameter, von denen die Mannigfaltigkeit der Nullstellen eines H-Ideals in der Umgebung[1] einer festen Nullstelle abhängen, ein Parameter unterdrückt werden. Dementsprechend ist *die „homogene" Dimension eines H-Ideals um eins kleiner als die Dimension, die dem H·Ideal als inhomogenen Ideal, d. h. nach den Definitionen* **131.2, 7** *zukommen würde.*

7. Der *Rang r* eines H-Ideals von der (homogenen) Dimension d ist wieder durch die Formel (**131.5a**)

$$r = n - d \qquad (7a)$$

definiert. Es ist zu bemerken, daß der Rang unabhängig davon ist, ob man das Ideal als homogenes oder inhomogenes Ideal betrachtet; im letzteren Fall müßte man in (7a) statt n und d die Zahlen $n + 1$ und $d + 1$ einsetzen, was an der Differenz nichts ändert.

8. Das Nullideal, als H-Ideal betrachtet, hat die Dimension n und den Rang 0. Ein nulldimensionales primes H-Ideal hat entsprechend (**131.4c**), wenn der Konstantenkörper K algebraisch abgeschlossen ist, immer die Gestalt[2]

$$\mathfrak{p} = (\xi_0\, x_1 - \xi_1\, x_0, \ldots, \xi_0\, x_n - \xi_n\, x_0) \qquad (8a)$$

und besitzt als Nullstelle den einzigen Punkt $\{\xi_0, \ldots, \xi_n\}$. Der Rang von $\mathfrak{p}$ ist n. Den T-Idealen (**124.10**), die im P_n überhaupt keine Nullstelle besitzen, wird die Dimension -1 und der Rang $n + 1$ zugeschrieben. Das Einheitsideal wird am besten nicht mehr als H-Ideal gerechnet; als solches müßte es folgerecht die Dimension -2 und den Rang $n + 2$ besitzen.

9. Wichtig ist darauf hinzuweisen, daß Dimension und Rang eines inhomogenen P-Ideals $\mathfrak{a}$ und des zugehörigen *äquivalenten H-Ideals* $\mathfrak{a}_0$ (**124.7**) übereinstimmen. Sind nämlich einige Variablen, etwa $x_1, \ldots, x_d$ abhängig, bzw. unabhängig bezüglich $\mathfrak{a}$, so sind $x_0, \ldots, x_d$ ebenfalls abhängig, bzw. unabhängig bezüglich $\mathfrak{a}_0$; daher ist die homogene Dimension von $\mathfrak{a}_0$ gleich der Dimension von $\mathfrak{a}$ und das gleiche gilt für den Rang.

---

[1] Die Umgebung eines „endlichen" Punktes $\{\xi_0, \ldots, \xi_n\}$, $\xi_0 \neq 0$, des projektiven Raumes P_n kann am besten durch Abbildung auf den affinen Raum (**124.4a**) definiert werden: alle Punkte von P_n, die dabei auf eine Umgebung des Bildpunktes $\left\{\dfrac{\xi_1}{\xi_0}, \ldots, \dfrac{\xi_n}{\xi_0}\right\}$ im R_n abgebildet werden, bilden eine Umgebung von $\{\xi_0, \ldots, \xi_n\}$ im P_n. Ist $\xi_0 = 0$, so kann man durch Umnumerierung der Variablen auf $\xi_0 \neq 0$ zurückkommen.

[2] Unter der Voraussetzung $\xi_0 \neq 0$; ist das nicht erfüllt, so muß man entweder die Variablen umnumerieren, oder, wenn das unbequem ist, in die Basis von $\mathfrak{p}$ zur Sicherheit sämtliche Formen $\xi_i\, x_k - \xi_k\, x_i$ $(i, k = 0, \ldots, n)$ aufnehmen.

Das äquivalente H-Ideal eines Primideals oder Primärideals ist wieder Primideal oder Primärideal von der gleichen Dimension; ihre NG sind ja auch identisch, nur daß das NG des äquivalenten H-Ideals durch Hinzufügung der „unendlich fernen" Punkte vervollständigt ist (**124.13**). Aus einer reduzierten Darstellung

$$\mathfrak{a} = [\mathfrak{q}_1, \ldots, \mathfrak{q}_s] \tag{9a}$$

folgt für das äquivalente H-Ideal die reduzierte Darstellung [1]

$$\mathfrak{a}_0 = [\mathfrak{q}_{10}, \ldots, \mathfrak{q}_{s0}]; \tag{9b}$$

die Primärkomponenten $\mathfrak{q}_{i0}$ in (9b) sind die äquivalenten H-Ideale zu den Primärkomponenten $\mathfrak{q}_i$ in (9a); dasselbe gilt für die zugehörigen Primideale.

10. Da die Dimension eines Ideals mit der (topologischen) Dimension seines NG übereinstimmt, ist es klar, daß die Dimension gegenüber allen Transformationen, seien es nun lineare oder birationale Transformationen höherer Ordnung, invariant ist. Denn durch solche Transformationen werden die NG im allgemeinen (d. h. abgesehen von gewissen Ausnahmspunkten) umkehrbar eindeutig und stetig aufeinander abgebildet. Das bleibt sogar noch bei algebraischen Korrespondenzen richtig, wenn sie beiderseits endliche Ordnungen haben, weil auch dann die Abbildung wenigstens im Kleinen eineindeutig und stetig ist.

Ganz unabhängig von geometrischen Erwägungen folgt dies für birational äquivalente Primideale einfach daraus, daß ihre Restklassenkörper *isomorph* sind und daher gleiche Transzendenzgrade besitzen. Dagegen ist der Rang birational äquivalenter Ideale nur dann gleich, wenn ihre Einbettungsräume gleiche Dimension haben; z. B. hat eine algebraische Raumkurve die Dimension 1 und den Rang 2, ihre Projektion auf eine Ebene, d. i. eine birational äquivalente ebene Kurve, hat dieselbe Dimension 1, aber den Rang 1 statt 2.

133. Die Primbasis.

1. Wir wollen jetzt zeigen, daß jedes nulldimensionale Primideal $\mathfrak{p}$ in $K[x_1, \ldots, x_n]$, auch wenn K nicht algebraisch abgeschlossen ist, eine Basis besitzt, die aus genau n Polynomen besteht

$$\mathfrak{p} = (p_1, \ldots, p_n). \tag{1a}$$

---

[1] Die Durchschnittbildung ist „invariant" gegenüber dem Homogenisierungsprozeß: Aus $\mathfrak{a} = [\mathfrak{b}, \mathfrak{c}]$ folgt für die äquivalenten H-Ideale $\mathfrak{a}_0, \mathfrak{b}_0, \mathfrak{c}_0$ ebenfalls $\mathfrak{a}_0 = [\mathfrak{b}_0, \mathfrak{c}_0]$.

Der Restklassenkörper $\mathfrak{o}_\mathfrak{p}$ ist nämlich eine rein algebraische Erweiterung des Grundkörpers K (**131.4**); ist K algebraisch abgeschlossen, so besitzt $\mathfrak{p}$ eine Basis von der Art (**131.4c**), welche aus n linearen Polynomen gebildet ist. Wir wollen nun den allgemeinen Fall untersuchen, daß K nicht algebraisch abgeschlossen ist. $\mathfrak{o}_\mathfrak{p}$ entsteht durch Adjunktion der algebraischen Größen $\bar{x}_1, \ldots, \bar{x}_n$ zu K. Wir wollen diese Größen hintereinander adjungieren, und zwar seien

$$p_1(\bar{x}_1) = 0, \quad p_2(\bar{x}_1, \bar{x}_2) = 0, \ldots, \quad p_n(\bar{x}_1, \ldots, \bar{x}_n) = 0 \qquad (1\mathrm{b})$$

die irreduziblen Gleichungen, deren Wurzeln $\bar{x}_1$ über K, $\bar{x}_2$ über $K(\bar{x}_1), \ldots, \bar{x}_n$ über $K(\bar{x}_1, \ldots, \bar{x}_{n-1})$ sind. Die entsprechenden irreduziblen Polynome

$$p_1(x_1), \quad p_2(x_1, x_2), \ldots, \quad p_n(x_1, \ldots, x_n) \qquad (1\mathrm{c})$$

gehören dem Ideal $\mathfrak{p}$ an (**131.2**).

2. Das Polynom $p_1(x_1)$ ist das Polynom niedersten Grades, das in

$$\mathfrak{d}_{n-1} = \mathfrak{p} \cap K[x_1] = (p_1) \qquad (2\mathrm{a})$$

enthalten ist und dieses Ideal erzeugt. $p_1(x_1)$ ist irreduzibel, denn andernfalls müßte bereits ein Faktor in $\mathfrak{p}$ und folglich auch in $\mathfrak{d}_{n-1}$ liegen, entgegen der Voraussetzung, daß $p_1(x_1)$ minimalen Grad habe; es ist die Basis des Hauptideals $\mathfrak{d}_{n-1}$ und als solche bis auf einen konstanten Faktor bestimmt.[1] Wir wollen diesen Faktor festlegen durch die Forderung, daß der höchste Koeffizient 1 sein soll.

Das Polynom $p_2(x_1, x_2)$ kann aus

$$\mathfrak{d}_{n-2} = \mathfrak{p} \cap K[x_1, x_2]$$

durch die Forderung herausgehoben werden, daß es minimalen (positiven) Grad bezüglich x_2 und den höchsten Koeffizienten 1 besitzen soll.[2] Daraus folgt bereits, daß p_2 irreduzibel ist. $\mathfrak{d}_{n-2}$ ist ein Primideal in $K[x_1, x_2]$ und besitzt die Basis

$$\mathfrak{d}_{n-2} = (p_1, p_2). \qquad (2\mathrm{b})$$

Ist nämlich q ein beliebiges Polynom aus $\mathfrak{d}_{n-2}$, so können wir zunächst von q ein geeignetes Vielfaches von p_2 abziehen und dadurch erreichen, daß das Restpolynom

---

[1] $K[x_1]$ ist Hauptidealring (**122.8**).

[2] Es gibt sicher ein solches Polynom, denn es gibt in $\mathfrak{p}$ sogar ein Polynom, das nur von x_2 abhängt und als höchsten Koeffizienten 1 besitzt (**131.4**). Es ist zu beachten, daß p_2 noch nicht eindeutig bestimmt ist, da man gewisse Vielfache von p_1 hinzufügen kann, ohne an den angegebenen Eigenschaften etwas zu ändern. Diese Unbestimmtheit kann durch die weitere Forderung behoben werden, daß p_2 bezüglich x_1 geringeren Grad als p_1 haben soll.

$$r = \varrho_0(x_1)\, x_2^m + \varrho_1(x_1)\, x_2^{m-1} + \ldots + \varrho_m(x_1)$$

hinsichtlich x_2 geringeren Grad als p_2 aufweist. Auch im Falle $m > 0$ ist r notwendig ein Vielfaches von p_1, denn wäre etwa ϱ_0 nicht durch p_1 teilbar, so gäbe es (**112.9**) zwei Polynome $h(x_1)$ und $k(x_1)$, welche die Gleichung

$$h\,\varrho_0 + k\,p_1 = 1$$

erfüllen. Das Polynom $h\,r + k\,p_1\,x_2^m$ wäre in $\mathfrak{d}_{n-2}$ enthalten, hätte den höchsten Koeffizienten 1 und geringeren Grad bezüglich x_2 als p_2, was der Voraussetzung widerspräche.

Also ist die Darstellung (2b) richtig.

3. Ist dagegen das Polynom $q(x_1, x_2) \not\equiv 0\ (\mathfrak{d}_{n-2})$, so gibt es ein Polynom $k(x_1, x_2)$ derart, daß

$$q\,k \equiv 1\ (\mathfrak{d}_{n-2}) \tag{3a}$$

gilt; d. h. der Restklassenring des Primideals $\mathfrak{d}_{n-2}$ ist ein Körper. In der Tat ist der Restklassenring

$$K[x_1, x_2]/\mathfrak{d}_{n-2} = K[\bar{x}_1, \bar{x}_2] \tag{3b}$$

durch sukzessive Ringadjunktion zweier algebraischer Größen zum Körper K erzeugt; die Ringadjunktion einer algebraischen Größe zu einem Körper erzeugt aber immer einen Körper (**116.5—6**); also ist $K[\bar{x}_1, \bar{x}_2]$ ein Körper, in dem es zu jedem von null verschiedenen Element, d. i. zu jeder Größe $q(\bar{x}_1, \bar{x}_2)$ mit $q(x_1, x_2)\ \varepsilon\!\mid \mathfrak{d}_{n-2}$ ein inverses Element $k(\bar{x}_1, \bar{x}_2)$ gibt, so daß in $K[\bar{x}_1, \bar{x}_2]$ oder auch in $\mathfrak{o}_\mathfrak{p}$

$$q(\bar{x}_1, \bar{x}_2)\, k(\bar{x}_1, \bar{x}_2) = 1 \tag{3c}$$

gilt; aus (3c) folgt nach **131.2** unmittelbar (3a).

4. Diese Schlüsse kann man fortsetzen: Es ist $p_\nu(x_1, \ldots, x_\nu)$ ein Polynom von minimalem (positiven) Grad bezüglich x_ν, das in

$$\mathfrak{d}_{n-\nu} = \mathfrak{p} \cap K[x_1, \ldots, x_\nu]$$

vorkommt und, nach Potenzen von x_ν geordnet, den höchsten Koeffizienten 1 hat. Schreibt man noch vor, was für unsere Zwecke aber nicht notwendig ist, daß der Grad von p_ν bezüglich der Variablen $x_1, \ldots, x_{\nu-1}$ jeweils kleiner als die entsprechenden Grade von $p_1, \ldots, p_{\nu-1}$ sein soll, so ist p_ν eindeutig festgelegt. Das Eliminationsideal

$$\mathfrak{d}_{n-\nu} = (p_1, \ldots, p_\nu)$$

ist ein nulldimensionales Primideal des P-Ringes $K\,[x_1,\ldots,x_\nu]$; sein Restklassenring ist ein Körper.[1]

5. Zusammenfassend können wir sagen: *Jedes nulldimensionale, inhomogene Primideal $\mathfrak{p}$ eines P-Ringes $\mathfrak{o} = K\,[x_1,\ldots,x_n]$ besitzt eine Basis*

$$\mathfrak{p} = (p_1,\ldots,p_n), \tag{5a}$$

welche aus n Polynomen

$$p_1\,(x_1), \quad p_2\,(x_1, x_2),\ldots, \quad p_n\,(x_1,\ldots,x_n) \tag{5b}$$

gebildet ist. Diese Polynome sind irreduzibel; $p_\nu\,(x_1,\ldots,x_\nu)$ besitzt, nach Potenzen von x_ν geordnet, den Grad $m_\nu\ (\geqq 1)$ und den höchsten Koeffizienten $1\ (\nu = 1,\ldots,n)$. Durch die Forderung, daß die Grade von p_ν hinsichtlich $x_1,\ldots,x_{\nu-1}$ jeweils geringer als $m_1,\ldots,m_{\nu-1}$ sein sollen, kann p_ν eindeutig festgelegt werden. Jedes Eliminationsideal

$$\mathfrak{d}_{n-\nu} = \mathfrak{p}\,\cap\,K\,[x_1,\ldots,x_\nu] = (p_1,\ldots,p_\nu), \quad \nu = 1,\ldots,n\text{---}1 \tag{5c}$$

ist ebenfalls ein nulldimensionales Primideal in $K\,[x_1,\ldots,x_\nu]$. Der Restklassenring $\mathfrak{o}/\mathfrak{p}$ ist ein algebraischer Erweiterungskörper des Grades $m = m_1 m_2 \ldots m_n$ des Grundkörpers K. $\mathfrak{p}$ besitzt als echten Teiler nur das Einheitsideal. Wir nennen (5a) eine ,,Primbasis'' des nulldimensionalen Primideals $\mathfrak{p}$.

6. Dieser Satz ist ganz allgemein gültig. Aber es ist klar, daß die Basis (5a) wesentlich von der Anordnung der Variablen abhängt; eine vorausgehende lineare Transformation wird sie weitgehend beeinflussen. Immer aber muß das Produkt der Gradzahlen

$$m = m_1 \ldots m_n, \tag{6a}$$

welches den Grad des Restklassenringes[2] als algebraischen Erweiterungskörpers über K bedeutet, unverändert bleiben. Besonders wichtig ist der Fall, wo

$$m = m_1, \qquad m_2 = \ldots = m_n = 1 \tag{6b}$$

ist. Wir können diesen Fall immer verwirklichen, wenn wir vorher eine lineare Variablentransformation ausführen, denn wir brauchen nur dafür zu sorgen, daß der transformierten Variablen

---

[1] Ein Primideal, dessen Restklassenring nicht nur nullteilerfrei, sondern sogar ein Körper ist, besitzt keinen echten Teiler außer dem Einheitsideal, weil jedem Teiler ein Ideal des Restklassenringes umkehrbar eindeutig zugeordnet ist (**115.17—19**); ein Körper enthält aber keine andern Ideale als das Null- und Einheitsideal.

[2] Der Restklassenring ist hier mit dem Restklassenkörper identisch.

$$y_1 = a_{11} x_1 + \ldots + a_{1n} x_n$$

eine primitive Größe des Restklassenringes $\mathfrak{o}/\mathfrak{p}$

$$\bar{y}_1 = a_{11} \bar{x}_1 + \ldots + a_{1n} \bar{x}_n$$

entspricht; das ist nach **116.13—15** durch passende Auswahl der Koeffizienten $a_{11}, \ldots, a_{1n}$ in K immer erreichbar.[1]

7. Wir können auf Grund von **131.12** diese Entwicklungen nun auch auf P-Ideale beliebiger Dimension ausdehnen. In der Tat hat das Primideal $\mathfrak{p}^*$ (nach den Bezeichnungen in **131.12**) die Dimension null, also eine Basis

$$\mathfrak{p}^* = (p_1, \ldots, p_r) \tag{7a}$$

mit Polynomen[2]

$$p_1(x_1, \ldots, x_{d+1}), \quad p_2(x_1, \ldots, x_{d+2}), \ldots, \quad p_r(x_1, \ldots, x_n). \tag{7b}$$

Jedes Polynom aus $\mathfrak{p}$ kann durch diese Basis dargestellt werden, wobei allerdings Nenner auftreten können, die dem P-Ring $K[x_1, \ldots, x_d]$ angehören. Besitzt $\mathfrak{p}$ die Basis

$$\mathfrak{p} = (f_1, \ldots, f_s), \tag{7c}$$

so gilt, wenn wir jedesmal mit dem Hauptnenner multiplizieren

$$F_i f_i = a_{i1} p_1 + \ldots + a_{ir} p_r, \quad F_i \, \varepsilon \, K[x_1, \ldots, x_d],$$
$$a_{ik} \, \varepsilon \, K[x_1, \ldots, x_n], \, i = 1, \ldots, s.$$

Bedeutet F das KGV aller F_i, so hat man

$$F \mathfrak{p} = F(f_1, \ldots, f_s) \subseteq (p_1, \ldots, p_r) \subseteq \mathfrak{p}, \quad F \, \varepsilon \, K[x_1, \ldots, x_d]; \tag{7d}$$

nach **115.26** folgt daraus wegen $F \, \varepsilon| \, \mathfrak{p}$

$$\mathfrak{p} \subseteq (p_1, \ldots, p_r) : F \subseteq \mathfrak{p} : F = \mathfrak{p},$$

also

$$\mathfrak{p} = (p_1, \ldots, p_r) : F. \tag{7e}$$

8. Wir nennen die Darstellung (7e) eine „Primbasis" des Primideals $\mathfrak{p}$: *Jedes Primideal $\mathfrak{p}$ des Ranges r $(1 \leq r \leq n)$ des P-Ringes $K[x_1, \ldots, x_n]$, in bezug auf welches die Variablen $x_1, \ldots, x_d$ unabhängig sind, besitzt eine Primbasis (7e), welche aus r irreduziblen Polynomen (7b) besteht. Das ν-te Basispolynom $p_\nu(x_1, \ldots, x_{d+\nu})$ hat, nach Potenzen*

---

[1] Die Größe $\bar{y}_1$ ist primitiv, wenn nur die Koeffizienten a_{ik} der Transformation „allgemein" gewählt sind, d. h. wenn gewisse Ausnahmssysteme vermieden werden. Die geometrische Bedeutung der Transformation liegt darin, daß die neue Koordinatenebene $y_1 = 0$ so gewählt sein muß, daß die Koordinaten η_1 der endlich vielen Nullstellen von $\mathfrak{p}$ alle voneinander verschieden sind.

[2] Die Basispolynome gehören zwar dem Ring $\mathfrak{o}^* = K(x_1, \ldots, x_d)[x_{d+1}, \ldots, x_n]$ an, können aber gleich so gewählt werden, daß sie keine Nenner besitzen und irreduzibel sind.

von $x_{d+\nu}$ geordnet, den Grad m_ν (≥ 1) und als höchsten Koeffizienten ein Polynom, das nur die unabhängigen Variablen $x_1, \ldots, x_d$ enthält. p_ν ist eindeutig bestimmt, wenn man die Forderung hinzufügt, daß der Grad von p_ν hinsichtlich der Variablen $x_{d+1}, \ldots, x_{d+\nu-1}$ jeweils geringer als $m_1, \ldots, m_{\nu-1}$ sein soll. Das Polynom F hängt nur von den unabhängigen Variablen $x_1, \ldots, x_d$ ab. Ist ferner $q \, \varepsilon| \, \mathfrak{p}$, so gibt es Polynome $g \, \varepsilon$ $K[x_1, \ldots, x_n]$, $h \, \varepsilon \, K[x_1, \ldots, x_d]$, $h \, \varepsilon| \, \mathfrak{p}$, mit denen eine Kongruenz

$$g\,q \equiv h\,(\mathfrak{p}) \tag{8a}$$

erfüllt wird. Das Produkt der Gradzahlen

$$m = m_1 \ldots m_r$$

gibt den Grad des Restklassenkörpers $\mathfrak{o}_\mathfrak{p}$ über dem Körper $K(x_1, \ldots, x_d)$ an und ist daher invariant, solange die unabhängigen Variablen $x_1, \ldots, x_d$ nicht geändert werden.[1]

9. Man nennt ein (homogenes oder inhomogenes) irreduzibles Polynom $f(x_1, \ldots, x_n)$, das in bezug auf die Variable x_ν linear ist:

$$f = f_0 + x_\nu\,f_1, \quad f_0, f_1 \, \varepsilon \, K[x_1, \ldots, x_{\nu-1}, x_{\nu+1}, \ldots, x_n]$$

ein *Monoid* bezüglich x_ν. Daher heißt eine Primbasis, bei der $m=m_1$, $m_2 = \ldots = m_r = 1$ ist, also alle Basispolynome mit Ausnahme des ersten Monoide sind, eine *monoidale Primbasis*. Nach **6** ist dieser Fall immer verwirklicht, wenn das Koordinatenkreuz eine allgemeine Lage gegenüber dem $NG\,(\mathfrak{p})$ einnimmt; ist das nicht von vornherein der Fall, so kann man es immer durch eine lineare homogene Transformation der Variablen $x_{d+1}, \ldots, x_n$ erreichen.

10. Der Satz 8 kann auch für H-Ideale formuliert werden: *Jedes homogene Primideal $\mathfrak{p}$ des Ranges $r = n - d$*

$$\mathfrak{p} = (\varphi_1, \ldots, \varphi_s) \tag{10a}$$

im H-Ring $K[x_0, \ldots, x_n]$, wo durch passende Numerierung dafür gesorgt ist, daß die Variablen $x_0, \ldots, x_d$ unabhängig sind, besitzt eine Primbasis

$$\mathfrak{p} = (\pi_1 \ldots \ldots \pi_r) : \Phi, \tag{10b}$$

welche aus r irreduziblen Formen

$$\pi_1(x_0, \ldots, x_{d+1}), \quad \pi_2(x_0, \ldots, x_{d+2}), \ldots, \quad \pi_r(x_0, \ldots, x_n) \tag{10c}$$

und einer nur von $x_0, \ldots, x_d$ abhängigen Form Φ besteht. Die Form $\pi_\nu(x_0, \ldots, x_{d+\nu})$ hat in bezug auf $x_{d+\nu}$ den Grad m_ν (≥ 1) und einen

---

[1] Ändert man diese, so kann sich auch der Grad ändern. Das zeigt schon das einfache Beispiel des Hauptideals $\mathfrak{p} = (x_1{}^3 + x_2{}^2 - 1)$; es ist $\mathfrak{o}_\mathfrak{p} = K(x_1, \sqrt{1 - x_1{}^3})$, $= K(x_2, \sqrt[3]{1 - x_2{}^2})$, also vom Grade 2 über $K(x_1)$ und vom Grade 3 über $K(x_2)$.

höchsten Koeffizienten, der nur von $x_0, \ldots, x_d$ *abhängt. Die Form* π_ν *ist eindeutig bestimmt, wenn man fordert, daß der Grad von* π_ν *hinsichtlich* $x_{d+1}, \ldots, x_{d+\nu-1}$ *jeweils kleiner als* $m_1, \ldots, m_{\nu-1}$ *sein soll.*

Für jede Form $p \; \varepsilon \; \mathfrak{p}$ gilt $\Phi \, p \; \varepsilon \; (\pi_1, \ldots, \pi_r)$ und umgekehrt; zu jeder Form $p \; \varepsilon | \; \mathfrak{p}$ gibt es zwei Formen $\psi \; \varepsilon \; K \, [x_0, \ldots, x_n]$ und $\chi \; \varepsilon \; K \, (x_0, \ldots, x_d)$ daß

$$\psi \, p \equiv \chi \; (\mathfrak{p}) \tag{10d}$$

gilt. Durch eine allgemeine lineare homogene Transformation der Variablen $x_{d+1}, \ldots, x_n$ kann immer erreicht werden, daß $m = m_1, m_2 = \ldots = m_r = 1$, d. h. die Formen $\pi_2, \ldots, \pi_r$ Monoide sind; in diesem Fall heißt die Primbasis *monoidal*.[1]

11. *Ist* $\mathfrak{p}$ *ein* d-*dimensionales Primideal in* $K \, [x_1, \ldots, x_n]$ *und das Polynom* $q \; \varepsilon | \; \mathfrak{p}$, *so hat das Ideal* $(\mathfrak{p}, q)$ *entweder die Dimension* $d-1$ *oder es ist das Einheitsideal.*[2]

Es seien $x_1, \ldots, x_d$ unabhängig bezüglich $\mathfrak{p}$. Wir machen zunächst die einschränkende Voraussetzung, daß q nur von den Variablen $x_1, \ldots, x_d$ abhänge; ist q eine Konstante, so ist $(\mathfrak{p}, q) = (1)$, andernfalls dürfen wir annehmen, daß q etwa die Variable x_d wirklich enthält. Um unseren Satz zu beweisen, müssen wir dann nur noch zeigen, daß in $(\mathfrak{p}, q)$ kein Polynom $h \, (x_1, \ldots, x_{d-1})$, das von x_d unabhängig ist (und nicht identisch verschwindet), vorkommt. Angenommen, dies sei der Fall:

---

[1] Die Herleitung der Aussagen dieses Satzes ist genau dieselbe wie in **7** für Satz **8**. Als Beispiel für eine Primbasis betrachten wir das 1-dimensionale Primideal $\mathfrak{p} = (\varphi_1, \ldots, \varphi_4)$ mit $\varphi_1 = x_0 x_3 - x_1 x_2$, $\varphi_2 = x_0^2 x_2 - x_1^3$, $\varphi_3 = x_0 x_2^2 - x_1^2 x_3$, $\varphi_4 = x_1 x_3^2 - x_2^3$ in $K \, [x_0, x_1, x_2, x_3]$, dessen Rang $r = 3 - 1 = 2$ ist. $NG \, (\mathfrak{p})$ ist eine rationale Raumkurve 4. Ordnung, deren allgemeine Nullstelle mit Hilfe zweier homogener Parameter λ, μ so dargestellt werden kann: $\{\lambda^4, \lambda^3 \mu, \lambda \mu^3, \mu^4\}$. Legt man die unabhängigen Variablen x_0, x_1 zugrunde, so erhält man die Primbasis $\mathfrak{p} = (\pi_1, \pi_2) : \Phi$ mit

$$\pi_1 = \varphi_2 = x_0^2 x_2 - x_1^3, \quad \pi_2 = x_0^2 \, \varphi_1 + x_1 \varphi_2 = x_0^3 x_3 - x_1^4, \quad \Phi = x_0^4.$$

Es gelten die Formeln: $\Phi \, \varphi_1 = - \, x_0^2 x_1 \pi_1 + x_0^2 \varphi_2$, $\Phi \, \varphi_2 = x_0^4 \, \pi_1$,
$$\Phi \, \varphi_3 = (x_0^3 x_2 + x_0 x_1^3) \, \pi_1 - x_0 x_1^2 \, \pi_2,$$
$$\Phi \, \varphi_4 = - (x_0^2 x_2^2 + x_0 x_1^2 x_3 + x_1^3 x_2) \, \pi_1 + (x_0 x_1 x_3 + x_1^2 x_2) \, \pi_2;$$
hier ist $m_1 = m_2 = 1$, also der Grad von $\mathfrak{o}_\mathfrak{p}$ über $K \, (x_0, x_1)$ gleich 1, d. h. $\mathfrak{o}_\mathfrak{p} = K \, (x_0, x_1)$. Geht man dagegen von den unabhängigen Variablen x_0, x_2 aus, so erhält man die Primbasis $\mathfrak{p} = (\pi_1, \pi_2) : \Phi$ mit $\pi_1 = - \varphi_2 = x_1^3 - x_0^2 x_2$, $\pi_2 = \varphi_1 = x_0 x_3 - x_1 x_2$, $\Phi = x_0^2$. Es ist wieder:
$\Phi \, \varphi_1 = x_0^2 \, \pi_2$, $\Phi \, \varphi_2 = - x_0^2 \, \pi_1$, $\Phi \, \varphi_3 = - x_0 x_2 \, \pi_1 - x_0 x_1^2 \, \pi_2$,
$$\Phi \, \varphi_4 = x_2^2 \, \pi_1 + (x_0 x_1 x_3 + x_1^2 x_2) \, \pi_2.$$
Hier ist $m_1 = 3$, $m_2 = 1$, also $\mathfrak{o}_\mathfrak{p}$ vom Grade 3 über $K \, (x_0, x_2)$.

Die Tatsache, daß $\mathfrak{p}$ Primideal ist, wird in diesem wie in andern Fällen am einfachsten durch die Aufstellung einer Primbasis sichergestellt.

[2] Dieser Fall kann leicht durch ein Beispiel belegt werden; man braucht nur $q = p + 1$, $p \; \varepsilon \; \mathfrak{p}$ zu setzen.

$$h = g\,q + p, \qquad g\,\varepsilon\,K\,[x_1,\ldots,x_n], \qquad p\,\varepsilon\,\mathfrak{p}. \qquad (11\text{a})$$

Es bedeutet keine Einschränkung der Allgemeinheit, wenn wir q regulär bezüglich x_d, $\mathfrak{p}$ regulär bezüglich $x_{d+1},\ldots,x_n$ voraussetzen. Wir konstruieren nun eine Nullstelle $\{\xi_1,\ldots,\xi_n\}$ von $\mathfrak{p}$ folgendermaßen: zuerst wählen wir $\xi_1,\ldots,\xi_{d-1}$ beliebig in K, nur so, daß

$$h\,(\xi_1,\ldots,\xi_{d-1}) \neq 0$$

ist; dann ξ_d so, daß

$$q\,(\xi_1,\ldots,\xi_d) = 0$$

ist; da q regulär bezüglich x_d ist, besteht keine Schwierigkeit. Schließlich können wir (122.13) das Zahlensystem $\{\xi_1,\ldots,\xi_d\}$ auf mindestens eine Weise zu einer Nullstelle von $\mathfrak{p}$ ergänzen, so daß

$$p\,(\xi_1,\ldots,\xi_n) = 0$$

gilt. Setzen wir diese Nullstelle in (11a) ein, so erhalten wir einen Widerspruch, woraus folgt, daß unsere Annahme falsch war.

Um unseren Satz allgemein für beliebige $q\,\varepsilon\,\mathfrak{p}$ zu beweisen, brauchen wir tiefer schürfende Hilfsmittel; das einfachste, das wir heranziehen können, ist der Hilbertsche Satz (141.15), zu dessen vollständigen Beweis bereits das eben gewonnene eingeschränkte Ergebnis hinreicht.[1] Ist nämlich $\mathfrak{p}$ homogen und von der Dimension d, so hat $H\,(t;\mathfrak{p})$ den Grad d in t; liegt die Form q nicht in $\mathfrak{p}$ und hat sie einen Grad $\tau \geqq 1$, so hat $H\,(t;(\mathfrak{p},q))$ nach (141.9e) den Grad $d-1$; also hat (141.15) das H-Ideal $(\mathfrak{p},q)$ die Dimension $d-1$. Nachdem unser Satz nun für H-Ideale allgemein bewiesen ist, folgt er leicht auch für inhomogene P-Ideale, da er für die entsprechenden äquivalenten H-Ideale gültig ist.

12. Daraus folgt der bereits angekündigte Satz (131.15), daß jeder echte Teiler eines Primideals der Dimension d höchstens die Dimension $d-1$ besitzt; umgekehrt gibt es auch immer solche Teiler,[2] und sogar Primidealteiler. Daher ist ein Primideal $\mathfrak{p}$ der Dimension d auch dadurch charakterisiert, daß sich eine Primidealkette (126.2) angeben läßt

$$\mathfrak{p} \subset \mathfrak{p}_1 \subset \ldots \subset (1),$$

welche mit $\mathfrak{p}$ beginnt und dem Einheitsideal endigt, durch Einschalten

---

[1] Die entscheidende Tatsache, auf der unser Beweis beruht, liegt in der Formel (141.9e) ausgedrückt. Danach ist nämlich die Hilbertfunktion $\bar{H}(t;(\mathfrak{p},q))$ für *alle* Formen q, die nicht in $\mathfrak{p}$ liegen und denselben Grad haben, die nämliche, gleichgültig von welchen Variablen q abhängt.

[2] Man muß das Polynom q zu diesem Zweck aus einer Restklasse mod $\mathfrak{p}$ nehmen, welche keine Einheit des Restklassenringes ist. Solche Restklassen gibt es bei jedem Primideal, dessen Dimension $d \geqq 1$ ist. Für nulldimensionale Primideale ist die Behauptung trivial.

weiterer Glieder nicht mehr verlängert werden kann und genau $d + 2$ Glieder besitzt. Wie wir sehen werden (**137.6**), gilt das für *jede* derartige Primidealkette.

13. Bei allgemeinen *P*-Idealen kann man folgendes aussagen: *Ist $\mathfrak{a}$ ein d-dimensionales P-Ideal und p ein Polynom, so hat das Ideal $(\mathfrak{a}, p)$ die Dimension d, wenn p in einem zu $\mathfrak{a}$ gehörigen d-dimensionalen Primideal aufgeht, sonst eine Dimension, die kleiner als d ist, über die aber weiter nichts ausgesagt werden kann.*[1]

$NG(\mathfrak{a})$ besteht nämlich aus den NG der zugehörigen Primideale, unter denen es nach Voraussetzung d-dimensionale gibt. $NG(\mathfrak{a}, p)$ ist der Schnitt von $NG(\mathfrak{a})$ mit der Hyperfläche $NG(p)$. Ist nun p in einem d-dimensionalen Primideal $\mathfrak{p}$ von $\mathfrak{a}$ enthalten, so verschwindet $(\mathfrak{a}, p)$ auf $NG(\mathfrak{p})$, d. h. $NG(\mathfrak{a}, p)$ enthält den d-dimensionalen Bestandteil $NG(\mathfrak{p})$. Geht dagegen p in keinem der zu $\mathfrak{a}$ gehörigen d-dimensionalen Primideale auf, so enthält $NG(\mathfrak{a}, p)$ nur die Schnitte der betreffenden NG mit $NG(p)$. Diese sind im allgemeinen $(d-1)$-dimensional, können aber in Ausnahmefällen auch leer sein, so daß die Dimension von $(\mathfrak{a}, p)$ jeden Wert $< d$ annehmen kann.

14. Bei *H*-Idealen kann man den Satz **11** schärfer formulieren: *Ist $\mathfrak{p}$ ein d-dimensionales primes H-Ideal $(d > 0)$, φ eine dazu relativ prime Form (keine Konstante), $\varphi \;\varepsilon\!\mid \mathfrak{p}$, so hat das H-Ideal $(\mathfrak{p}, \varphi)$ die Dimension $d-1$.* Denn hier kann der Fall $(\mathfrak{p}, \varphi) = (1)$ wegen der Homogeneität offenbar nicht auftreten. Für allgemeine *H*-Ideale gilt:

15. *Ist $\mathfrak{a}$ ein d-dimensionales H-Ideal, φ eine Form, so hat das Ideal $(\mathfrak{a}, \varphi)$ die Dimension d, bzw. $d-1$, je nachdem ob φ in einem zu $\mathfrak{a}$ gehörigen d-dimensionalen Primideal aufgeht oder nicht.*[2] Daraus folgt unmittelbar, daß die Anzahl s der Basisformen eines H-Ideals $\mathfrak{a} = (\varphi_1, \ldots, \varphi_s)$ in

---

[1] Das Ideal $\mathfrak{a} = [(x_1),\ (x_1+1,\ x_2, \ldots, x_r)] = (x_1{}^2 + x_1,\ x_1 x_2, \ldots, x_1 x_r)$ in $K[x_1, \ldots, x_n]$ hat die Dimension $n-1$; dagegen hat $(\mathfrak{a}, x_1+1) = (x_1+1,\ x_2, \ldots, x_r)$ den Rang r und die Dimension $d = n-r$.

[2] Genaueren Aufschluß gibt der folgende Satz: *Es sei $\mathfrak{a}$ ein d-dimensionales H-Ideal, φ eine Form, welche in keinem zu $\mathfrak{a}$ gehörigen Primideal der Dimension d aufgeht; $\mathfrak{p}$ sei eines unter diesen Primidealen. Dann haben sowohl $(\mathfrak{a}, \varphi)$ wie auch $(\mathfrak{p}, \varphi)$ die Dimension $d-1$; gehört zu $(\mathfrak{p}, \varphi)$ das $(d-1)$-dimensionale Primideal $\bar{\mathfrak{p}}$, so gehört es auch zu $(\mathfrak{a}, \varphi)$.* Beweis: Es sei $(\mathfrak{a}, \varphi) = [\mathfrak{q}_1, \ldots, \mathfrak{q}_s]$ eine reduzierte Darstellung, $\mathfrak{p}_1, \ldots, \mathfrak{p}_s$ die zugehörigen Primideale, $\varrho_1, \ldots, \varrho_s$ ihre Exponenten. Es folgt: $\mathfrak{p}_1^{\varrho_1} \ldots \mathfrak{p}_s^{\varrho_s} \subseteq \mathfrak{q}_1 \ldots \mathfrak{q}_s \subseteq [\mathfrak{q}_1, \ldots, \mathfrak{q}_s] = (\mathfrak{a}, \varphi) \subseteq (\mathfrak{p}, \varphi) \subseteq \bar{\mathfrak{p}}$, also etwa $\mathfrak{p}_1 \subseteq \bar{\mathfrak{p}}$; da aber $\mathfrak{p}_1$ keine höhere Dimension als $\bar{\mathfrak{p}}$ haben kann, gilt $\mathfrak{p}_1 = \bar{\mathfrak{p}}$. Also besitzt $(\mathfrak{a}, \varphi)$ tatsächlich die zu $\bar{\mathfrak{p}}$ gehörende Primärkomponente $\mathfrak{q}_1$.

$K[x_0, \ldots, x_n]$ vom Range r (Dimension $d = n - r$) mindestens gleich r sein muß:

$$s \geq r. \tag{15a}$$

Da nämlich die Ideale der Reihe (φ_1), (φ_1, φ_2), $\ldots$, $(\varphi_1, \ldots, \varphi_s)$ mindestens die Dimensionen $n - 1$, $n - 2, \ldots, n - s$ besitzen müssen, muß $n - s \leq n - r$, und also (15a) gelten.[1]

16. Wir können daraus die wichtige Folgerung ziehen, daß jedes H-Ideal $\mathfrak{a}$ der Dimension d und des Ranges $r = n - d$ durch Hinzufügen von d allgemeinen Formen, welche insbesondere auch Linearformen $l_1, \ldots, l_d$ sein können, in ein nulldimensionales Ideal

$$(\mathfrak{a}, l_1, \ldots, l_d)$$

übergeführt wird, das nur endlich viele Nullstellen besitzt. Geometrisch bedeutet das, daß jede AM der Dimension d von einem allgemeinen linearen Raum der Dimension $r = n - d$ in endlich vielen Punkten geschnitten wird.

17. *Satz: Ist*

$$\mathfrak{p} = (\varphi_1, \ldots, \varphi_s) \tag{17a}$$

ein beliebiges (inhomogenes oder homogenes) Primideal des Ranges $r\,(1 \leq r \leq n)$ *in* $K[x_1, \ldots, x_n]$ *(bzw.* $K[x_0, \ldots, x_n]$*), so hat die Matrix*

$$\left(\frac{\partial \varphi_i}{\partial x_k}\right), \quad i = 1, \ldots, s;\, k = 1, \ldots, n \ (bzw.\ k = 0, \ldots, n) \tag{17b}$$

den $(\mathrm{mod}\ \mathfrak{p})$*-Rang* r *und umgekehrt.*

Es ist also der Rang eines Primideals immer gleich dem $(\mathrm{mod}\ \mathfrak{p})$-Rang der Matrix (17b); auch diese Eigenschaft könnte zur Definition des Ranges, bzw. der Dimension eines Primideals dienen. Wir schreiben im folgenden zur Abkürzung[2]

$$f'_k = \frac{\partial f}{\partial x_k}, \qquad \varphi'_{ik} = \frac{\partial \varphi_i}{\partial x_k}. \tag{17c}$$

---

[1] Dadurch ist nicht ausgeschlossen, daß ein Ideal mit s-gliedriger Basis eine *eingebettete* Primärkomponente eines Ranges $r > s$ aufweist; Beispiel: Das Ideal $\mathfrak{a} = (\varphi_1, \varphi_2, \varphi_3)$

mit $\varphi_1 = x_0 x_3 - x_1 x_2$, $\varphi_2 = x_0^2 x_2 - x_1^3$, $\varphi_3 = x_1 x_3^2 - x_2^3$

besitzt eine triviale Komponente (Rang 4), weil $\mathfrak{a} : (x_0, x_1, x_2, x_3)$ die Form $\varphi = x_0 x_2^2 - x_1^2 x_3 \equiv 0\ (\mathfrak{a})$ enthält; es gilt nämlich

$$x_0\,\varphi = -x_1^2\,\varphi_1 + x_2\,\varphi_2,\ x_1\,\varphi = -x_0 x_2\,\varphi_1 + x_3\,\varphi_2,\ x_2\,\varphi = x_1 x_3\,\varphi_1 - x_0\,\varphi_3,$$
$$x_3\,\varphi = x_2^2\,\varphi_1 - x_1\,\varphi_3.$$

$\mathfrak{a}$ hat den Rang 2 und ist daher nicht Hauptklassenideal (**131.10**).

[2] Der Beweis verläuft für H-Ideale genau so, nur daß überall die Variable x_0 hinzu tritt.

Ist ferner

$$\mathfrak{p} = (p_1, \ldots, p_r) : F$$

eine Primbasis von $\mathfrak{p}$, so gilt gemäß (7d)

$$F \varphi_i = a_{i1} p_1 + \ldots + a_{ir} p_r, \quad i = 1, \ldots, s; a_{ik} \, \varepsilon \, K[x_1, \ldots, x_n].$$

Differentiation nach x_k liefert die Kongruenz

$$F \, \varphi'_{ik} \equiv a_{i1} p'_{ik} + \ldots + a_{ir} p'_{rk} \quad (\mathrm{mod} \, \mathfrak{p}), \qquad (17\mathrm{d})$$

oder in Matrizenform geschrieben

$$F(\varphi'_{ik}) \equiv (a_{ij})(p'_{jk}) \quad (\mathrm{mod} \, \mathfrak{p}), \, i = 1, \ldots, s; k = 1, \ldots, n; j = 1, \ldots, r. \qquad (17\mathrm{e})$$

Demnach ist der Rang der Matrix (17b) mod $\mathfrak{p}$ jedenfalls nicht größer als der Rang der Matrix (p'_{jk}), also sicher nicht größer als r. Nun hat die letztere mod $\mathfrak{p}$ genau den Rang r, denn die in ihr enthaltene r-reihige Determinante

$$| p'_{jk} |, \quad j = 1, \ldots, r; k = d + 1, \ldots, n \qquad (17\mathrm{f})$$

hat einen leicht angebbaren Wert, der $\not\equiv 0 \, (\mathfrak{p})$ ist. In der Tat sind hier sämtliche Elemente über der ersten Hauptdiagonale null, da p_j die Variablen $x_{d+j+1}, \ldots, x_n$ nicht enthält; daher ist

$$| p'_{jk} | = p'_{1,d+1} \cdots p'_{rn} \not\equiv 0 \, (\mathfrak{p}), \qquad (17\mathrm{g})$$

denn es ist $p'_{1,d+1} \not\equiv 0 \, (\mathfrak{p})$, weil sonst p_1 nicht minimalen Grad bezüglich x_{d+1} hätte, und genau so schließt man für die andern Faktoren in (17g). Andererseits kann der Rang von (17b) auch nicht kleiner als r sein, weil zufolge (7d) eine analoge Matrixkongruenz

$$(p'_{ik}) \equiv (b_{ij})(\varphi'_{jk}) \quad (\mathrm{mod} \, \mathfrak{p}), \quad b_{ij} \, \varepsilon \, K[x_1, \ldots, x_n]$$

besteht.

18. Der (mod $\mathfrak{p}$)-Rang der Matrix (17b) wird auch nicht größer, wenn man zu den Basispolynomen noch ein beliebiges in $\mathfrak{p}$ enthaltenes Polynom (oder mehrere)

$$f = h_1 \varphi_1 + \ldots + h_s \varphi_s, \quad h_i \, \varepsilon \, K[x_1, \ldots, x_n]$$

hinzufügt; denn es gilt die Kongruenz

$$f'_k \equiv h_1 \varphi'_{1k} + \ldots + h_s \varphi'_{sk} \quad (\mathrm{mod} \, \mathfrak{p}).$$

Sind allgemein $f_1, \ldots, f_t$ irgendwelche Polynome aus $\mathfrak{p}$, so besitzt die aus ihnen abgeleitete Matrix (f'_{ik}) niemals einen höheren Rang (mod $\mathfrak{p}$) als r.

19. Eine einfache Folge des Satzes **17** ist, daß die Anzahl s der Basispolynome (17a) eines Primideals vom Range r $(1 \leq r \leq n)$ niemals kleiner als s sein kann, denn der Rang der Matrix (17b) ist sicher nicht größer als s.[1] Es ist dagegen nicht möglich, eine endliche obere Schranke für die Anzahl s der nötigen Basispolynome eines Primideals anzugeben.[2] Daher ist es für die Untersuchung der Primideale besonders wichtig, in der Primbasis eine Darstellung zur Verfügung zu haben, welche mit genau r Basispolynomen auskommt. Außerdem ist die Aufstellung einer Primbasis im allgemeinen das einfachste Mittel, um die sonst nicht leicht zu entscheidende Frage zu beantworten, ob ein vorgelegtes Ideal prim ist oder nicht.

20. Die Bedeutung des Satzes **17** wird auch durch den folgenden Satz beleuchtet, der sich am besten für H-Ideale aussprechen läßt:[3] *Zu jedem Primideal* $\mathfrak{p} = (\varphi_0, \ldots, \varphi_s)$ *vom Range* r *im* H-*Ring* $K[x_0, \ldots, x_n]$ *gehört ein System von* $d + 1$ $(d = n - r)$ *linearen homogenen Differentialkongruenzen:*

$$\begin{aligned}
\psi_{00}\, f_0' + \psi_{01}\, f_1' + \cdots + \psi_{0n}\, f_n' &\equiv 0 \\
\psi_{10}\, f_0' + \psi_{11}\, f_1' + \cdots + \psi_{1n}\, f_n' &\equiv 0 \quad (\mathrm{mod}\ \mathfrak{p}). \\
&\cdots\cdots\cdots\cdots\cdots\cdots\cdots \\
\psi_{d0}\, f_0' + \psi_{d1}\, f_1' + \cdots + \psi_{dn}\, f_n' &\equiv 0
\end{aligned} \qquad (20a)$$

Die zugehörige Matrix (ψ_{ik}) *hat den* $(\mathrm{mod}\ \mathfrak{p})$-*Rang* $d + 1$. *Jede Form*

---

[1] Das gilt, wie wir sehen werden (**135.9**), ganz allgemein für beliebige P-Ideale (H-Ideale vgl. **15**). Das Einheitsideal (1) mit eingliedriger Basis, $s = 1$, $r = n+1$, bildet eine Ausnahme.

[2] *Macaulay* gibt (Tract, p. 36) ein Beispiel für ein Primideal des Ranges 2 im $\mathsf{P_3}$ (Raumkurve) mit wenigstens ν Basisformen, wo ν keiner Beschränkung unterliegt: $\varphi\,(x_0, x_1, x_2)$ sei eine irreduzible Form des Grades ν, $\psi\,(x_0, x_1, x_2)$ eine Form desselben Grades ν, welche φ in ν^2 verschiedenen Punkten schneidet, so daß (φ, ψ) der Durchschnitt von ν^2 verschiedenen nulldimensionalen Primidealen ist. $\chi\,(x_0, x_1, x_2)$ sei eine Form des Grades $\nu-1$, welche durch $\frac{1}{2}\,\nu\,(\nu-1)$ von den ν^2 Punkten geht (und durch keinen weiteren). Der Restklassenkörper der Raumkurve werde durch Adjunktion von $\overline{x_2}$, $\overline{x_3}$ zu $K\,(\overline{x_0},\,\overline{x_1})$, welche den irreduziblen Gleichungen $\varphi = 0$, $\psi + \overline{x_3}\,\chi = 0$ genügen, erzeugt. Das zugehörige Primideal $\mathfrak{p}$ kann keine Form eines Grades $< \nu$ enthalten, denn der von x_3 unabhängige Bestandteil muß in $(\varphi, \psi) : \chi$ liegen (d. h. die $\frac{1}{2}\,\nu\,(\nu+1)$ nicht auf χ liegenden Schnittpunkte von φ, ψ, das sind die Schnittpunkte der Raumkurve mit der Ebene $x_3 = 0$ enthalten). $\mathfrak{p}$ enthält die Formen φ und $\psi + x_3\chi$ sowie jedes weitere Monoid $\overline{\psi} + x_3\overline{\chi}$ des Grades ν, welches die Bedingung $\overline{\chi}\psi - \chi\overline{\psi} \equiv 0\ (\varphi)$ erfüllt, es muß daher $\overline{\psi} \, \epsilon \, (\varphi, \psi) : \chi$ gelten, d. h. $\overline{\psi}$ muß durch die restlichen $\frac{1}{2}\,\nu\,(\nu+1)$ Schnittpunkte von (φ, ψ) gehen; es gibt $\frac{1}{2}\,(\nu+2)\,(\nu+1) - \frac{1}{2}\,\nu\,(\nu+1) =$ $= \nu+1$ linear unabhängige Formen $\overline{\psi}$ dieser Art, und folglich ebensoviele Monoide $\psi + x_3\chi$ des Grades ν, welche alle in der Basis von $\mathfrak{p}$ auftreten müssen. ν kann aber beliebig groß gemacht werden.

[3] Math. Ann. **115** (1938), S. 339.

$f \, \varepsilon \, \mathfrak{p}$ genügt diesen Differentialkongruenzen und umgekehrt ist jede Form f, welche diese Differentialkongruenzen erfüllt, im Primideal $\mathfrak{p}$ enthalten.

21. Zum Beweise bemerken wir, daß die Matrix (17b) genau $d + 1 = = n - r + 1$ linear unabhängige Lösungssysteme (mod $\mathfrak{p}$) $\{\psi_0, \ldots, \psi_n\}$ für die Kongruenzen

$$\varphi'_{i0}\, \psi_0 + \varphi'_{i1}\, \psi_1 + \cdots + \varphi'_{in}\, \psi_n \equiv 0 \ (\mathfrak{p}), \quad i = 0, \ldots, s \qquad (21\text{a})$$

besitzt; mit diesen sind die Kongruenzen (20a) gebildet. Jede Basisform φ_i ist also eine Lösung von (20a). Ist $f \, \varepsilon \, \mathfrak{p}$, so gilt

$$f = h_0 \, \varphi_0 + \cdots + h_s \, \varphi_s, \ f'_k \equiv h_0 \, \varphi'_{0k} + \cdots + h_s \, \varphi'_{sk}\ (\mathfrak{p}),\ h_i \, \varepsilon \, K \, [x_0, \ldots, x_n]$$

und daher genügt auch f den Differentialkongruenzen (20a).

Ist umgekehrt f eine Lösung von (20a), so besitzt die mit den Formen $\pi_1, \ldots, \pi_r$ einer Primbasis von $\mathfrak{p}$ gebildete Matrix

$$\begin{vmatrix} f'_0, & f'_1, & \ldots, & \ldots f'_n \\ \pi'_{10}, & \pi'_{11}, & \ldots, & \ldots \pi'_{1n} \\ \multicolumn{4}{c}{\cdots\cdots\cdots\cdots\cdots} \\ \pi'_{r0}, & \pi'_{r1}, & \ldots, & \ldots \pi'_{rn} \end{vmatrix}$$

den Rang r (mod $\mathfrak{p}$), d. h. alle $(r + 1)$-reihigen Determinanten sind $\equiv 0$ $(\mathfrak{p})$. Wir multiplizieren die erste Kolonne mit x_0 und addieren die folgenden Kolonnen, je mit $x_1, \ldots, x_n$ multipliziert, zur ersten.[1] Greifen wir aus der so umgeformten Matrix die Determinante heraus, welche aus der ersten und den r letzten Kolonnen besteht und beachten die Eulersche Identität (112.21a), so folgt:

$$\begin{vmatrix} t f, & f'_{d+1}, & \ldots, & f'_n \\ m_1 \pi_1, & \pi'_{1,d+1}, & \ldots, & \pi'_{1n} \\ \multicolumn{4}{c}{\cdots\cdots\cdots\cdots\cdots} \\ m_r \pi_r, & \pi'_{r,d+1}, & \ldots, & \pi'_{rn} \end{vmatrix} \equiv t f \, |\, \pi'_{jk} \,| \equiv 0 \ (\mathfrak{p});$$

dabei bedeuten $t, m_1, \ldots, m_r$ die Grade der Formen $f, \pi_1, \ldots, \pi_r$, sowie $|\, \pi'_{ik} \,|$ die Determinante (17f—g). Daraus folgt $f \equiv 0$ $(\mathfrak{p})$, w. z. b. w. Die Umkehrung folgt auch leicht aus der Bemerkung, daß unter den Differentialkongruenzen (20a) immer die Kongruenz

$$x_0 \, f'_0 + x_1 \, f'_1 + \cdots + x_n \, f'_n \equiv 0 \ (\mathfrak{p})$$

vorkommt, bzw. als Folge enthalten ist. Genügt aber f dieser Kongruenz, so gilt auf Grund der Eulerschen Identität $t f \equiv 0$ $(\mathfrak{p})$, also $f \equiv 0$ $(\mathfrak{p})$.

---

[1] Es darf $x_0 \, \varepsilon |\ \mathfrak{p}$ vorausgesetzt werden; das kann nötigenfalls durch eine Umnumerierung der Variablen erreicht werden, da $\mathfrak{p}$ nicht das triviale Primideal ist.

134. Polaren, Tangenten und Tangentialräume.

1. Die geometrische Bedeutung der Entwicklungen **133.17—21** wird aus den folgenden Ausführungen klar werden; wir beschränken uns dabei auf homogene Koordinaten und projektive Räume.

Zunächst gehen wir von der AM eines Primhauptideals (φ) in $K\,[x_0,\ldots,x_n]$ aus. Die irreduzible Basisform φ habe den Grad t; $\{\xi_0,\ldots,\xi_n\}$ sei eine beliebige Nullstelle von (φ). Ohne Einschränkung der Allgemeinheit dürfen wir $\xi_0 \neq 0$ voraussetzen, so daß diese Nullstelle durch das nulldimensionale Primideal (**132.8**)

$$\mathfrak{p}_\xi = (\xi_0\,x_1 - \xi_1\,x_0,\ \ldots,\ \xi_0\,x_n - \xi_n\,x_0) \tag{1a}$$

charakterisiert ist.

2. *Eine beliebige Gerade des Raumes* P_n *hat genau t Schnittpunkte mit $AM\,(\varphi)$ gemein.* Eine Gerade wird idealtheoretisch als das NG eines Ideals

$$\mathfrak{g} = (l_1,\ldots,l_{n-1}), \tag{2a}$$

dessen Basis $n-1$ linear unabhängige Linearformen $l_1,\ldots,l_{n-1}$ bilden, dargestellt.[1] Sind $\{\xi_0,\ldots,\xi_n\}$ und $\{\eta_0,\ldots,\eta_n\}$ zwei verschiedene Punkte dieser Geraden, so wird, nach den Regeln für die Auflösung eines linearen homogenen Gleichungssystems, jede weitere Nullstelle mit Hilfe zweier homogener Parameter λ,μ gewonnen:

$$\{\lambda\,\xi_0 + \mu\,\eta_0,\ldots,\lambda\,\xi_n + \mu\,\eta_n\}. \tag{2b}$$

Um also die Schnittpunkte von $\mathfrak{g}$ mit (φ) zu bestimmen, setzen wir (2b) in φ ein und entwickeln nach der Taylorschen Formel (**112.20**)

$$\begin{aligned}
\varphi\,(\lambda\,\xi_0 + \mu\,\eta_0,&\ldots,\lambda\,\xi_n + \mu\,\eta_n) = \\
&= \lambda^t\,\varphi\,(\xi) + \lambda^{t-1}\mu\,\Sigma\,\eta_k\,\varphi_k'\,(\xi) + \ldots + \mu^t\,\varphi\,(\eta);
\end{aligned} \tag{2c}$$

das ist eine Form des Grades t in λ,μ, welche nach dem Fundamentalsatz der Algebra genau t (nicht notwendig immer voneinander verschiedene) Lösungssysteme $\{\lambda_1,\mu_1\},\ldots,\{\lambda_t,\mu_t\}$ besitzt. Diese liefern, in (2b) eingesetzt, die t Schnittpunkte der Geraden $\mathfrak{g}$ mit der Hyperfläche $AM\,(\varphi)$. Sind mehr als t Schnittpunkte vorhanden, so muß (2c) identisch verschwinden, d. h. die Gerade $\mathfrak{g}$ gehört der $AM\,(\varphi)$ an.

---

[1] Wir hätten also zu zeigen, daß das Ideal $(\varphi, l_1,\ldots,l_{n-1})$ genau t Nullstellen besitzt; das werden wir idealtheoretisch in **143** durchführen. Hier schlagen wir einen andern Weg ein, der uns zu den wichtigen Begriffen der Polaren und Tangenten hinführt.

3. Damit die Gesamtzahl der Schnittpunkte in allen Fällen[1] genau t beträgt, muß man jeden Schnittpunkt mit einer gewissen *Multiplizität* in Rechnung stellen. Sind nämlich von den t Lösungssystemen $\varrho \; (> 1)$ miteinander identisch, d. h. hat die Form (2c) eine Wurzel von der Ordnung ϱ, so fallen ϱ von den t Schnittpunkten in den entsprechenden Punkt (2b); man sagt dann, die Gerade $\mathfrak{g}$ habe in diesem Punkte eine *Berührung der Ordnung* ϱ mit der Hyperfläche (φ), oder sie sei eine *Tangente* (im weiteren Sinn) der *AM* (φ) im genannten Punkt.

4. Wir wollen nun in (2b) und (2c) den Punkt $\{\xi\}$ festhalten, dagegen den Punkt $\{\eta\}$ variieren und dementsprechend statt η wieder x schreiben; dann können wir der Formel (2c) die folgende Gestalt geben:

$$\varphi \, (\lambda \, \xi_0 + \mu \, x_0, \ldots, \lambda \, \xi_n + \mu \, x_n) = \mu^t \, \varphi \, (x) + \tbinom{t}{1} \lambda \, \mu^{t-1} \, D_\xi^1 \, \varphi \, (x) + $$
$$+ \ldots + \tbinom{t}{j} \lambda^j \, \mu^{t-j} \, D_\xi^j \, \varphi \, (x) + \ldots + \lambda^t \, \varphi \, (\xi). \qquad (4a)$$

Die hier auftretenden Symbole

$$D_\xi^j \, \varphi \, (x) = \frac{1}{t \, (t-1) \ldots (t-j+1)} \left\{ \xi_0 \, \frac{\partial \varphi}{\partial x_0} + \ldots + \xi_n \, \frac{\partial \varphi}{\partial x_n} \right\}^j, \quad j = 0, \ldots, t, \quad (4b)$$

die nach der in **112.20** vereinbarten Weise zu verstehen sind, stellen Formen des Grades $t-j$ in den Variablen x und des Grades j in den ξ dar. (4b) heißt *die j-te Polare des Punktes $\{\xi\}$ bezüglich der Hyperfläche (φ)*. Insbesondere gilt

$$D_\xi^0 \, \varphi \, (x) = \varphi \, (x), \quad D_\xi^t \, \varphi \, (x) = \varphi \, (\xi). \qquad (4c)$$

Durch Vertauschung der Reihenfolge von x und ξ in (4a) findet man die Beziehungen:

$$D_\xi^j \, \varphi \, (x) = D_x^{t-j} \, \varphi \, (\xi), \qquad j = 0, \ldots, t. \qquad (4d)$$

5. Ist $\{x\}$ ein Punkt von *AM* (φ), also $\varphi \, (x) = 0$, so besitzt (4a) als Form der Parameter λ, μ die Nullstelle $\{0, 1\}$. Soll diese Nullstelle mindestens doppelt sein, so muß $\{x\}$ auch auf der Polaren

$$D_\xi^1 \, \varphi \, (x) = D_x^{t-1} \, \varphi \, (\xi) = \xi_0 \, \frac{\partial \varphi}{\partial x_0} + \ldots + \xi_n \, \frac{\partial \varphi}{\partial x_n} \qquad (5a)$$

liegen. Diese Polare stellt (in bezug auf die Variablen x) eine Hyperfläche des Grades $t-1$ dar, deren Schnittpunkte mit (φ) die Berührungspunkte der von $\{\xi\}$ an die Hyperfläche (φ) gezogenen Tangenten sind. Analog liefern die gemeinsamen Nullstellen von $\varphi \, (x)$, $D_\xi^1 \, \varphi \, (x)$, $D_\xi^2 \, \varphi \, (x)$

---

[1] Ausgenommen der eben erwähnte Fall, daß die Gerade $\mathfrak{g}$ auf der *AM* (φ) liegt.

die Berührungspunkte aller derjenigen von $\{\xi\}$ ausgehenden Geraden, welche eine Berührung mindestens 3. Ordnung mit $AM\,(\varphi)$ aufweisen usw.

6. Ist andererseits $\{\xi\}$ eine Nullstelle von (φ), also $\varphi\,(\xi) = 0$, so hat jede durch $\{\xi\}$ gehende Gerade, welche in der Hyperebene

$$D_{\xi}^{t-1}\,\varphi\,(x) = D_{x}^{1}\,\varphi\,(\xi) = x_0\,\frac{\partial\varphi}{\partial\xi_0} + \ldots + x_n\,\frac{\partial\varphi}{\partial\xi_n} \tag{6a}$$

liegt, eine Berührung mindestens 2. Ordnung in $\{\xi\}$, ist also Tangente; umgekehrt liegt jede Tangente mit dem Berührungspunkt $\{\xi\}$ in der Hyperebene (6a); diese stellt also die *Tangentialhyperebene*[1] von $AM\,(\varphi)$ im Punkte $\{\xi\}$ dar.

7. Im allgemeinen werden nicht sämtliche Ableitungen φ_k' in einer Nullstelle $\{\xi\}$ von (φ) verschwinden.[2] In diesem Fall ist die Tangentialhyperebene (6a) bestimmt; man nennt dann $\{\xi\}$ eine *gewöhnliche* Nullstelle, bzw. einen *gewöhnlichen* oder *nicht singulären* Punkt von $AM\,(\varphi)$, im Gegensatz zu den etwa vorkommenden Punkten $\{\xi\}$, in welchen sämtliche Ableitungen φ_k' verschwinden; das sind die *singulären* Nullstellen, bzw. *singulären* oder *vielfachen* Punkte (Doppelpunkte usw.) von $AM\,(\varphi)$. In einem singulären Punkt ist die Tangentialhyperebene unbestimmt; in der Tat ist *jede* durch einen singulären Punkt gehende Gerade Tangente im weiteren Sinn, weil mindestens zwei Schnittpunkte an dieser Stelle zusammenfallen.

8. Die singulären Punkte der $AM\,(\varphi)$ sind also genau die Nullstellen[3] des Ideals

$$D\,(\varphi) = (\varphi_0', \ldots, \varphi_n'). \tag{8a}$$

Ist $D\,(\varphi)$ ein T-Ideal, so gibt es keine singulären Punkte auf $AM\,(\varphi)$, d. h. $AM\,(\varphi)$ ist *singularitätenfrei*. Man beachte (**112.**21a), daß $(\varphi) \subset D(\varphi)$, also jede Nullstelle von $D\,(\varphi)$ von selbst auch Nullstelle von (φ) ist.

9. Jede Gerade durch einen singulären Punkt ist eine Tangente im weiteren Sinn; als *eigentliche* Tangenten, oder *Tangenten im engeren Sinn* in einem singulären Punkt $\{\xi\}$ von $AM\,(\varphi)$ werden wir diejenigen Geraden durch $\{\xi\}$ bezeichnen, welche dort eine Berührung höherer

---

[1] Im besonderen *Tangentialebene* oder *Tangente*, wenn $n = 3$ oder 2 ist.

[2] Wäre nämlich $\varphi_k'\,(\xi) = 0$ für $k = 0, \ldots, n$ und jede Nullstelle $\{\xi\}$ von (φ), so hätte man (**127.**3) $(\varphi_0', \ldots, \varphi_n')^\varrho \subseteq (\varphi)$; da (φ) Primideal ist, müßte dies schon für den Exponenten $\varrho = 1$ gelten, was widersinnig ist, weil die Formen φ_k' vom Grade $t-1$ nicht in (φ) vorkommen können.

[3] Abgesehen von ihrer Multiplizität, falls diese > 1 ist.

Ordnung besitzen, als für die allgemeine Gerade zutrifft. Ist nun der Punkt $\{\xi\}$ derart, daß

$$\varphi(\xi) = 0, \; D_x^1 \, \varphi(\xi) = 0, \ldots, D_x^{j-1}\varphi(\xi) = 0, \; D_x^j \, \varphi(\xi) \neq 0$$
$$\text{(identisch in den } x\text{)} \tag{9a}$$

gilt, m. a. W., daß sämtliche Ableitungen von φ bis zur Ordnung $j-1$ einschließlich in $\{\xi\}$ verschwinden, jedoch nicht alle Ableitungen der Ordnung j, so nennen wir $\{\xi\}$ einen j-fachen Punkt der $AM(\varphi)$. Jede Gerade durch $\{\xi\}$ vereinigt dort mindestens j von ihren t Schnittpunkten. Die eigentlichen Tangenten müssen wenigstens $j+1$ Schnittpunkte dort vereinigen und daher dem *Hyperkegel*[1] von der Ordnung j mit dem Scheitel $\{\xi\}$

$$D_x^i \, \varphi(\xi) = D_\xi^{t-j}\varphi(x) = 0 \tag{9b}$$

angehören. Umgekehrt ist jede in (9b) enthaltene Gerade, welche durch $\{\xi\}$ geht, eine Tangente im engeren Sinn. Man bezeichnet (9b) als den *Tangentenkegel* der $AM(\varphi)$ im singulären Punkt $\{\xi\}$.

10. Ein homogenes Primideal eines Ranges $r > 1$

$$\mathfrak{p} = (\varphi_0, \ldots, \varphi_s)$$

in $K[x_0, \ldots, x_n]$ kann als Schnitt der Primhauptideale $(\varphi_0), \ldots, (\varphi_s)$ aufgefaßt werden.[2] Eine Tangente von $AM(\mathfrak{p})$ in einem Punkte $\{\xi\}$ muß Tangente an sämtliche Hyperflächen $(\varphi_0), \ldots, (\varphi_s)$ sein, also in den entsprechenden Tangentialhyperebenen (6a) liegen; umgekehrt ist jede Gerade durch $\{\xi\}$, welche sämtlichen Tangentialhyperebenen

$$D_x^1 \, \varphi_0(\xi) = \varphi_{00}'(\xi) \, x_0 + \ldots + \varphi_{0n}'(\xi) \, x_n$$
$$\cdots\cdots\cdots\cdots\cdots\cdots\cdots\cdots\cdots\cdots\cdots\cdots \tag{10a}$$
$$D_x^1 \, \varphi_s(\xi) = \varphi_{s0}'(\xi) \, x_0 + \ldots + \varphi_{sn}'(\xi) \, x_n$$

angehört, eine Tangente an $AM(\mathfrak{p})$ im Punkte $\{\xi\}$. Aus **133.17** folgert man nun, daß der Rang der Koeffizientenmatrix $(\varphi_{ik}'(\xi))$ der Linearformen (10a) im allgemeinen genau r ist; denn jede Determinante mit mehr als r Zeilen und Kolonnen der Matrix (**133.**17b) ist in $\mathfrak{p}$ enthalten,

---

[1] Wir bezeichnen eine Hyperfläche des Raumes P_n oder R_n als *Hyperkegel* mit dem Scheitel $\{\xi\}$, wenn jede Verbindungsgerade von $\{\xi\}$ mit einem beliebigen Flächenpunkt ganz auf ihr liegt. Tatsächlich folgt aus (9a) und $\bar{x}_i = \varrho\xi_i + \sigma x_i$ allgemein $D_{\bar{x}}^j \, \varphi(\xi) = \sigma^j \, D_x^j \, \varphi(\xi) = 0$ für beliebiges σ, wenn nur $\{x\}$ die Bedingung $D_x^j \, \varphi(\xi) = 0$ erfüllt.

[2] Man kann voraussetzen, daß sämtliche Basisformen irreduzibel sind, denn eine reduzible Basisform könnte man durch eine solche geringeren Grades ersetzen.

verschwindet also im Punkte $\{\xi\}$. Dagegen ist die besondere r-reihige Determinante (**133.**17g) nicht in $\mathfrak{p}$ enthalten, kann also auch nicht in jeder Nullstelle $\{\xi\}$ von $\mathfrak{p}$ verschwinden. Demnach gibt es in einer gewöhnlichen Nullstelle $\{\xi\}$ von $\mathfrak{p}$ genau r linear unabhängige unter den Linearformen (10a); das von ihnen erzeugte Ideal stellt einen linearen Unterraum von P_n der Dimension $d = n - r$ vor, den wir den *Tangentialraum* der AM $(\mathfrak{p})$ im Punkte $\{\xi\}$ nennen. Er wird von allen Tangenten der AM $(\mathfrak{p})$ im Punkte $\{\xi\}$ erfüllt.

11. Es besitzt also jede irreduzible AM der Dimension d in einem *gewöhnlichen* oder *nicht singulären* Punkt einen d-dimensionalen linearen Tangentialraum; der Punkt $\{\xi\}$ ist dann und nur dann nicht singulär, wenn die Matrix $(\varphi'_{ik}(\xi))$ genau den Rang r hat. Unter den s Basisformen gibt es dann genau r, deren Tangentialhyperebenen in diesem Punkt voneinander unabhängig sind, während alle übrigen von diesen linear abhängen; ihr Durchschnitt ist der Tangentialraum der AM $(\mathfrak{p})$. Für die genannten r Basisformen ist der Punkt $\{\xi\}$ offenbar nicht singulär; dagegen können die übrigen Basisformen so abgeändert werden, daß sie in $\{\xi\}$ singulär sind (mindestens einen Doppelpunkt aufweisen).

12. Die *singulären* Punkte der AM $(\mathfrak{p})$ sind dadurch gekennzeichnet, daß der Rang der Koeffizientenmatrix der Linearformen (10a) kleiner als r ist, daß es also weniger als r linear unabhängige unter ihnen gibt. Diese Linearformen schneiden dann einen linearen Raum von einer Dimension $> d$ aus, so daß jede Gerade desselben, die durch $\{\xi\}$ geht, eine mindestens zweipunktige Berührung mit der AM $(\mathfrak{p})$ aufweist, also eine Tangente im weiteren Sinne darstellt.[1]

---

[1] Wir nehmen davon Abstand, den Tangentenkegel der eigentlichen Tangenten der AM $(\mathfrak{p})$ in einem beliebigen singulären Punkt zu definieren, weil die Verhältnisse hier noch unklar sind. Als Beispiel diene die Raumkurve 6. Ordnung $\mathfrak{p} = (\varphi_1, \varphi_2)$, welche durch den parabolischen Zylinder parallel der x_2-Achse, $\varphi_1 = x_0 x_3 + x_1^2$, und einen kubischen Zylinder, dessen Doppelgerade die x_3-Achse ist, $\varphi_2 = x_0 x_1 x_2 + x_1^3 + x_2^3$, ausgeschnitten wird. Diese Kurve besitzt einen gewöhnlichen Doppelpunkt im Ursprung; die beiden im Ursprung zusammentreffenden Zweige haben als Tangenten die x_1-, bzw. x_2-Achse. Die Matrix

$$(\varphi'_{ik}) = \begin{pmatrix} x_3 & , \, 2x_1 & , \, 0 & , \, x_0 \\ x_1 x_2, & x_0 x_2 + 3x_1^2, & x_0 x_1 + 3x_2^2, & 0 \end{pmatrix}$$

hat im Ursprung $\{1, 0, 0, 0\}$ den Rang 1, weil die zweite Zeile verschwindet. Die Tangentialebene von (φ_1) in diesem Punkte ist $x_3 = 0$. Eine beliebige Gerade $\mathfrak{g} = (\alpha x_1 - x_2, \beta x_1 - x_3)$ durch den Ursprung hat mit der Kurve dort *einen* Punkt gemein, weil (x_1, x_2, x_3) die entsprechende Primärkomponente von $(\mathfrak{p}, \mathfrak{g})$ ist. Nur wenn $\beta = 0$ ist, d. h. wenn die Gerade in der Tangentialebene $x_3 = 0$ liegt, erhält man $(\mathfrak{p}, \mathfrak{g}) = (x_1^2, \alpha x_1 - x_2, x_3)$, d. i. ein Primärideal der Multiplizität 2 zum Primideal (x_1, x_2, x_3), also die Schnittmultiplizität 2. Eine weitere Erhöhung derselben tritt nur mehr bei der Geraden $\mathfrak{g}_1 = (x_1, x_3)$ ein, wo $(\mathfrak{p}, \mathfrak{g}_1) =

Die singulären Punkte der $AM\,(\mathfrak{p})$ werden also durch das Ideal[1]

$$D\,(\mathfrak{p}) = (\varphi'_{ik})_r \qquad (12a)$$

aus $AM\,(\mathfrak{p})$ ausgeschnitten; (12a) bedeutet das Ideal, welches durch alle r-reihigen Determinanten der angegebenen Matrix erzeugt wird. Hat $D\,(\mathfrak{p})$ keine Nullstelle mit $\mathfrak{p}$ gemein, so ist die $AM\,(\mathfrak{p})$ *singularitäten-frei*.

135. Ideale der Hauptklasse.

1. Wie schon in **131.10** bemerkt, nennen wir ein (homogenes oder inhomogenes) P-Ideal ein *Ideal der Hauptklasse r* oder ein *Hauptklassen-ideal*,[2] wenn es den Rang r und eine r-gliedrige Basis besitzt.[3] Für $r = 1$ verwenden wir auch weiterhin die bereits eingeführte Bezeichnung *Hauptideal*. Entsprechend bezeichnen wir auch die zugehörige AM als zur Hauptklasse gehörig. Eine AM der Dimension d in einem n-dimen-sionalen Raum gehört also zur Hauptklasse, wenn sie der *vollständige Schnitt* von $r = n - d$ Hyperflächen ist.[4]

2. *Jedes nulldimensionale inhomogene Primideal gehört der Haupt-klasse an.* Ein solches besitzt in der Tat nach **133.5** eine n-gliedrige Basis, die zugleich Primbasis ist. Der Satz gilt auch für *homogene* Prim-ideale der Dimension null, wenn der Grundkörper K algebraisch ab-geschlossen ist, weil es dann eine Basis von der Gestalt (**132.8a**) besitzt;

$= (x_1, x_2^3, x_3)$ der Multiplizität 3 ist. Das steht in Übereinstimmung mit der Tatsache, daß $\mathfrak{g}_1$ die Tangente an einen Zweig unserer Kurve im Doppelpunkt darstellt. Überraschend dagegen ist, daß gleiches nicht für die zweite Tangente $\mathfrak{g}_2 = (x_2, x_3)$ gilt, welche entsprechend $(\mathfrak{p}, \mathfrak{g}_2) = (x_1^2, x_2, x_3)$ auch nur eine Be-rührung 2. Ordnung wie jede andere Gerade der Ebene $x_3 = 0$ besitzt.

[1] Hier gilt nicht mehr wie bei Hauptidealen $\mathfrak{p} \subset D\,(\mathfrak{p})$. vgl. **8**. Daher ist nicht jede Nullstelle von $D\,(\mathfrak{p})$ auch Nullstelle von $\mathfrak{p}$. Das zeigt das Beispiel der vorigen Anmerkung, wo $D\,(\mathfrak{p})$ die Nullstelle $\{0, 0, 1, 0\}$ besitzt, die nicht Nullstelle von $\mathfrak{p}$ ist; daher entspricht dieser Nullstelle auch kein singulärer Kurvenpunkt.

[2] *Macaulay* (Tract 47), „module of the principal class"; die Bezeichnung geht auf *Kronecker* zurück.

[3] $r \leqq n$ für inhomogene Ideale, $r \leqq n+1$ für homogene Ideale; das Einheits-ideal ist hier auszuschließen. Für H-Ideale und inhomogene Primideale haben wir bereits bewiesen, daß die Anzahl s der notwendigen Basiselemente $s \geqq r$ ist. Dasselbe gilt, wie wir in **9—11** zeigen werden, allgemein für P-Ideale mit Aus-nahme des Einheitsideals. Bis dahin müssen wir allerdings noch die Möglichkeit $s < r$ offen lassen, können aber derartige Ideale ebenfalls zur Hauptklasse rechnen, weil es immer möglich ist, die Anzahl der Basiselemente zu erhöhen.

[4] Eine Raumkurve 3. Ordnung ist z. B. nicht als vollständiger Schnitt von zwei Flächen darstellbar und gehört daher nicht zur Hauptklasse; denn zwei Flächen der Ordnungen μ, ν schneiden sich in einer Kurve der Ordnung $\mu\,\nu$ (**143**); man müßte also $\mu = 3, \nu = 1$ wählen, das liefert aber eine *ebene* Kurve 3. Ordnung.

er gilt aber nicht mehr für nulldimensionale homogene Primideale über einem Grundkörper K, der nicht algebraisch abgeschlossen ist.[1]

3. *Jedes ungemischte P-Ideal des Ranges 1 ist Hauptideal und umgekehrt.* Dieser Satz gilt sowohl für inhomogene wie auch für homogene Ideale. Zunächst ist jedes Primideal des Ranges 1 Hauptideal; denn es wird durch das bis auf einen konstanten Faktor eindeutig bestimmte und notwendig irreduzible Polynom p geringsten Grades erzeugt, das in ihm vorkommt. Zu einem Primhauptideal (p) gehören als Primärideale sämtliche durch Potenzen von p erzeugte Hauptideale (p^ϱ) $(\varrho = 2, 3, \ldots)$ und, wie man leicht feststellt (**126.3**), nur diese. Ein ungemischtes P-Ideal $\mathfrak{a}$ des Ranges 1 ist Durchschnitt von Primäridealen des Ranges 1, also

$$\mathfrak{a} = [(p_1^{\varrho_1}), \ldots, (p_s^{\varrho_s})]. \tag{3a}$$

Da nun in jedem P-Ring der ZPE-Satz gilt (**112.12**) und die irreduziblen Polynome $p_1, \ldots, p_s$ voneinander verschieden sind, folgt aus (3a) die Darstellung

$$\mathfrak{a} = (f), \quad f = p_1^{\varrho} \cdots p_s^{\varrho_s} \tag{3b}$$

als Hauptideal. Ist umgekehrt $\mathfrak{a}$ Hauptideal, so erhält man durch Zerlegung des Basispolynoms in irreduzible Faktoren (3b) die reduzierte Darstellung (3a), d. h. $\mathfrak{a}$ ist ungemischt vom Range 1 (Dimension $n-1$).

4. Es sei nun

$$\mathfrak{a} = (f_1, \ldots, f_r) \tag{4a}$$

ein beliebiges Ideal der Hauptklasse r. Dann darf man immer voraussetzen, daß die Basis so beschaffen ist, daß alle Ideale der Reihe

$$(f_1), (f_1, f_2), \ldots, (f_1, \ldots, f_r) \tag{4b}$$

der Hauptklasse angehören. Bei H-Idealen ist das sogar immer der Fall; denn wie wir eben festgestellt haben, gehört das erste Ideal der Reihe (4b) zur Hauptklasse. Da ferner durch Hinzufügung einer Basisform der Rang eines H-Ideals höchstens um 1 erhöht wird (**133.15**), müssen notwendig auch alle dazwischenstehenden Ideale zur Hauptklasse gehören.

---

[1] Beispiel: Das Ideal $\mathfrak{p} = (f_1, f_2, f_3) = (\pi_1, \pi_2) : \phi$ mit
$f_1 = x_0^2 + x_0 x_2 + 2x_1^2 + 2x_1 x_2,\ f_2 = x_0 x_1 + x_0 x_2 + x_1 x_2,\ f_3 = x_0 x_2 - 2x_1^2 - 4x_1 x_2 - x_2^2.$
$\pi_1 = (x_0 + x_1)f_1 - (x_0 + 2x_1)f_2 = x_0^3 + 2x_1^3,\ \pi_2 = f_1 - 2f_2 = x_0^2 - 2x_0 x_1 - x_0 x_2 + 2x_1^2,$
$\Phi = x_0^3$
ist, wie die Primbasis zeigt, prim über dem Körper der rationalen Zahlen. Adjungiert man zu K die Wurzeln der Gleichung $x^3 + 2 = 0$, nämlich
$a_k = -\sqrt[3]{2}\, e^{2k\pi i/3}$ $(k = 0, 1, 2)$, so wird $\mathfrak{p}$ reduzibel, und zwar Durchschnitt von 3 einander konjugierten Primidealen mit den Nullstellen $\{\xi_0, \xi_1, \xi_2\}_k = \{a_k, 1, -2 + a_k - a_k^2\}.$

5. Bei inhomogenen P-Idealen ist das nicht notwendig richtig;[1] man kann aber die gegebene Basis immer so umformen, daß dann jedes Ideal (4b) Hauptklassenideal ist. Zum Beweise bilden wir mit Koeffizienten $\lambda_{ik}\ \varepsilon\ K$ die Polynome

$$F_i = \lambda_{i1} f_1 + \ldots + \lambda_{ir} f_r, \quad i = 1, \ldots, r \tag{5a}$$

und betrachten die Reihe der Ideale

$$(F_1), \qquad (F_1, F_2), \ldots, (F_1, \ldots, F_r). \tag{5b}$$

Wir behaupten, daß es möglich ist, die Koeffizienten $\lambda_{ik}\ \varepsilon\ K$ so zu wählen, daß diese Ideale der Reihe nach (mindestens) den Rang $1, 2, \ldots, p$ besitzen und daß die Polynome F_i linear unabhängig sind, d. h. $|\lambda_{ik}| \neq 0$ ist. Wir wollen dabei schrittweise vorgehen und dürfen annehmen, daß die Polynome $F_1, \ldots, F_{\varrho-1}$ bereits den Bedingungen entsprechend bestimmt sind. Hat $(F_1, \ldots, F_{\varrho-1})$ einen Rang $> \varrho-1$,[2] so muß F_ϱ nur linear unabhängig von den vorigen gewählt werden.[3] Ist der Rang $= \varrho-1$, so seien $\mathfrak{p}_1, \ldots, \mathfrak{p}_s$ die zugehörigen Primideale des Ranges $\varrho-1$, und es kommt darauf an, F_ϱ so zu bestimmen, daß es in keinem dieser Primideale liegt; dann ist der Rang von $(F_1, \ldots, F_\varrho)$ sicher $\geqq \varrho$ (**133.13**). Das ist aber immer möglich, wenn nicht sämtliche Polynome $f_1, \ldots, f_r$ durch ein und dasselbe Primideal $\mathfrak{p}$ des Ranges $\varrho-1$ teilbar sind;[4] das letztere ist ausgeschlossen, weil dann $\mathfrak{a} \subseteq \mathfrak{p}$ wäre und also einen Rang $\leqq \varrho-1 < r$ hätte. Das so bestimmte Polynom F_ϱ genügt allen Bedingungen und ist auch von $F_1, \ldots, F_{\varrho-1}$ linear unabhängig. Auf diese Weise können wir fortfahren, bis die Reihe (5b) vollendet ist. Da schließlich offenbar wegen der linearen Unabhängigkeit der F_i

$$\mathfrak{a} = (f_1, \ldots, f_r) = (F_1, \ldots, F_r)$$

gilt, ist unsere Behauptung endgültig bewiesen.

---

[1] Beispiel: $\mathfrak{a} = (x_1 x_3 + x_1,\ x_2 x_3 + x_2,\ x_3)$ ist Hauptklassenideal, denn es ist offenbar identisch mit $\mathfrak{a} = (x_1.\ x_2, x_3)$, hat also den Rang 3. Dagegen hat das Ideal $(x_1 x_3 + x_1,\ x_2 x_3 + x_2) = (x_3 + 1)\,(x_1, x_2)$ den Rang 1 und gehört also nicht zur Hauptklasse. Es ist leicht, nach diesem Muster weitere Beispiele zu bilden.

[2] Dieser Fall ist in Wirklichkeit nicht möglich, da das Einheitsideal ausgeschlossen ist.

[3] D. h. die Matrix (λ_{ik}) $(i = 1, \ldots, \varrho;\ k = 1, \ldots, r)$ muß den Rang ϱ haben.

[4] Alle Zahlensysteme $\{a_1, \ldots, a_r\}$, welche die Kongruenz $a_1 f_1 + \ldots + a_r f_r \equiv 0\,(\mathfrak{p}_1)$ befriedigen, erfüllen, als Punkte eines P_{r-1} aufgefaßt, einen linearen Unterraum L_1 von P_{r-1}, der höchstens die Dimension $r-2$ hat; analoge Unterräume $L_2, \ldots, L_s$ entsprechen den Primidealen $\mathfrak{p}_2, \ldots, \mathfrak{p}_s$. Wir haben nun einen Punkt von P_{r-1} zu wählen, der in keinem dieser Unterräume $L_1, \ldots, L_s$ liegt, und seine Koordinaten als Koeffizienten $\lambda_{\varrho 1}, \ldots, \lambda_{\varrho r}$ in (5a) zu benützen.

6. *Jedes Ideal der Hauptklasse ist ungemischt.* Dieser wichtige Satz gilt sowohl für homogene wie auch für inhomogene Ideale. Wir geben zunächst einen Beweis für H-Ideale und bemerken, daß der Satz für 2 homogene Variable ($n = 1$) sicher richtig ist; denn hier kommt nur $r = 1, 2$ in Betracht. Jedes Hauptideal ($r = 1$) ist aber nach **3** ungemischt; $r = 2$ ergibt bei 2 homogenen Variablen ein T-Ideal, das als Primärideal zu $\mathfrak{p} = (x_0, x_1)$ ebenfalls ungemischt ist. Wir dürfen also annehmen, daß wir die Richtigkeit unseres Satzes bereits für n homogene Variablen gezeigt haben, und wollen sie nun für $n + 1$ homogene Variablen nachweisen. Zunächst wollen wir zeigen, daß das H-Ideal

$$\mathfrak{a} = (\varphi_1, \ldots, \varphi_r) \tag{6a}$$

der Hauptklasse r ($\leq n$) in $K[x_0, \ldots, x_n]$ sicher keine triviale Komponente besitzt. Wäre das nämlich nicht wahr, so gäbe es eine Form $\Phi\ \varepsilon\big|\ \mathfrak{a}$, derart, daß

$$x_i\, \Phi\ \varepsilon\ \mathfrak{a}, \quad i = 0, \ldots, n \tag{6b}$$

gälte.[1] Ferner dürfen wir voraussetzen, daß x_n relativ prim zu allen d-dimensionalen Primidealen ($d = n - r$) von $\mathfrak{a}$ ist,[2] so daß das Ideal

$$(\mathfrak{a}, x_n) \tag{6c}$$

die Dimension $d-1$ besitzt (**133.15**). Schreiben wir nun (6b) ausführlich so

$$x_n\, \Phi = \psi_1\, \varphi_1 + \cdots + \psi_r\, \varphi_r \tag{6d}$$

und setzen hier $x_n = 0$, so gibt das

$$0 = \overline{\psi}_1\, \overline{\varphi}_1 + \cdots + \overline{\psi}_r\, \overline{\varphi}_r, \quad \overline{\psi}_i = \psi_i\,(x_0, \ldots, x_{n-1}, 0)$$
$$\overline{\varphi}_i = \varphi_i\,(x_0, \ldots, x_{n-1}, 0). \tag{6e}$$

Das H-Ideal $\overline{\mathfrak{a}} = (\overline{\varphi}_1, \ldots, \overline{\varphi}_r)$ in $K[x_0, \ldots, x_{n-1}]$ gehört wieder zur Hauptklasse, denn es ist

$$\overline{\mathfrak{a}} = (\mathfrak{a}, x_n) \cap K[x_0, \ldots, x_{n-1}],$$

so daß $\overline{\mathfrak{a}}$ dieselbe Dimension wie $(\mathfrak{a}, x_n)$ besitzt, und folglich, da auch die Anzahl der Variablen um 1 abgenommen hat, wieder den Rang r. Für $\overline{\mathfrak{a}}$ gilt unsere Induktionsvoraussetzung und wir können aus (6e) folgern[3]

$$\overline{\psi}_r\ \varepsilon\ (\overline{\varphi}_1, \ldots, \overline{\varphi}_{r-1}) : \overline{\varphi}_r = (\overline{\varphi}_1, \ldots, \overline{\varphi}_{r-1}) \tag{6f}$$

---

[1] Wegen $\mathfrak{a} : (x_0, \ldots, x_n) \supset \mathfrak{a}$.

[2] Es genügt, eine Linearform $c_0 x_0 + \ldots + c_n x_n$ dieser Art ausfindig zu machen; diese kann durch eine lineare homogene Transformation in x_n übergeführt werden.

[3] $(\overline{\varphi}_1, \ldots, \overline{\varphi}_{r-1})$ ist wieder ein Ideal der Hauptklasse (**4**), also ungemischt vom Range $r-1$, $\overline{\varphi}_r$ dazu relativ prim, weil sonst $(\overline{\varphi}_1, \ldots, \overline{\varphi}_r)$ den Rang $r-1$ hätte (**133.15**).

also

$$\bar{\psi}_r = a_{r1}\,\bar{\varphi}_1 + \ldots + a_{r,\,r-1}\,\bar{\varphi}_{r-1},$$

also auch

$$\psi_r = a_{r1}\,\varphi_1 + \ldots + a_{r,\,r-1}\,\varphi_{r-1} + b_r\,x_n, \quad a_{rk},\, b_r \,\varepsilon\, K\,[x_0,\ldots,x_n]. \qquad (6\mathrm{g})$$

Setzt man (6g) in (6d) ein und ordnet um, so folgt

$$x_n\,(\Phi - b_r\,\varphi_r) \equiv 0\;(\varphi_1,\ldots,\varphi_{r-1}). \qquad (6\mathrm{h})$$

Auf (6h) kann man dieselben Überlegungen anwenden wie auf (6d) und gelangt so zu einer Kongruenz

$$x_n\,(\Phi - b_r\,\varphi_r - b_{r-1}\,\varphi_{r-1}) \equiv 0\;(\varphi_1,\ldots,\varphi_{r-2}). \qquad (6\mathrm{i})$$

Weitere Wiederholungen desselben Schlusses führen schließlich zur Gleichung

$$x_n\,(\Phi - b_r\,\varphi_r - \ldots - b_1\,\varphi_1) = 0, \qquad (6\mathrm{j})$$

also zu

$$\Phi = b_1\,\varphi_1 + \ldots + b_r\,\varphi_r \,\varepsilon\, \mathfrak{a} \qquad (6\mathrm{k})$$

im Widerspruch zur Voraussetzung $\Phi \,\varepsilon\!\!\mid\, \mathfrak{a}$. Damit ist die Richtigkeit unserer Behauptung, daß $\mathfrak{a}$ keine triviale Komponente besitzt, erwiesen.

7. Wir müssen noch zeigen, daß jedes H-Ideal in $K\,[x_0,\ldots,x_n]$

$$\mathfrak{a} = (\varphi_1,\ldots,\varphi_r)$$

der Hauptklasse $r\;(\leq n+1)$ ungemischt ist. Ist $r = n+1$, so ist das selbstverständlich, weil Komponenten höheren Ranges als $n+1$ nicht auftreten können. Desgleichen ist der Fall $r = n$ bereits erledigt, weil wir soeben gezeigt haben, daß $\mathfrak{a}$ keine triviale Komponente besitzen kann. Wir dürfen daher $r < n$ annehmen und müssen zeigen, daß $\mathfrak{a}$ keine Primärkomponente eines Ranges $\varrho, r < \varrho \leq n$ besitzen kann. Wäre dies nämlich der Fall, so könnten wir, wie der folgende Hilfssatz zeigt, durch Hinzunahme von $\delta = n - \varrho + 1$ Formen $\psi_1,\ldots,\psi_\delta$ zur Basis von $\mathfrak{a}$ ein Ideal

$$\mathfrak{b} = (\varphi_1,\ldots,\varphi_r,\psi_1,\ldots,\psi_\delta)$$

des Ranges $r + \delta \leq n$ ableiten, das ebenfalls der Hauptklasse angehörte und eine triviale Komponente besäße. Das ist aber unmöglich und also der Beweis von **6** für H-Ideale abgeschlossen.

8. *Es sei $\mathfrak{a}$ ein gemischtes H-Ideal in $K\,[x_0,\ldots,x_n]$ vom Range $r < n$, dessen höchstrangige Primärkomponenten den Rang $\varrho\;(r < \varrho \leq n)$ aufweisen. Ist dann φ eine zu $\mathfrak{a}$ relativ prime Form (positiven Grades), $\mathfrak{a}:\varphi = \mathfrak{a}$, so hat $(\mathfrak{a}, \varphi)$ den Rang $r + 1$ und außerdem Primärkomponenten, deren Rang mindestens $\varrho + 1$ ist; d. h. $(\mathfrak{a}, \varphi)$ ist ebenfalls gemischt.*

Beweis: Unter der Voraussetzung $\varrho \leqq n$ gibt es eine Form φ positiven Grades, welche in keinem zu $\mathfrak{a}$ gehörigen Primideal aufgeht, also $\mathfrak{a}:\varphi = \mathfrak{a}$ erfüllt.[1] $(\mathfrak{a}, \varphi)$ hat den Rang $r + 1$ (**133.15**). Es sei $\mathfrak{p}$ ein zu $\mathfrak{a}$ gehöriges Primideal des Ranges ϱ; $(\mathfrak{p}, \varphi)$ hat den Rang $\varrho + 1$ und ist in mindestens einem zu $(\mathfrak{a}, \varphi)$ gehörenden Primideal enthalten (oder mit einem solchen identisch). Andernfalls wäre nämlich

$$(\mathfrak{a}, \varphi):(\mathfrak{p}, \varphi) = (\mathfrak{a}, \varphi),$$

woraus folgte (**115.26d**)

$$(\mathfrak{a}, \varphi):(\mathfrak{p}, \varphi) = [(\mathfrak{a}, \varphi):\mathfrak{p}, (\mathfrak{a}, \varphi):\varphi] = (\mathfrak{a}, \varphi):\mathfrak{p} = (\mathfrak{a}, \varphi)$$

und weiter

$$\mathfrak{a}:\mathfrak{p} \subseteq (\mathfrak{a}, \varphi):\mathfrak{p} = (\mathfrak{a}, \varphi).$$

Ist nun

$$\varphi_1 \; \varepsilon \; \mathfrak{a}:\mathfrak{p}, \quad \varphi_1 \; \varepsilon| \; \mathfrak{a} \tag{8a}$$

was wegen $\mathfrak{a}:\mathfrak{p} \supset \mathfrak{a}$ angenommen werden darf, so gilt wegen $\varphi_1 \; \varepsilon \; (\mathfrak{a}, \varphi)$

$$\varphi_1 \equiv \varphi_2 \, \varphi \; (\mathfrak{a}),$$

also wegen $\varphi_1 \, \mathfrak{p} \subseteq \mathfrak{a}$

$$\varphi_2 \, \varphi \, \mathfrak{p} \subseteq \mathfrak{a}, \quad \varphi_2 \, \mathfrak{p} \subseteq \mathfrak{a}:\varphi = \mathfrak{a},$$

woraus schließlich folgt

$$\varphi_2 \; \varepsilon \; \mathfrak{a}:\mathfrak{p}, \quad \varphi_2 \; \varepsilon| \; \mathfrak{a}. \tag{8b}$$

Wir können auf (8b) die an (8a) angefügte Überlegung wiederholen und gelangen so zu einer Form φ_3

$$\varphi_2 \equiv \varphi_3 \, \varphi \; (\mathfrak{a}), \quad \varphi_3 \; \varepsilon \; \mathfrak{a}:\mathfrak{p}, \quad \varphi_3 \; \varepsilon| \; \mathfrak{a} \tag{8c}$$

usw. Da der Grad der Formen $\varphi_1, \varphi_2, \varphi_3,\ldots$ ständig abnimmt, führt das zu einem Widerspruch; daher muß

$$(\mathfrak{a}, \varphi):(\mathfrak{p}, \varphi) \supset (\mathfrak{a}, \varphi)$$

sein. Das heißt aber, $(\mathfrak{a}, \varphi)$ besitzt eine Primärkomponente, deren Rang mindestens gleich demjenigen von $(\mathfrak{p}, \varphi)$ ist, w. z. b. w.

9. Wir wollen den Satz **6** nun auch für inhomogene P-Ideale beweisen.[2] Gleichzeitig damit wollen wir auch den in diesem Falle noch ausständigen Nachweis führen, daß die Anzahl der Basispolynome s mindestens gleich dem Range r ist (mit Ausnahme des Einheitsideals), daß also jedes P-Ideal

---

[1] Das wäre bei $\varrho = n+1$ nicht wahr, weil das triviale Primideal $(x_0,\ldots, x_n)$ alle Formen. die nicht Konstante sind. enthält. Wir dürfen φ auch als Linearform annehmen.

[2] Der folgende Beweis bleibt auch für H-Ideale gültig.

$$\mathfrak{a} = (f_1, \ldots, f_r) \tag{9a}$$

der Hauptklasse r $(\leqq n)$ in $K\,[x_1, \ldots, x_n]$ ungemischt und kein Basispolynom überflüssig ist. Diese Behauptung ist trivial im Falle $n = 1, 2$; wir dürfen daher wieder annehmen, daß sie bereits für $n{-}1$ Variable bewiesen wurde, um daraus ihre Gültigkeit für n Variable abzuleiten.

10. Zum Beweise nehmen wir wieder an, das Ideal $\mathfrak{a}$ habe eine höchstrangige Primärkomponente vom Range ϱ, $r < \varrho \leqq n$. Ist $\varrho < n$, so gibt es $\delta = n - \varrho$ Variable, etwa $x_1, \ldots, x_\delta$, welche unabhängig hinsichtlich jedes zu $\mathfrak{a}$ gehörigen Primideals sind.[1] Wir gehen dann nach dem Vorgang in **131.14** zum Erweiterungsideal $\mathfrak{a}^* = \mathfrak{a}\,\mathfrak{o}^*$ in

$$\mathfrak{o}^* = K\,(x_1, \ldots, x_\delta)\,[x_{\delta+1}, \ldots, x_n]$$

über, für das unsere Induktionsvoraussetzung gilt. Da $\mathfrak{a}^*$ dieselbe Basis in $\mathfrak{o}^*$ wie $\mathfrak{a}$ in $\mathfrak{o}$ besitzt und ebenfalls zur Hauptklasse gehört, und da $\mathfrak{a}^*$ gleichzeitig mit $\mathfrak{a}$ gemischt oder ungemischt ist, folgt die Richtigkeit unserer Behauptung nun auch für $\mathfrak{a}$.

Es bleibt noch der Fall $\varrho = n$ übrig und w'r müssen daher zeigen, daß das Ideal $\mathfrak{a}$ (9a) keine nulldimensionale Komponente im Falle $r < n$ besitzen kann. Angenommen, $\mathfrak{a}$ habe eine solche; dann verlegen wir den Koordinatenursprung in die Nullstelle desselben,[2] so daß $\mathfrak{a}$ eine zu $\mathfrak{p} = (x_1, \ldots, x_n)$ gehörige Komponente besitzt. Es gibt also ein Polynom F, das nicht in $\mathfrak{a}$ vorkommt, und die Kongruenzen

$$x_i\,F \equiv 0\ (\mathfrak{a}), \qquad i = 1, \ldots, n \tag{10a}$$

befriedigt. Ferner können wir die Linearform $l = c_1\,x_1 + \ldots + c_n\,x_n$ $(c_i\ \varepsilon\ K)$ so bestimmen, daß l relativ prim zu allen Primidealen $\mathfrak{p}_i$ des Ranges r von $\mathfrak{a}$ ist und daß für mindestens eines dieser Primideale $\mathfrak{p}_i$ das Ideal $(\mathfrak{p}_i, l)$ den Rang $r + 1$ besitzt.[3] Durch eine lineare Variablentransformation können wir erreichen, daß $l = x_n$ ist. Es hat dann $(\mathfrak{a}, x_n)$ den Rang[4] $r + 1$ und es ist

$$x_n\,F\ \varepsilon\ \mathfrak{a}, \quad F\ \varepsilon\!\!\mid\ \mathfrak{a}. \tag{10b}$$

Aus der Darstellung

$$x_n\,F \doteq g_1\,f_1 + \ldots + g_r\,f_r$$

---

[1] Um dies sicher zu stellen. können wir eine lineare Variablentransformation vorausschicken.

[2] Wenn notwendig. nach vorhergehender Erweiterung des Grundkörpers.

[3] l muß zu diesem Zwecke linear unabhängig von den etwa in $\mathfrak{p}_i$ vorkommenden Linearformen angenommen werden und so, daß l mindestens eine Nullstelle (im Endlichen) mit einem $\mathfrak{p}_i$ gemeinsam hat.

[4] Vgl. **133.15** Anmerkung. Nach der dort für H-Ideale wiedergegebenen Überlegung, die auch für inhomogene P-Ideale gültig bleibt, hat $(\mathfrak{a}, l)$ mit $(\mathfrak{p}_i, l)$ ein Primideal des Ranges $r+1$ gemein.

gewinnen wir, indem wir $x_n = 0$ und $\bar{g}_i = g_i(x_1, \ldots, x_{n-1}, 0)$, $\bar{f}_i = f_i(x_1, \ldots, x_{n-1}, 0)$ setzen

$$0 = \bar{g}_1 \bar{f}_1 + \cdots + \bar{g}_r \bar{f}_r \tag{10c}$$

im Polynomring $K[x_1, \ldots, x_{n-1}]$. In diesem Ring hat das Ideal $\bar{\mathfrak{a}} = (\bar{f}_1, \ldots, \bar{f}_r)$ die gleiche Dimension wie $(\mathfrak{a}, x_n)$, also wieder den Rang r und gehört demnach zur Hauptklasse. Daraus folgt nun, daß kein Basispolynom des Ideals $\mathfrak{a}$ überflüssig sein kann, weil sonst dasselbe für $\bar{\mathfrak{a}}$ zuträfe, was unserer Induktionsvoraussetzung widerspräche. Ferner dürfen wir die Basis von $\bar{\mathfrak{a}}$ den Voraussetzungen in **4** entsprechend gewählt denken. Dann folgt aus (10c) [1]

$$\bar{g}_r \ \varepsilon \ (\bar{f}_1, \ldots, \bar{f}_{r-1}) : \bar{f}_r = (\bar{f}_1, \ldots, \bar{f}_{r-1}),$$

also

$$\bar{g}_r = a_{r1} \bar{f}_1 + \cdots + a_{r,r-1} \bar{f}_{r-1},$$

oder wenn wir zu den ursprünglichen Polynomen zurückkehren:

$$g_r = a_{r1} f_1 + \cdots + a_{r,r-1} f_{r-1} + x_n b_r. \tag{10d}$$

Wenn wir an (10d) dieselben Überlegungen anschließen wie an (6g), folgern wir schließlich $F \varepsilon \mathfrak{a}$ im Widerspruch zu unserer ursprünglichen Annahme.

11. Damit ist der Satz **6** für allgemeine P-Ideale vollständig bewiesen und zugleich gezeigt, daß für jedes P-Ideal $\mathfrak{a} = (f_1, \ldots, f_s)$ des Ranges r mit Ausnahme des Einheitsideals die Beziehung

$$s \geqq r$$

gilt.

12. *Jede Potenz eines P-Ideals der Hauptklasse ist ungemischt.*[2]
Beweis: Es sei

$$\mathfrak{a} = (f_1, \ldots, f_r) = [\mathfrak{q}_1, \ldots, \mathfrak{q}_s]$$

ein beliebiges Ideal der Hauptklasse r; dann haben nach **6** alle Primärkomponenten $\mathfrak{q}_1, \ldots, \mathfrak{q}_s$ der reduzierten Darstellung, sowie die zugehörigen Primideale $\mathfrak{p}_1, \ldots, \mathfrak{p}_s$ den Rang r. Das Ideal $\mathfrak{a}^\nu$ $(\nu = 2, 3, \ldots)$ hat ebenfals den Rang r, und zwar gehören diejenigen Primärkomponenten von $\mathfrak{a}^\nu$, die den Rang r haben, zu denselben Primidealen $\mathfrak{p}_1, \ldots, \mathfrak{p}_s$.[3]

---

[1] Vgl. die Anmerkung zu (6f).

[2] *Macaulay*, Tract **50**.

[3] Das folgt aus $\mathfrak{a}^\nu \subset \mathfrak{a}$; umgekehrt muß $\mathfrak{a}^\nu$ zu jedem Primideal $\mathfrak{p}_1, \ldots, \mathfrak{p}_s$ eine Primärkomponente besitzen, denn sind $\bar{\mathfrak{p}}_1, \ldots, \bar{\mathfrak{p}}_t$ die r-rangigen Primideale von $\mathfrak{a}^\nu$. so hat man $\bar{\mathfrak{p}}_1^{\varrho_1} \ldots \bar{\mathfrak{p}}_t^{\varrho_t} \subseteq \mathfrak{a}^\nu \subset \mathfrak{a} \subseteq \mathfrak{p}_i$, also muß ein $\bar{\mathfrak{p}}_i$ mit $\mathfrak{p}_i$ übereinstimmen.

Wenn $\mathfrak{a}^\nu$ gemischt wäre, so gäbe es ein Polynom A, das relativ prim zu $\mathfrak{a}$ (d. h. in keinem der Primideale $\mathfrak{p}_1, \ldots, \mathfrak{p}_s$ enthalten ist), aber nicht relativ prim zu $\mathfrak{a}^\nu$ wäre:

$$\mathfrak{a} : A = \mathfrak{a}, \qquad \mathfrak{a}^\nu : A \supset \mathfrak{a}^\nu.$$

Da der Satz für $\nu = 1$ gilt, können wir den Beweis induktiv führen, indem wir seine Gültigkeit für $\mathfrak{a}^{\nu-1}$ voraussetzen: $\mathfrak{a}^{\nu-1} : A = \mathfrak{a}^{\nu-1}$. Ferner sei G ein beliebiges Polynom aus $\mathfrak{a}^\nu : A$

$$GA \ \varepsilon \ \mathfrak{a}^\nu \subseteq \mathfrak{a}^{\nu-1}.$$

Auf Grund unserer Induktionsvoraussetzung folgern wir $G \ \varepsilon \ \mathfrak{a}^{\nu-1}$, also wenn wir G durch eine Basis von $\mathfrak{a}^{\nu-1}$ darstellen und alle Glieder, die f_1 enthalten, zusammenfassen:

$$G = g_1 f_1 + G_1, \quad g_1 \ \varepsilon \ \mathfrak{a}^{\nu-2}, \quad G_1 \ \varepsilon \ (f_2, \ldots, f_r)^{\nu-1};$$

Nun ist aber

$$AG = A(g_1 f_1 + G_1) = h_1 f_1 + H \ \varepsilon \ \mathfrak{a}^\nu, \quad h_1 \ \varepsilon \ \mathfrak{a}^{\nu-1}, \quad H \ \varepsilon \ (f_2, \ldots, f_r)^\nu$$

also

$$f_1 (Ag_1 - h_1) \ \varepsilon \ (f_2, \ldots, f_r)^{\nu-1}.$$

$(f_2, \ldots, f_r)$ ist wieder Hauptklassenideal (4); auf Grund unserer Induktionsvoraussetzung können wir daher folgern

$$Ag_1 - h_1 \ \varepsilon \ (f_2, \ldots, f_r)^{\nu-1}, \quad Ag_1 \ \varepsilon \ \mathfrak{a}^{\nu-1}, \quad g_1 \ \varepsilon \ \mathfrak{a}^{\nu-1}.$$

Setzen wir nun

$$G_1 = g_2 f_2 + G_2, \ g_2 \ \varepsilon \ \mathfrak{a}^{\nu-2}, \quad G_2 \ \varepsilon \ (f_3, \ldots, f_r)^{\nu-1},$$

so können wir in derselben Weise $g_2 \ \varepsilon \ \mathfrak{a}^{\nu-1}$, folgern usw.
Also ist $G \ \varepsilon \ \mathfrak{a}^\nu$ und folglich auch $\mathfrak{a}^\nu : A = \mathfrak{a}^\nu$, d. h. $\mathfrak{a}^\nu$ ist ungemischt.

136. Ganze algebraische Größen.

1. Eine Größe α, die algebraisch über einem Ring R mit Einselement ist,[1] heißt *ganz algebraisch* oder *algebraisch ganz* über R, wenn sie einer Gleichung.

$$x^m + a_1 x^{m-1} + \ldots + a_m = 0, \quad a_i \ \varepsilon \ R \tag{1a}$$

mit dem höchsten Koeffizienten 1 genügt. Es kommt natürlich auf dasselbe hinaus, wenn der höchste Koeffizient nicht 1 sondern eine Einheit a_0 aus R ist, weil man dann durch Multiplikation der Gleichung

---

[1] Die Definition der ganzen algebraischen Größen über einem Ring ohne Einselement siehe bei *v. d. Waerden*, Moderne Algebra II, § 98.

mit der reziproken Einheit a^{-1} sofort die Gestalt (1a) herstellen kann. Die Gleichung (1a) braucht keineswegs die Gleichung niedersten Grades zu sein, der α genügt.[1]

2. Jede Größe von R selbst ist nach dieser Definition algebraisch ganz über R, denn $\alpha \, \varepsilon \, R$ genügt ja der Gleichung $x - \alpha = 0$. Der Begriff „algebraisch ganz" ist transitiv, denn:

Genügt α der Gleichung (1a) *und β der Gleichung*

$$x^n + b_1(\alpha)\, x^{n-1} + \ldots + b_n(\alpha) = 0, \quad b_i(\alpha) \, \varepsilon \, R[\alpha], \qquad (2a)$$

d. h. ist α algebraisch ganz über R und β algebraisch ganz über $R[\alpha]$, so ist β auch algebraisch ganz über R.

3. Zum Beweise ordnen wir (2a) nach Potenzen von α und berücksichtigen, daß wir mit Hilfe von (1a) alle Potenzen von α, deren Grad $\geqq m$ ist, auf solche geringeren Grades reduzieren können (ohne den Koeffizientenbereich R zu verlassen). Wir erhalten so aus (2a)

$$p_{11}(x) + \alpha\, p_{12}(x) + \ldots + \alpha^{m-1}\, p_{1m}(x) = 0, \quad p_{1k}(x) \, \varepsilon \, R[x], \qquad (3a)$$

und zwar hat p_{11} den Grad n und den höchsten Koeffizienten 1, während alle übrigen p_{1k} höchstens den Grad $n-1$ besitzen. Wir multiplizieren nun (3a) mit α und reduzieren α^m mittels (1a), was eine zweite Gleichung liefert:

$$p_{21}(x) + \alpha\, p_{22}(x) + \ldots + \alpha^{m-1}\, p_{2m}(x) = 0, \quad p_{2k} \, \varepsilon \, R[x]; \qquad (3b)$$

hier hat p_{22} den Grad n und den höchsten Koeffizienten 1, während der Grad der übrigen p_{2k} höchstens $n-1$ ist. Wenn wir dasselbe noch mehrmals wiederholen, erhalten wir schließlich ein System von m Gleichungen

$$p_{i1}(x) + \alpha\, p_{i2}(x) + \ldots + \alpha^{m-1}\, p_{im}(x) = 0, \quad p_{ik} \, \varepsilon \, R[x], \, i = 1, \ldots, m \quad (3c)$$

wo die Polynome p_{ii} jeweils den Grad n und den höchsten Koeffizienten 1, alle übrigen höchstens den Grad $n-1$ besitzen. $x = \beta$ ist eine Wurzel aller dieser Gleichungen, also auch eine Wurzel der Determinante

$$\big| \, p_{ik}(x) \, \big| = x^{mn} + c_1\, x^{mn-1} + \ldots + c_{mn} = 0, \quad c_i \, \varepsilon \, R,$$

womit unsere Behauptung erwiesen ist.

---

[1] Beispiel: R sei der Restklassenring (Integritätsbereich) $K[x_0, x_1, x_2]/(p)$. $p = x_0 x_1 x_2 - x_1^3 + x_2^3$. Die Größe x_3 sei definiert durch die Gleichung $f_1 = x_1 x_3 - x_2^2 = 0$ (x_3 ist also algebraisch vom 1. Grad über R, d. h. im Quotientenkörper von R enthalten); sie genügt auch der Gleichung $f_2 = x_2 x_3 + x_0 x_2 - x_1^2 = 0$, denn es ist $x_1 f_2 = x_2 f_1 + p$. x_3 ist algebraisch ganz über R, denn es genügt auch der Gleichung $f_3 = x_3^2 + x_0 x_3 - x_1 x_2 = 0$, weil $x_2 f_3 = x_3 f_2 + x_1 f_1$ gilt. $f_3 = 0$ ist nicht die Gleichung niedersten Grades, der x_3 genügt.

4. Es sind also zugleich mit α sämtliche Elemente von $R\,[\alpha]$ algebraisch ganz über R. Ferner ist gleichzeitig mit α und β auch $\gamma = \alpha + \beta$ und $\delta = \alpha\,\beta$ algebraisch ganz über R; denn genügt β der Gleichung

$$x^n + b_1\,x^{n-1} + \ldots + b_n = 0, \quad b_i \,\varepsilon\, R,$$

so genügt γ der Gleichung

$$(x - \alpha)^n + b_1\,(x - \alpha)^{n-1} + \ldots + b_n = 0,$$

bzw. δ der Gleichung

$$x^n + \alpha\,b_1\,x^{n-1} + \ldots + \alpha^n\,b_n = 0.$$

In beiden Fällen folgt nach **2** die Richtigkeit der Behauptung.

5. Ist S ein Ring, der R umfaßt, $R \subset S$, so bilden alle Elemente von S, die algebraisch ganz über R sind, einen Ring Σ, der zwischen R und S liegt: $R \subseteq \Sigma \subseteq S$. Ist $S = \dfrac{R}{R}$ der Quotientenring bzw. Quotientenkörper von R (falls R Integritätsbereich ist), so nennt man Σ die *ganze Abschließung* von R; ist dann insbesondere $R = \Sigma$, so nennt man R *ganz abgeschlossen.*

Ist der Ring R_1 algebraisch ganz über R, d. h. ist jedes Element von R_1 algebraisch ganz über R, und ist R_2 algebraisch ganz über R_1, so ist R_2 auch algebraisch ganz über R (2).

6. Es sei nun R ein Integritätsbereich, der ganz abgeschlossen in seinem Quotientenkörper $K = \dfrac{R}{R}$ ist;[1] K^* sei ein endlicher algebraischer Erweiterungskörper von K und S der Ring (Integritätsbereich) aller Elemente aus K^*, die ganz algebraisch über R sind. Nach **116.15** kann K^* durch Adjunktion eines primitiven Elementes θ zu K erzeugt werden: $K^* = K\,[\theta]$; wenn θ den Grad m hat, sind alle Elemente $\eta \,\varepsilon\, K^*$ eindeutig in der Gestalt darstellbar:

$$\eta = c_1 + c_2\,\theta + c_3\,\theta^2 + \ldots + c_m\,\theta^{m-1}, \quad c_k \,\varepsilon\, K. \tag{6a}$$

Ohne Einschränkung der Allgemeinheit dürfen wir voraussetzen, daß θ algebraisch ganz über R ist.[2] Ist auch η ganz, so gibt es, wie wir jetzt zeigen wollen, ein von null verschiedenes Element $\delta \,\varepsilon\, R$, das nur von θ und nicht von η abhängt, derart, daß

---

[1] Ein solcher Integritätsbereich enthält notwendig das Einselement; denn dieses ist in K enthalten und genügt der Gleichung $x^2 - x = 0$, ist also algebraisch ganz über R.

[2] Denn wäre das nicht von vornherein der Fall und $a_0 x^m + a_1 x^{m-1} + \ldots + \ldots + a_m = 0$, $a_i \,\varepsilon\, R$, die irreduzible Gleichung, der θ genügt, so brauchen wir nur θ durch $\theta_1 = a_0\theta$ zu ersetzen; θ_1 ist ebenfalls primitiv und algebraisch ganz, weil es der Gleichung $x^m + a_1 x^{m-1} + a_0 a_2 x^{m-2} + \ldots + a_0^{m-1} a_m = 0$ genügt.

$$\delta\, c_k \;\varepsilon\; R, \quad k = 1, \ldots, m \tag{6b}$$

gilt.

7. Zum Beweise bezeichnen wir mit $\theta_1 = \theta, \theta_2, \ldots, \theta_m$ die Wurzeln der irreduziblen Gleichung, der θ genügt (das sind die zu θ „konjugierten" Elemente), und setzen

$$\eta_i = c_1 + c_2\,\theta_i + c_3\,\theta_i^2 + \ldots + c_m\,\theta_i^{m-1}, \quad i = 1, \ldots, m.$$

Die Auflösung dieses Gleichungssystems nach c_k liefert

$$c_k = \frac{D_k}{D} = \frac{D_k\,D}{D^2}, \quad k = 1, \ldots, m, \tag{7a}$$

wo D die Determinante

$$D = \left|\,\theta_i^k\,\right| = \underset{i\,>\,j}{\varPi}\,(\theta_i - \theta_j), \quad i, j = 1, \ldots, m; \quad k = 0, \ldots, m-1$$

und D_k diejenige Determinante bedeutet, welche aus D hervorgeht, wenn man die k-te Kolonne durch $\eta_1, \ldots, \eta_m$ ersetzt. $\delta = D^2$ ist die Diskriminante[1] der irreduziblen Gleichung von θ und also eine von null verschiedene Größe aus R. Der Zähler $D_k\,D$ von (7a) ist algebraisch ganz über R, weil er rational ganz mit ganzzahligen Koeffizienten in den algebraisch ganzen Größen θ_i und η_i aufgebaut ist; außerdem ist $D_k\,D\,c\,K$, weil c_k und D^2 in K liegen; also gilt sogar $D_k\,D\,\varepsilon\,R$, weil R ganz abgeschlossen ist. Damit ist (6b) bewiesen.

8. Wir wollen jetzt unter der weiteren Voraussetzung, daß R ein O-Ring ist, zeigen, daß S eine *endliche Modulbasis* über R besitzt, d. h., daß

$$S = R\,(\eta_1, \ldots, \eta_r) \tag{8a}$$

ist; jedes Element $\eta\,\varepsilon\,S$ läßt sich nämlich (nicht notwendig eindeutig) so darstellen:

$$\eta = a_1\,\eta_1 + \ldots + a_r\,\eta_r, \quad a_k\,\varepsilon\,R \tag{8b}$$

und umgekehrt gehört jede derartige Größe zu S.

In der Tat ist S ein R-Modul, weil gleichzeitig mit η_1 und η_2 auch $a_1\,\eta_1 + a_2\,\eta_2$, a_1 und $a_2\,\varepsilon\,R$, in S enthalten ist. Aus (6a) und (6b) folgt für jedes $\eta\,\varepsilon\,S$ eine (eindeutige) Darstellung

$$\delta\,\eta = \gamma_1 + \gamma_2\,\theta + \ldots + \gamma_m\,\theta^{m-1}, \quad \gamma_k\,\varepsilon\,R; \tag{8c}$$

auch die Elemente $\delta\eta$, $\eta\,\varepsilon\,S$, bilden einen R-Modul. Alle in diesen Darstellungen auftretenden γ_1 bilden ein Ideal $\mathfrak{c}_1$ in R, das eine endliche

---

[1] Die Diskriminante eines Polynoms $f(x)$ ist die Resultante $r(f, f')$; siehe etwa *v. d. Waerden*, Moderne Algebra I, § 24.

Basis besitzt; wir können also eine Anzahl Elemente $\eta_1, \ldots, \eta_\varrho$ so auswählen, daß zu jedem $\eta \, \varepsilon \, S$ ein $a_1 \eta_1 + \ldots + a_\varrho \eta_\varrho$ $(a_k \, \varepsilon \, R)$ angegeben werden kann, dem derselbe Koeffizient γ_1 entspricht; zu $\eta - a_1 \eta_1 - \ldots - a_\varrho \eta_\varrho$ gehört dann $\gamma_1 = 0$. Analog bilden die Koeffizienten γ_2 aller $\eta \, \varepsilon \, S$, deren $\gamma_1 = 0$ ist, ein Ideal $\mathfrak{c}_2$ in R und wir können die Elemente $\eta_{\varrho+1}, \ldots, \eta_\sigma$ so auswählen, daß $\eta - a_1 \eta_1 - \ldots - a_\sigma \eta_\sigma$ $(a_k \, \varepsilon \, R)$ die beiden ersten Koeffizienten $\gamma_1 = \gamma_2 = 0$ hat. Setzen wir das fort, so gelangen wir schließlich zu der gewünschten Modulbasis (8a).

9. *Normierungssatz: Ist R ein Integritätsbereich, der aus dem Körper K durch Ringadjunktion von d transzendenten Größen $x_1, \ldots, x_d$ und darauffolgende Ringadjunktion von $n{-}d$ algebraischen Größen $x_{d+1}, \ldots, x_n$ erzeugt ist, so kann durch eine homogene lineare Transformation der x_i immer erreicht werden, daß $x_{d+1}, \ldots, x_n$ (und damit jedes Element aus R) algebraisch ganz über $K[x_1, \ldots, x_d]$ sind. In diesem Fall nennen wir $R = K[x_1, \ldots, x_d][x_{d+1}, \ldots, x_n]$ „normiert".*[1]

10. *Beweis des Normierungssatzes:* Zunächst genügt x_{d+1} einer irreduziblen Gleichung $f(x_1, \ldots, x_d, x_{d+1}) = 0$; ist sie regulär in bezug auf x_{d+1}, so ist x_{d+1} algebraisch ganz über $K[x_1, \ldots, x_d]$. Andernfalls können wir dies durch eine Transformation

$$x_1 = y_1 + u_1 y_{d+1}, \ldots, \; x_d = y_d + u_d y_{d+1}, \; x_{d+1} = y_{d+1}, \quad u_i \, \varepsilon \, K \qquad (10a)$$

wie in **121.4** erreichen. Die Größen $y_1, \ldots, y_d$ sind algebraisch unabhängig, denn der Transzendenzgrad von $K[y_1, \ldots, y_d]$ ist wieder d und y_{d+1} ist algebraisch abhängig von $y_1, \ldots, y_d$.

Ähnlich können wir nötigenfalls durch eine zweite Transformation

$$y_1 = z_1 + v_1 z_{d+2}, \ldots, \; y_d = z_d + v_d z_{d+2}, \; x_{d+2} = z_{d+2}, \quad v_i \, \varepsilon \, K \qquad (10b)$$

erreichen, daß z_{d+2} algebraisch ganz von den algebraisch unabhängigen Größen $z_1, \ldots, z_d$ abhängt. Nun sind aber $y_1, \ldots, y_d$ algebraisch ganz über $K[z_1, \ldots, z_d, z_{d+2}]$, also auch über $K[z_1, \ldots, z_d]$, ferner y_{d+1} algebraisch ganz über $K[y_1, \ldots, y_d]$, also auch über $K[z_1, \ldots, z_d]$. Auf diese Weise können wir fortfahren, bis alle Variablen normiert sind.

11. Ein gemäß **9** normierter Ring R braucht nicht ganz abgeschlossen in seinem Quotientenkörper zu sein. Ist S die ganze Abschließung von R, so besitzt S nach **8** eine endliche Modulbasis über $K[x_1, \ldots, x_d]$, also umsomehr auch eine solche über R:

$$S = R(1, s_1, \ldots, s_\varrho), \quad s_i = \frac{\sigma_i}{\sigma_0}, \quad \sigma_j \, \varepsilon \, R. \qquad (11a)$$

---

[1] Wir dürfen $d > 0$ voraussetzen, denn für $d = 0$ ist der Satz trivial.

Das gilt auch, wenn R nicht normiert ist, weil für die Existenz der Modulbasis nur vorauszusetzen ist, daß $K\,[x_1,\ldots,x_d]$ ganz abgeschlossen sei. Nun sind $x_1,\ldots,x_d$ algebraisch unabhängig, also ist $K\,[x_1,\ldots,x_d]$ ein P-Ring, in dem der ZPE-Satz gilt; *ein Integritätsbereich mit ZPE ist aber immer ganz abgeschlossen.* In diesem Fall kann nämlich jedes Element des Quotientenkörpers $\alpha = u/v$ mit teilerfremden Elementen u, v geschrieben werden; aus $\alpha^n + a_1\,\alpha^{n-1} + \ldots + a_n = 0$ folgt daher $u^n + a_1\,u^{n-1}\,v + \ldots + a_n\,v^n = 0$, und daraus folgt, daß jeder Primfaktor von v auch in u aufgehen muß, während u, v teilerfremd vorausgesetzt wurden.

12. Alle Elemente c aus R, welche die Bedingung $c\,S\;\varepsilon\;R$ erfüllen, bilden offenbar ein Ideal $\mathfrak{F}$ in R; es gilt $\mathfrak{F}\,S \subseteq R$, $S^2 = S$, $(\mathfrak{F}\,S)\,S = {} = \mathfrak{F}\,S^2 = \mathfrak{F}\,S \subseteq R$, also $\mathfrak{F}\,S \subseteq \mathfrak{F}$, d. h. $\mathfrak{F}$ ist auch in S Ideal. $\mathfrak{F}$ ist nicht leer, weil es das Element $\sigma_0 \neq 0$ enthält; es ist das umfassendste Ideal in S, das gleichzeitig Ideal in R ist. Man nennt es das „*Führerideal*" des Ringes R.

Wegen $s_i\,\mathfrak{F} \subseteq R$ gilt $\sigma_i\,\mathfrak{F} \subseteq (\sigma_0)$, also $\mathfrak{F} \subseteq (\sigma_0):\sigma_i$ $(i = 1,\ldots,\varrho)$, also

$$\mathfrak{F} \subseteq [(\sigma_0):\sigma_1,\ldots,(\sigma_0):\sigma_\varrho] = (\sigma_0):(\sigma_1,\ldots,\sigma_\varrho);$$

hier muß das Gleichheitszeichen gelten, denn aus $c\;\varepsilon\;(\sigma_0):\sigma_i$ folgt $c\,s_i\;\varepsilon\;R$, $c\,S \subseteq R$ und daher $c\;\varepsilon\;\mathfrak{F}$. Das Führerideal $\mathfrak{F}$ des Ringes R besitzt also die Darstellung:

$$\mathfrak{F} = (\sigma_0):(\sigma_1,\ldots,\sigma_\varrho). \tag{12a}$$

13. Es ist nicht nur $\sigma_0\;\varepsilon\;\mathfrak{F}$, sondern auch $\sigma_i\;\varepsilon\;\mathfrak{F}$ $(i = 1,\ldots,\varrho)$, denn

$$\sigma_i = s_i\,\sigma_0\;\;\varepsilon\;\;S\,\mathfrak{F} \subseteq \mathfrak{F}.$$

σ_0 spielt keine Ausnahmsrolle, jedes andere Element $\sigma_0'\;\varepsilon\;\mathfrak{F}$ kann die Rolle von σ_0 in (11a) und (12a) übernehmen. Wir müssen dann σ_i durch $\sigma_i' = \sigma_i\,\sigma_0'/\sigma_0$ ersetzen; wegen $\sigma_0'\;\varepsilon\;\mathfrak{F}$ ist $\sigma_i' = s_i\,\sigma_0'\;\varepsilon\;S\,\mathfrak{F} \subseteq \mathfrak{F}$, und es ist $\sigma_i'/\sigma_0' = \sigma_i/\sigma_0 = s_i$.

14. Der Ring R kann als Restklassenring eines Primideals $\mathfrak{p}$ der Dimension d in $K\,[x_1,\ldots,x_n]$ aufgefaßt werden (**116.24**) und umgekehrt ist jeder solche Restklassenring von diesem Typus. Dem Führerideal $\mathfrak{F}$ in R entspricht ein Ideal $\mathfrak{a}$ in $K\,[x_1,\ldots,x_n]$, das Teiler von $\mathfrak{p}$ ist und das *adjungierte Ideal* von $\mathfrak{p}$ heißt. Ist der Restklassenring mod $\mathfrak{p}$ ganz abgeschlossen, so ist $\mathfrak{F} = R$ und $\mathfrak{a}$ das Einheitsideal. Die in $\mathfrak{F}$ enthaltenen Polynome, bzw. Formen heißen „zu $\mathfrak{p}$ adjungiert", desgleichen heißen ihre *AM* „zur *AM* $(\mathfrak{p})$ adjungiert".

15. Jedem Ideal $\mathfrak{a}$ in R entspricht sein *Erweiterungsideal* $\mathfrak{a}^* = \mathfrak{a}\,S$ in S, und jedem Ideal $\mathfrak{a}^*$ in S sein *Verengungsideal* $\mathfrak{a} = \mathfrak{a}^* \cap R$ in R. Diese Zuordnung der Ideale in R und S ist im allgemeinen nicht umkehrbar eindeutig; es gilt nur

$$(\mathfrak{a}\,S \cap R) \supseteq \mathfrak{a}, \quad (\mathfrak{a}^* \cap R)\,S \subseteq \mathfrak{a}^*; \tag{15a}$$

denn es ist $\mathfrak{a} \subseteq \mathfrak{a}\,S$ und $\mathfrak{a} \subseteq R$, also $\mathfrak{a} \subseteq (\mathfrak{a}\,S \cap R)$; andererseits $\mathfrak{a}^* \cap R \subseteq \mathfrak{a}^*$, also $(\mathfrak{a}^* \cap R)\,S \subseteq \mathfrak{a}^*\,S = \mathfrak{a}^*$. Ist dagegen $\mathfrak{F}$ relativ prim zu $\mathfrak{a}$, $\mathfrak{a}:\mathfrak{F} = \mathfrak{a}$, so gilt

$$(\mathfrak{a}\,S \cap R)\,\mathfrak{F} \subseteq \mathfrak{a}\,S\,\mathfrak{F} \subseteq \mathfrak{a}\,R = \mathfrak{a},$$

also $(\mathfrak{a}\,S \cap R) \subseteq \mathfrak{a}:\mathfrak{F} = \mathfrak{a}$ und wegen (15a)

$$\mathfrak{a}\,S \cap R = \mathfrak{a}, \tag{15b}$$

d. h. das Verengungsideal des Erweiterungsideals von $\mathfrak{a}$ ist unter den gemachten Voraussetzungen wieder $\mathfrak{a}$.

16. In einem Integritätsbereich S, der ganz abgeschlossen in seinem Quotientenkörper ist, lassen sich einige weitergehende Zerlegungssätze für Ideale beweisen, von denen wir später wichtige Anwendungen machen werden. Als Vorbereitung leiten wir zunächst drei Hilfssätze ab:

Hilfssatz I: Besteht zwischen den Idealen $\mathfrak{a}$, $\mathfrak{b}$, $\mathfrak{c}$, $\mathfrak{d}$ *eines O-Ringes die Beziehung*

$$\mathfrak{a}\,\mathfrak{c} \subseteq \mathfrak{b}\,\mathfrak{d} \tag{16a}$$

und ist $\mathfrak{c} \subset\!\!\!| \,\mathfrak{p}$, *so ist die zum Primideal* $\mathfrak{p}$ *gehörige isolierte Komponente* $\mathfrak{a}_1$ *von* $\mathfrak{a}$ *in der entsprechenden Komponente* $\mathfrak{b}_1$ *von* $\mathfrak{b}$ *enthalten. Steht in* (16a) *das Gleichheitszeichen und ist auch* $\mathfrak{d} \subset\!\!\!| \,\mathfrak{p}$, *so ist sogar* $\mathfrak{a}_1 = \mathfrak{b}_1$.

Zum Beweise setzen wir $\mathfrak{a} = [\mathfrak{a}_1, \mathfrak{a}_2]$, $\mathfrak{b} = [\mathfrak{b}_1, \mathfrak{b}_2]$, wo $\mathfrak{a}_1$ und $\mathfrak{b}_1$ die zu $\mathfrak{p}$ gehörenden isolierten Komponenten [1] bedeuten, während $\mathfrak{a}_2$ und $\mathfrak{b}_2$ relativ prim zu $\mathfrak{a}_1$ und $\mathfrak{b}_1$ sind. Dann gilt

$$\mathfrak{a}_1\,\mathfrak{a}_2\,\mathfrak{c} \subseteq [\mathfrak{a}_1, \mathfrak{a}_2]\,\mathfrak{c} = \mathfrak{a}\,\mathfrak{c} \subseteq \mathfrak{b}\,\mathfrak{d} \subseteq \mathfrak{b} \subseteq \mathfrak{b}_1,$$

also $\mathfrak{a}_1 \subseteq \mathfrak{b}_1:(\mathfrak{a}_2\,\mathfrak{c}) = \mathfrak{b}_1$, wie behauptet. Unter den weitergehenden Voraussetzungen des Nachsatzes kann man auch umgekehrt $\mathfrak{b}_1 \subseteq \mathfrak{a}_1$ beweisen.

17. *Hilfssatz II: Besteht in einem Integritätsbereich* $\mathfrak{J}$ *mit O-Satz eine Relation*

$$\varphi\,\mathfrak{a} \subseteq \psi\,\mathfrak{a} \tag{17a}$$

wo $\mathfrak{a}$ *ein beliebiges (vom Nullideal verschiedenes) Ideal,* φ *und* ψ *Elemente* $(\neq 0)$ *aus* $\mathfrak{J}$ *bedeuten, so ist* φ/ψ *ganz algebraisch über* $\mathfrak{J}$, *also insbesondere* $\varphi = \gamma\,\psi$ *mit* $\gamma\,\varepsilon\,\mathfrak{J}$, *falls* $\mathfrak{J}$ *ganz abgeschlossen ist.*

---

[1] $\mathfrak{a}_1$ umfaßt alle Primärkomponenten von $\mathfrak{a}$, die in $\mathfrak{p}$ aufgehen; sind keine solchen vorhanden, so ist $\mathfrak{a}_1$ das Einheitsideal.

Beweis: Das Ideal $\mathfrak{a}$ hat eine endliche Basis (**115.8**)

$$\mathfrak{a} = (a_1, \ldots, a_s); \tag{17b}$$

Aus (17a) folgt dann

$$\varphi\, a_i = \psi\, (c_{i1}\, a_1 + \ldots + c_{is}\, a_s), \quad c_{ik}\, \varepsilon\, \mathfrak{J}, \quad i, k = 1, \ldots, s.$$

Die Determinante dieses in $a_1, \ldots, a_s$ homogenen linearen Gleichungssystems muß verschwinden:

$$\left| \varphi\, \delta_{ik} - \psi\, c_{ik} \right| = \varphi^s + C_1\, \varphi^{s-1}\, \psi + \ldots + C_s\, \psi^s = 0 \; ;^{1}$$

die Koeffizienten C_k liegen in $\mathfrak{J}$, womit unsere Behauptung erwiesen ist.

18. *Hilfssatz III: Besteht zwischen den Idealen $\mathfrak{a}$, $\mathfrak{b}$, $\mathfrak{c}$ eines Integritätsbereichs mit O-Satz eine Relation*

$$\mathfrak{b}\, \mathfrak{a} \subseteq \mathfrak{c}\, \mathfrak{a} \tag{18a}$$

und ist $\mathfrak{a} \neq (0)$, so gibt es eine natürliche Zahl ϱ derart, daß $\mathfrak{b}^\varrho \subseteq \mathfrak{c}$ ist. Das bedeutet, daß jedes zu $\mathfrak{c}$ gehörige Primideal wenigstens ein zu $\mathfrak{b}$ gehörendes Primideal umfaßt oder mit einem solchen identisch ist.[2] Gilt in (18a) das Gleichheitszeichen, so stimmen die isolierten Primideale von $\mathfrak{b}$ und $\mathfrak{c}$ miteinander überein.

19. *Beweis:* Ähnlich wie vorhin haben wir für irgendein $b\, \varepsilon\, \mathfrak{b}$ wegen (17b)

$$b\, a_i = c_{i1}\, a_1 + \ldots + c_{is}\, a_s, \quad c_{ik}\, \varepsilon\, \mathfrak{c}, \quad i, k = 1, \ldots, s.$$

Aus dem Verschwinden der Determinante erschließt man $b^s\, \varepsilon\, \mathfrak{c}$, woraus die Behauptung ähnlich wie in **126.5** folgt.

20. Die Potenzen $\mathfrak{p}^\varrho$ eines Primideals $\mathfrak{p}$ sind nicht notwendig Primärideale,[3] jedoch besitzt jede Potenz $\mathfrak{p}^\varrho$ eine eindeutig bestimmte zu $\mathfrak{p}$

---

[1] $\delta_{ik} = 0$ oder 1, je nachdem $i \neq k$ oder $i = k$ ist; vgl. das Symbol $[i, k]$ in **116.25**.

[2] Es seien $\mathfrak{p}_1 \ldots, \mathfrak{p}_s$ die isolierten Primideale von $\mathfrak{b}$, $\mathfrak{p}'$ ein beliebiges zu $\mathfrak{c}$ gehörendes Primideal; ein gewisses Potenzprodukt der ersten ist in $\mathfrak{b}$ enthalten, also besteht eine Beziehung

$$(\mathfrak{p}_1^{\varrho_1} \ldots \mathfrak{p}_s^{\varrho_s})^\varrho \subseteq \mathfrak{b}^\varrho \subseteq \mathfrak{c} \subseteq \mathfrak{p}',$$

woraus für mindestens ein $\mathfrak{p}_i$ folgt: $\mathfrak{p}_i \subseteq \mathfrak{p}'$.

[3] Gehört $\mathfrak{p}$ zur Hauptklasse, so sind die Potenzen von $\mathfrak{p}$ ungemischt (**135.12**) und daher zu $\mathfrak{p}$ gehörige Primärideale. Beispiele dafür, daß $\mathfrak{p}^2$ nicht primär ist, sind daher notwendig etwas komplizierter. Das Primideal $\mathfrak{p} = (x_0 x_2 - x_1^2, x_0 x_3 - x_1 x_2, x_1 x_3 - x_2^2)$, dessen NG die irreduzible Raumkurve 3. Ordnung ist, liefert ein Beispiel. Etwas einfacher ist bei Beschränkung auf den Körper der rationalen Zahlen das Primideal $\mathfrak{p} = (f_1, f_2. f_3)$ mit $f_1 = x_0 x_2 - x_1^2$, $f_2 = 2x_0^2 + x_1 x_2$, $f_3 = 2x_0 x_1 + x_2^2$. Das $NG\,(\mathfrak{p})$ sind die drei konjugierten Punkte $\{1, \varrho_k, \varrho_k^2\}$. $\varrho_k = -\sqrt[3]{2}\, e^{2k\pi i/3}$, $k = 0, 1, 2$. $\mathfrak{p}^2$ ist nicht primär, weil es eine triviale Komponente besitzt: in der Tat ist $F = 4x_0^3 + 6x_0 x_1 x_2 - 2x_1^3 + x_2^3 \not\equiv 0\ (\mathfrak{p}^2)$, wohl aber $x_0 F = f_1 f_3 + f_2^2$, $x_1 F = -2f_1^2 + f_2 f_3$, $x_2 F = 2f_1 f_2 + f_3^2$ in $\mathfrak{p}^2$ enthalten.

gehörige isolierte Primärkomponente,[1] die wir mit $\mathfrak{p}^{(\varrho)}$ bezeichnen und „*symbolische Potenz*" von $\mathfrak{p}$ nennen. Die reduzierte Darstellung von $\mathfrak{p}^\varrho$ ist

$$\mathfrak{p}^\varrho = [\mathfrak{p}^{(\varrho)}, \mathfrak{q}_1, \ldots, \mathfrak{q}_s],$$

wo die Primärkomponenten $\mathfrak{q}_1, \ldots, \mathfrak{q}_s$, falls sie überhaupt auftreten, in $\mathfrak{p}$ eingebettet sind.

Die symbolischen Potenzen eines Primideals $\mathfrak{p}$, das nicht Nullteilerideal ist, können in einer echten Vielfachenkette angeordnet werden:

$$\mathfrak{p} \supset \mathfrak{p}^{(2)} \supset \mathfrak{p}^{(3)} \supset \ldots \supset \mathfrak{p}^{(\varrho)} \supset \ldots \tag{20a}$$

Aus $\mathfrak{p}^{\varrho+1} \subseteq \mathfrak{p}^\varrho$ folgt nämlich nach **16**, wenn man $\mathfrak{c} = \mathfrak{d} = (1)$ setzt, $\mathfrak{p}^{(\varrho+1)} \subseteq \mathfrak{p}^{(\varrho)}$; das Gleichheitszeichen kann aber nicht gelten, denn wäre $\mathfrak{p}^{(\varrho)} = \mathfrak{p}^{(\varrho+1)}$, so hätte man $\mathfrak{p}^\varrho \subseteq \mathfrak{p}^{(\varrho)} = \mathfrak{p}^{(\varrho+1)}$, und es gäbe ein Element $a \,\varepsilon|\, \mathfrak{p}$ derart, daß $a\, \mathfrak{p}^{(\varrho+1)} \subseteq \mathfrak{p}^{\varrho+1}$, also $a\, \mathfrak{p}^\varrho \subseteq a\, \mathfrak{p}^{(\varrho+1)} \subseteq \mathfrak{p}^{\varrho+1} = \mathfrak{p}\, \mathfrak{p}^\varrho$ wäre; Hilfssatz III in **18** liefert nun $a^\sigma\, \varepsilon\, \mathfrak{p}$, also $a\, \varepsilon\, \mathfrak{p}$ im Widerspruch zur Voraussetzung.[2]

21. Ist $\mathfrak{p}$ *minimales*[3] Primideal in einem ganz abgeschlossenen Integritätsbereich $\mathfrak{J}$, so ist, wie wir zeigen werden, *jedes zu $\mathfrak{p}$ gehörende Primärideal $\mathfrak{q}$ eine symbolische Potenz von $\mathfrak{p}$*. In diesem Falle können also sämtliche Primärideale zu $\mathfrak{p}$ in einer Vielfachenkette (20a) angeordnet werden.

Es sei nämlich ϱ der Exponent von $\mathfrak{q}$, $\mathfrak{p}^\varrho \subseteq \mathfrak{q} \subseteq \mathfrak{p}$. Wir entnehmen aus $\mathfrak{p}$ ein Element $a \neq 0$ und aus $(a):\mathfrak{p}$ ein Element b, das nicht in (a) liegt. b/a ist ein echt gebrochenes Element des Quotientenkörpers von $\mathfrak{J}$; das Ideal $\mathfrak{c} = \dfrac{b}{a}\, \mathfrak{p}$ ist ein Ideal in $\mathfrak{J}$, das nicht in $\mathfrak{p}$ aufgeht, denn aus $\mathfrak{c} \subseteq \mathfrak{p}$ würde nach Hilfssatz II (**17**) folgen, daß b/a ganz über $\mathfrak{J}$, also in $\mathfrak{J}$ wäre. Wir haben dann

$$\mathfrak{c}^\varrho = \left(\frac{b}{a}\right)^\varrho \mathfrak{p}^\varrho \subseteq \left(\frac{b}{a}\right)^\varrho \mathfrak{q} \subset\!| \; \mathfrak{p}.$$

Nun sei r derjenige Exponent aus der Reihe $0, 1, \ldots, \varrho-1$, für den

$$\left(\frac{b}{a}\right)^r \mathfrak{q} \subseteq \mathfrak{p} \quad \text{und} \quad \mathfrak{d} = \left(\frac{b}{a}\right)^{r+1} \mathfrak{q} \subseteq \frac{b}{a}\, \mathfrak{p} = \mathfrak{c}$$

---

[1] Ist nämlich $\mathfrak{p}^\varrho = [\mathfrak{q}_1, \ldots, \mathfrak{q}_s]$ eine reduzierte Darstellung, $\mathfrak{p}_1, \ldots, \mathfrak{p}_s$ die zugehörigen Primideale, $\varrho_1, \ldots, \varrho_s$ ihre Exponenten, so ist $\mathfrak{p}^\varrho \subseteq \mathfrak{p}_i$, also $\mathfrak{p} \subseteq \mathfrak{p}_i$ ($i = 1, \ldots, s$); andererseits gilt $\mathfrak{p}_1^{\varrho_1} \ldots \mathfrak{p}_s^{\varrho_s} \subseteq \mathfrak{p}^\varrho \subset \mathfrak{p}$, also etwa $\mathfrak{p}_1 \subseteq \mathfrak{p}$, folglich $\mathfrak{p}_1 = \mathfrak{p}$.

[2] Da $\mathfrak{p}$ kein Nullteilerideal sein soll, ist $\mathfrak{p}^\varrho = (0)$ ausgeschlossen.

[3] Ein Primideal heißt in einem Ring minimal, wenn es keine Primidealvielfache, ausgenommen das Nullideal oder Nullteilerideale, besitzt.

gilt, wo $\mathfrak{d}$ zwar noch ein Ideal in $\mathfrak{J}$, aber $\mathfrak{d} \subset\!\!\!| \,\mathfrak{p}$ ist. Aus

$$\mathfrak{d}\, \mathfrak{p}^{r+1} = \left(\frac{b}{a}\, \mathfrak{p}\right)^{r+1} \mathfrak{q} = \mathfrak{c}^{r+1}\, \mathfrak{q}$$

folgt nun nach **16** $\mathfrak{q} = \mathfrak{p}^{(r+1)}$, wie z. b. w.

22. Unter denselben Voraussetzungen gilt die Formel

$$\mathfrak{p}^{(\varrho)} : \mathfrak{p}^{(\sigma)} = \begin{cases} \mathfrak{p}^{(\varrho-\sigma)} & \text{wenn } \varrho > \sigma, \\ (1) & \text{wenn } \varrho \leqq \sigma. \end{cases} \tag{22a}$$

Nach **126.17** nämlich ist dieser Quotient im Falle $\varrho > \sigma$ ein zu $\mathfrak{p}$ gehöriges Primärideal, also eine symbolische Potenz $\mathfrak{p}^{(\tau)}$; wir müssen zeigen, daß $\tau = \varrho - \sigma$ ist. Zunächst können wir zwei nicht durch $\mathfrak{p}$ teilbare Elemente γ, δ derart angeben, daß

$$\gamma\, \mathfrak{p}^{(\sigma)} \subseteq \mathfrak{p}^{\sigma}, \quad \delta\, \mathfrak{p}^{(\varrho-\sigma)} \subseteq \mathfrak{p}^{\varrho-\sigma},$$

also

$$\gamma\, \delta\, \mathfrak{p}^{(\sigma)}\, \mathfrak{p}^{(\varrho-\sigma)} \subseteq \mathfrak{p}^{\varrho} \subseteq \mathfrak{p}^{(\varrho)}$$

ist. Das liefert

$$\mathfrak{p}^{(\varrho-\sigma)} \subseteq \mathfrak{p}^{(\varrho)} : \mathfrak{p}^{(\sigma)} = \mathfrak{p}^{(\tau)},$$

also $\varrho - \sigma \geqq \tau$. Andererseits gilt

$$\mathfrak{p}^{\tau+\sigma} \subseteq \mathfrak{p}^{(\tau)}\, \mathfrak{p}^{(\sigma)} \subseteq \mathfrak{p}^{(\varrho)},$$

also $\tau + \sigma \geqq \varrho$, oder $\varrho - \sigma \leqq \tau$, was mit der vorigen Ungleichung zusammen $\varrho - \sigma = \tau$ gibt.

23. *Erster Hauptidealsatz: Ein Hauptideal* (a), *das weder Einheitsideal noch Nullideal ist, in einem ganz abgeschlossenen Integritätsbereich* $\mathfrak{J}$ *mit O-Satz besitzt nur Primärkomponenten, die zu minimalen Primidealen gehören, also symbolische Potenzen dieser Primideale sind.* Es sei nämlich $\mathfrak{p}$ ein zu (a) gehöriges Primideal, also $(a) : \mathfrak{p} \supset (\mathfrak{a})$, und wir wollen annehmen, es gäbe ein Primideal $\mathfrak{r} \subset \mathfrak{p}$. Wir wählen dann aus $(a) : \mathfrak{p}$ ein Element b, das nicht durch a teilbar ist. Dann ist

$$\frac{b}{a}\, \mathfrak{r} \subseteq \frac{b}{a}\, \mathfrak{p} \subseteq \mathfrak{J} \quad \text{und} \quad \frac{b}{a}\, \mathfrak{r} \subset\!\!\!| \,\mathfrak{r},$$

denn andernfalls wäre nach **17** b durch a teilbar. Ferner ist

$$\left(\frac{b}{a}\, \mathfrak{r}\right) \mathfrak{p} = \left(\frac{b}{a}\, \mathfrak{p}\right) \mathfrak{r} \subseteq \mathfrak{r},$$

also $\mathfrak{p} \subseteq \mathfrak{r}$ im Widerspruch mit der Voraussetzung $\mathfrak{r} \subset \mathfrak{p}$. Jedes Hauptideal (a) besitzt also eine reduzierte Darstellung, deren Primärkomponenten symbolische Potenzen von minimalen Primidealen sind:

$$(a) = [\mathfrak{p}_1^{(\varrho_1)}, \ldots, \mathfrak{p}_s^{(\varrho_s)}], \quad (a \neq 0, 1). \tag{23a}$$

24. Ist nun $\mathfrak{a}$ ein beliebiges Ideal unseres Integritätsbereiches $\mathfrak{J}$, das nur Komponenten, die zu minimalen Primidealen gehören, besitzt,

$$\mathfrak{a} = [\mathfrak{p}_1^{(\sigma_1)}, \ldots, \mathfrak{p}_s^{(\sigma_s)}] \tag{24a}$$

so wählen wir ein von null verschiedenes Element a aus $\mathfrak{a}$. Das Hauptideal (a) besitze die reduzierte Darstellung (23a) mit $\varrho_i \geqq \sigma_i$ $(i = 1, \ldots, s)$; allerdings können in (23a) mehr Primärkomponenten eingehen als in (24a), jedoch können wir die Darstellung (24a) trotzdem beibehalten, indem wir die etwa fehlenden Komponenten mit dem Exponenten null einsetzen. Mit Rücksicht auf **22** setzen wir [1]

$$(a) : \mathfrak{a} = [\mathfrak{p}_1^{(\varrho_1)} : \mathfrak{a}, \ldots, \mathfrak{p}_s^{(\varrho_s)} : \mathfrak{a}] = [\mathfrak{p}_1^{(\varrho_1 - \sigma_1)}, \ldots, \mathfrak{p}_s^{(\varrho_s - \sigma_s)}] = (a_1, \ldots, a_t);$$

daraus folgt wieder wegen **22**

$$\mathfrak{a} = (a) : (a_1, \ldots, a_t). \tag{24b}$$

Das bedeutet: *Jedes Ideal $\mathfrak{a}$ eines ganz abgeschlossenen Integritätsbereiches mit O-Satz, das nur Komponenten von minimalen Primidealen besitzt, gestattet eine Darstellung von der Art* (24b).

137. Waerdensche Nullstellen. Primidealketten.[2]

1. Es bedeute $\mathfrak{p}$ ein d-dimensionales Primideal im P-Ring $K[x_1, \ldots, x_n]$; die Variablen seien von vornherein so numeriert, daß $x_1, \ldots, x_d$ unabhängig bezüglich $\mathfrak{p}$ sind. $\bar{x}_i$ bedeute die Restklasse mod $\mathfrak{p}$, welche x_i enthält; die Restklassen $\bar{x}_1, \ldots, \bar{x}_d$ sind über K algebraisch unabhängig, während die übrigen von ihnen algebraisch abhängen, also algebraische Funktionen von ihnen sind. Wir bezeichnen mit

$$R_\mathfrak{p} = K[\bar{x}_1, \ldots, \bar{x}_d][\bar{x}_{d+1}, \ldots, \bar{x}_n]\,[3] \tag{1a}$$

den Restklassenring mod $\mathfrak{p}$, mit

$$\mathfrak{o}_\mathfrak{p} = K(\bar{x}_1, \ldots, \bar{x}_d)[\bar{x}_{d+1}, \ldots, \bar{x}_n]\,[4] \tag{1b}$$

den Restklassenkörper mod $\mathfrak{p}$; $\mathfrak{o}_\mathfrak{p}$ entsteht durch Körperadjunktion der transzendenten Größen $\bar{x}_1, \ldots, \bar{x}_d$ und darauffolgende Ringadjunktion

---

[1] Es gilt $\mathfrak{a} : [\mathfrak{b}, \mathfrak{c}] = \mathfrak{a} : \mathfrak{b}$, wenn $\mathfrak{a} : \mathfrak{c} = \mathfrak{a}$ ist, denn es ist nach **115.26**:

$$\mathfrak{a} : \mathfrak{b} \subseteq \mathfrak{a} : [\mathfrak{b}, \mathfrak{c}] \subseteq \mathfrak{a} : \mathfrak{b}\,\mathfrak{c} = (\mathfrak{a} : \mathfrak{c}) : \mathfrak{b} = \mathfrak{a} : \mathfrak{b}.$$

[2] Die Entwicklungen dieses Abschnitts gelten gleichmäßig für inhomogene und homogene P-Ideale.

[3] Durch diese Schreibweise soll angedeutet werden, daß die Größen der ersten Klammer transzendent, diejenigen der zweiten Klammer algebraisch sind.

[4] Bei den algebraischen Größen der zweiten Klammer genügt Ringadjunktion (**116.5**).

(116.5) der algebraischen Größen $\bar{x}_{d+1}, \ldots, \bar{x}_n$. Es ist nicht ausgeschlossen, daß eine oder mehrere derselben algebraisch vom 1. Grad sind, so daß ihre Adjunktion nur formalen Charakter besitzt.

2. Der Körper $\mathfrak{o}_\mathfrak{p}$ ist durch Vorgabe der transzendenten Größen $\bar{x}_1, \ldots, \bar{x}_d$ und durch Angabe der irreduziblen Gleichungen, denen die algebraischen Größen $\bar{x}_{d+1}, \ldots, \bar{x}_n$ der Reihe nach in Abhängigkeit von den vorausgehenden genügen, eindeutig festgelegt. Das sind aber gerade die Polynome, die in der Primbasis von $\mathfrak{p}$ auftreten. Mit $\mathfrak{o}_\mathfrak{p}$ ist auch der Integritätsbereich $R_\mathfrak{p}$ als Ring aller Größen, die in den $\bar{x}_i$ rational ganz mit Koeffizienten aus K gebildet sind, eindeutig bestimmt. Zu $R_\mathfrak{p}$ gehört endlich ein ganz bestimmtes Primideal $\mathfrak{p}$ in $K[x_1, \ldots, x_n]$, welches alle Polynome (und nur diese) aus $K[x_1, \ldots, x_n]$ enthält, die verschwinden, wenn man die x_i durch die $\bar{x}_i$ ersetzt. Es ist sofort ersichtlich, daß diese Polynome tatsächlich ein Primideal $\mathfrak{p}$ bilden, und auch daß $R_\mathfrak{p}$ der Restklassenring mod $\mathfrak{p}$ ist, denn aus $p(x) \equiv q(x) \pmod{\mathfrak{p}}$ folgt $p(\bar{x}) = q(\bar{x})$ und umgekehrt.

Die Zuordnung

$$\mathfrak{p} \leftrightarrow R_\mathfrak{p} \leftrightarrow \mathfrak{o}_\mathfrak{p} \tag{2a}$$

ist also in allen Richtungen eindeutig.

3. Es sei nun $\mathfrak{p}'$ ein echter Primidealteiler von $\mathfrak{p}$ der Dimension δ $(0 \leqq \delta < d)$,

$$R_{\mathfrak{p}'} = K[\xi_1, \ldots, \xi_\delta][\xi_{\delta+1}, \ldots, \xi_n]^{\,1} \tag{3a}$$

sein Restklassenring

$$\mathfrak{o}_{\mathfrak{p}'} = K(\xi_1, \ldots, \xi_\delta)[\xi_{\delta+1}, \ldots, \xi_n] \tag{3b}$$

sein Restklassenkörper. Durch die Zuordnung $\bar{x}_i \longrightarrow \xi_i$ wird eine homomorphe Abbildung $R_\mathfrak{p} \overset{\sim}{\longrightarrow} R_{\mathfrak{p}'}$ begründet, denn wegen $\mathfrak{p} \subset \mathfrak{p}'$ gilt jede algebraische Beziehung, welche die $\bar{x}_i$ erfüllen, auch für die ξ_i. Umgekehrt kann aus einer Homomorphie $R_\mathfrak{p} \overset{\sim}{\longrightarrow} R_{\mathfrak{p}'}$ auf $\mathfrak{p} \subseteq \mathfrak{p}'$ geschlossen werden, wobei das Gleichheitszeichen nur dann gilt, wenn die Homomorphie eine Isomorphie ist. Hat insbesondere $\mathfrak{p}'$ die Dimension $\delta = 0$, so ist

$$R_{\mathfrak{p}'} = \mathfrak{o}_{\mathfrak{p}'} = K[\xi_1, \ldots, \xi_n]$$

ein rein algebraischer Erweiterungskörper von K und $\{\xi_1, \ldots, \xi_n\}$ eine *Nullstelle* **(121.1)** von $\mathfrak{p}$.[2]

4. Hier liegt es nahe, eine Verallgemeinerung des Begriffes Nullstelle einzuführen, welche wir *v. d. Waerden* verdanken. Wir verstehen unter einer *Waerdenschen Nullstelle* eines Primideals $\mathfrak{p}$ ein System von Größen

---

[1] ξ_i bedeutet die Restklasse mod $\mathfrak{p}'$, welche x_i enthält.
[2] K ist hier und im folgenden als algebraisch abgeschlossen vorausgesetzt.

$\{\xi_1, \ldots, \xi_n\}$, die irgendeinem Erweiterungskörper von K angehören und alle Polynome von $\mathfrak{p}$ zum Verschwinden bringen. $K(\xi_1, \ldots, \xi_n)$ ist ein Erweiterungskörper von K, dessen Transzendenzgrad δ sei; es ist jedenfalls $0 \leqq \delta \leqq d$. Zu diesem gehört ein Primideal $\mathfrak{p}'$ der Dimension δ, das Teiler von $\mathfrak{p}$ ist; umgekehrt gehört zu jedem derartigen Primideal $\mathfrak{p}'$ eine Waerdensche Nullstelle von $\mathfrak{p}$, die wir als δ-dimensional bezeichnen. Ist $\delta = 0$, so haben wir eine Nullstelle im gewöhnlichen Sinn, ist $\delta = d$, so ist $\mathfrak{p}' = \mathfrak{p}$ und wir sprechen dann von einer *allgemeinen Nullstelle* des Primideals $\mathfrak{p}$.[1]

Wir nennen eine Waerdensche Nullstelle *normiert*, wenn der zugehörige Ring (3a) im Sinne von **136.9** normiert ist; wir nennen sie *supernormal*,[2] wenn der Ring (3a) ganz abgeschlossen ist (**136.5**); wir nennen sie *monoidal*, wenn $\xi_1, \ldots, \xi_\delta$ algebraisch unabhängig sind und der Grad der folgenden $\xi_{\delta+1}, \ldots, \xi_n$ mit Ausnahme der ersten immer 1 bezüglich der vorausgehenden ist, d. h., wenn die entsprechende Primbasis $\mathfrak{p}'$ monoidal ist (**133.9**).

5. Es besteht also eine eindeutige Zuordnung zwischen den δ-dimensionalen Waerdenschen Nullstellen eines Primideals $\mathfrak{p}$ und den Primidealteilern $\mathfrak{p}'$ der Dimension δ einerseits, sowie den Ringen $R_{\mathfrak{p}'}$ des Transzendenzgrades δ, die homomorphe Bilder von $R_{\mathfrak{p}}$ sind, andererseits. Die Zuordnung $\bar{x}_i \longrightarrow \xi_i$; welche die Homomorphie $R_{\mathfrak{p}} \xrightarrow{\sim} R_{\mathfrak{p}'}$ erzeugt, nennen wir nach *v. d. Waerden* eine (relationstreue) *Spezialisierung* der allgemeinen Nullstelle $\{\bar{x}_1, \ldots, \bar{x}_n\}$ zur (speziellen) Nullstelle $\{\xi_1, \ldots, \xi_n\}$. Die allgemeine Nullstelle kann zu jeder andern Nullstelle spezialisiert werden; eine spezielle Nullstelle, die zu einem Primidealteiler $\mathfrak{p}'$ von $\mathfrak{p}$ gehört, kann nur zu solchen Nullstellen spezialisiert werden, welche Primidealteilern von $\mathfrak{p}'$ entsprechen. Man kann jede Spezialisierung so unterteilen, daß die Dimensionen der aufeinanderfolgenden Waerdenschen Nullstellen bei jedem Schritt genau um eins abnehmen. Das folgt aus dem *Primidealkettensatz* für P-Ringe:

---

[1] Diesen Begriff haben wir schon in **132.3** benützt. Sind $\{\xi_1, \ldots, \xi_n\}$ und $\{\eta_1, \ldots, \eta_n\}$ zwei *allgemeine* Nullstellen desselben Primideals $\mathfrak{p}$, so wird durch $\xi_i \leftrightarrow \eta_i$ eine Isomorphie

$$K(\xi_1, \ldots, \xi_n) \xleftrightarrow{\sim} K(\eta_1, \ldots, \eta_n)$$

begründet. In diesem Sinne kann man sagen, jedes Primideal besitzt nur eine einzige allgemeine Nullstelle. Jedoch zeigen sich weitgehende Unterschiede in der expliziten Darstellung, die von der Auswahl der algebraisch unabhängigen Parameter abhängt, deren algebraische Funktionen die Koordinaten $\xi_1, \ldots, \xi_n$ sind; vgl. etwa das Beispiel in der Anmerkung zu **132.3**.

[2] Die Bedeutung des Begriffes supernormal wird in **144. 17—18** eine weitere Klärung erfahren.

6. *Ist $\mathfrak{p}$ ein Primideal der Dimension d im P-Ring $K[x_1, \ldots, x_n]$,[1] so hat jede Primidealkette:*

$$\mathfrak{p} \subset \mathfrak{p}_1 \subset \ldots \subset \mathfrak{p}_d \subset (1)$$

die mit $\mathfrak{p}$ beginnt und mit dem Einheitsidsal endet und durch Einschaltung von Zwischengliedern nicht verlängert werden kann, genau $d + 2$ Glieder (Anfangs- und Endglied mitgezählt).

Die Verschärfung gegenüber **133.12** liegt hier darin, daß es nicht nur *eine* solche Kette gibt, sondern daß *jede* Kette genau die angegebene Gliederzahl besitzt. Wir können diese Tatsache auch durch den folgenden Satz ausdrücken:

7. *Zwischen zwei Primideale $\mathfrak{p}$ und $\mathfrak{p}'$, $\mathfrak{p} \subset \mathfrak{p}'$, deren Dimensionen d und δ $(\leq d - 2)$ sind, läßt sich immer ein Primideal $\mathfrak{p}^*$ der Dimension $d - 1$ einschalten:*

$$\mathfrak{p} \subset \mathfrak{p}^* \subset \mathfrak{p}'. \tag{7a}$$

Es ist klar, daß aus **6** Satz **7** folgt und umgekehrt, so daß diese beiden Sätze vollkommen gleichwertig sind. Für manche Anwendungen ist es bequem, diesen Satz auch noch in der folgenden Gestalt auszusprechen:

8. *Jeder unmittelbare (oder maximale) echte Primidealteiler eines d-dimensionalen Primideals $\mathfrak{p}$ hat die Dimension $d - 1$.* Auf den Restklassenring übertragen lautet das: *Jedes minimale Primideal des Restklassenringes* mod $\mathfrak{p}$ *hat die Dimension $d - 1$.* Dabei verstehen wir allgemein unter einem *minimalen Primideal* in einem beliebigen kommutativen Ring ein solches Primideal, das kein echtes Primunterideal (Vielfaches) besitzt außer Nullteileridealen (**136.21**).

9. Wir beweisen nun Satz **7**, mit dem **6** und **8** gleichwertig sind. Mit $\mathfrak{o}$ bezeichnen wir den Restklassenring mod $\mathfrak{p}$; $\mathfrak{p}'$ wird auf ein Primideal $\mathfrak{p}_1$ in $\mathfrak{o}$ abgebildet. $x_1, \ldots, x_d$ seien unabhängig bezüglich $\mathfrak{p}$, $\bar{x}_1, \ldots, \bar{x}_d$ bedeuten die entsprechenden Restklassen mod $\mathfrak{p}$. $\mathfrak{o}$ enthält den P-Ring $K[\bar{x}_1, \ldots, \bar{x}_d]$. Aus $\mathfrak{p}'$ entnehmen wir ein irreduzibles Polynom q, das nur von den Variablen $x_1, \ldots, x_d$, und zwar von x_d wirklich abhängt. Das Ideal $(\mathfrak{p}, q)$ wird auf ein Hauptideal $(\bar{q})$ in $\mathfrak{o}$ abgebildet (**133.11**), welches durch die Restklasse $\bar{q}$, die q enthält, erzeugt wird.

Es gilt $(\bar{q}) \subseteq \mathfrak{p}_1$, und zwar ist $\mathfrak{p}_1$ entweder ein zu $(\bar{q})$ gehörendes isoliertes Primideal oder es gibt ein Primideal $\bar{\mathfrak{p}}^* \subset \mathfrak{p}_1$, das zu $(\bar{q})$ gehört. Im letzteren Fall liefert $\bar{\mathfrak{p}}^*$ im P-Ring ein Primideal $\mathfrak{p}^*$, das (7a) erfüllt

---

[1] Bei H-Idealen gilt der Satz genau so, wenn man die Kette mit dem trivialen Primideal enden läßt; andernfalls ist die Kette wegen der abweichenden Definition der homogenen Dimension um ein Glied länger.

und unsere Behauptung wäre bewiesen.[1] Ist andernfalls $\mathfrak{p}_1$ isoliert, so gibt es in $\mathfrak{o}$ ein Element g, das nicht in $\mathfrak{p}_1$ liegt, und eine natürliche Zahl ϱ derart, daß

$$g\,\mathfrak{p}_1^{\varrho} \subseteq (\bar{q})$$

ist. Wie in 12 gezeigt werden wird, dürfen wir sogar voraussetzen, daß g nur die Variablen $\bar{x}_1,\ldots,\bar{x}_d$ enthält. Das Primideal $\mathfrak{p}_1$, dessen Dimension $\delta \leq d-2$ ist, enthält sicher ein Polynom p, das nur von $\bar{x}_1,\ldots,\bar{x}_{d-1}$ abhängt; wir folgern

$$g\,p^{\varrho} = \bar{q}\,h, \quad h\,\varepsilon\,K\,[\bar{x}_1,\ldots,\bar{x}_d].$$

In $K\,[\bar{x}_1,\ldots,\bar{x}_d]$ gilt der ZPE-Satz; p ist durch das irreduzible Polynom $\bar{q}$ nicht teilbar, also g; daraus folgt

$$g\,\varepsilon\,(\bar{q}) \subseteq \mathfrak{p}_1$$

im Widerspruch zur Voraussetzung $g\,\varepsilon\!\!\mid\mathfrak{p}_1$. Es kann also $\mathfrak{p}_1$ nicht isoliert sein.

10. Wir nennen ein P-Ideal oder H-Ideal, dessen *isolierte* Primärkomponenten sämtlich dieselbe Dimension haben, *pseudogemischt*. Ein pseudogemischtes Ideal ist also entweder ungemischt, oder falls es gemischt ist, sind die Primärkomponenten geringerer Dimension sämtlich eingebettet.

Ist $\mathfrak{a}$ pseudogemischt und sind $\mathfrak{p}_1,\ldots,\mathfrak{p}_s$ die zugehörigen isolierten Primideale, welche alle die gleiche Dimension haben müssen, so gibt es Exponenten $\varrho_1,\ldots,\varrho_s$ derart, daß

$$\mathfrak{p}_1^{\varrho_1}\ldots\mathfrak{p}_s^{\varrho_s} \subseteq \mathfrak{a}$$

gilt.

11. Nun können wir den *zweiten Hauptidealsatz*[2] aussprechen: *Ist $\mathfrak{p}$ ein beliebiges Primideal, so ist $(\mathfrak{p}, q)$ immer pseudogemischt, oder mit andern Worten, im Restklassenring* mod $\mathfrak{p}$ *ist jedes Hauptideal pseudogemischt.*

Der Satz ist trivial, wenn $q\,\varepsilon\,\mathfrak{p}$ oder wenn $(\mathfrak{p}, q) = (1)$ ist, also insbesondere wenn $\mathfrak{p}$ nulldimensional ist. Andernfalls ist, wenn $\mathfrak{p}$ die Dimension $d\,(\geq 1)$ hat und $x_1,\ldots,x_d$ unabhängig sind,

$$(\mathfrak{p}, q) \cap K\,[x_1,\ldots,x_d] = (h)$$

---

[1] Bis auf die unwesentliche Aussage über die Dimension von $\mathfrak{p}^*$.

[2] Unter allgemeineren Voraussetzungen wurde dieser Satz von *W. Krull* (Ber. Akad. Heidelberg, 1928, 7. Abh.) bewiesen: *In einem Integritätsbereich mit Einselement ist jedes isolierte Primideal eines Hauptideals, das nicht das Null- oder Einheitsideal ist, minimal.* Der Beweis dieses allgemeinen Satzes erfordert natürlich mehr Mühe.

ein Hauptideal (133.11). Wir dürfen ohne Einschränkung der Allgemeinheit voraussetzen, daß h und jeder irreduzible Teiler von h bezüglich x_d, und daß $\mathfrak{p}$ bezüglich $x_{d+1}, \ldots, x_n$ regulär ist; dann können wir jede Nullstelle $\{\xi_1, \ldots, \xi_d\}$ von h zu einer Nullstelle $\{\xi_1, \ldots, \xi_n\}$ von $(\mathfrak{p}, q)$ ergänzen (122.15). Ferner sei

$$(\mathfrak{p}, q) = [q_1, \ldots, q_s]$$

eine reduzierte Darstellung; die zugehörigen Primideale seien $\mathfrak{p}_1, \ldots, \mathfrak{p}_s$. Wir wollen annehmen, $\mathfrak{p}_1$ sei isoliert und habe eine Dimension $\delta \leqq d - 2$. Dann können wir aus $[q_2, \ldots, q_s]$ ein Polynom g auswählen, das nicht in $\mathfrak{p}_1$ liegt und nur von den Variablen $x_1, \ldots, x_d$ abhängt.[1] Ist ϱ der Exponent von q_1, so gilt

$$g\,\mathfrak{p}_1{}^\varrho \subseteq (\mathfrak{p}, q). \tag{11a}$$

In $\mathfrak{p}_1$ gibt es ein Polynom p, das nur von $x_1, \ldots, x_{d-1}$ abhängt; wir wählen nun die Zahlen $\xi_1, \ldots, \xi_{d-1}$ in K so, daß

$$p\,(\xi_1, \ldots, \xi_{d-1}) \neq 0 \tag{11b}$$

ist und auch g nicht etwa identisch verschwindet. Dann besitzt h mindestens einen irreduziblen Faktor, der nicht in g aufgeht, denn sonst wäre

$$g^\sigma\,\varepsilon\,(h) \subset (\mathfrak{p}, q) \subset \mathfrak{p}_1$$

im Widerspruch mit $g\,\varepsilon\!\!\mid \mathfrak{p}_1$. Wir können daher ξ_d so bestimmen, daß gleichzeitig

$$g\,(\xi_1, \ldots, \xi_d) \neq 0, \quad h\,(\xi_1, \ldots, \xi_d) = 0 \tag{11c}$$

gilt. $\{\xi_1, \ldots, \xi_d\}$ können wir nun zu einer Nullstelle von $(\mathfrak{p}, q)$ ergänzen. Das ergibt einen Widerspruch, weil aus (11a) folgt

$$g\,p^\varrho\,\varepsilon\,(\mathfrak{p}, q),$$

also

$$g\,(\xi_1, \ldots, \xi_d)\,p^\varrho\,(\xi_1, \ldots, \xi_{d-1}) = 0$$

entgegen (11b—c).

12. Um die Existenz des Polynoms $g\,(x_1, \ldots, x_d)$ sicher zu stellen, beweisen wir noch folgenden Hilfssatz: *Sind $\mathfrak{p}_1$ und $\mathfrak{p}_2$ zwei voneinander verschiedene Primideale in $K\,[x_1, \ldots, x_n]$, deren Dimensionen $\leqq d$ sind, so kann man nötigenfalls durch eine lineare Variablentransformation*

---

[1] Es bedeute nämlich $\bar{\mathfrak{p}}_i = \mathfrak{p}_i \cap K\,[x_1, \ldots, x_d]$, $i = 1, \ldots, s$; nach dem folgenden Hilfssatz **12** dürfen wir voraussetzen, daß $\bar{\mathfrak{p}}_1$ mit keinem der Primideale $\bar{\mathfrak{p}}_2, \ldots, \bar{\mathfrak{p}}_s$ zusammenfällt oder ein solches umfaßt. Es gibt also in $\bar{\mathfrak{p}}_2, \ldots, \bar{\mathfrak{p}}_s$ je ein Polynom $g_2, \ldots, g_s$, das nicht in $\bar{\mathfrak{p}}_1$, also auch nicht in $\mathfrak{p}_1$ liegt. Ein passendes Potenzprodukt $g = g_2{}^{\varrho_2} \ldots g_s{}^{\varrho_s}$ liegt in $[q_2, \ldots, q_s]$, aber nicht in $\mathfrak{p}_1$.

immer erreichen, daß auch ihre Eliminationsideale bis zu denjenigen der Ordnung $n{-}d{-}1$ voneinander verschieden sind. Ist etwa $\mathfrak{p}_2 \subset\!\mid \mathfrak{p}_1$, so darf dasselbe auch für die Eliminationsideale vorausgesetzt werden.

Wir führen den Beweis für inhomogene P-Ideale; er gilt bei geringfügigen Änderungen der Bezeichnungen auch für H-Ideale. Es genügt ferner zu zeigen, daß aus $\mathfrak{p}_1 \subset\!\mid \mathfrak{p}_2$ bei allgemeiner Lage des Koordinatensystems immer $\bar{\mathfrak{p}}_1 \subset\!\mid \bar{\mathfrak{p}}_2$ folgt, wo

$$\bar{\mathfrak{p}}_i = \mathfrak{p}_i \cap K\,[x_1,\ldots,x_{n-1}]$$

bedeutet ($d < n{-}1$).

13. Das $\mathfrak{p}_1 \subset\!\mid \mathfrak{p}_2$ ist, gibt es eine Nullstelle $\{\xi_1,\ldots,\xi_n\}$ von $\mathfrak{p}_2$, die nicht Nullstelle von $\mathfrak{p}_1$ ist. Dann ist $\{\xi_1,\ldots,\xi_{n-1}\}$ Nullstelle von $\bar{\mathfrak{p}}_2$; ist dieser Punkt nicht Nullstelle von $\bar{\mathfrak{p}}_1$, so ist $\bar{\mathfrak{p}}_1 \subset\!\mid \bar{\mathfrak{p}}_2$ bereits bewiesen. Andernfalls üben wir die Transformation

$$y_i = x_i + u_i\,x_n, \quad i = 1,\ldots,n{-}1, \quad y_n = x_n \qquad (13a)$$

aus. Die Nullstelle $\{\xi_1,\ldots,\xi_n\}$ geht dabei in die Nullstelle $\{\xi_1+u_1\xi_n,\ldots,\xi_{n-1}+u_{n-1}\xi_n,\xi_n\}$ des transformierten Primideals $\mathfrak{p}_2^{*}$ über. Das entsprechende Eliminationsideal $\bar{\mathfrak{p}}_2^{*}$ hat dann die Nullstelle $\{\xi_1+u_1\xi_n,\ldots,\xi_{n-1}+u_{n-1}\xi_n\}$. Die Koeffizienten $u_1,\ldots,u_{n-1}$ dürfen völlig willkürlich in K gewählt werden. Wäre jede solche Nullstelle auch Nullstelle von $\bar{\mathfrak{p}}_1^{*}$, so müßte $\mathfrak{p}_1^{*}$ entsprechende Nullstellen $\{\xi_1+u_1\xi_n,\ldots,\xi_{n-1}+u_{n-1}\xi_n,\xi_n^{*}\}$ mit $\xi_n^{*} \neq \xi_n$ besitzen, also $\mathfrak{p}_1$ die Nullstellen $\{\xi_1+u_1(\xi_n{-}\xi_n^{*}),\ldots,\xi_{n-1}+u_{n-1}(\xi_n{-}\xi_n^{*}),\xi_n^{*}\}$ und $\bar{\mathfrak{p}}_1$ die Nullstellen

$$\{\xi_1+u_1(\xi_n{-}\xi_n^{*}),\ldots,\xi_{n-1}+u_{n-1}(\xi_n{-}\xi_n^{*})\} \qquad (13b)$$

mit willkürlichen $u_1,\ldots,u_{n-1}$. Das bedeutet aber, daß $\bar{\mathfrak{p}}_1$ in jedem Punkt des R_{n-1} verschwindet,[1] also das Nullideal sein muß, entgegen der Voraussetzung, daß $\mathfrak{p}_1$ eine Dimension $< n{-}1$ hat.

14. Wir nennen ein Primideal *supernormal*, wenn sein Restklassenring ganz abgeschlossen ist oder, was dasselbe bedeutet, wenn die zugehörige

---

[1] ξ_n^{*} ist eine algebraische Funktion der Parameter $u_1,\ldots,u_{n-1}$, die für $u_1 = \ldots = u_{n-1} = 0$ einen von ξ_n verschiedenen Wert annimmt. Die Mannigfaltigkeit der Punkte (13b) hat in der Umgebung von $\{\xi_1,\ldots,\xi_{n-1}\}$ die Dimension $n{-}1$, weil die Funktionaldeterminante

$$\left| \frac{\partial}{\partial u_k}\,[\xi_i + u_i\,(\xi_n - \xi_n^{*})] \right| = \left| [i,k]\,(\xi_n - \xi_n^{*}) - u_i\,\frac{\partial \xi_n^{*}}{\partial u_k} \right|$$

in dieser Umgebung nicht verschwindet; denn sie ist eine stetige Funktion dieser Parameter und hat für $u_1 = \ldots = u_{n-1} = 0$ den Wert $(\xi_n - \xi_n^{*})^{n-1} \neq 0$. Da also $NG\,(\bar{\mathfrak{p}}_1)$ in der Umgebung einer speziellen Nullstelle die Dimension $n{-}1$ hat, so hat $\bar{\mathfrak{p}}_1$ überall dieselbe Dimension (**132.3, 138.15**).

allgeneine Nullstelle supernormal ist (4). Dieser Begriff wird besonders für homogene Primideale Bedeutung gewinnen; in **144.18** werden wir diese Ideale auf eine sehr anschauliche Weise auch geometrisch charakterisieren können. Für solche Primideale können wir auch den zweiten Hauptidealsatz (**11**) schärfer formulieren:

15. *Ist $\mathfrak{p}$ ein supernormales homogenes Primideal der Dimension d und φ eine nicht in $\mathfrak{p}$ enthaltene Form, so ist $(\mathfrak{p}, \varphi)$ ungemischt von der Dimension $d-1$.*

Betrachten wir nämlich das Hauptideal (φ) im Restklassenring mod $\mathfrak{p}$, so hat dieses nach **136.23** nur Primärkomponenten, d'e zu minimalen Primidealen gehören. Einem minimalen Primideal des Restklassenringes entspricht aber ein unmittelbarer Primidealteiler von $\mathfrak{p}$, der notwendig die Dimension $d-1$ besitzt (8). Da endlich die reduzierten Darstellungen des Hauptideals (φ) im Restklassenring und des Ideals $(\mathfrak{p}, \varphi)$ im H-Ring einander genau entsprechen, ist alles gezeigt.

16. Das ist aber noch nicht der einzige Fall, in dem der zweite Hauptidealsatz in der verschärften Form gilt: *auch dann, wenn $\mathfrak{p}$ zur Hauptklasse gehört, ist $(\mathfrak{p}, \varphi)$ immer ungemischt*, denn $(\mathfrak{p}, \varphi)$ ist in diesem Fall wieder Hauptklassenideal (**135.6**). Eine noch allgemeinere Klasse von Idealen, für die dasselbe gilt, nämlich die *perfekten* Ideale, werden wir später kennen lernen.

17. Wir können Satz **11** noch folgendermaßen verallgemeinern: *Ist $\mathfrak{a}$ ein pseudogemischtes H-Ideal der Dimension d und φ eine Form, die in keinem isolierten Primideal von $\mathfrak{a}$ enthalten ist, so ist $(\mathfrak{a}, \varphi)$ pseudogemischt von der Dimension $d-1$.*

18. Es seien nämlich $\mathfrak{p}_1, \ldots, \mathfrak{p}_s$ die isolierten Primideale von $\mathfrak{a}$, welche voraussetzungsgemäß alle die Dimension d haben; ein gewisses Potenzprodukt von ihnen ist in $\mathfrak{a}$ enthalten:

$$\mathfrak{p}_1^{\varrho_1} \ldots \mathfrak{p}_s^{\varrho_s} \subseteq \mathfrak{a} \tag{18a}$$

Die Ideale $(\mathfrak{p}_i, \varphi)$ sind nach **11** pseudogemischt von der Dimension $d-1$; die zugehörigen isolierten Primideale seien $\mathfrak{p}_{i,1}, \ldots, \mathfrak{p}_{i,k_i}$. Da diese die Dimension $d-1$ haben und $(\mathfrak{a}, \varphi) \subseteq (\mathfrak{p}_i, \varphi) \subseteq \mathfrak{p}_{i,j}$ gilt, besitzt $(\mathfrak{a}, \varphi)$ zu jedem $\mathfrak{p}_{i,j}$ eine zugehörige isolierte Komponente. Ist umgekehrt $\mathfrak{p}^*$ irgendein Primideal, das zu $(\mathfrak{a}, \varphi)$ gehört, so hat man wegen

$$(\mathfrak{p}_1, \varphi)^{\varrho_1} \ldots (\mathfrak{p}_s, \varphi)^{\varrho_s} \subseteq (\mathfrak{p}_1^{\varrho_1} \ldots \mathfrak{p}_s^{\varrho_s}, \varphi) \subseteq (\mathfrak{a}, \varphi) \subseteq \mathfrak{p}^* \tag{18b}$$

wieder das Ergebnis, daß (mindestens) eines der Primideale $\mathfrak{p}_{i,j}$ in $\mathfrak{p}^*$ enthalten sein muß; stimmt $\mathfrak{p}^*$ nicht mit diesem überein, so ist es in ihm eingebettet. Die isolierten Primideale von $(\mathfrak{a}, \varphi)$ sind also gerade diese Ideale $\mathfrak{p}_{i,j}$ der Dimension $d-1$ und nur diese.

138. Potenzreihenideale.

1. Wie wir bereits in **114.9** bemerkt haben, ist der Übergang vom
P-Ring zum Potenzreihenring das geeignetste Mittel, um die Eigenschaften einer gegebenen AM in der unmittelbaren Umgebung eines bestimmten Punktes zu studieren. Daher wollen wir jetzt eingehender untersuchen, wie sich die Ideale des P-Ringes beim Übergang zum Potenzreihenring verhalten. Handelt es sich um ein inhomogenes Ideal $\mathfrak{a}$ im
P-Ring

$$\mathfrak{o} = K\,[x_1,\ldots,x_n]$$

und soll die $AM\,(\mathfrak{a})$ in der Umgebung der Nullstelle $\{\xi_1,\ldots,\xi_n\}$ untersucht werden, so rücken wir durch eine Translation (Parallelverschiebung
des Koordinatensystems)

$$\bar{x}_i = x_i - \xi_i,\quad i = 1,\ldots,n$$

diese Nullstelle in den Ursprung des Koordinatensystems.[1] Dadurch
wird $\mathfrak{a}$ in ein Ideal $\bar{\mathfrak{a}}$ transformiert, das im Ursprung verschwindet und
dessen AM in der Umgebung des Ursprungs untersucht werden soll.
Sodann bilden wir das Erweiterungsideal $\widetilde{\mathfrak{a}} = \bar{\mathfrak{a}}\,\widehat{\mathfrak{o}}$ im Potenzreihenring

$$\widehat{\mathfrak{o}} = K\,\{\bar{x}_1,\ldots,\bar{x}_n\}.$$

2. Liegt ein H-Ideal $\mathfrak{a}_0$ in $K\,[x_0,\ldots,x_n]$ vor, das in der Umgebung
der Nullstelle $\{\xi_0,\ldots,\xi_n\}$ untersucht werden soll, so müssen wir zuerst
ein inhomogenes Ideal $\bar{\mathfrak{a}}$ bilden, zu dem $\mathfrak{a}_0$ äquivalent ist, derart, daß
die Nullstelle $\{\xi_0,\ldots,\xi_n\}$ von $\mathfrak{a}_0$ auf die Nullstelle $\{0,\ldots,0\}$ von $\bar{\mathfrak{a}}$
abgebildet wird. Das kann durch eine passende lineare Transformation
geschehen. Wir ermitteln zunächst eine Linearform

$$\bar{x}_0 = a_{00}\,x_0 + \ldots + a_{0n}\,x_n, \tag{2a}$$

die relativ prim zu $\mathfrak{a}_0$ ist[2] und nicht durch den Punkt $\{\xi_0,\ldots,\xi_n\}$ geht:

$$a_{00}\,\xi_0 + \ldots + a_{0n}\,\xi_n \neq 0 \tag{2b}$$

(2a) kann durch Hinzufügung von n Linearformen

$$\bar{x}_i = a_{i0}\,x_0 + \ldots + a_{in}\,x_n,\quad i = 1,\ldots,n \tag{2c}$$

zu einer homogenen linearen Variablentransformation ergänzt werden,
die nicht singulär ist ($|\,a_{ik}\,| \neq 0$) und noch den Bedingungen genügt

---

[1] Man könnte diese Translation vermeiden, wenn man direkt zum Potenzreihenring $K\,\{x_1 - \xi_1,\ldots,x_n - \xi_n\}$ überginge. Jedoch werden wir der bequemeren
Schreibweise wegen im allgemeinen den oben gewählten Weg bevorzugen.

[2] $\mathfrak{a}_0 : \bar{x}_0 = \mathfrak{a}_0$; wenn vorausgesetzt werden darf, daß $\mathfrak{a}_0$ kein T-Ideal ist und
auch keine triviale Komponente besitzt, gibt es sicher solche Linearformen.

$$a_{i0}\,\xi_0+\ldots+a_{in}\,\xi_n=0,\quad i=1,\ldots,n. \tag{2d}$$

Durch die Transformation (2a—c) geht $\mathfrak{a}_0$ in ein völlig gleichwertiges H-Ideal $\bar{\mathfrak{a}}_0$ in $K[\bar{x}_0,\ldots,\bar{x}_n]$ über; setzt man nun $\bar{x}_0=1$, so gewinnt man ein inhomogenes P-Ideal $\bar{\mathfrak{a}}$ in $K[\bar{x}_1,\ldots,\bar{x}_n]$, dessen äquivalentes H-Ideal $\bar{\mathfrak{a}}_0$ ist (**124.8**). Die zu untersuchende Nullstelle von $\bar{\mathfrak{a}}$ ist zufolge (2d) der Ursprung $\{0,\ldots,0\}$. Von $\bar{\mathfrak{a}}$ bilden wir dann wieder das Erweiterungsideal $\widehat{\mathfrak{a}}=\bar{\mathfrak{a}}\,\widehat{\mathfrak{o}}$.

3. Diese vorbereitenden Transformationen wollen wir von nun an immer als bereits durchgeführt voraussetzen. Demgemäß gehen wir jetzt von einem inhomogenen P-Ideal $\mathfrak{a}$ in $\mathfrak{o}$ aus und bilden sein Erweiterungsideal $\widehat{\mathfrak{a}}=\mathfrak{a}\,\widehat{\mathfrak{o}}$ im Potenzreihenring $\widehat{\mathfrak{o}}$. Hat $\mathfrak{a}$ die Basis

$$\mathfrak{a}=(f_1,\ldots,f_s),$$

so kann auch für $\widehat{\mathfrak{a}}$ dieselbe Basis benützt werden, d. h. die Elemente von $\widehat{\mathfrak{a}}$ haben die Gestalt

$$\mathfrak{P}_1\,f_1+\ldots+\mathfrak{P}_s\,f_s,\quad \mathfrak{P}_i\,\varepsilon\,\widehat{\mathfrak{o}}.$$

4. Es ergibt sich nun die Frage, ob das Potenzreihenideal $\widehat{\mathfrak{a}}$ mehr Polynome enthält als $\mathfrak{a}$, d. h. ob das Verengungsideal $\widehat{\mathfrak{a}}\cap\mathfrak{o}\supset\mathfrak{a}$ oder $=\mathfrak{a}$ Ist der Ursprung $\{0,\ldots,0\}$ keine Nullstelle von $\mathfrak{a}$, so enthält $\mathfrak{a}$ Polynome, deren konstantes Glied nicht verschwindet; diese sind Einheiten in $\widehat{\mathfrak{o}}$ (**114.5**) und daher ist $\widehat{\mathfrak{a}}=\widehat{\mathfrak{o}}$, $\widehat{\mathfrak{a}}\cap\mathfrak{o}=\mathfrak{o}$. Andernfalls stellen wir $\mathfrak{a}$ als Durchschnitt zweier Komponentenideale

$$\mathfrak{a}=[\mathfrak{a}_0,\mathfrak{a}_1] \tag{4a}$$

dar, wo $\mathfrak{a}_0$ die (eindeutig bestimmte, **126.21**) isolierte Komponente bedeutet, welche alle im Ursprung verschwindenden Primärkomponenten umfaßt, während $\mathfrak{a}_1$ der Durchschnitt der restlichen Primärkomponenten ist (oder das Einheitsideal, falls solche nicht auftreten). Aus $\mathfrak{a}\subseteq\mathfrak{a}_0$ schließen wir auf $\widehat{\mathfrak{a}}\subseteq\widehat{\mathfrak{a}}_0$ und $\widehat{\mathfrak{a}}\cap\mathfrak{o}\subseteq\widehat{\mathfrak{a}}_0\cap\mathfrak{o}$; hier gilt aber notwendig das Gleichheitszeichen, denn ist f ein Polynom aus $\mathfrak{a}_1$, das im Ursprung nicht verschwindet, so gilt $f\,\mathfrak{a}_0\subseteq\mathfrak{a}_1\,\mathfrak{a}_0\subseteq[\mathfrak{a}_0,\mathfrak{a}_1]=\mathfrak{a}$, und für die Erweiterungsideale in $\widehat{\mathfrak{o}}$:

$$f\,\mathfrak{a}_0\,\widehat{\mathfrak{o}}=\mathfrak{a}_0\,\widehat{\mathfrak{o}}=\widehat{\mathfrak{a}}_0,\qquad \text{wegen } f\,\widehat{\mathfrak{o}}=\widehat{\mathfrak{o}},$$
$$f\,\mathfrak{a}_0\,\widehat{\mathfrak{o}}=f\,\widehat{\mathfrak{a}}_0\subseteq\mathfrak{a}\,\widehat{\mathfrak{o}}=\widehat{\mathfrak{a}},$$

also $\widehat{\mathfrak{a}}_0\subseteq\widehat{\mathfrak{a}}$; mit der ersten Ungleichung zusammen ergibt das

$$\widehat{\mathfrak{a}}=\widehat{\mathfrak{a}}_0,\quad \widehat{\mathfrak{a}}\cap\mathfrak{o}=\widehat{\mathfrak{a}}_0\cap\mathfrak{o}. \tag{4b}$$

5. Es ist sicher $\widehat{\mathfrak{a}}_0\cap\mathfrak{o}\supseteq\mathfrak{a}_0$, also auch $\widehat{\mathfrak{a}}\cap\mathfrak{o}\supseteq\mathfrak{a}_0$. Daß hier immer das Gleichheitszeichen gilt, wollen wir nun beweisen. Wir bezeichnen mit $\mathfrak{u}$ das teilerlose Primideal in $\mathfrak{o}$

$$\mathfrak{u} = (x_1, \ldots, x_n) \tag{5a}$$

und bemerken, daß

$$\mathfrak{a}\,\widehat{\mathfrak{o}} \cap \mathfrak{o} \subseteq (\mathfrak{a}, \mathfrak{u}^\varrho), \quad \varrho = 1, 2, \ldots \tag{5b}$$

gilt; denn $\mathfrak{a}\,\widehat{\mathfrak{o}} \cap \mathfrak{o}$ bedeutet die Menge aller Polynome, welche sich aus der Basis von $\mathfrak{a}$ mit Potenzreihen als Koeffizienten (3) gewinnen lassen; nehmen wir aber $\mathfrak{u}^\varrho$ zu $\mathfrak{a}$ hinzu, so können wir die Potenzreihen nach endlich vielen Gliedern abbrechen, so daß alle Polynome der linken Seite von (5b) sicher auch in der rechten Seite enthalten sind.

Wenn wir also mit

$$\mathfrak{b} = \lim_{\varrho \to \infty} (\mathfrak{a}, \mathfrak{u}^\varrho) \tag{5c}$$

den Durchschnitt aller Ideale $(\mathfrak{a}, \mathfrak{u}^\varrho)$ bezeichnen, so gilt

$$\mathfrak{a}\,\widehat{\mathfrak{o}} \cap \mathfrak{o} \subseteq \mathfrak{b}. \tag{5d}$$

6. Um das Ideal $\mathfrak{b}$ zu ermitteln, gehen wir zum Restklassenring $\mathfrak{o}/\mathfrak{a}$ über. Den Idealen $\mathfrak{b}, \mathfrak{a}_0, \mathfrak{a}_1, \mathfrak{u}$ entsprechen in $\mathfrak{o}/\mathfrak{a}$ die Ideale $\overline{\mathfrak{b}}, \overline{\mathfrak{a}}_0, \overline{\mathfrak{a}}_1, \overline{\mathfrak{u}}$ und es ist $(0) = [\overline{\mathfrak{a}}_0, \overline{\mathfrak{a}}_1]$. Entsprechend (5c) gilt

$$\overline{\mathfrak{b}} = \lim_{\varrho \to \infty} \overline{\mathfrak{u}}^\varrho. \tag{6a}$$

Daraus folgt aber, wie wir gleich beweisen werden (7), $\overline{\mathfrak{b}} \subseteq \overline{\mathfrak{a}}_0$, also in $\mathfrak{o}$

$$\mathfrak{b} \subseteq \mathfrak{a}_0,$$

was mit (5d) zusammen ergibt

$$\mathfrak{a}_0 \subseteq \mathfrak{a}\,\widehat{\mathfrak{o}} \cap \mathfrak{o} \subseteq \mathfrak{b} \subseteq \mathfrak{a}_0,$$

also

$$\mathfrak{a}\,\widehat{\mathfrak{o}} \cap \mathfrak{o} = \mathfrak{a}_0 \tag{6b}$$

$$\mathfrak{b} = \lim_{\varrho \to \infty} (\mathfrak{a}, \mathfrak{u}^\varrho) = \mathfrak{a}_0, \tag{6c}$$

wo $\mathfrak{a}_0$ diejenige isolierte Komponente von $\mathfrak{a}$ bedeutet, die alle durch $\mathfrak{u}$ teilbaren Primärkomponenten umfaßt.

7. Die oben verwendete Beziehung $\overline{\mathfrak{b}} \subseteq \overline{\mathfrak{a}}_0$, und sogar $\overline{\mathfrak{b}} = \overline{\mathfrak{a}}_0$ folgt aus dem Satz von *Krull*:[1] *In einem O-Ring mit Einselement ist das KGV aller symbolischen Potenzen eines Primideals* $\mathfrak{p}\ (\neq (1))$ *gleich demjenigen isolierten Komponentenideal* $\mathfrak{a}_0$ *des Nullideals, zu dem alle und nur die durch* $\mathfrak{p}$ *teilbaren Primideale von* (0) *gehören.*[2]

---

[1] *W. Krull*, Primidealketten in allgemeinen Ringbereichen, Ber. Akad. Heidelberg 1928, 7. Abh.

[2] Bei der Anwendung dieses Satzes auf (6a) ist zu beachten, daß $\mathfrak{u}$ und $\overline{\mathfrak{u}}$ teilerlos sind und daher die symbolischen Potenzen mit den gewöhnlichen Potenzen zusammenfallen (**136.20**).

8. Wir schreiben $(0) = [\mathfrak{a}_0, \mathfrak{a}_1]$, wo $\mathfrak{a}_1 : \mathfrak{p} = \mathfrak{a}_1$ ist. Wegen (**136.**20a) dürfen wir das *KGV* aller $\mathfrak{p}^\varrho$ auch so schreiben:

$$\mathfrak{d} = \lim_{\varrho \to \infty} \mathfrak{p}^{(\varrho)}.$$

In den reduzierten Darstellungen von $\mathfrak{d}$ und $\mathfrak{p}\mathfrak{d}$ fassen wir die Primärkomponenten folgendermaßen zusammen:

$$\mathfrak{d} = [\mathfrak{q}_1, \mathfrak{b}_1, \mathfrak{c}_1], \quad \mathfrak{p}\,\mathfrak{d} = [\mathfrak{q}_2, \mathfrak{b}_2, \mathfrak{c}_2];$$

$\mathfrak{q}_1$ und $\mathfrak{q}_2$ sind zu $\mathfrak{p}$ gehörige Primärideale; $\mathfrak{b}_1$ und $\mathfrak{b}_2$ umfassen die übrigen durch $\mathfrak{p}$ teilbaren Primärkomponenten, $\mathfrak{c}_1$ und $\mathfrak{c}_2$ alle durch $\mathfrak{p}$ nicht teilbaren Primärkomponenten.[1] Es ist also

$$\mathfrak{b}_i : \mathfrak{q}_k = \mathfrak{b}_i : \mathfrak{c}_k = \mathfrak{b}_i : [\mathfrak{q}_k, \mathfrak{c}_k] = \mathfrak{b}_i, \quad i, k = 1, 2.$$

Nun gilt

$$\mathfrak{b}_1 \,[\mathfrak{q}_1, \mathfrak{c}_1]\, \mathfrak{p} \subseteq \mathfrak{d}\, \mathfrak{p} \subseteq \mathfrak{b}_2, \qquad \text{also } \mathfrak{b}_1 \subseteq \mathfrak{b}_2$$

$$\mathfrak{b}_2 \,[\mathfrak{q}_2, \mathfrak{c}_2] \subseteq \mathfrak{d}\, \mathfrak{p} \subseteq \mathfrak{d} \subseteq \mathfrak{b}_1, \quad \text{also } \mathfrak{b}_2 \subseteq \mathfrak{b}_1,$$

d. h. $\mathfrak{b}_1 = \mathfrak{b}_2$. Da $\mathfrak{d}$ das *KGV* alles symbolischen Potenzen, also auch aller Primärideale von $\mathfrak{p}$ ist,[2] gilt

$$\mathfrak{d}\, \mathfrak{c}_2 \subseteq [\mathfrak{b}_1, \mathfrak{q}_2]\, \mathfrak{c}_2 = [\mathfrak{b}_2, \mathfrak{q}_2]\, \mathfrak{c}_2 \subseteq \mathfrak{d}\, \mathfrak{p}.$$

Hat $\mathfrak{d}$ die Basis $\mathfrak{d} = (d_1, \ldots, d_s)$ und ist c ein durch $\mathfrak{p}$ nicht teilbares Element aus $\mathfrak{c}_2$, so folgt aus der letzten Beziehung

$$c\, d_i = p_{i1}\, d_1 + \ldots + p_{is}\, d_s, \quad i = 1, \ldots, s; \; p_{ik}\, \varepsilon\, \mathfrak{p}.$$

Es muß daher (vgl. **136.**17—18)

$$\left| c\, \delta_{ik} - p_{ik} \right| \mathfrak{d} = (0),$$

und da $\left| c\, \delta_{ik} - p_{ik} \right| \not\equiv 0 \;(\mathfrak{p})$, muß $\mathfrak{d} \subseteq \mathfrak{a}_0$ sein. Die schärfere Aussage $\mathfrak{d} = \mathfrak{a}_0$ folgt für ein teilerloses $\mathfrak{p}$[3] aus $(\mathfrak{a}_1, \mathfrak{p}^\varrho) = (1)$ und

$$\mathfrak{a}_0 \subseteq (\mathfrak{a}_0, \mathfrak{p}^\varrho)(\mathfrak{a}_1, \mathfrak{p}^\varrho) = (\mathfrak{a}_0\, \mathfrak{a}_1, \mathfrak{a}_0\, \mathfrak{p}^\varrho, \mathfrak{a}_1\, \mathfrak{p}^\varrho, \mathfrak{p}^{2\varrho}) \subseteq \mathfrak{p}^\varrho \subseteq \mathfrak{d} \quad (\text{wegen } \mathfrak{a}_0 \mathfrak{a}_1 = (0)).$$

9. Das in (6b) enthaltene wichtige Ergebnis ist der Inhalt des bekannten Satzes von *M. Noether*: *Gilt für ein Polynom f die Darstellung*

$$f = \mathfrak{P}_1\, f_1 + \ldots + \mathfrak{P}_s\, f_s$$

---

[1] Sind Primärkomponenten der einen oder andern Art nicht vorhanden, so setzt man an deren Stelle das Einheitsideal.

[2] Ist ein $\mathfrak{q}$ solches Primärideal, ϱ sein Exponent, so hat man $\mathfrak{p}^\varrho \subseteq \mathfrak{q}$ und $\mathfrak{p}^\varrho = [\mathfrak{p}^{(\varrho)}, \mathfrak{z}]$ mit $\mathfrak{p} : \mathfrak{z} = \mathfrak{p}$. Folglich ist $\mathfrak{z}\, \mathfrak{p}^{(\varrho)} \subseteq \mathfrak{p}^\varrho \subseteq \mathfrak{q}$ und wegen (**126.**6c) $\mathfrak{p}^{(\varrho)} \subseteq \mathfrak{q}$. Daraus folgt $\mathfrak{d} \subseteq \mathfrak{q}$, insbesondere auch $\mathfrak{d} \subseteq \mathfrak{q}_2$.

[3] Der Fall eines allgemeinen Primideals kann leicht auf denjenigen eines teilerlosen zurückgeführt werden, indem man zu dem Quotientenkörper übergeht, in dem alle durch $\mathfrak{p}$ nicht teilbaren Elemente als Nenner zugelassen werden.

wo $f_1,\ldots,f_s$ Polynome aus $\mathfrak{o}$ und $\mathfrak{P}_1,\ldots,\mathfrak{P}_s$ Potenzreihen[1] aus $\widehat{\mathfrak{o}}$ sind, so gibt es ein Polynom g in $\mathfrak{o}$, das im Ursprung nicht verschwindet, derart, daß

$$g\,f = g_1\,f_1 + \cdots + g_s\,f_s$$

mit Polynomen $g_1,\ldots,g_s$ aus $\mathfrak{o}$ dargestellt werden kann.

Setzen wir nämlich $\mathfrak{a} = (f_1,\ldots,f_s)$, so ist $f\ \varepsilon\ \mathfrak{a}\widehat{\mathfrak{o}} \cap \mathfrak{o} = \mathfrak{a}_0$. Entnehmen wir also dem Ideal $\mathfrak{a}_1$ ein nicht in $\mathfrak{u}$ enthaltenes Polynom g, so ist $gf\ \varepsilon\ \mathfrak{a}_0\mathfrak{a}_1 \subseteq [\mathfrak{a}_0, \mathfrak{a}_1] = \mathfrak{a}$.

10. Die Erweiterungsideale von $\mathfrak{o}$ in $\widehat{\mathfrak{o}}$ verlieren demnach alle nicht im Ursprung verschwindenden Komponenten. Dasselbe würde auch durch den Übergang von $\mathfrak{o}$ zum Quotientenring $\mathfrak{o}_\mathfrak{p}$, in dem alle durch $\mathfrak{p}$ nicht teilbaren Elemente als Nenner zugelassen werden, bewirkt werden. Der Übergang von $\mathfrak{o}$ zu $\widehat{\mathfrak{o}}$ leistet aber noch mehr; denn während ein in $\mathfrak{o}$ irreduzibles Polynom auch in $\mathfrak{o}_\mathfrak{p}$ irreduzibel bleibt, kann es in $\widehat{\mathfrak{o}}$ reduzibel werden.

Z. B. ist $p(x) = x_2{}^2 - x_1{}^2 - x_1{}^3$ in $\mathfrak{o} = K\,[x_1, x_2]$ irreduzibel, aber in $K\,\{x_1, x_2\}$ reduzibel, denn es gilt

$$p(x) = (x_2 + x_1\sqrt{1+x_1})(x_2 - x_1\sqrt{1+x_1}) =$$
$$= (x_2 + x_1 + {}^1\!/_2 x_1^2 - {}^1\!/_8 x_1^3 + {}^1\!/_{16} x_1^4 - \cdots)(x_2 - x_1 - {}^1\!/_2 x_1^2 + {}^1\!/_8 x_1^3 - {}^1\!/_{16} x_1^4 + \cdots)$$

Die geometrische Bedeutung dieser Tatsache tritt darin in Erscheinung, daß die Kurve $p(x) = 0$ („Kartesisches Blatt") im Ursprung einen gewöhnlichen Doppelpunkt besitzt, durch den zwei verschiedene Zweige der Kurve, von denen der eine die Gerade $x_1 + x_2 = 0$, der andere $x_1 - x_2 = 0$ berührt, hindurchgehen. Die analytische Darstellung der beiden Zweige wird durch die beiden Potenzreihen, in die $p(x)$ zerfällt, geliefert.

11. Im allgemeinen wird also ein Primideal $\mathfrak{p}$ von $\mathfrak{o}$ ein Erweiterungsideal $\widehat{\mathfrak{p}} = \mathfrak{p}\,\widehat{\mathfrak{o}}$ erzeugen, das in $\widehat{\mathfrak{o}}$ nicht Primideal ist. Wie wir gleich beweisen werden, gilt in jedem Potenzreihenring der O-Satz, so daß wir für $\widehat{\mathfrak{p}}$ eine reduzierte Darstellung

$$\widehat{\mathfrak{p}} = [\widehat{\mathfrak{q}}_1, \ldots, \widehat{\mathfrak{q}}_s]$$

finden können. Die Primärideale $\widehat{\mathfrak{q}}_1, \ldots, \widehat{\mathfrak{q}}_s$ heißen die *Zweige* von $\mathfrak{p}$, bzw. von $AM\,(\mathfrak{p})$ im Punkte $\{0,\ldots,0\}$; die zugehörigen Primideale $\widehat{\mathfrak{p}}_1, \ldots, \widehat{\mathfrak{p}}_s$ nennen wir die *irreduziblen Zweige.*

---

[1] Wie man sieht, ist die Voraussetzung, daß die Potenzreihen **regulär** sind, d. h. in einer Umgebung des Ursprungs konvergieren, ganz überflüssig.

12. Wir müssen noch nachweisen, daß *jeder Potenzreihenring* $\widetilde{\mathfrak{o}}$ *ein O-Ring ist*, oder was auf dasselbe hinausläuft (**115**.8), daß *jedes Potenzreihenideal eine endliche Basis besitzt.*

Es sei irgendein Ideal $\widehat{\mathfrak{a}}$ in $\widehat{\mathfrak{o}}$ gegeben. Von jeder in $\widehat{\mathfrak{a}}$ enthaltenen Potenzreihe

$$\mathfrak{P} = u_m + u_{m+1} + \cdots$$

nehmen wir das erste (nicht verschwindende) homogene Glied heraus. Die Menge dieser homogenen Polynome u_m bilden offenbar ein H-Ideal $\mathfrak{a}_0$ in $K[x_1, \ldots, x_n]$, welches eine endliche Basis

$$\mathfrak{a}_0 = (v_1, \ldots, v_s),$$

die aus gewissen Formen $v_1, \ldots, v_s$ besteht, besitzt. Zu jedem v_i gibt es in $\widehat{\mathfrak{a}}$ eine Potenzreihe $\mathfrak{P}_i$, die mit diesem Gliede beginnt. Dann ist

$$\widehat{\mathfrak{a}} = (\mathfrak{P}_1, \ldots, \mathfrak{P}_s).$$

In der Tat, ist $\mathfrak{P}$ irgendeine Potenzreihe aus $\widehat{\mathfrak{a}}$, die etwa mit dem Gliede w_1 beginnt, so ist $w_1 \, \varepsilon \, \mathfrak{a}_0$, also $w_1 = w_{11} v_1 + \ldots + w_{1s} v_s$ mit gewissen Formen $w_{11}, \ldots, w_{1s}$. Die Potenzreihe

$$\mathfrak{P}^{(1)} = \mathfrak{P}_1 - w_{11}\,\mathfrak{P}_1 - \ldots - w_{1s}\,\mathfrak{P}_s$$

ist ebenfalls in $\widehat{\mathfrak{a}}$ enthalten und beginnt mit einem homogenen Glied w_2, dessen Grad größer ist als derjenige von w_1; auch w_2 liegt in $\mathfrak{a}_0$, also können wir $w_2 = w_{21} v_1 + \ldots + w_{2s} v_s$ ansetzen. Die Potenzreihe

$$\mathfrak{P}^{(2)} = \mathfrak{P}^{(1)} - w_{21}\,\mathfrak{P}_1 - \ldots - w_{2s}\,\mathfrak{P}_s$$

liegt in $\widetilde{\mathfrak{a}}$ und hat höheren Untergrad als $\mathfrak{P}^{(1)}$ usw. Wir gelangen schließlich zur Darstellung

$$\mathfrak{P} = \mathfrak{Q}_1\,\mathfrak{P}_1 + \ldots + \mathfrak{Q}_s\,\mathfrak{P}_s$$

mit

$$\mathfrak{Q}_i = w_{1i} + w_{2i} + \ldots, \qquad i = 1, \ldots, s.$$

13. Die Dimension der Potenzreihenideale wird genau so definiert wie bei P-Idealen (**131**.7): Die Variablen $x_1, \ldots, x_d$ heißen *unabhängig* bezüglich $\widetilde{\mathfrak{a}}$, wenn in $\widehat{\mathfrak{a}}$ keine Potenzreihe vorkommt, die nur diese Variablen enthält. *Die Dimension von $\widehat{\mathfrak{a}}$ ist gleich der höchsten Anzahl unabhängiger Variablen.*

14. *Die Dimension des Erweiterungsideals $\widetilde{\mathfrak{a}} = \mathfrak{a}\,\widetilde{\mathfrak{o}}$ eines P-Ideals $\mathfrak{a}$ ist gleich der Dimension der isolierten Komponente $\mathfrak{a}_0$ von $\mathfrak{a}$, die durch den Ursprung geht.*

Nach (4b) ist nämlich $\mathfrak{a}\,\widetilde{\mathfrak{o}} = \mathfrak{a}_0\,\widetilde{\mathfrak{o}}$. Sind ferner $x_1, \ldots, x_d$ unabhängig bezüglich $\mathfrak{a}_0$, so sind sie es auch bezüglich $\mathfrak{a}_0\,\widehat{\mathfrak{o}}$. Denn sei zunächst $d = 1$: wäre $\mathfrak{P}(x_1) = x_1^{\nu}\,\mathfrak{E}(x_1)\,\varepsilon\,\mathfrak{a}_0\widehat{\mathfrak{o}}$, wo $\mathfrak{E}(x_1)$ eine Potenzreihe vom

Untergrad null, also eine Einheit in $\widehat{\mathfrak{o}}$ bedeutet, so wäre auch $x_1^{\nu}\;\varepsilon\;\mathfrak{a}_0\widehat{\mathfrak{o}}$, also $x_1^{\nu}\;\varepsilon\;\mathfrak{a}_0$ nach (6b). x_1 wäre also nicht unabhängig bezüglich $\mathfrak{a}_0$.

Ist nun $d > 1$ und wäre

$$\mathfrak{P}\,(x_1,\ldots,x_d)\;\varepsilon\;\mathfrak{a}_0\,\widecheck{\mathfrak{o}}, \tag{14a}$$

so setzen wir

$$x_1 = u_1\,x_d,\ldots, x_{d-1} = u_{d-1}\,x_d \tag{14b}$$

und adjungieren zum Grundkörper K die Unbestimmten $u_1,\ldots,u_{d-1}$. Dabei geht $\mathfrak{a}_0$ in ein Ideal $\widetilde{\mathfrak{a}}_0$ über, in bezug auf welches x_d unabhängig ist. Im Widerspruch dagegen folgt aus (14a) nach Einsatz von (14b) so wie vorhin $x_d^{\nu}\;\varepsilon\;\widetilde{\mathfrak{a}}_0\,\widecheck{\mathfrak{o}}$, also $x_d^{\nu}\;\varepsilon\;\widetilde{\mathfrak{a}}_0$.

15. Handelt es sich insbesondere um ein Primideal $\mathfrak{p}$ der Dimension d, und ist $\{\xi_1,\ldots,\xi_n\}$ eine beliebige Nullstelle von $\mathfrak{p}$, so hat auch das in bezug auf diese Nullstelle gebildete Erweiterungsideal $\widetilde{\mathfrak{p}}$ immer die Dimension d. Geometrisch bedeutet dies die uns bereits bekannte Tatsache (**132.3**), daß die AM ($\mathfrak{p}$) „im Kleinen", d. h. in der Umgebung eines jeden ihrer Punkte, dieselbe Dimension hat wie „im Großen".

§ 4. Die Hilbertfunktion.

141. Definition und allgemeine Eigenschaften der Hilbertfunktion.

1. Die Formen eines festen Grades t im H-Ring $K\,[x_0,\ldots, x_n]$ bilden einen K-Modul,[1] der eine endliche Basis besitzt. Die Anzahl der Basisglieder ist unabhängig von der speziellen Basis (**116.12**). Die einfachste Basis wird von den Potenzprodukten des Grades t in den $n + 1$ Variablen $x_0,\ldots, x_n$ geliefert, denn jede Form dieses Grades ist ein homogenes lineares Aggregat derselben mit Koeffizienten aus K. Die Anzahl der Potenzprodukte ist (**125.14**):

$$H\,(t;n) = \tbinom{t+n}{n}, \quad t = 0, 1, 2,\ldots, \quad n = 0, 1, 2,\ldots. \tag{1a}$$

Es ist zweckmäßig, $H\,(t;n)$ auch für negative ganze t zu definieren, indem wir setzen:

---

[1] D. i. ein Modul, der den Körper K als Operatorenbereich besitzt (**115.2**). Ein K-Modul besitzt die Basis $(\alpha_1,\ldots,\alpha_s)$, wenn er mit der Menge aller Größen $\gamma_1\alpha_1+\ldots+\gamma_s\alpha_s$, $\gamma_i\;\varepsilon\;K$, übereinstimmt und $\alpha_1,\ldots,\alpha_s$ linear unabhängig über K sind.

$$H(t; n) = 0, \qquad t = -1, -2, \ldots, \qquad n = 0, 1, 2, \ldots. \qquad (1\text{b})$$

2. Auch die Formen des Grades t, die in einem beliebigen H-Ideal $\mathfrak{a}$ enthalten sind, bilden einen K-Modul, der ein Untermodul des eben betrachteten Moduls sämtlicher Formen des Grades t ist. Die Anzahl der Basisformen dieses Moduls ist eine ganzzahlige Funktion des Grades t und des Ideals $\mathfrak{a}$, die wir das *Volumen* des Ideals $\mathfrak{a}$ für den Grad t nennen und mit $V(t; \mathfrak{a})$ bezeichnen. Es ist jedenfalls

$$V(t; \mathfrak{a}) \leqq H(t; n). \qquad (2\text{a})$$

Für negative Werte von t setzen wir

$$V(t; \mathfrak{a}) = 0 \quad \text{für } t = -1, -2, \ldots. \qquad (2\text{b})$$

Ist $\mathfrak{a} = (1)$ das Einheitsideal, so steht in (2a) das Gleichheitszeichen:

$$V(t; (1)) = H(t; n). \qquad (2\text{c})$$

Ist $\mathfrak{b}$ ein Teiler von $\mathfrak{a}$, so gilt

$$V(t; \mathfrak{a}) \leqq V(t; \mathfrak{b}) \quad \text{für } \mathfrak{a} \subseteq \mathfrak{b}. \qquad (2\text{d})$$

3. Wir können auch sagen, $V(t; \mathfrak{a})$ *bezeichne die Anzahl der linear unabhängigen Formen des Grades t, die im Ideal $\mathfrak{a}$ enthalten sind.* Die Formen des Grades t im Ideal $\mathfrak{a} + \mathfrak{b} = (\mathfrak{a}, \mathfrak{b})$ bilden die Vereinigungsmenge der in $\mathfrak{a}$ und $\mathfrak{b}$ enthaltenen Formen desselben Grades, diejenigen des Ideals $\mathfrak{a} \cap \mathfrak{b} = [\mathfrak{a}, \mathfrak{b}]$ den Durchschnitt derselben. Wir können eine Basis des K-Moduls der in $\mathfrak{b}$ enthaltenen Formen des Grades t erhalten, wenn wir eine Basis des entsprechenden K-Moduls im Ideal $\mathfrak{a} \cap \mathfrak{b}$ durch gewisse, von ihnen linear unabhängige Formen aus $\mathfrak{b}$ ergänzen; ihre Anzahl ist $V(t; \mathfrak{b}) - V(t; \mathfrak{a} \cap \mathfrak{b})$. Ebenso können wir eine Basis des K-Moduls für den Grad t in $\mathfrak{a} + \mathfrak{b}$ erhalten, wenn wir eine Basis des entsprechenden Moduls in $\mathfrak{a}$ durch gewisse Formen aus $\mathfrak{b}$ ergänzen, die noch nicht in $\mathfrak{a}$ vorkommen und linear unabhängig sind (**116.12**). Benützen wir dafür die vorhin beschriebene Basis für $\mathfrak{b}$, so finden wir, daß die Anzahl der hinzuzufügenden Formen $V(t; \mathfrak{b}) - V(t; \mathfrak{a} \cap \mathfrak{b})$ ist. Daraus folgt nun

$$V(t; \mathfrak{a} + \mathfrak{b}) = V(t; \mathfrak{a}) + V(t; \mathfrak{b}) - V(t; \mathfrak{a} \cap \mathfrak{b}). \qquad (3\text{a})$$

4. Für ein beliebiges H-Ideal $\mathfrak{a}$ und eine Form φ gilt (**115.26h**)

$$[\mathfrak{a}, (\varphi)] = (\mathfrak{a} : \varphi) \varphi. \qquad (4\text{a})$$

Hat φ den Grad τ, so enthält $(\mathfrak{a} : \varphi) \varphi$ genau so viele linear unabhängige Formen des Grades t, als $\mathfrak{a} : \varphi$ solche des Grades $t-\tau$ enthält. Daraus folgt

$$V(t; [\mathfrak{a}, (\varphi)]) = V(t-\tau; \mathfrak{a} : \varphi). \qquad (4\text{b})$$

Ist φ relativ prim zu $\mathfrak{a}$, so gilt

$$V(t\,;\,[\mathfrak{a},(\varphi)]) = V(t{-}\tau\,;\,\mathfrak{a}) \qquad \text{für } \mathfrak{a}:\varphi = \mathfrak{a}. \tag{4c}$$

Für $\mathfrak{a} = (1)$ folgert man hieraus mit Rücksicht auf (2c):

$$V(t\,;\,(\varphi)) = H\,(t{-}\tau\,;\,n) = \binom{t-\tau+n}{n}, \quad t \geqq \tau{-}n. \tag{4d}$$

5. Wenn $V(t\,;\,\mathfrak{a}) < H\,(t\,;\,n)$ ist, was im allgemeinen zutrifft, so enthält das Ideal $\mathfrak{a}$ nicht sämtliche Formen des Grades t; wir können dann $H\,(t\,;\,n) - V(t\,;\,\mathfrak{a})$ Formen dieses Grades ermitteln, welche eine Basis des K-Moduls in $\mathfrak{a}$ zu einer Basis des K-Moduls aller Formen des Grades t ergänzen; diese Formen sind linear unabhängig untereinander und von den Formen in $\mathfrak{a}$, derart, daß auch keine lineare Kombination von ihnen (mit konstanten, nicht sämtlich verschwindenden Koeffizienten) in $\mathfrak{a}$ liegt. Ihre Anzahl ist

$$H\,(t\,;\,\mathfrak{a}) = H\,(t\,;\,n) - V(t\,;\,\mathfrak{a}), \tag{5a}$$

welche die *Hilbertfunktion* des Ideals $\mathfrak{a}$ heißt; sie ist eine Funktion von t und $\mathfrak{a}$, welche nur positiv ganzzahlige Werte und den Wert null annehmen kann. Aus formalen Gründen setzen wir wieder $H\,(t\,;\,\mathfrak{a}) = 0$ für negative t.

6. Die Bedeutung der Hilbertfunktion $H\,(t\,;\,\mathfrak{a})$ eines H-Ideals $\mathfrak{a}$ in $K\,[x_0, \ldots, x_n]$ liegt darin, daß sie nicht nur *die Anzahl der mod $\mathfrak{a}$ linear unabhängigen Formen des Grades t* angibt, sondern auch *die Anzahl der linearen homogenen Bedingungsgleichungen — der ,,Hilbertschen Gleichungen" — welche von den Koeffizienten der Formen des Grades t in $\mathfrak{a}$ erfüllt werden.*

Um dies einzusehen, denken wir uns eine Basis des K-Moduls der Formen des Grades t in $\mathfrak{a}$ angegeben und die Koeffizienten dieser Formen in einer Matrix angeordnet. Diese Matrix hat $H = H\,(t\,;\,n)$ Spalten, die den H Potenzprodukten des Grades t in $n{+}1$ Variablen entsprechen, und $V = V(t\,;\,\mathfrak{a})$ Zeilen, entsprechend den V linear unabhängigen Formen des Grades t in $\mathfrak{a}$.

Wir numerieren Zeilen und Spalten dieser Matrix fortlaufend und schreiben

$$A_{VH} = (a_{ik}), \quad i = 1, \ldots, V; k = 1, \ldots, H. \tag{6a}$$

Da diese Matrix den Rang $V \leqq H$ besitzt, hat das lineare homogene Gleichungssystem

$$\Sigma\,a_{ik}\,\xi_k = 0, \quad i = 1, \ldots, V \tag{6b}$$

genau $h = H - V = H\,(t\,;\,\mathfrak{a})$ voneinander unabhängige Lösungssysteme, welche untereinander geschrieben eine Matrix

$$B_{hH} = (b_{jk}), \quad j = 1, \ldots, h; k = 1, \ldots, H \tag{6c}$$

bilden, die wir die zu A_{VH} *komplementäre* Matrix nennen; die beiden Matrizes stehen nämlich in der wechselseitigen Beziehung

$$\Sigma\, a_{ik}\, b_{jk} = 0, \quad i = 1, \ldots, V; j = 1, \ldots, h; k = 1, \ldots, H \tag{6d}$$

zueinander. Jedes Lösungssystem der Gleichungen (6b) ist eine lineare Kombination der Zeilen von (6c), und umgekehrt ist jedes Lösungssystem der Gleichungen

$$\Sigma\, b_{jk}\, \eta_k = 0, \quad j = 1, \ldots, h; k = 1, \ldots, H \tag{6e}$$

eine lineare Kombination der Zeilen von A_{VH}, d. h. es sind die Koeffizienten einer in $\mathfrak{a}$ enthaltenen Form des Grades t (und umgekehrt). Wenn also die Koeffizienten einer Form des Grades t, in richtiger Weise numeriert, alle Gleichungen (6e) befriedigen, so ist diese Form im Ideal $\mathfrak{a}$ enthalten.

7. Die Gleichungen (6e) heißen die *Hilbertschen Gleichungen*[1] des Ideals $\mathfrak{a}$ für den Grad t. Ihre Anzahl ist $H\,(t\,;\,\mathfrak{a})$; sie sind die Bedingungen, denen die Koeffizienten einer Form des Grades t genügen müssen, um im Ideal $\mathfrak{a}$ enthalten zu sein.

Die Hilbertfunktion $H\,(t\,;\,\mathfrak{a})$ wird auch die *charakteristische Formel* oder *Postulationsformel*, ihr Wert für ein bestimmtes t die *Postulation* genannt; damit ist eben die Anzahl der Bedingungen gemeint, denen die Hyperflächen (Formen) des Grades t genügen müssen, damit sie die $AM\,(\mathfrak{a})$ enthalten.

8. Man kann die Funktionen $V(t\,;\,\mathfrak{a})$ und $H\,(t\,;\,\mathfrak{a})$ auch für inhomogene P-Ideale definieren; zu diesem Zwecke geht man von $\mathfrak{a}$ zum äquivalenten H-Ideal $\mathfrak{a}_0$ über (**124.7**), dessen Hilbertfunktion $H\,(t\,;\,\mathfrak{a}_0)$ nach dem bisherigen erklärt ist und setzt $H\,(t\,;\,\mathfrak{a}) = H\,(t\,;\,\mathfrak{a}_0)$. Es bedeutet danach bei einem inhomogenen P-Ideal $\mathfrak{a}$ das Volumen $V\,(t\,;\,\mathfrak{a})$ die Anzahl der in $\mathfrak{a}$ enthaltenen linear unabhängigen Polynome, deren Grade $\leq t$ sind, und $H\,(t\,;\,\mathfrak{a})$ die Anzahl der mod $\mathfrak{a}$ linear unabhängigen Polynome aller Grade $\leq t$. Daher ist die Hilbertfunktion eines jeden inhomogenen P-Ideals eine (im weiteren Sinn) monoton zunehmende Funktion von t.

Das gilt umgekehrt für jedes H-Ideal, das einem inhomogenen P-Ideal äquivalent ist (**124.7**); d. h. *für jedes H-Ideal* $\mathfrak{a}$, *das keine triviale Komponente besitzt, gilt*

---

[1] *Macaulay* nennt die Matrix A_{VH} „dialytic array", die Gleichungen (6b) „dialytic equations", die Matrix B_{hH} „inverse array" und die Gleichungen (6e) „modular equations".

$$H\,(t\,;\mathfrak{a}) \leqq H\,(t+1\,;\mathfrak{a}), \quad t = 0, 1, \ldots \tag{8a}$$

Weiß man dagegen, daß für ein bestimmtes t die Beziehung (8a) nicht gilt, so folgt daraus, daß $\mathfrak{a}$ eine triviale Komponente haben muß.[1]

9. Mit Hilfe von (5a) leitet man aus (2d), (3a), (4b—d) folgende wichtige Formeln für die Hilbertfunktion ab:

$$H\,(t\,;\mathfrak{a}) \geqq H\,(t\,;\mathfrak{b}), \quad \text{wenn } \mathfrak{a} \subseteq \mathfrak{b}; \tag{9a}$$

$$H\,(t\,;\mathfrak{a}+\mathfrak{b}) = H\,(t\,;\mathfrak{a}) + H\,(t\,;\mathfrak{b}) - H\,(t\,;\mathfrak{a} \cap \mathfrak{b}); \tag{9b}$$

Für eine Form φ des Grades τ gilt:

$$\begin{aligned}
H(t;(\varphi)) = H(t;n) - H(t-\tau;n) &= \binom{t+n}{n} - \binom{t-\tau+n}{n} \quad \text{für } t \geqq \tau - n, \\
&= \binom{t+n}{n} \qquad\qquad \text{für } 0 \leqq t \leqq \tau - n; \tag{9c}
\end{aligned}$$

$$\begin{aligned}
H\,(t\,;[\mathfrak{a},(\varphi)]) &= H\,(t\,;(\varphi)) + H\,(t-\tau\,;\mathfrak{a}:\varphi), \\
&= H\,(t\,;(\varphi)) + H\,(t-\tau\,;\mathfrak{a}), \qquad \text{wenn } \mathfrak{a}:\varphi = \mathfrak{a}. \tag{9d}
\end{aligned}$$

Die Zusammensetzung der Formeln (9b) und (9d) liefert:

$$\begin{aligned}
H\,(t\,;(\mathfrak{a},\varphi)) &= H\,(t\,;\mathfrak{a}) - H\,(t-\tau\,;\mathfrak{a}:\varphi), \\
&= H\,(t\,;\mathfrak{a}) - H\,(t-\tau\,;\mathfrak{a}), \qquad \text{wenn } \mathfrak{a}:\varphi = \mathfrak{a}. \tag{9e}
\end{aligned}$$

Insbesondere gilt:

$$H\,(t\,;(1)) = V(t\,;(0)) = 0, \tag{9f}$$

$$H\,(t\,;(0)) = V(t\,;(1)) = H\,(t\,;n). \tag{9g}$$

10. Ein T-Ideal $\mathfrak{a}$ ist nach **124.10** dadurch charakterisiert, daß es von einem bestimmten Grad T angefangen sämtliche Potenzprodukte enthält, so daß $V(t\,;\mathfrak{a}) = H\,(t\,;n)$ für $t \geqq T$ gilt. Daher verschwindet die Hilbertfunktion eines jeden T-Ideals für genügend große Werte von t

$$H\,(t\,;\mathfrak{a}) = 0 \qquad \text{für } t \geqq T \tag{10a}$$

und das ist auch charakteristisch für T-Ideale. Hat ein H-Ideal $\mathfrak{a}=[\mathfrak{a}_1,\mathfrak{a}_2]$ eine triviale Komponente $\mathfrak{a}_2$, dann erhält man nach (9b)

$$H\,(t\,;\mathfrak{a}) = H\,(t\,;\mathfrak{a}_1) + H\,(t\,;\mathfrak{a}_2) - H\,(t\,;\mathfrak{a}_1 + \mathfrak{a}_2);$$

nun ist zugleich mit $\mathfrak{a}_2$ auch $\mathfrak{a}_1 + \mathfrak{a}_2$ ein T-Ideal, daher hat man von einem gewissen Grad T ab:

$$H\,(t\,;\mathfrak{a}) = H\,(t\,;\mathfrak{a}_1) \quad \text{für } t \geqq T, \tag{10b}$$

d. h. *die triviale Komponente $\mathfrak{a}_2$ hat nur bis zu einem gewissen Grad T Einfluß auf die Hilbertfunktion des Ideals $\mathfrak{a}$.*

---

[1] Diesen Satz kann man noch verschärfen: *Besitzt das H-Ideal $\mathfrak{a}$ in $[x_0,\ldots,x_n]$ keine triviale Komponente und gilt für ein gewisses $t = \tau$: $H\,(\tau\,;\mathfrak{a}) = H\,(\tau+1\,;\mathfrak{a})$, so ist $H\,(t\,;\mathfrak{a})$ für $t \geqq \tau$ konstant.*

11. Es sei nun $\mathfrak{a}$ ein nulldimensionales H-Ideal ohne triviale Komponente; ein solches besitzt eine endliche Anzahl von Nullstellen im P_n (**131.4, 132.8**). Wir können daher eine Linearform

$$l = a_0\,x_0 + \ldots + a_n\,x_n$$

so wählen, daß sie in keiner Nullstelle von $\mathfrak{a}$ verschwindet, also in keinem zu $\mathfrak{a}$ gehörigen Primideal enthalten ist; dann ist l relativ prim zu $\mathfrak{a}$, d. h. $\mathfrak{a} : l = \mathfrak{a}$ (**126.20**). Ferner ist $(\mathfrak{a}, l)$ ein T-Ideal, weil es keine Nullstelle besitzt. Die Formel (9e) liefert daher

$$H\,(t\,;\,(\mathfrak{a},\,l)) = H\,(t\,;\,\mathfrak{a}) - H\,(t\!-\!1\,;\,\mathfrak{a}) = 0 \quad \text{für } t \geqq T,$$

oder

$$H\,(t\,;\,\mathfrak{a}) = H\,(T\,;\,\mathfrak{a}) \quad \text{für } t \geqq T\!-\!1. \tag{11a}$$

Die Hilbertfunktion eines nulldimensionalen H-Ideals ist also für genügend große t *konstant* gleich einer festen positiven Zahl, welche die *Ordnung* des Ideals $\mathfrak{a}$ heißt. Sie ist, wie wir jetzt beweisen wollen, *gleich der Anzahl der Nullstellen, welche die AM* $(\mathfrak{a})$ *ausmachen.*

12. Zunächst gilt für ein nulldimensionales Primideal $\mathfrak{p}$, dessen Basis nach (**132.8a**) n linear unabhängige Linearformen sind,[1]

$$H\,(t\,;\,\mathfrak{p}) = 1 \qquad \text{für } t \geqq 0 \tag{12a}$$

in Übereinstimmung damit, daß $AM\,(\mathfrak{p})$ aus einem einzigen Punkt besteht. Man bestätigt (12a) am einfachsten, wenn man durch eine Translation[2] die Nullstelle in den Koordinatenursprung rückt, so daß das Primideal $\mathfrak{p} = (x_1, \ldots, x_n)$ vorliegt. Nun sind offenbar sämtliche Potenzprodukte des Grades t in $\mathfrak{p}$ enthalten mit Ausnahme von x_0^t, so daß (12a) richtig ist. Ferner gilt

$$H\,(t\,;\,\mathfrak{p}^\varrho) = \binom{n+\varrho-1}{\varrho-1}, \quad t \geqq \varrho-1 \tag{12b}$$

denn $\mathfrak{p}^\varrho$ enthält sämtliche Potenzprodukte des Grades t mit Ausnahme derjenigen, welche den Faktor x_0 in einer höheren Potenz als $t\!-\!\varrho$ enthalten, so daß

$$H\,(t\,;\,\mathfrak{p}^\varrho) = 1 + \binom{n}{1} + \binom{n+1}{2} + \ldots + \binom{n+\varrho-2}{\varrho-1} = \binom{n+\varrho-1}{\varrho-1}$$

gilt. Nach **127.21** ist also $H\,(t\,;\,\mathfrak{p}^\varrho)$ gleich der Multiplizität des Primärideals $\mathfrak{p}^\varrho$, oder nach unserer geometrischen Sprechweise (**127.16**) gleich der Anzahl von Punkten, welche $AM\,(\mathfrak{p}^\varrho)$ enthält.

---

[1] Bei algebraisch abgeschlossenem Konstantenkörper; den allgemeinen Fall siehe **143.5**.

[2] Die Hilbertfunktion ist gegenüber nicht singulären linearen Transformationen invariant (**17**).

13. Ist nun q ein beliebiges Primärideal der Multiplizität μ, das zum nulldimensionalen Primideal $\mathfrak{p}$ gehört, so gibt es nach **127.16** eine Kompositionsreihe

$$q = q_1 \subset q_2 \subset \ldots \subset q_\mu = \mathfrak{p},$$

welche aus μ Gliedern besteht. Nach (**127**.18b, c) gibt es ferner in q_i eine Form u_i des Grades σ, derart, daß $u_i \,\varepsilon\,\big|\, q_{i-1}$, $\mathfrak{p}\, u_i \subseteq q_{i-1}$ gilt. Daraus schließt man, daß q_i mindestens eine Form des Grades t ($\geq \sigma$), nämlich $x_0^{t-\sigma}\, u_i$ enthält, die nicht in q_{i-1} vorkommt. Daher muß

$$H(t; q_{i-1}) \geqq H(t; q_i) + 1 \tag{13a}$$

wenigstens für $t \geq \sigma$ sein. Ist ϱ der Exponent von q, so können wir die Kompositionsreihe nach links bis $\mathfrak{p}^\varrho$ fortsetzen:

$$\mathfrak{p}^\varrho \subset \ldots \subset q_1 \subset q_2 \subset \ldots \quad \subset \mathfrak{p}.$$

Sie enthält $\binom{n+\varrho-1}{\varrho-1}$ Glieder (**127.21**). Die Hilbertfunktionen dieser Primärideale nehmen aber bei jedem Schritt nach links um mindestens 1 zu (13a); andererseits gilt (12b). Das ist nur dann möglich, wenn die Zunahme bei jedem Schritt genau 1 beträgt; dann gilt aber für jedes dazwischenliegende Primärideal q von der Multiplizität μ

$$H(t; q) = \mu \quad \text{für } t \geq T,$$

d. h. *die Hilbertfunktion eines nulldimensionalen Primärideals ist (bei algebraisch abgeschlossenem Konstantenkörper) für genügend großes t gleich seiner Multiplizität.*

14. Es sei jetzt $\mathfrak{a}$ ein beliebiges nulldimensionales H-Ideal mit der reduzierten Darstellung

$$\mathfrak{a}\,[q_1, \ldots, q_s, \mathfrak{a}_t], \tag{14a}$$

wo $q_1, \ldots, q_s$ nulldimensionale Primärideale sind, die zu voneinander verschiedenen Primidealen gehören; $\mathfrak{a}_t$ sei eine etwa vorhandene triviale Komponente. Da (q_1, q_2) ein T-Ideal ist, folgt aus (9b) und (10a):

$$H(t; [q_1, q_2]) = H(t; q_1) + H(t; q_2) \quad \text{für } t \geq T.$$

Wiederholung dieses Schlusses führt auf die Formel

$$H(\,\dot{}\,; \mathfrak{a}) = H(t; q_1) + \ldots + H(t; q_s) = \mu_1 + \ldots + \mu_s \text{ für } t \geq T, \!{}^1 \tag{14b}$$

wo $\mu_1, \ldots, \mu_s$ die Multiplizitäten der Primärideale $q_1, \ldots, q_s$ bedeuten. Damit ist die am Schluß von **11** ausgesprochene Behauptung allgemein

---

[1] Die Schranke T kann natürlich von der gleichbezeichneten in der vorausgehenden Formel verschieden sein. Die triviale Komponente liefert nach (10b) keinen Beitrag.

bewiesen. Das gilt auch, wenn K nicht algebraisch abgeschlossen ist, weil weder die Hilbertfunktion noch die $AM(\mathfrak{a})$ sich bei algebraischen Erweiterungen von K ändern (**143.5**).

15. Wir sind nun in der Lage, den grundlegenden *Hilbertschen Satz* zu beweisen: *Die Hilbertfunktion $H(t;\mathfrak{a})$ eines beliebigen H-Ideals $\mathfrak{a}$ von der Dimension d (Rang $r = n-d$, $0 \leq d \leq n-1$) in $K[x_0, \ldots, x_n]$ ist für genügend große Werte von t eine ganze rationale Funktion von t des Grades d, die man zweckmäßig so schreibt:*

$$H(t;\mathfrak{a}) = h_0 \binom{t}{d} + h_1 \binom{t}{d-1} + \ldots + h_d. \tag{15a}$$

Die Koeffizienten $h_0 (> 0)$, $h_1, \ldots, h_d$ sind ganze rationale Zahlen und heißen die Hilbertschen Koeffizienten des Ideals $\mathfrak{a}$. Wenn es notwendig ist, ihre Zugehörigkeit zum Ideal $\mathfrak{a}$ sichtbar zu machen, schreiben wir $h_0(\mathfrak{a})$, $h_1(\mathfrak{a}), \ldots, h_d(\mathfrak{a})$. $h_0(\mathfrak{a})$ heißt die *Ordnung* von $\mathfrak{a}$.[1]

16. Wir können den Beweis durch Induktion hinsichtlich der Dimension d führen, denn für $d = 0$ gilt der Satz bereits (**11**). Es sei also unser Satz schon für alle H-Ideale, deren Dimension $< d$ ist, bewiesen; $\mathfrak{a}$ sei ein beliebiges H-Ideal der Dimension d. Wir dürfen $\mathfrak{a}$ ohne triviale Komponente voraussetzen, weil eine solche auf $H(t;\mathfrak{a})$, wenigstens für genügend große Werte von t, keinen Einfluß hat (**10**). Dann gibt es sicher eine Linearform l, welche zu $\mathfrak{a}$ relativ prim ist, $\mathfrak{a}:l = \mathfrak{a}$.[2] Formel (9e) liefert, wenn wir beachten, daß $(\mathfrak{a}, l)$ die Dimension $d-1$ besitzt (**133.15**), und unsere Induktionsvoraussetzung anwenden:

$$H(t;(\mathfrak{a}, l)) = H(t;\mathfrak{a}) - H(t-1;\mathfrak{a}) = h_0\binom{t}{d-1} + h_1\binom{t}{d-2} + \ldots + h_{d-1}.$$

Durch diese Differenzengleichung ist $H(t;\mathfrak{a})$ bis auf eine additive periodische Funktion der Periode 1 von t bestimmt; da aber $H(t;\mathfrak{a})$ nur für ganzzahlige Werte von t Bedeutung hat, kann diese periodische Funktion auf eine Konstante h_d reduziert werden. Die Lösung ist also

---

[1] Für T-Ideale wird der Begriff Ordnung nicht definiert; man könnte widerspruchsfrei null als ihre Ordnung definieren.

[2] Die Linearform l darf in keinem zu $\mathfrak{a}$ gehörigen Primideal aufgehen. Um eine solche zu finden, schreibe man für jedes dieser Primideale je eine Hilbertsche Gleichung des Grades $t = 1$ (falls es überhaupt eine solche gibt) auf und wähle ein Zahlensystem, welches keine einzige Gleichung annulliert. Diese Zahlen bilden die Koeffizienten einer brauchbaren Linearform. Geometrisch bedeutet das: Ist eine endliche Anzahl von linearen Unterräumen oder von AM beliebiger Dimensionen $\leq n-1$ im P_n gegeben, so gibt es immer einen linearen Unterraum der Dimension $n-1$, welcher keinen der genannten enthält. Durch eine homogene lineare Transformation können wir l in die Variable x_0 überführen, so daß die Einschränkung, unter welcher der Satz **133.11** unabhängig vom Hilbertschen Satz bewiesen wurde, sicher erfüllt ist.

$$H(t;\mathfrak{a}) = h_0 \binom{t}{d} + h_1 \binom{t}{d-1} + \ldots + h_{d-1}\binom{t}{1} + h_d. \tag{15a}$$

Die Koeffizienten $h_0, \ldots, h_{d-1}$ sind laut Induktionsvoraussetzung ganze rationale Zahlen, dasselbe muß für den neu hinzugetretenen Koeffizienten h_d gelten, weil $H(t;\mathfrak{a})$ nur ganzzahlige Werte annimmt.

17. *Die Hilbertfunktion eines H-Ideals* $\mathfrak{a}$ *ist invariant gegenüber homogenen linearen Transformationen der Variablen* $x_0, \ldots, x_n$. Durch eine solche Transformation werden nicht nur die Variablen $x_0, \ldots, x_n$ linear und homogen in die Variablen $y_0, \ldots, y_n$, sondern auch die Potenzprodukte der x eines beliebigen Grades t in diejenigen der y desselben Grades übergeführt (125.24). Insbesondere gehen linear unabhängige Formen dabei wieder in linear unabhängige Formen über. Das transformierte Ideal $\bar{\mathfrak{a}}$ in $K[y_0, \ldots, y_n]$ enthält also genau dieselbe Anzahl linear unabhängiger Formen des Grades t wie das ursprüngliche Ideal $\mathfrak{a}$ in $K[x_0, \ldots, x_n]$; also sind ihre Hilbertfunktionen identisch.

142. Formeln für Hilbertfunktionen von Idealen der Hauptklasse.

1. Aus der Formel (141.9c) entnehmen wir für ein Hauptideal (φ), dessen Basisform den Grad τ besitzt:

$$H(t;(\varphi)) = \binom{t+n}{n} - \binom{t-\tau+n}{n} \quad \text{für } t \geq \tau - n. \tag{1a}$$

Für $n = 1, 2, \ldots$ ergibt das [1]

$$H(t;(\varphi)) = \tau \quad \text{für } n = 1, \; t \geq \tau - 1; \tag{1b}$$

$$= \tau\, t - \frac{\tau(\tau-3)}{2} \quad \text{für } n = 2, \; t \geq \tau - 2; \tag{1c}$$

$$= \tau \binom{t}{2} - \frac{\tau(\tau-5)}{2}\, t + \frac{\tau(\tau^2-6\tau+11)}{6} \quad \text{für } n = 3, \; t \geq \tau - 3 \tag{1d}$$

$$= \tau \binom{t}{3} - \frac{\tau(\tau-7)}{2}\binom{t}{2} + \frac{\tau(\tau^2-9\tau+26)}{6}\, t - \frac{\tau(\tau^3-10\tau^2+35\tau-50)}{24},$$
$$\text{für } n = 4, \; t \geq \tau - 4. \tag{1e}$$

---

[1] Zur Berechnung dieser Ausdrücke bedient man sich vorteilhaft der folgenden Formeln:

$$\binom{a+b}{n} = \binom{a}{n}\binom{b}{0} + \binom{a}{n-1}\binom{b}{1} + \ldots + \binom{a}{n-\nu}\binom{b}{\nu} + \ldots + \binom{a}{0}\binom{b}{n}; \tag{1g}$$

$$\binom{a-b}{n} = \binom{a}{n}\binom{b}{0} - \binom{a}{n-1}\binom{b}{1} + \ldots + (-1)^\nu \binom{a}{n-\nu}\binom{b+\nu-1}{\nu} + \ldots +$$
$$+ (-1)^n \binom{a}{0}\binom{b+n-1}{n}; \tag{1h}$$

n ist eine natürliche Zahl, a und b können beliebige reelle Zahlen sein.

Für allgemeines n gilt:

$$H\,(t\,;(\varphi)) = h_0\,\binom{t}{n-1} + h_1\,\binom{t}{n-2} + \ldots + h_{n-1}, \quad t \geqq \tau - n \qquad (1\mathrm{f})$$

$$\text{mit } h_0 = \tau,\; h_1 = -\frac{\tau}{2}\,(\tau - 2n + 1),\; h_2 = \frac{\tau}{6}\,(\tau^2 - 3\,(n-1)\,\tau + 3n^2 - 6n + 2),$$

$$h_3 = -\frac{\tau}{24}\,(\tau^3 - 2\,(2n-3)\,\tau^2 + (6n^2 - 18n + 11)\,\tau - (4n^3 - 18n^2 + 22n - 6)),\ldots,$$

$$h_k = \binom{n}{k+1} - \binom{n-\tau}{k+1}, \ldots$$

2. Für ein H-Ideal der Hauptklasse 2, $\mathfrak{a} = (\varphi_1, \varphi_2)$, dessen Basis-formen die Gerade τ_1 und τ_2 besitzen, erhält man mit Hilfe von (9e):

$$H\,(t\,;(\varphi_1, \varphi_2)) = \binom{t+n}{n} - \binom{t-\tau_1+n}{n} - \binom{t-\tau_2+n}{n} + \binom{t-\tau_1-\tau_2+n}{n},$$
$$t \geqq \tau_1 + \tau_2 - n. \qquad (2\mathrm{a})$$

Das ist für $n = 2, 3, \ldots$ entwickelt:

$$H\,(t\,;(\varphi_1, \varphi_2)) = \tau_1\tau_2 \qquad\qquad \text{für } n = 2,\, t \geqq \tau_1 + \tau_2 - 2; \qquad (2\mathrm{b})$$

$$= \tau_1\tau_2\, t - \frac{\tau_1\tau_2}{2}\,(\tau_1 + \tau_2 - 4) \quad \text{für } n = 3,\, t \geqq \tau_1 + \tau_2 - 3; \qquad (2\mathrm{c})$$

$$= \tau_1\tau_2\,\binom{t}{2} - \frac{\tau_1\tau_2}{2}\,(\tau_1 + \tau_2 - 6)\,t + \frac{\tau_1\tau_2}{12}\,(2\tau_1^2 + 3\tau_1\tau_2 + 2\tau_2^2 - 15\tau_1 - 15\tau_2 + 35)$$
$$\text{für } n = 4,\quad t \geqq \tau_1 + \tau_2 - 4. \qquad (2\mathrm{d})$$

Für allgemeines n gilt:

$$H\,(t\,;(\varphi_1, \varphi_2)) = h_0\,\binom{t}{n-2} + h_1\,\binom{t}{n-3} + \ldots + h_{n-2}, \quad t \geqq \tau_1 + \tau_2 - n \qquad (2\mathrm{e})$$

$$\text{mit } h_0 = \tau_1\tau_2,\quad h_1 = -\frac{\tau_1\tau_2}{2}\,(\tau_1 + \tau_2 - 2n + 2),$$

$$h_2 = \frac{\tau_1\tau_2}{12}\,[2\tau_1^2 + 3\tau_1\tau_2 + 2\tau_2^2 - 3\,(2n-3)\,(\tau_1 + \tau_2) + 6n^2 - 18n + 11]\ldots,$$

$$h_k = \binom{n}{k+2} - \binom{n-\tau_1}{k+2} - \binom{n-\tau_2}{k+2} + \binom{n-\tau_1-\tau_2}{k+2}, k = 0, \ldots, n-2.$$

3. Die entsprechenden Formeln für ein H-Ideal $(\varphi_1, \varphi_2, \varphi_3)$ der Hauptklasse 3, dessen Basisformen die Grade τ_1, τ_2, τ_3 besitzen, sind:

$$H\,(t\,;(\varphi_1, \varphi_2, \varphi_3)) = \binom{t+n}{n} - \binom{t-\tau_1+n}{n} - \binom{t-\tau_2+n}{n} - \binom{t-\tau_3+n}{n} + \binom{t-\tau_1-\tau_2+n}{n} +$$
$$+ \binom{t-\tau_2-\tau_3+n}{n} + \binom{t-\tau_3-\tau_1+n}{n} - \binom{t-\tau_1-\tau_2-\tau_3+n}{n} \quad \text{für } t \geqq \tau_1 + \tau_2 + \tau_3 - n; \; (3\mathrm{a})$$

$$= \tau_1\tau_2\tau_3 \qquad \text{für } n = 3,\, t \geqq \tau_1 + \tau_2 + \tau_3 - 3; \qquad (3\mathrm{b})$$

$$= \tau_1\tau_2\tau_3\, t - \frac{\tau_1\tau_2\tau_3}{2}\,(\tau_1 + \tau_2 + \tau_3 - 5) \quad \text{für } n = 4,\, t \geqq \tau_1 + \tau_2 + \tau_3 - 4. \quad (3\mathrm{c})$$

Allgemein hat man

$$H\,(t\,;\,(\varphi_1,\varphi_2,\varphi_3)) = h_0\,\binom{t}{n-3}+h_1\,\binom{t}{n-4}+\ldots+h_{n-3}, \qquad (3\mathrm{d})$$

$$\text{für } t \geqq \tau_1+\tau_2+\tau_3-n \qquad \text{mit } h_0 = \tau_1\tau_2\tau_3,$$

$$h_1 = -\frac{\tau_1\tau_2\tau_3}{2}\,(\tau_1+\tau_2+\tau_3-2n+3),$$

$$h_k = \binom{n}{k+3}-\binom{n-\tau_1}{k+3}-\binom{n-\tau_2}{k+3}-\binom{n-\tau_3}{k+3}+\binom{n-\tau_1-\tau_2}{k+3}+\binom{n-\tau_2-\tau_3}{k+3}+\binom{n-\tau_3-\tau_1}{k+3}-$$
$$-\binom{n-\tau_1-\tau_2-\tau_3}{k+3}, \quad k=0,\ldots,\; n-3.$$

4. Für ein H-Ideal $(\varphi_1,\ldots,\varphi_r)$ der Hauptklasse r in $K\,[x_0,\ldots,x_n]$ lassen sich folgende Formeln explizit entwickeln, wenn $\tau_1,\ldots,\tau_r$ die Grade der Basisformen $\varphi_1,\ldots,\varphi_r$ bedeuten:

$$H\,(t\,;\,(\varphi_1,\ldots,\varphi_r)) = h_0\,\binom{t}{n-r}+h_1\,\binom{t}{n-r-1}+\ldots+h_{n-r},$$
$$n \geqq r,\;\; t \geqq \tau_1+\ldots+\tau_r-n \qquad (4\mathrm{a})$$

$$h_0 = \tau_1\tau_2\ldots\tau_r,$$
$$h_1 = -{}^1/_2\,\tau_1\ldots\tau_r\,(\tau_1+\ldots+\tau_r-2n+r),\ldots$$
$$h_k = \binom{n}{k+r}-\binom{n-\tau_1}{k+r}-\ldots-\binom{n-\tau_r}{k+r}+\binom{n-\tau_1-\tau_2}{k+r}+\ldots+(-1)^k\,\binom{n-\tau_1-\ldots-\tau_r}{k+r},$$
$$k=0,\ldots,\; n-r.$$

Man beweist diese Formeln am besten durch Induktion von r auf $r+1$ mit Hilfe von **(141.9e)**.

5. Wir wollen hieraus das Ergebnis festhalten: *Die Ordnung eines H-Ideals $\mathfrak{a} = (\varphi_1,\ldots,\varphi_r)$ der Hauptklasse r, dessen Basisformen die Grade $\tau_1,\ldots,\tau_r$ besitzen, ist*

$$h_0\,(\varphi_1,\ldots,\varphi_r) = \tau_1\tau_2\ldots\tau_r. \qquad (5\mathrm{a})$$

Die übrigen Hilbertschen Koeffizienten dieses Ideals sind sämtlich ganze rationale Zahlen, die durch h_0 teilbar sind. Das letztere folgt leicht durch Induktion von r auf $r+1$ auf Grund der Formel

$$H\,(t\,;\,(\varphi_1,\ldots,\varphi_{r+1})) = H\,(t\,;\,(\varphi_1,\ldots,\varphi_r)) - H\,(t-\tau_{r+1}\,;\,(\varphi_1,\ldots,\varphi_r)) =$$
$$= h_0\left[\binom{t}{n-r}-\binom{t-\tau_{r+1}}{n-r}\right]+h_1\left[\binom{t}{n-r-1}-\binom{t-\tau_{r+1}}{n-r-1}\right]+\ldots+h_{n-r}\left[\binom{t}{0}-\right.$$
$$\left.-\binom{t-\tau_{r+1}}{0}\right].$$

Hier sind $h_0, h_1,\ldots, h_{n-r}$ nach Induktionsvoraussetzung ganze Vielfache von $\tau_1\ldots\tau_r$; jeder Klammerausdruck, nach $\binom{t}{n-r-1},\ldots,\binom{t}{0}$ entwickelt, hat ganze rationale Koeffizienten, die durch τ_{r+1} teilbar sind. Für $r=1$ ist die Behauptung in **1** bewiesen worden.

6. Die angegebenen Ausdrücke der Hilbertfunktionen gelten immer erst von einem gewissen Grad t an. Man kann aber auch leicht die Werte der Hilbertfunktionen für niedrigere Grade berechnen; wenn man nämlich für die Binomialkoeffizienten $\binom{m}{n}$ null einsetzt, sobald $m < 0$ ist, so gelten die Formeln (1a), (2a), (3a) allgemein ohne jede Beschränkung für t.

143. Die Hilbertschen Koeffizienten, insbesondere die Ordnung der H-Ideale. Projektionen.

1. Es sei

$$\mathfrak{a} = [\mathfrak{q}_1, \ldots, \mathfrak{q}_s, \mathfrak{q}_{s+1}, \ldots, \mathfrak{q}_t] \tag{1a}$$

eine reduzierte Darstellung des H-Ideals $\mathfrak{a}$ in $K[x_0, \ldots, x_n]$ von der Dimension d; die Primärkomponenten seien so angeordnet, daß $\mathfrak{q}_1, \ldots, \mathfrak{q}_s$ die Dimension d und die nachfolgenden geringere Dimensionen besitzen. Es seien ferner $h_0(\mathfrak{q}_1), \ldots, h_0(\mathfrak{q}_s)$ die Ordnungen der Primärideale $\mathfrak{q}_1, \ldots, \mathfrak{q}_s$. Dann gilt für die Ordnung $h_0(\mathfrak{a})$ des Ideals $\mathfrak{a}$

$$h_0(\mathfrak{a}) = h_0(\mathfrak{q}_1) + \ldots + h_0(\mathfrak{q}_s), \tag{1b}$$

d. h. *die Ordnung von $\mathfrak{a}$ ist die Summe der Ordnungen der Primärkomponenten höchster Dimension; die Primärkomponenten geringerer Dimension haben keinen Einfluß auf die Ordnung von $\mathfrak{a}$.*

2. Zum Beweise setzen wir

$$\mathfrak{a}_1 = [\mathfrak{q}_1, \ldots, \mathfrak{q}_s], \quad \mathfrak{a}_2 = [\mathfrak{q}_{s+1}, \ldots, \mathfrak{q}_t],$$

so daß $\mathfrak{a} = [\mathfrak{a}_1, \mathfrak{a}_2]$ ist und $\mathfrak{a}_1$ (ungemischt) die Dimension d, $\mathfrak{a}_2$ höchstens die Dimension $d{-}1$ hat. Wenden wir die Formel (**141.**9b) an und beachten, daß das Glied $\binom{t}{d}$ nur in $H(t; \mathfrak{a}_1)$ auftritt, so folgt

$$h_0(\mathfrak{a}) = h_0(\mathfrak{a}_1). \tag{2a}$$

Führen wir denselben Schluß am Ideal $[\mathfrak{q}_1, \mathfrak{q}_2]$ aus und beachten, daß $(\mathfrak{q}_1, \mathfrak{q}_2)$ höchstens die Dimension $d{-}1$ hat, so folgt

$$h_0[\mathfrak{q}_1, \mathfrak{q}_2] = h_0(\mathfrak{q}_1) + h_0(\mathfrak{q}_2).$$

Wiederholung desselben Schlusses führt wegen (2a) auf (1b).

3. Auf dieselbe Weise beweist man den allgemeineren Satz: Es sei $\mathfrak{a} = [\mathfrak{a}_1, \mathfrak{a}_2]$, und zwar habe $\mathfrak{a}_1$ die Dimension d, $\mathfrak{a}_2$ die Dimension $d{-}\delta{-}1$; dann ist

$$h_0(\mathfrak{a}) = h_0(\mathfrak{a}_1), \; h_1(\mathfrak{a}) = h_1(\mathfrak{a}_1), \ldots, h_\delta(\mathfrak{a}) = h_\delta(\mathfrak{a}_1);$$

die Hilbertkoeffizienten $h_0, \ldots, h_\delta$ eines H-Ideals $\mathfrak{a}$ hängen also nur von der isolierten Komponente ab, welche sämtliche Primärkomponenten von $\mathfrak{a}$ umfaßt, deren Dimensionen $\geq d{-}\delta$ sind. Die Primärkomponenten geringerer Dimension haben keinen Einfluß auf den Wert dieser Hilbertkoeffizienten.

4. Zufolge **142.1** ist *die Ordnung eines Hauptideals* (φ) *gleich dem Grad der Basisform* φ. Damit ist die manchmal geübte Gleichsetzung der Bezeichnungen „Grad" und „Ordnung" bei Formen gerechtfertigt.

5. Wenn der Konstantenkörper K algebraisch abgeschlossen ist, dann ist, wie wir bereits festgestellt haben (**141.11—14**), die Ordnung eines nulldimensionalen Primärideals gleich seiner Multiplizität. Wir wollen nun ganz allgemein beweisen, daß *die Ordnung eines Primärideals* $\mathfrak{q}$ *von der Multiplizität* μ *das* μ-*fache der Ordnung des zugehörigen Primideals* $\mathfrak{p}$ *ist*:

$$h_0(\mathfrak{q}) = \mu \, h_0(\mathfrak{p}). \tag{5a}$$

Dieser Satz gilt allgemein für Ideale beliebiger Dimension, gleichgültig, ob der Konstantenkörper algebraisch abgeschlossen ist oder nicht.[1]

Zum Beweise erinnern wir an die Entwicklungen in **127.17—18**. Sind $\mathfrak{q}_1 \subset \mathfrak{q}_2$ zwei aufeinanderfolgende Primärideale einer beliebigen Kompositionsreihe, $\mathfrak{p}$ das zugehörige Primideal der Dimension d, und setzen wir

$$\mathfrak{q}_2 = (\mathfrak{q}_1, \varphi_1, \ldots, \varphi_\sigma), \tag{5b}$$

so können wir aus (**127.18b**) folgern, daß Gleichungen folgender Art bestehen:[2]

$$\alpha_i \varphi_i \equiv \beta_i \varphi_1 \quad (\mathfrak{q}_1), \quad \alpha_i, \beta_i \, \epsilon\mid \mathfrak{p}, \tag{5c}$$

$$\mathfrak{p}\,\varphi_i \subseteq \mathfrak{q}_1, \quad i = 1, \ldots, \sigma. \tag{5d}$$

Aus (5c) folgt, daß die Idealquotienten

$$(\mathfrak{q}_1, \varphi_1) : \varphi_2, \ldots, (\mathfrak{q}_1, \varphi_1, \ldots, \varphi_{\sigma-1}) : \varphi_\sigma \tag{5e}$$

sämtlich H-Ideale sind, deren Dimensionen kleiner als d sind; ferner ist $\mathfrak{q}_1 : \varphi_1 = \mathfrak{p}$. Wendet man nun Formel (**141.9e**) mehrmals auf $\mathfrak{q}_2$ an und beachtet das eben über (5e) Bemerkte, so folgert man

$$h_0(\mathfrak{q}_2) = h_0(\mathfrak{q}_1, \varphi_1, \ldots, \varphi_{\sigma-1}) = \ldots = h_0(\mathfrak{q}_1, \varphi_1) = h_0(\mathfrak{q}_1) - h_0(\mathfrak{p}),$$

also

$$h_0(\mathfrak{q}_1) = h_0(\mathfrak{q}_2) + h_0(\mathfrak{p}). \tag{5f}$$

Diese Formel, auf alle Glieder einer Kompositionsreihe von $\mathfrak{q}$ angewendet, liefert (5a).

---

[1] In diesem Fall kann die Ordnung eines nulldimensionalen Primideals > 1 sein. Es bleibt aber der Satz bestehen, daß die Ordnung von $\mathfrak{p}$, bzw. $\mathfrak{q}$ immer gleich der Anzahl der Nullstellen von $AM(\mathfrak{p})$, bzw. $AM(\mathfrak{q})$ ist. Das folgt sofort, wenn man eine passende Erweiterung des Grundkörpers vornimmt.

[2] Geht man nämlich zum Quotientenkörper über, in dem alle zu $\mathfrak{p}$ relativ primen Elemente als Nenner zugelassen sind, so ist $\mathfrak{q}_1 = (\mathfrak{q}_2, u)$; daher $\varphi_i \equiv \dfrac{a_i}{b_i} u \,(\mathfrak{q}_1)$ mit $a_i \, b_i \, \epsilon\mid \mathfrak{p}$.

6. Die Hilbertkoeffizienten, insbesondere die Ordnung eines H-Ideals sind nach **141.17** invariant gegenüber homogenen linearen Transformationen der Variablen. Diese Invarianz besteht aber nicht mehr gegenüber allgemeinen birationalen Transformationen.[1]

7. Ist die Form φ des Grades τ relativ prim zum H-Ideal $\mathfrak{a}$ der Ordnung $h_0(\mathfrak{a})$ und einer Dimension $d \geqq 1$, so hat $(\mathfrak{a}, \varphi)$ die Ordnung

$$h_0(\mathfrak{a}, \varphi) = \tau\, h_0(\mathfrak{a}), \qquad \text{wenn } \mathfrak{a} : \varphi = \mathfrak{a}. \tag{7a}$$

Das. o gt aus **(141.9e)**. Diese Formel gilt auch noch bei weniger einschränkenden Voraussetzungen über φ, denn φ braucht nur relativ prim zu allen Primärkomponenten der Dimensionen d und $d{-}1$ von $\mathfrak{a}$ zu sein; insbesondere darf eine triviale Komponente von $\mathfrak{a}$ **(141.10)** immer unberücksichtigt bleiben.

8. Besondere Beachtung verdient der Fall $\tau = 1$: Der Schnitt einer $AM(\mathfrak{a})$ der Dimension $d\ (\geqq 1)$ und der Ordnung $h_0(\mathfrak{a})$ mit einer allgemeinen Hyperebene l hat die Dimension $d{-}1$ und dieselbe Ordnung:

$$h_0(\mathfrak{a}, l) = h_0(\mathfrak{a}). \tag{8a}$$

Die Hyperebene (l) darf hier keinen irreduziblen Bestandteil der zwei höchsten Dimensionen von $AM(\mathfrak{a})$ enthalten. Das ist sicher immer dann der Fall, wenn $\mathfrak{a} : l$ entweder gleich $\mathfrak{a}$ ist, oder wenigstens bis auf eine triviale Komponente mit $\mathfrak{a}$ übereinstimmt.

9. Diese Erkenntnis verhilft uns dazu, der Ordnung eines H-Ideals eine neue Bedeutung zuzuweisen: *Die Ordnung $h_0(\mathfrak{a})$ eines H-Ideals $\mathfrak{a}$ der Dimension $d\ (\geqq 1)$ in $K[x_0, \ldots, x_n]$ ist gleich der Anzahl der Schnittpunkte, in denen die $AM(\mathfrak{a})$ von einem allgemeinen linearen Unterraum $\mathfrak{l} = [l_1, \ldots, l_d]$ der Dimension $r = n{-}d$ geschnitten wird.* Der lineare Raum $\mathfrak{l}$ ist der Schnitt von d linear unabhängigen Hyperebenen $l_1, \ldots, l_d$ und er ist „allgemein" bezüglich $\mathfrak{a}$, wenn die Linearform $l_{\nu+1}$ in keinem zum H-Ideal

$$(\mathfrak{a}, l_1, \ldots, l_\nu), \tag{9a}$$

gehörigen Primideal einer Dimension $\geqq 0$ aufgeht $(\nu = 0, \ldots, d{-}1)$. Für eine allgemein herausgegriffene Linearform wird das immer zutreffen, da es hier nur darauf ankommt, einer gewissen Anzahl von speziellen

---

[1] Z. B. sind die Primhauptideale $\mathfrak{p}_1 = (x_1^2 + x_2^2 - 1)$ und $\mathfrak{p}_2 = (x_2)$ in $K[x_1, x_2]$ birational äquivalent, denn ihre Restklassenkörper sind isomorph **(116.21)**; das erste hat aber die Ordnung 2, das zweite die Ordnung 1.

Koeffizientensystemen auszuweichen.[1] Dann hat das Ideal (9a) die Dimension $d-\nu$ (**133.15**) und die Ordnung $h_0\,(\mathfrak{a})$; insbesondere hat $(\mathfrak{a},\mathfrak{l})=(\mathfrak{a},l_1,\ldots,l_d)$ die Dimension null (**133.16**) und ebenfalls die Ordnung $h_0\,(\mathfrak{a})$, d. h. $AM\,(\mathfrak{a},\mathfrak{l})$ besteht aus $h_0\,(\mathfrak{a})$ Punkten (**141.11**).

10. Auch gegenüber einer *allgemeinen Projektion* ist die Ordnung invariant. Ist

$$\{\xi_0,\ldots,\xi_n\} \tag{10a}$$

das Projektionszentrum und

$$y_n = a_{n0}\,x_0+\ldots+a_{nn}\,x_n \tag{10b}$$

die Hyperebene, auf die projiziert wird,[2] so müssen wir nach den Ausführungen in **123.5—6** zunächst eine lineare homogene Variablentransformation ausführen:

$$y_i = \Sigma\,a_{ik}\,x_k, \quad i=0,\ldots,n, \tag{10c}$$

deren letzte Zeile mit (10b) übereinstimmt, während die Koeffizienten a_{ik} der ersten n Zeilen so gewählt sein müssen, daß diese linear unabhängig sind und

$$\Sigma\,a_{ik}\,\xi_k = 0 \quad \text{für } i=0,\ldots,n-1 \tag{10d}$$

gilt;[3] dann ist auch $\left|\,a_{ik}\,\right| \neq 0$. Das Ideal $\mathfrak{a}_x$ in $K\,[x_0,\ldots,x_n]$ geht vermöge (10c) in ein Ideal $\mathfrak{a}_y$ in $K\,[y_0,\ldots,y_n]$ über, das die gleiche Hilbertfunktion besitzt (**141.17**). Die Projektion auf die Hyperebene y_n wird dann durch das Eliminationsideal

$$\bar{\mathfrak{a}}_y = \mathfrak{a}_y \cap K\,[y_0,\ldots,y_{n-1}] \tag{10e}$$

geliefert.

Im folgenden wollen wir die vorbereitende Transformation (10c) immer bereits ausgeführt denken, so daß wir grundsätzlich nur die Projektion von beliebigen H-Idealen $\mathfrak{a}$ in $K\,[x_0,\ldots,x_n]$ aus dem Projektionszentrum $\{0,\ldots,0,1\}$ auf die Hyperebene $x_n=0$ zu betrachten brauchen, welche durch das Eliminationsideal

---

[1] Die Bezeichnung „allgemein" kann in einem präzisen Sinne immer dann verwendet werden, wenn es sich darum handelt zu bemerken, daß ein in einer AM variables Element gewissen Ausnahmemannigfaltigkeiten von *geringerer* Dimension ausweicht. Im obigen Fall handelt es sich um einen variablen Punkt eines P_n, in dem eine gewisse Anzahl von Hyperebenen die Ausnahmemannigfaltigkeiten bilden. Ein „allgemeiner" Punkt des P_n liegt auf keiner dieser Hyperebenen.

[2] Das Projektionszentrum darf nicht in der Hyperebene (10b) liegen, daher muß $\Sigma\,a_{nk}\xi_k \neq 0$ sein.

[3] $y_0,\ldots,y_{n-1}$ müssen n linear unabhängige Hyperebenen durch das Projektionszentrum vorstellen; im übrigen können sie willkürlich gewählt werden.

$$\bar{\mathfrak{a}} = \mathfrak{a} \cap K[x_0, \ldots, x_{n-1}]$$

bestimmt ist. Wir nennen $\bar{\mathfrak{a}}$ das *projizierte* Ideal, $AM(\bar{\mathfrak{a}})$ die *Projektion* von $AM(\mathfrak{a})$.[1]

11. Die Projektion eines beliebigen H-Ideals $\mathfrak{a}$ mit der reduzierten Darstellung

$$\mathfrak{a} = [\mathfrak{q}_1, \ldots, \mathfrak{q}_s] \tag{11a}$$

ist

$$\bar{\mathfrak{a}} = [\bar{\mathfrak{q}}_1, \ldots, \bar{\mathfrak{q}}_s] \tag{11b}$$

mit $\bar{\mathfrak{q}}_i = \mathfrak{q}_i \cap \mathfrak{o}$, wo $\mathfrak{o} = K[x_0, \ldots, x_{n-1}]$ bedeutet. Denn es gilt

$$\bar{\mathfrak{a}} = \mathfrak{a} \cap \mathfrak{o} = [\mathfrak{q}_1 \cap \mathfrak{o}, \ldots, \mathfrak{q}_s \cap \mathfrak{o}] = [\bar{\mathfrak{q}}_1, \ldots, \bar{\mathfrak{q}}_s].$$

Gehört die Primärkomponente $\mathfrak{q}_i$ zum Primideal $\mathfrak{p}_i$ der Dimension d in $K[x_0, \ldots, x_n]$ und dem Exponenten ϱ_i, so gehört $\bar{\mathfrak{q}}_i$ als Primärideal zum Primideal $\bar{\mathfrak{p}}_i = \mathfrak{p}_i \cap \mathfrak{o}$ in $\mathfrak{o}$, das bei allgemeiner[2] Lage des Projektionszentrums dieselbe Dimension d besitzt, und hat einen Exponenten $\bar{\varrho}_i \leqq \varrho_i$.[3] Man kann aber nicht behaupten, daß (11b) auch immer eine reduzierte Darstellung ist, denn es kann vorkommen, daß zwei verschiedene Primideale $\mathfrak{p}_1$ und $\mathfrak{p}_2$ in $K[x_0, \ldots, x_n]$ die gleiche Projektion in $\mathfrak{o}$ besitzen: $\mathfrak{p}_1 \cap \mathfrak{o} - \mathfrak{p}_2 \cap \mathfrak{o}$.[4] In diesem Fall liegen $AM(\mathfrak{p}_1)$ und $AM(\mathfrak{p}_2)$ auf demselben Projektionskegel. Wenn wir aber die Lage des Projektionszentrums ganz allgemein voraussetzen, wird das nicht vorkommen; dann ist auch (11b) eine reduzierte Darstellung und es ist die Ordnung von $\mathfrak{a}$ ebenso wie diejenige von $\bar{\mathfrak{a}}$ gleich der Summe der

---

[1] $\bar{\mathfrak{a}}$ ist ein Ideal des H-Ringes $K[x_0, \ldots, x_{n-1}]$, dementsprechend $AM(\bar{\mathfrak{a}})$ eine AM in dem P_{n-1}, der durch die Koordinatenhyperebene $x_n = 0$ im P_n ausgeschnitten wird. Man unterscheide davon den Projektionskegel $AM(\mathfrak{a}^*)$, der in **12** untersucht wird.

[2] Die Variablen $x_0, \ldots, x_{n-1}$ müssen nämlich $d+1$ unabhängige bezüglich $\mathfrak{p}$, etwa $x_0, \ldots, x_d$ enthalten. Ist dagegen beispielsweise $\mathfrak{p} = (x_0)$ in $K[x_0, \ldots, x_n]$ gegeben, dessen homogene Dimension $d = n-1$ ist, so ist $\bar{\mathfrak{p}} = (x_0)$ in $K[x_0, \ldots, x_{n-1}]$ von der Dimension $\bar{d} = n-2$. In geometrischer Sprechweise kann man sagen, daß bei einer Projektion eine Dimensionsverringerung immer dann und nur dann eintritt, wenn jeder Projektionsstrahl, der das Projektionszentrum mit einem Punkt von $AM(\mathfrak{p})$ verbindet, ganz zur $AM(\mathfrak{p})$ gehört. $AM(\mathfrak{p})$ ist dann ein Hyperkegel, dessen Scheitel gerade das Projektionszentrum ist. Jedem Punkt von $AM(\bar{\mathfrak{p}})$ entsprechen in diesem Fall unendlich viele Punkte von $AM(\mathfrak{p})$.

[3] Aus $\mathfrak{p}_i^{\varrho_i} \subseteq \mathfrak{q}_i$ folgt $\bar{\mathfrak{p}}_i^{\varrho_i} \subseteq \bar{\mathfrak{q}}_i$. Andererseits kann der Exponent von $\mathfrak{q}_i$ tatsächlich kleiner als derjenige von $\mathfrak{q}_i$ sein: z. B. $\mathfrak{q} = (x_1, x_n^2)$, $\mathfrak{p} = (x_1, x_n)$, $\rho = 2$; $\bar{\mathfrak{q}} = \bar{\mathfrak{p}} = (x_1)$, also $\bar{\rho} = 1$.

[4] Z. B. sei $\bar{\mathfrak{p}}$ ein Primideal in $\mathfrak{o}$, $\mathfrak{p}_1 = (\bar{\mathfrak{p}}, x_1 + x_n)$, $\mathfrak{p}_2 = (\bar{\mathfrak{p}}, x_2 + x_n)$, $\bar{\mathfrak{p}}_1 = \bar{\mathfrak{p}}_2 = \bar{\mathfrak{p}}$.

Ordnungen ihrer Primärkomponenten höchster Dimension (1). Daher dürfen wir unsere folgenden Betrachtungen im wesentlichen auf Prim- und Primärideale beschränken.

12. *Es sei $\bar{a}$ ein H-Ideal der Dimension d $(0 \leq d \leq n-2)$ in $K[x_0,\ldots,x_{n-1}]$ mit der Hilbertfunktion*

$$H(t;\bar{a}) = h_0 \binom{t}{d} + h_1 \binom{t}{d-1} + \ldots + h_d \quad \text{für } t \geq T; \qquad (12a)$$

a^* sei das von $\bar{a}$ in $K[x_0,\ldots,x_n]$ erzeugte H-Ideal der Dimension $d+1$.[1] Dann gilt

$$H(t;a^*) = h_0 \binom{t}{d+1} + (h_0+h_1)\binom{t}{d} + (h_1+h_2)\binom{t}{d-1} + \ldots + (h_{d-1}+h_d)\binom{t}{1} +$$
$$+ (h_d + h_{d+1}), \qquad (12b)$$

wo $h_0,\ldots,h_d$ die Hilbertschen Koeffizienten von $\bar{a}$ in (12a) sind und h_{d+1} ein neu hinzukommender Koeffizient ist.

Die Formen eines gewissen Grades t in a^* haben nämlich die Gestalt

$$\varphi_t + \varphi_{t-1} x_n + \varphi_{t+2} x_n^2 + \ldots,$$

wo $\varphi_t, \varphi_{t-1}, \varphi_{t-2}, \ldots$ Formen der Grade $t, t-1, t-2, \ldots$ bedeuten, die in $\bar{a}$ liegen. Es ist also

$$V(t;a^*) = \sum_{\tau=0}^{t} V(\tau;\bar{a}), \qquad (12c)$$

woraus folgt (**141.5a**)

$$H(t;a^*) = \binom{t+n}{n} - \sum_{\tau=0}^{t} \left[\binom{\tau+n-1}{n-1} - H(\tau;\bar{a})\right].$$

Benützt man die Formel

$$\sum_{\tau=0}^{t} \binom{\tau}{d} = \binom{t+1}{d+1}, \qquad (12d)$$

welche einfach durch Induktion hinsichtlich t zu beweisen ist, so erhält man

$$H(t;a^*) = \sum_{\tau=0}^{t} H(\tau;\bar{a}). \qquad (12e)$$

Setzt man nun (12a) in (12e) ein, benützt wieder (12d) und berücksichtigt den Umstand, daß (12a) erst für $t \geq T$ gilt durch einen neu hinzugefügten Koeffizienten h_{d+1}, so folgt

$$H(t;a^*) = h_0 \binom{t+1}{d+1} + h_1 \binom{t+1}{d} + \ldots + h_d \binom{t+1}{1} + h_{d+1};$$

---

[1] Zu $d+1$ bezüglich $\bar{a}$ unabhängigen Variablen kommt bezüglich a^* die weitere unabhängige Variable x_n hinzu.

eine leichte Umrechnung liefert (12b). Insbesondere ist also die Ordnung von $\bar{\mathfrak{a}}$ gleich derjenigen von $\mathfrak{a}^*$

$$h_0(\bar{\mathfrak{a}}) = h_0(\mathfrak{a}^*). \tag{12f}$$

Da $\bar{\mathfrak{a}}$ die Projektion von $\mathfrak{a}^*$ ist, hat man hier ein Beispiel dafür, daß die Dimension des projizierten Ideals um eins kleiner sein kann als diejenige des ursprünglichen; $AM(\mathfrak{a}^*)$ ist der Projektionskegel, dessen Basis $AM(\bar{\mathfrak{a}})$ und dessen Scheitel das Projektionszentrum $\{0, \ldots, 0, 1\}$ ist.

13. Um nun den Zusammenhang zwischen den Hilbertfunktionen eines H-Ideals $\mathfrak{a}$ in $K[x_0, \ldots, x_n]$ der Dimension d $(0 \leq d \leq n-1)$ und seiner Projektion $\bar{\mathfrak{a}} = \mathfrak{a} \cap K[x_0, \ldots, x_{n-1}]$ genauer studieren zu können, stellen wir folgende Überlegungen an: Die Formen des Ideals $\mathfrak{a}$ können unterteilt werden in Klassen, welche der Reihe nach bezüglich x_n die Grade $0, 1, 2, \ldots$ besitzen. Die erste Klasse enthält die von x_n unabhängigen Formen und ist daher mit $\bar{\mathfrak{a}}$ identisch; die zweite Klasse der bezüglich x_n linearen Formen

$$\varphi_0 + \varphi_1 x_n \tag{13a}$$

gibt Anlaß dazu, das Ideal $\mathfrak{a}_1$ aller Formen φ_1, die hier als Koeffizienten von x_n auftreten, einzuführen; $\mathfrak{a}_1$ ist ein H-Ideal in $K[x_0, \ldots, x_{n-1}]$ und Teiler von $\bar{\mathfrak{a}}$. Desgleichen bildet die Menge aller Koeffizienten φ_2, die in den Formen der dritten Klasse

$$\varphi_0 + \varphi_1 x_n + \varphi_2 x_n^2 \tag{13b}$$

auftreten, ein H-Ideal $\mathfrak{a}_2$ in $K[x_0, \ldots, x_{n-1}]$, das Teiler von $\mathfrak{a}_1$ ist, usw. Wir erhalten eine Teilerkette

$$\bar{\mathfrak{a}} \subseteq \mathfrak{a}_1 \subseteq \mathfrak{a}_2 \subseteq \ldots \subset \mathfrak{a}_\tau = \mathfrak{a}_{\tau+1} = \ldots \tag{13c}$$

von H-Idealen in $K[x_0, \ldots, x_{n-1}]$, in welcher von einem gewissen Glied, etwa von $\mathfrak{a}_\tau$ ab, ständig das Gleichheitszeichen stehen muß (**115.10**).

Wenn $\mathfrak{a}$ regulär (**123.2**) in bezug auf x_n ist, so ist $\mathfrak{a}_\tau = (1)$. Das ist dann und nur dann der Fall, wenn das Projektionszentrum nicht auf der $AM(\mathfrak{a})$ liegt. Wenn $\mathfrak{a}_1 = \bar{\mathfrak{a}}$ ist, so liegen auf jedem Projektionsstrahl mindestens 2 Punkte der $AM(\mathfrak{a})$. Die „allgemeine" Lage des Projektionszentrums wird also durch

$$\text{Dimension von } \mathfrak{a}_1 < \text{Dimension von } \bar{\mathfrak{a}}, \quad \mathfrak{a}_\tau = (1) \tag{13d}$$

charakterisiert sein.[1]

---

[1] Das bedeutet: Die Projektionsstrahlen, welche mehr als 2 Punkte der $AM(\mathfrak{a})$ gleichzeitig projizieren, müssen eine Mannigfaltigkeit geringerer Dimension innerhalb der Menge aller Projektionsstrahlen bilden; ferner darf das Projektionszentrum nicht auf der $AM(\mathfrak{a})$ liegen. Wenn das Projektionszentrum auf der $AM(\mathfrak{a})$ liegt, so sind die Nullstellen von $\mathfrak{a}_\tau$ die Schnittpunkte der Tangenten im Projektionszentrum mit der Hyperebene $x_n = 0$ (**134.12**).

14. Die Abzählung der linear unabhängigen Formen des Grades t in $\mathfrak{a}$ nach der angegebenen Klasseneinteilung liefert die Formel

$$V(t;\mathfrak{a}) = V(t;\overline{\mathfrak{a}}) + \sum_{\sigma=1}^{t} V(t{-}\sigma;\mathfrak{a}_\sigma).$$

Daraus folgt für die Hilbertfunktion nach (**141**.5a)

$$H(t;\mathfrak{a}) = \tbinom{t+n}{n} - \tbinom{t+n-1}{n-1} + H(t;\overline{\mathfrak{a}}) - \sum_{\sigma+1}^{t} [\tbinom{t-\sigma+n-1}{n-1} - H(t{-}\sigma;\mathfrak{a}_\sigma)]$$

und mit Hilfe von (12d) die wichtige Formel:

$$H(t;\mathfrak{a}) = H(t;\overline{\mathfrak{a}}) + \sum_{\sigma=1}^{t} H(t{-}\sigma;\mathfrak{a}_\sigma). \tag{14a}$$

15. Bei allgemeiner Lage des Projektionszentrums, d. h. wenn (13d) erfüllt ist, folgt aus (14a), wenn man bedenkt, daß in der Summe rechts alle Glieder mit $\sigma \geqq \tau$ verschwinden und die übrigen Glieder keinen Beitrag zur Ordnung von $\mathfrak{a}$ leisten:

$$h_0(\mathfrak{a}) = h_0(\overline{\mathfrak{a}}); \tag{15a}$$

d. h. *die Ordnung von $\mathfrak{a}$ ist im allgemeinen gleich der Ordnung des projizierten Ideals $\overline{\mathfrak{a}}$*, oder *die Ordnung einer AM bleibt bei Projektion im allgemeinen erhalten.* Von diesem Ergebnis gilt auch die Umkehrung, d. h. es folgt auch umgekehrt aus (15a) wieder (13d) oder mit anderen Worten, wenn Dimension und Ordnung bei einer Projektion erhalten bleiben, so hat das Projektionszentrum die durch (13d) charakterisierte allgemeine Lage.

16. *Ist $\mathfrak{a}$ ein beliebiges H-Ideal in $K[x_0,\ldots,x_n]$ und liegt das Projektionszentrum auf einem Bestandteil der Dimension δ ($0 \leqq \delta \leqq n{-}1$) von AM ($\mathfrak{a}$), so hat $\mathfrak{a}_\tau$ eine Dimension $\leqq \delta{-}1$.*[1]

17. Zum Beweise nehmen wir zunächst ein beliebiges Primideal $\mathfrak{p}$ der Dimension d an; dann ist auch $\overline{\mathfrak{p}}$ Primideal und es ist entweder $\overline{\mathfrak{p}} = \mathfrak{p}_\tau$ oder $\overline{\mathfrak{p}} \subset \mathfrak{p}_\tau$. Im ersten Fall besitzt, wie man leicht überlegt, $\mathfrak{p}$ eine von x_n unabhängige Basis und ist also das Erweiterungsideal von $\overline{\mathfrak{p}}$. Nach den Entwicklungen in **12** folgt, daß $\overline{\mathfrak{p}} = \mathfrak{p}_\tau$ die Dimension $d{-}1$ hat. Im zweiten Fall hat $\overline{\mathfrak{p}}$ ebenfalls die Dimension d, daher $\mathfrak{p}_\tau$ als echter Teiler höchstens die Dimension $d{-}1$ (**133**.12).

---

[1] Wenn das Projektionszentrum in einem gewöhnlichen Punkt der genannten AM liegt, so ist die Dimension von $\mathfrak{a}_\tau$ genau gleich $\delta{-}1$ (**19**); ob dies immer der Fall ist, wie es geometrische Erwägungen wahrscheinlich machen, und ob man also hier das Zeichen $\leqq$ durch $=$ ersetzen darf, muß ich dahingestellt sein lassen. Im Falle $\delta = 0$ hat $\mathfrak{a}_\tau$ die Dimension -1, ist also ein T-Ideal.

Man beachte nun, daß aus $\mathfrak{a} \subseteq \mathfrak{b}$ folgt $\mathfrak{a}_\tau \subseteq \mathfrak{b}_\tau$, und aus $\mathfrak{a}\mathfrak{b} \subseteq \mathfrak{c}$ folgt $\mathfrak{a}_\tau \mathfrak{b}_\tau \subseteq \mathfrak{c}_\tau$. Ist also $\mathfrak{p}^\rho \subseteq \mathfrak{q} \subseteq \mathfrak{p}$, so gilt auch $\mathfrak{p}_\tau^\rho \subseteq \mathfrak{q}_\tau \subseteq \mathfrak{p}_\tau$; daraus schließt man, daß das zu einem Primärideal $\mathfrak{q}$ gehörige Ideal $\mathfrak{q}_\tau$ dieselbe Dimension besitzt wie $\mathfrak{p}_\tau$. Aus $\mathfrak{c} = [\mathfrak{a}, \mathfrak{b}]$ folgt ferner $\mathfrak{a}\,\mathfrak{b} \subseteq \mathfrak{c}$, und also $\mathfrak{a}_\tau \mathfrak{b}_\tau \subseteq \mathfrak{c}_\tau \subseteq [\mathfrak{a}_\tau, \mathfrak{b}_\tau]$; daher ist die Dimension von $\mathfrak{c}_\tau$ gleich der größten Dimension der Ideale $\mathfrak{a}_\tau$, $\mathfrak{b}_\tau$, womit unser Satz vollständig bewiesen ist.

18. Es sei nun wieder $\mathfrak{p}$ ein Primideal des Ranges $r = n{-}d$; $\mathfrak{p}_\tau =$ $= (\varphi_1, \ldots, \varphi_s)$. Es gibt in $\mathfrak{p}$ s Formen $p_1, \ldots, p_s$ eines genügend hohen Grades, deren höchste Koeffizienten bezüglich x_n die Basisformen $\varphi_1, \ldots, \varphi_s$ von $\mathfrak{p}_\tau$ sind. Da die Dimension von $\mathfrak{p}_\tau$ höchstens $d{-}1$ ist, muß $s \geq r$ sein (**133.15**). Aus $s = r$ folgt, daß die Dimension von $\mathfrak{p}_\tau$ genau $d{-}1$ ist; im Falle $s < r$ betrachten wir die Matrix $(\dfrac{\partial p_i}{\partial x_k})$. Aus **133.17** folgt, daß jede $(r{+}1)$-reihige Determinante dieser Matrix eine Form aus $\mathfrak{p}$ liefert; der höchste Koeffizient dieser Form (falls die n-te Kolonne nicht vorkommt) ist die entsprechende Determinante der Matrix $(\dfrac{\partial \varphi_i}{\partial x_k})$. Daraus schließen wir, daß jede $(r{+}1)$-reihige Determinante dieser letzteren Matrix im Ideal $\mathfrak{p}_\tau$ enthalten ist. Wissen wir dann etwa, daß $\mathfrak{p}_\tau$ eine isolierte Primärkomponente besitzt, die Primideal (nicht Primärideal) ist, dann folgt wieder aus **133.17**, daß $\mathfrak{p}_\tau$ einen Rang $\leq r$, also die Dimension $d{-}1$ besitzt.

19. Ist $\mathfrak{p}$ ein Primideal der Dimension d in $K\,[x_0, \ldots, x_n]$ $(0 \leq d \leq n{-}1)$ und das Projektionszentrum $\{0, \ldots, 0, 1\}$ ein gewöhnlicher Punkt von $AM\,(\mathfrak{p})$,[1] so ist

$$h_0\,(\bar{\mathfrak{p}}) = h_0\,(\mathfrak{p}){-}1. \tag{19a}$$

20. In diesem Falle gilt nämlich

$$\mathfrak{p}_\tau = (l_1, \ldots, l_r), \tag{20a}$$

wo $l_1, \ldots, l_r$ linear unabhängige Linearformen aus $K\,[x_0, \ldots, x_{n-1}]$ bedeuten $(r = n{-}d)$, so daß (**141.9e**)

$$H\,(t; \mathfrak{p}_\tau) = \binom{t+d-1}{d-1} \quad \text{für } t \geq 1{-}d \tag{20b}$$

gilt. Ist nämlich

$$\mathfrak{p} = (\psi_1, \ldots, \psi_s) = (\pi_1, \ldots, \pi_r) : \Phi$$

eine Primbasis von $\mathfrak{p}$, die wegen der allgemeinen Lage des Koordinatensystems monoidal ist (**133.10**), so ist π_r linear bezüglich x_n; daher ist

---

[1] Dadurch ist bereits ausgeschlossen, daß $AM\,(\mathfrak{p})$ ein Hyperkegel mit dem Scheitel in $\{0, \ldots, 0, 1\}$ ist.

$\mathfrak{p}_1$ ein echter Teiler von $\bar{\mathfrak{p}}$. Da ferner $\{0,\ldots,0,1\}$ ein gewöhnlicher Punkt von $AM\,(\mathfrak{p})$ sein soll (**134.11**), muß die Matrix $(\psi_{ik}{}')$ in diesem Punkt den Rang r besitzen. Das ist dann und nur dann der Fall, wenn unter den Basisformen ψ_i genau r enthalten sind, bei denen die Koeffizienten der höchsten Potenz von x_n Linearformen $l_1,\ldots,l_r$ sind, die voneinander linear unabhängig sind. Daraus folgt $(l_1,\ldots,l_r)\subseteq\mathfrak{p}_\tau$; wendet man aber die Überlegungen von **18** hier an,[1] so sieht man, daß hier das Gleichheitszeichen gilt und also (20a) richtig ist.

Wendet man nun auf $\mathfrak{p}$ die Formel (14a) an und bemerkt, daß $\sum\limits_{\sigma=1}^{\tau-1} H\,(t{-}\sigma\,;\,\mathfrak{p}_\sigma)$, da es sich hier um Ideale der Dimension $d{-}1$ handelt, keinen Beitrag zur Ordnung von $\mathfrak{p}$ leistet, während

$$\sum_{\sigma=\iota}^{t} H\,(t{-}\sigma\,;\,\mathfrak{p}_\tau) = \binom{t+d}{d} + \cdots$$

ist, folgert man $h_0\,(\mathfrak{p}) = h_0\,(\bar{\mathfrak{p}}) + 1$, also (19a).

21. Die Ordnung eines H-Ideals wird also um 1 kleiner, wenn man es von einem gewöhnlichen Punkt eines Bestandteils höchster Dimension seines NG aus projiziert. Z. B. ist die Projektion einer irreduziblen Raumkurve 3. Ordnung ein Kegelschnitt, wenn das Projektionszentrum auf der Kurve liegt: in diesem Falle hat man

$$\mathfrak{p} = (x_0\,x_2{-}x_1^2,\; x_1x_2{-}x_0x_3,\; x_2^2{-}x_1x_3)$$
$$\bar{\mathfrak{p}} = (x_0x_2{-}x_1^2), \quad \mathfrak{p}_1 = \mathfrak{p}_2 = \ldots = (x_0,\,x_1),$$

und die Hilbertfunktionen

$$H\,(t\,;\,\mathfrak{p})= 3t+1,\; H\,(t\,;\,\bar{\mathfrak{p}})=2t+1,\; H\,(t\,;\,\mathfrak{p}_1)=H\,(t\,;\,\mathfrak{p}_2) =\ldots=1 \;\text{für}\, t\geq 0.$$

Man bestätigt hier leicht die Gültigkeit von (14a).

Die Ordnung kann auch um mehr als 1 abnehmen, und zwar ist das dann der Fall, wenn das Projektionszentrum in einem singulären Punkt liegt. Als Beispiel diene die rationale Raumkurve 4. Ordnung:

$$\mathfrak{p} = (x_0x_2{-}x_1^2,\; x_2^2{-}x_0x_3),$$

bei der gilt:

$$\bar{\mathfrak{p}} = (x_0x_2{-}x_1^2), \quad \mathfrak{p}_1 = \mathfrak{p}_2 = \ldots = (x_0,\,x_1^2);$$
$$H\,(t\,;\,\bar{\mathfrak{p}}) = 2t+1 \quad \text{für}\; t\geq 0;$$

---

[1] Wäre nämlich $\varphi\,\varepsilon\,\mathfrak{p}_\tau$ eine Form, die nicht in $(l_1,\ldots,l_r)$ — oder, wie wir ohne Beeinträchtigung der Allgemeinheit annehmen dürfen, nicht in $(x_0,\ldots,x_{r-1})$ enthalten ist, so kann man folgern, daß auch $\dfrac{d\varphi}{d\,x_r}\,\varepsilon\,\mathfrak{p}_\tau$ gilt usw. Mehrmalige Ausführung dieses Schlusses führt auf den Widerspruch $1\,\varepsilon\,\mathfrak{p}_\tau$.

$$H\,(t\,;\,\mathfrak{p}_1) = \begin{cases} 1 & \text{für } t = 0 \\ 2 & \text{für } t \geq 1; \end{cases}$$

$$H\,(t\,;\,\mathfrak{p}\,) = \begin{cases} 1 & \text{für } t = 0 \\ 4t & \text{für } t \geq 1. \end{cases}$$

Auch hier bestätigt man leicht die Gültigkeit von (14a). Die Ordnung hat hier bei der Projektion um 2 abgenommen.

144. Sätze über Schnittpunkte und Einbettungsräume.

1. Ein nulldimensionales Ideal der Hauptklasse in $K\,[x_0, \ldots, x_n]$

$$\mathfrak{a} = (\varphi_1, \ldots, \varphi_n) \tag{1a}$$

hat nach **142.4** die Ordnung

$$h_0\,(\mathfrak{a}) = \tau_1 \ldots \tau_n,$$

wo τ_i den Grad der Basisform φ_i bedeutet. Nach **141.11** und **143.5** ist $h_0\,(\mathfrak{a})$ gleich der Anzahl der Punkte von $AM\,(\mathfrak{a})$, d. h. der Nullstellen von $\mathfrak{a}$, wenn jede mit der ihr zukommenden Multiplizität gerechnet wird (**127.16**). Das gilt, wie wir wissen (**143.5**), ganz unabhängig davon, ob K algebraisch abgeschlossen ist oder nicht. Daraus folgt *der spezielle Bézoutsche Satz*:

2. *n Formen der homogenen Variablen $x_0, \ldots, x_n$ haben bei richtiger Bestimmung der Multiplizität genau so viele Nullstellen, als das Produkt ihrer Gradzahlen beträgt, oder unendlich viele.* Das letztere trifft dann zu, wenn das von diesen Formen erzeugte Ideal (1a) nicht zur Hauptklasse gehört, also mindestens eindimensional ist. In geometrischer Sprechweise können wir auch sagen: *n Hyperflächen eines projektiven Raumes P_n haben genau so viele Schnittpunkte, als das Produkt ihrer Ordnungen ausmacht, oder unendlich viele.* Im affinen Raum gilt dieser Satz nicht, weil dann die ins Unendliche fallenden Schnittpunkte nicht in Erscheinung treten. Ohne Rücksicht auf die Multiplizität der Schnittpunkte kann man auch sagen: *n Hyperflächen, die mehr voneinander verschiedene Schnittpunkte besitzen, als das Produkt ihrer Ordnungen beträgt, besitzen unendlich viele Schnittpunkte.*

3. Um den Bézoutschen Satz in allgemeinerer Form aussprechen zu können, müssen wir vorher einen wichtigen Begriff definieren, der zuerst von *F. S. Macaulay*[1] eingeführt wurde und den wir im nächsten Paragraphen noch ausführlich besprechen werden. Ein Ideal

---

[1] *F. S. Macaulay*, The algebraic theory of modular systems, Cambridge Tract 1916, p. 98 s.

$\mathfrak{a} = (\varphi_1, \ldots, \varphi_r)$ der Hauptklasse hat die Eigenschaft, daß es selbst ungemischt ist (**135.6**) und daß auch $(\mathfrak{a}, \varphi_{r+1})$ wieder Hauptklassenideal und daher ungemischt ist, falls nur φ_{r+1} zu $\mathfrak{a}$ relativ prim ist. Worauf es uns hier ankommt, ist die Eigenschaft eines Ideals $\mathfrak{a}$, daß sein Schnitt mit einer beliebigen, relativ-primen Hyperfläche ungemischt ist. Daß diese Eigenschaft nicht nur den Hauptklassenidealen zukommt, werden wir später sehen. Wir geben hier die vorläufige

Definition: Ein H-Ideal des Ranges n in $K[x_0, \ldots, x_n]$ heiße perfekt, wenn es ungemischt (nulldimensional) ist. Ein H-Ideal $\mathfrak{a}$ eines Ranges $r < n$ heiße perfekt, wenn $(\mathfrak{a}, \varphi)$ perfekt ist für jede zu $\mathfrak{a}$ relativ prime Form φ.

4. Ein perfektes H-Ideal ist notwendig ungemischt (**135.8**), aber nicht umgekehrt; es gibt sogar Primideale, die nicht perfekt sind.[1] Ist $\mathfrak{a}$ ein perfektes H-Ideal des Ranges r und $\mathfrak{b} = (\varphi_1, \ldots, \varphi_\varrho)$ ein „allgemeines" Ideal der Hauptklasse $\varrho \leqq n-r$, so ist auch $(\mathfrak{a}, \mathfrak{b})$ perfekt und also ungemischt vom Range $r+\varrho$; damit das stimmt, müssen nämlich nur die Bedingungen

$$\mathfrak{a} : \varphi_1 = \mathfrak{a}, \quad (\mathfrak{a}, \varphi_1) : \varphi_2 = (\mathfrak{a}, \varphi_1), \ldots, \quad (\mathfrak{a}, \varphi_1, \ldots, \varphi_{\varrho-1}) : \varphi_\varrho = (\mathfrak{a}, \varphi_1, \ldots, \varphi_{\varrho-1})$$
$$(4\text{a})$$

der Reihe nach erfüllt sein. Es ist aber nicht notwendig, diese Bedingungen einzeln nachzuprüfen, sondern es genügt festzustellen, daß $(\mathfrak{a}, \varphi_1, \ldots, \varphi_\varrho)$ den Rang $r+\varrho$ hat; daraus folgt dann schon (wenn $\mathfrak{a}$ perfekt ist), daß alle Gleichungen (4a) erfüllt sind. Denn wäre etwa $\mathfrak{a} : \varphi_1 \supset \mathfrak{a}$, so hätte $(\mathfrak{a}, \varphi_1)$ den Rang r und folglich $(\mathfrak{a}, \varphi_1, \ldots, \varphi_\varrho)$ einen Rang $< r+\varrho$. Wenn $\mathfrak{a}$ nicht perfekt ist, kann man diesen Schluß nicht machen, weil dann in der Reihe (4a) gemischte Ideale auftreten können; ist aber etwa $\mathfrak{a}$ gemischt, so kann $(\mathfrak{a}, \varphi_1)$ den Rang $r+1$ haben, trotzdem $\mathfrak{a} : \varphi_1 \supset \mathfrak{a}$ ist (**133.15**). Auf Grund von **142.5** und **143.7** folgt nun:

5. *Der allgemeine Bézoutsche Satz: Ist $\mathfrak{a}$ ein perfektes H-Ideal in $K[x_0, \ldots, x_n]$ der Dimension d und der Ordnung v, $\mathfrak{b}$ ein Hauptklassenideal der Dimension $\delta \geqq n-d$ und der Ordnung μ, so hat $(\mathfrak{a}, \mathfrak{b})$ entweder die Dimension $d+\delta-n$ und die Ordnung μv oder eine Dimension $> d+\delta-n$. In geometrischer Sprechweise lautet der Satz so: Zwei AM in einem projektiven Raum P_n, deren Dimensionen d und δ $(d+\delta \geqq n)$ und deren Ordnungen μ und v sind, und von denen die eine perfekt ist, die andere zur Hauptklasse gehört, schneiden sich entweder in einer AM der Dimension $d+\delta-n$ und der Ordnung μv, die wieder perfekt ist, oder sie haben eine AM von höherer Dimension gemein.*

---

[1] Dagegen ist jedes Hauptklassenideal offenbar perfekt.

6. Besonders wichtig ist der Fall $d+\delta=n$; hier kann man sagen: *Im projektiven Raum P_n schneiden sich zwei AM der Dimensionen d und $n-d$, von denen die eine perfekt ist und die andere zur Hauptklasse gehört, entweder in genau so vielen Punkten (mit Berücksichtigung ihrer Multiplizität), als das Produkt ihrer Ordnungen beträgt, oder in unendlich vielen Punkten. Kann man daher zeigen, daß sie mehr als die angegebene Anzahl von Schnittpunkten besitzen, so ist ihr Schnitt mindestens eindimensional.*

7. Man ist geneigt, den Bézoutschen Satz allgemein für *ungemischte AM* ohne weitere Einschränkung auszusprechen. Das ist aber nicht richtig, wenigstens bei Zugrundelegung unseres Multiplizitätsbegriffes, wie wir an einem Beispiel (**11**) sehen werden. Nur in der Ebene und im dreidimensionalen (projektiven) Raum gilt der Bézoutsche Satz uneingeschränkt für beliebige ungemischte *AM*. In der Ebene kommt nämlich nur der Schnitt von Kurven ($d = \delta = 1$) in Betracht; das sind aber immer Hauptideale (**135.3**), so daß die einschränkenden Bedingungen hier von selbst erfüllt sind. Im Raume hat man entweder den Fall $d = \delta = 2$, also wieder Hauptideale (**135.3**), oder den Fall $d = 1$, $\delta = 2$; das eindimensionale Ideal $\mathfrak{a}$ kann hier imperfekt sein, dagegen ist das zweidimensionale Ideal $\mathfrak{b} = (\varphi)$ notwendig Hauptideal; daher kann $(\mathfrak{a}, \varphi)$, auch wenn $\mathfrak{a} : \varphi = \mathfrak{a}$ ist, nulldimensional gemischt sein (**10**), d. h. eine triviale Komponente besitzen. Trotzdem ist die Ordnung von $(\mathfrak{a}, \varphi)$ und also auch die Anzahl der Schnittpunkte gleich dem Produkt der Ordnungen $h_0(\mathfrak{a})\, h_0(\varphi)$, weil die triviale Komponente keinen Einfluß darauf hat (**141.10**).

8. In Räumen höherer Dimension gilt der Bézoutsche Satz in der ausgesprochenen Form und bei Zugrundelegung unseres Multiplizitätsbegriffes nicht allgemein; in der Tat kann dann die Ordnung des Schnittes zweier ungemischter *AM* höher sein als das Produkt ihrer Ordnungen. Auch die Voraussetzung, daß beide *AM* irreduzibel seien, ändert daran nichts (**11**). Freilich ist es möglich, einen anderen Multiplizitätsbegriff zu ersinnen, der es gestattet, den Bézoutschen Satz für beliebige irreduzible *AM* auszusprechen. Man muß dann mit Zuhilfenahme von Stetigkeitsbetrachtungen die gegebenen *AM* in *AM* der Hauptklasse überführen, welche gleiche Ordnungen haben und für welche der Satz von Bézout in strenger Form gilt; die Anzahl der Schnittpunkte stimmt hier mit dem Produkt der Ordnungen überein. Dann geht man wieder stetig zu den ursprünglichen *AM* zurück und achtet darauf, wie die Schnittpunkte der benachbarten *AM* in diejenigen der ursprünglichen

AM hineinrücken. Nun definiert man die Multiplizität eines Schnittpunktes gleich der Anzahl der Schnittpunkte der benachbarten *AM*, welche bei der stetigen Deformierung in ihn hineinrücken. Es ist klar, daß bei Zugrundelegung dieses ad hoc konstruierten Multiplizitätsbegriffes die Anzahl der Schnittpunkte zweier irreduziblen *AM* der Dimensionen d und $n—d$ immer gleich dem Produkt ihrer Ordnungen sein muß.[1]

Bei der strengen Durchführung dieser Überlegungen erheben sich jedoch eine Reihe von beträchtlichen Schwierigkeiten: man muß nämlich in jedem einzelnen Fall gewisse, mehr oder weniger willkürliche Festsetzungen treffen über den Bereich, innerhalb dessen man die vorgegebenen *AM* variieren läßt, um sicher zu sein, daß die verschiedenen Grenzprozesse immer dasselbe Resultat liefern. Dieser letztere Nachweis ist außerdem sehr umständlich. Wenn man den Variationsbereich nicht richtig eingrenzt, so können die Multiplizitäten mehrdeutig werden und es kann auch der Fall eintreten, daß ein Schnittpunkt die Multiplizität null besitzt (d. h. überhaupt nicht zu zählen ist). Daher ist dieser Multiplizitätsbegriff sehr kompliziert und speziell, da er von dem gerade untersuchten Problem und den besonderen Festsetzungen, die man gemacht hat, abhängt. Es ist schwer, darauf weitergehende allgemeine Entwicklungen aufzubauen.

Ein weiterer grundsätzlicher Einwand richtet sich gegen die Benützung von Stetigkeitsbetrachtungen in der algebraischen Geometrie; denn diese widersprechen der Forderung nach möglichster Reinheit der Methode und hindern die Ausdehnung der Ergebnisse auf allgemeinere Anwendungsgebiete, die dem Stetigkeitsaxiom nicht genügen.

Dagegen ist der erzielte Gewinn, den Bézoutschen Satz mit etwas größerer Allgemeinheit aussprechen zu können, nicht sehr weitreichend und teuer erkauft, weil durch die Variation der *AM* wesentliche Eigenschaften der ursprünglichen *AM* verwischt werden. Es sind das gerade diejenigen Eigenschaften, welche vom algebraischen und idealtheoretischen Standpunkt aus interessant erscheinen und deren weitere Erforschung besonders anreizend und aufschlußreich erscheint. Dazu gehört vor allem der von *Macaulay* entdeckte Begriff der *perfekten* Ideale, dessen einschneidende Bedeutung sich im folgenden immer klarer herausstellen wird.

---

[1] Dies gilt sogar noch, wenn unendlich viele Schnittpunkte auftreten, weil dann eben nur eine endliche Anzahl von ihnen eine Multiplizität > 0 erhalten, während die restlichen als „virtuell nicht existierend" angesehen werden.

Wir sehen daher davon ab, auf diese unserem Zweck nicht entsprechenden und außerdem sehr komplizierten Überlegungen hier weiter einzugehen, sondern wir ziehen es vor, unseren idealtheoretisch einfach und eindeutig festgelegten Multiplizitätsbegriff beizubehalten. Anstelle des Bestrebens, den Bézoutschen Satz mit umfassender Allgemeinheit aussprechen zu können, setzen wir das Bestreben, die tieferliegenden Gründe aufzudecken, von denen es abhängt, daß er in gewissen Fällen nicht gilt.

9. Ist $\mathfrak{a}$ ein beliebiges ungemischtes H-Ideal der Dimension d (≥ 1) und φ_1 eine zu $\mathfrak{a}$ relativ prime Form des Grades τ_1, so hat $(\mathfrak{a}, \varphi_1)$ die Dimension $d-1$ und die Ordnung $\tau_1 h_0(\mathfrak{a})$. Könnte man allgemein behaupten, daß auch $(\mathfrak{a}, \varphi_1)$ wieder ungemischt sei, so könnte man eine weitere Form φ_2 des Grades τ_2, die zu $(\mathfrak{a}, \varphi_1)$ relativ prim ist,[1] hinzufügen $(d \geq 2)$ und erhielte in $(\mathfrak{a}, \varphi_1, \varphi_2)$ ein Ideal der Dimension $d-2$ und der Ordnung $\tau_1 \tau_2 h_0(\mathfrak{a})$ usw. Man könnte dann sagen, der allgemeine Bézoutsche Satz gelte immer dann, wenn die eine AM ungemischt ist und die zweite zur Hauptklasse gehört. Das ist aber nicht richtig, denn $(\mathfrak{a}, \varphi_1)$ kann gemischt sein, auch wenn $\mathfrak{a}$ ungemischt und φ_1 relativ prim zu $\mathfrak{a}$ ist; und das kann sogar dann eintreten, wenn $\mathfrak{a}$ prim ist, wie das folgende Beispiel eines *imperfekten Primideals* zeigt.

10. Wir betrachten die rationale Raumkurve 4. Ordnung, deren allgemeine Nullstelle $\left\{\lambda^4,\ \lambda^3\mu,\ \lambda\mu^3,\ \mu^4\right\}$ ist. Das zugehörige Primideal in $K[x_0, x_1, x_2, x_3]$ ist

$$\mathfrak{p} = (x_0^2 x_2 - x_1^3,\ x_0 x_3 - x_1 x_2,\ x_0 x_2^2 - x_1^2 x_3,\ x_1 x_3^2 - x_2^3). \qquad (10\text{a})$$

$\mathfrak{p}$ hat die Dimension 1. Ist φ irgendeine nicht in $\mathfrak{p}$ enthaltene Form, $\mathfrak{p} : \varphi = \mathfrak{p}$, so ist $(\mathfrak{p}, \varphi)$ nulldimensional und gemischt, da es eine triviale Komponente besitzt. Um dies zu zeigen,[2] berechnen wir die Hilbertfunktion von $\mathfrak{p}$ mit Hilfe der Formel (143.14a). Nach den dortigen Bezeichnungen gilt (142.1—2):

$$\bar{\mathfrak{p}} = (x_0^2 x_2 - x_1^3), \qquad H(t; \bar{\mathfrak{p}}) = \begin{cases} 1 & \text{für } t = 0 \\ 3t & \text{für } t \geq 1, \end{cases}$$

$$\mathfrak{p}_1 = (x_0, x_1^2), \qquad H(t; \mathfrak{p}_1) = \begin{cases} 1 & \text{für } t = 0 \\ 2 & \text{für } t \geq 1, \end{cases}$$

$$\mathfrak{p}_2 = \mathfrak{p}_3 = \ldots = (x_0, x_1), \qquad H(t; \mathfrak{p}_2) = 1 \qquad \text{für } t \geq 0.$$

---

[1] Es würde die Forderung genügen, daß $(\mathfrak{a}, \varphi_1, \varphi_2)$ die Dimension $d-2$ habe (**4**).
[2] Ein noch kürzerer Beweis folgt aus der Syzygientheorie: man stellt fest, daß $\mathfrak{p}$ eine dreigliedrige Syzygienkette besitzt (**153.5**); demnach hat $(\mathfrak{a}, \varphi)$ eine viergliedrige (**152.6**) und besitzt also eine triviale Komponente (**152.13**).

Daraus folgt (**143**.14a):

$$H(t;\mathfrak{p}) = H(t;\bar{\mathfrak{p}}) + H(t-1;\mathfrak{p}_1) + \sum_{\sigma=2}^{t} H(t-\sigma;\mathfrak{p}_2) = \begin{cases} 1 & \text{für } t=0 \\ 4 & \text{für } t=1. \\ 4t+1 & \text{für } t \geq 2 \end{cases}$$

Nach Formel (**141**.9e) gilt dann, wenn τ den Grad von φ bedeutet,

$$H(t;(\mathfrak{p},\varphi)) = H(t;\mathfrak{p}) - H(t-\tau;\mathfrak{p}) = \begin{cases} 4\tau & \text{für } t=\tau \\ 4\tau+1 & \text{für } t=\tau+1, \\ 4\tau & \text{für } t \geq \tau+2 \end{cases}$$

also $H(\tau+1;(\mathfrak{p},\varphi)) > H(\tau+2;(\mathfrak{p},\varphi))$; nach **141**.8 besitzt $(\mathfrak{p},\varphi)$ eine triviale Komponente, w. z. b. w.

11. Wir können nun leicht ein Beispiel ableiten, wo der Bézoutsche Satz nicht gilt. Wir bilden zu diesem Zwecke das Primideal

$$\mathfrak{p} = (x_1^2 x_3 - x_2^3,\ x_1 x_4 - x_2 x_3,\ x_1 x_3^2 - x_2^2 x_4,\ x_2 x_4^2 - x_3^3)$$

in $K[x_0,\ldots,x_4]$, dessen Basis durch einfache Umnumerierung aus (10a) entstanden ist. $\mathfrak{p}$ hat die Dimension 2 und die Ordnung 4 (**143**.12), seine AM ist ein Kegel, der aus dem Punkt $\{1,0,0,0,0\}$ die in der Koordinatenhyperebene $x_0 = 0$ liegende rationale Kurve 4. Ordnung projiziert. Schneiden wir mit einem linearen Raum $\mathfrak{l}_1 = (x_0, x_4)$, der nicht durch die Kegelspitze geht, so erhalten wir:

$$(\mathfrak{p},\mathfrak{l}_1) = (x_0,\ x_4,\ x_1^2 x_3 - x_2^3,\ x_2 x_3,\ x_1 x_3^2,\ x_3^3) =$$
$$= [(x_0,\ x_4,\ x_2 x_3,\ x_3^2,\ x_1^2 x_3 - x_2^3),\ (x_0,\ x_1,\ x_2,\ x_3^3,\ x_4)].$$

Das ist ein gemischtes nulldimensionales H-Ideal der Ordnung 4; seine nulldimensionale Primärkomponente gehört zum Primideal (x_0,x_2,x_3,x_4), dessen Nullstelle $\{0,1,0,0,0\}$ ist, und hat die Multiplizität 4.

Dagegen ist der Schnitt mit dem durch den Scheitel gehenden linearen Raum $\mathfrak{l}_2 = (x_1, x_4)$

$$(\mathfrak{p},\mathfrak{l}_2) = (x_1,\ x_4,\ x_2 x_3,\ x_2^3,\ x_3^3)$$

ein Primärideal der Multiplizität 5, das zum Primideal (x_1, x_2, x_3, x_4) mit der Nullstelle $\{1,0,0,0,0\}$ gehört. Hier ist also die Anzahl der Schnittpunkte zwar noch endlich, aber größer als das Produkt der Ordnungen.

12. Zu allgemeineren Sätzen gelangen wir, wenn wir von der Multiplizität der Schnittpunkte überhaupt absehen und nur die Anzahl der *voneinander verschiedenen* Schnittpunkte zählen. Dann gilt ohne Einschränkung der Satz, daß *eine pseudogemischte AM* $(\mathfrak{a})$ *der Dimension* $d (= n-r)$ *im* P_n *von einem linearen Unterraum AM* $(\mathfrak{l})$ *der Dimension* $r (= n-d)$ *in höchstens* $h_0(\mathfrak{a})$ *voneinander verschiedenen Punkten oder in unendlich vielen Punkten geschnitten wird.*

13. Wir können diesen Satz folgendermaßen noch etwas allgemeiner aussprechen: *Eine pseudogemischte AM* (𝔞) *der Dimension d und der reduzierten Ordnung* h_{0r} (𝔞) *und eine AM* (𝔟) *der Hauptklasse, welche die Dimension n—d und die Ordnung* h_0 (𝔟) *besitzt, schneiden sich in höchstens* h_{0r} (𝔞) h_0 (𝔟) *voneinander verschiedenen Punkten oder in unendlich vielen.*

Dabei verstehen wir unter der *reduzierten Ordnung* h_{0r} (𝔞) eines pseudogemischten Ideals 𝔞 dessen isolierte Primideale $\mathfrak{p}_1, \ldots, \mathfrak{p}_s$ sind:

$$h_{0r} (\mathfrak{a}) = h_0 (\mathfrak{p}_1) + \ldots + h_0 (\mathfrak{p}_s); \tag{13a}$$

es ist offenbar

$$h_{0r} (\mathfrak{a}) \leqq h_0 (\mathfrak{a}). \tag{13b}$$

14. Von diesem Satz können viele wichtige Anwendungen in der algebraischen Geometrie gemacht werden: Eine algebraische Kurve der Ordnung h im P_2, welche mit einer Geraden mehr als h Punkte gemein hat, zerfällt in diese Gerade und eine restliche Kurve der Ordnung h—1. Eine irreduzible Kurve der Ordnung h im P_3, welche von einer Ebene in mehr als h Punkten geschnitten wird, liegt ganz in dieser Ebene; das zugehörige Primideal muß also eine Linearform enthalten. Wird eine ebensolche Kurve von einer Geraden in h Punkten geschnitten, so liegt sie in einer durch diese Gerade gehenden Ebene.[1] Weitere wichtige Folgerungen werden wir bei Besprechung der Einbettungsräume ziehen.

15. Der Beweis von Satz **13** (und **12**) ergibt sich leicht aus den Entwicklungen **137.17**—**18**. Wenn wir die dortigen Bezeichnungen hier übernehmen und den Grad der Form φ mit τ bezeichnen, so folgt (**143.7**)

$$h_0 (\mathfrak{p}_{i1}) + \ldots + h_0 (\mathfrak{p}_{i\,k_i}) \leqq h_0 (\mathfrak{p}_i, \varphi) = \tau\, h_0 (\mathfrak{p}_i), \quad i = 1, \ldots, s;$$

also [2]

$$h_{0r} (\mathfrak{a}, \varphi) \leqq \Sigma\, h_0 (\mathfrak{p}_{ij}) \leqq \tau\, \Sigma\, h_0 (\mathfrak{p}_i) = \tau\, h_{0r} (\mathfrak{a}). \tag{15a}$$

Setzt man 𝔟 = $(\varphi_1, \ldots, \varphi_d)$, Grad von φ_k sei τ_k, h_0 (𝔟) = $\tau_1 \ldots \tau_d$, so erhält man durch mehrmalige Ausführung dieses Schlusses das Resultat

$$h_{0r} (\mathfrak{a}, \mathfrak{b}) \leqq h_0 (\mathfrak{b})\, h_{0r} (\mathfrak{a}). \tag{15b}$$

Ist die Ungleichung (15b) nicht erfüllt, so muß mindestens einmal der Fall eingetreten sein, daß φ_k in einem zu $(\mathfrak{a}, \varphi_1, \ldots, \varphi_{k-1})$ gehörigen isolierten Primideal aufgeht; dann ist aber die Dimension von $(\mathfrak{a}, \mathfrak{b})$ sicher $\geqq 1$.

---

[1] Legt man nämlich durch die Gerade und einen weiteren Kurvenpunkt eine Ebene, so hat diese $h+1$ Schnittpunkte mit der Kurve.

[2] Die Primideale $\mathfrak{p}_{ij}$ sind nicht notwendig alle voneinander verschieden.

16. Einem H-Ideal $\mathfrak{a}$ in $K\,[x_0, \ldots, x_n]$ entspricht eine $AM\,(\mathfrak{a})$ im projektiven Raum P_n; wir sagen, die $AM\,(\mathfrak{a})$ sei im Raum P_n *eingebettet* und nennen P_n ihren (linearen) *Einbettungsraum*. Wir sagen ferner, die $AM\,(\mathfrak{a})$ sei im P_n *eigentlich eingebettet* und nennen P_n ihren *eigentlichen (linearen) Einbettungsraum*, wenn sie nicht schon in einem linearen Unterraum von P_n enthalten ist. Das ist dann und nur dann der Fall, wenn

$$V\,(1\,;\mathfrak{a}) = 0, \qquad H\,(1\,;\mathfrak{a}) = n+1 \qquad\qquad (16\mathrm{a})$$

ist, d. h. wenn $\mathfrak{a}$ keine Linearform enthält.[1]

17. Eine irreduzible $AM\,(\mathfrak{p})$ eines Primideals $\mathfrak{p}$ in $K\,[x_0, \ldots, x_n]$ heißt *normal*, wenn sie im P_n eigentlich eingebettet und nicht die Projektion einer irreduziblen $AM\,(\mathfrak{p}^*)$ *derselben* Ordnung ist, welche in einem umfassenden P_{n+1} *eigentlich* eingebettet ist. Wir nennen dann auch das Primideal $\mathfrak{p}$ *normal*.[2] Damit dies der Fall ist, muß die Bedingung (16a) für $\mathfrak{p}$ erfüllt sein, und es darf in $K\,[x_0, \ldots, x_{n+1}]$ kein Primideal $\mathfrak{p}^*$ existieren, das dort eigentlich eingebettet ist, dieselbe Dimension und Ordnung besitzt und dessen Projektion $\mathfrak{p}$ ist:

$$\mathfrak{p} = \mathfrak{p}^* \cap K\,[x_0, \ldots, x_n], \quad H\,(1\,;\mathfrak{p}^*) = n+2, \quad h_0\,(\mathfrak{p}^*) = h_0\,(\mathfrak{p}).$$

Beispiele für normale algebraische Kurven in der Ebene sind die irreduziblen Kegelschnitte, ferner alle singularitätenfreien algebraischen Kurven höherer Ordnung. Dagegen ist eine irreduzible Kurve 3. Ordnung mit einem Doppelpunkt nicht normal in der Ebene, da sie die Projektion einer rationalen Raumkurve 3. Ordnung ist, die ihrerseits normal im P_3 ist (**143.21**). Allgemein ist die rationale Kurve n-ter Ordnung normal im P_n. Eine irreduzible Kurve 4. Ordnung mit einem Doppelpunkt ist normal, eine solche mit zwei oder drei Doppelpunkten nicht normal im P_2.

18. *Jedes eigentlich eingebettete supernormale* (**137.14**) *Primideal* $\mathfrak{p}$ *ist normal*, d. h. wenn $AM\,(\mathfrak{p})$ im P_n eigentlich eingebettet und der Restklassenring $\mathfrak{o} = K\,[x_0, \ldots, x_n]/\mathfrak{p}$ ganz abgeschlossen ist, so ist $\mathfrak{p}$ sicher normal, *aber nicht umgekehrt*.[3]

Ist nämlich $\mathfrak{p}$ nicht normal, so gibt es in $K\,[x_0, \ldots, x_{n+1}]$ ein Primideal $\mathfrak{p}^*$, das die eben präzisierten Bedingungen erfüllt. Nach **143.15** enthält $\mathfrak{p}^*$ eine in x_{n+1} lineare Form $\sigma_1^{\cdot}\,(x) - x_{n+1}\,\sigma_0\,(x)$ wo $\sigma_0\,(x)\,\varepsilon\!\mid\mathfrak{p}$

---

[1] Diese Definitionen können unmittelbar auch auf inhomogene Primideale ausgedehnt werden.

[2] Dieser Begriff kann auch auf inhomogene Primideale übertragen werden.

[3] Bei inhomogenen Primidealen beachte man, daß die Eigenschaft, supernormal zu sein, sich im allgemeinen nicht auf das äquivalente H-Ideal überträgt.

und auch keine Konstante ist;[1] ferner ist $\mathfrak{p}^*$ regulär bezüglich x_{n+1}. Also ist die Restklasse $\bar{x}_{n+1}$ algebraisch ganz über $\mathfrak{o}$, jedoch nicht in $\mathfrak{o}$ enthalten, d. h. $\mathfrak{o}$ ist nicht ganz abgeschlossen.

Die Umkehrung ist nicht immer richtig: ist nämlich $\mathfrak{o}$ nicht ganz abgeschlossen, so gibt es ein Element $s = \dfrac{\sigma_1}{\sigma_0}$ des Restklassenkörpers von $\mathfrak{p}$, das nicht in $\mathfrak{o}$ liegt, aber algebraisch ganz über $\mathfrak{o}$ ist. Wenn nun der Grad von σ_1 denjenigen von σ_0 genau um 1 übertrifft, so können wir zu einer allgemeinen Nullstelle $\{\xi_0, \ldots, \xi_n\}$ von $\mathfrak{p}$ die Größe $\xi_{n+1} = \dfrac{\sigma_1(\xi)}{\sigma_0(\xi)}$ hinzufügen[2] und die allgemeine Nullstelle $\{\xi_0, \ldots, \xi_{n+1}\}$ bilden; das zugehörige Primideal $\mathfrak{p}^*$ in $K[x_0, \ldots, x_{n+1}]$ hat dieselbe Dimension wie $\mathfrak{p}$ und enthält keine Linearform;[3] ferner ist $\mathfrak{p} = \mathfrak{p}^* \cap K[x_0, \ldots, x_n]$ und es ist auch $h_0(\mathfrak{p}) = h_0(\mathfrak{p}^*)$, weil $\mathfrak{p}^*$ regulär bezüglich x_{n+1} ist[4] (143.15). Also ist $\mathfrak{p}$ nicht normal.

19. Wenn der Grad von σ_1 denjenigen von σ_0 um mehr als 1 übertrifft, ist diese Konstruktion nicht möglich, weil dann die allgemeine Nullstelle $\{\xi_0, \ldots, \xi_{n+1}\}$ nicht homogen und $\mathfrak{p}^*$ infolgedessen kein H-Ideal ist. In der Tat kann $\mathfrak{p}$ normal sein, ohne supernormal zu sein. Als Beispiel untersuchen wir eine irreduzible Kurve 4. Ordnung mit einem Doppelpunkt:
$$\mathfrak{p} = (p) \quad \text{mit} \quad p = x_0^2 x_1^2 - x_0^2 x_1 x_2 - x_1^4 - x_2^4.$$
Da das Ideal (p_0', p_1', p_2') bis auf eine triviale Komponente mit (x_1, x_2) übereinstimmt, besitzt die Kurve nur einen gewöhnlichen Doppelpunkt in $\{1, 0, 0\}$ mit den Tangenten $x_1 = 0$, $x_1 - x_2 = 0$. Der Restklassenring mod $\mathfrak{p}$ ist nicht ganz abgeschlossen, denn die gebrochene Größe
$$\sigma = \frac{x_1(x_1^2 - x_0^2)}{x_2} = -\frac{x_0^2 x_1 + x_2^3}{x_1} \quad \text{genügt der Gleichung } \sigma^2 + x_0^2 \sigma +$$
$(x_1^2 - x_0^2)\, x_2^2 \equiv 0\ (\mathfrak{p})$. Es gibt jedoch keine Raumkurve 4. Ordnung, deren Projektion $\mathfrak{p}$ ist, wohl aber eine solche 5. Ordnung; setzt man nämlich $\sigma = (x_1 - x_0)\, x_3$, so erhält man das Primideal

---

[1] Denn andernfalls wäre $\mathfrak{p}^*$ nicht eigentlich eingebettet.

[2] Das ist erlaubt, weil $\sigma_0(x) \,\epsilon\!\!\mid \mathfrak{p}$, also $\sigma_0'(\xi) \neq 0$ ist.

[3] Wäre nämlich $x_{n+1} - l(x) \,\boldsymbol{\varepsilon}\, \mathfrak{p}^*$, so hätte man $\xi_{n+1} = \dfrac{\sigma_1(\xi)}{\sigma_0(\xi)} = l(\xi)$, also den Widerspruch $s = \dfrac{\sigma_1}{\sigma_0} \,\varepsilon\, \mathfrak{o}$.

[4] Da s algebraisch ganz über $\mathfrak{o}$ ist, genügt s einer Gleichung: $s^m + a_1 s^{m-1} + \ldots \ldots + a_m = 0$ mit $a_i \,\epsilon\, \mathfrak{o}$; dieser Gleichung entspricht eine in $\mathfrak{p}^*$ enthaltene Form: $x_{n+1}^m + a_1(x) \cdot x_{n+1}^{m-1} + \ldots + a_m(x)$.

$$\mathfrak{p}^* = (x_0x_1+x_1^2-x_2x_3,\; x_0^2x_1+x_2^3-x_0x_1x_3+x_1^2x_3,$$
$$x_0x_2^2+x_1x_2^2+x_0^2x_3-x_0x_3^2+x_1x_3^2);$$

hier gilt $H(t;\mathfrak{p}^*) = 5t-1$ für $t \geqq 1$ und $\mathfrak{p}^* \cap K[x_0, x_1, x_2] = \mathfrak{p}$. Dem Doppelpunkt $\{1, 0, 0\}$ von $AM(\mathfrak{p})$ entsprechen auf $AM(\mathfrak{p}^*)$ zwei getrennt liegende Punkte: $\{1, 0, 0, 0\}$ und $\{1, 0, 0, 1\}$.

20. *Einbettungssatz*: *Ist das Primideal* $\mathfrak{p}$ *der Dimension* d *(Rang* $r = n-d$*) und der Ordnung* $h_0(\mathfrak{p})$ *in* $K[x_0, \ldots, x_n]$ *eigentlich eingebettet, so ist*

$$h_0(\mathfrak{p}) \geqq n-d+1 = r+1. \tag{20a}$$

Gilt das Gleichheitszeichen, so ist $AM(\mathfrak{p})$ *rational, d. h.* $\mathfrak{p}$ *besitzt eine allgemeine Nullstelle* $\{\xi_0, \ldots, \xi_n\}$ *derart, daß* $d+1$ *der Koordinaten, etwa* $\xi_0, \ldots, \xi_d$ *algebraisch unabhängig sind, während die übrigen rationale (nicht nur algebraische) Funktionen der ersteren sind.*[1]

21. Dieser Satz ist für Primideale des Ranges 1 ($d = n-1$) offenbar richtig; denn dann ist $\mathfrak{p} = (p)$ Hauptideal und (20a) besagt $g \geqq 2$, wenn g den Grad von p bedeutet. Wäre nämlich $g = 1$, so wäre p eine Linearform und $AM(\mathfrak{p})$ selbst ein linearer Unterraum von P_n. Ist $g = 2$, so ist p eine irreduzible quadratische Form und besitzt als solche eine rat onale allgemeine Nullstelle, welche wir im folgenden explizit angeben werden (**22**).

Wir nehmen nun an, (20a) sei bereits für alle Primideale eines Ranges $< r$ bewiesen. Dann projizieren wir das Primideal $\mathfrak{p}$ aus einem gewöhnlichen Punkt seiner AM und erhalten (**143.19**) als Projektion ein Primideal $\bar{\mathfrak{p}}$, das in $K[x_0, \ldots, x_{n-1}]$ eigentlich eingebettet[2] ist, dieselbe Dimension und daher den Rang $r-1$ besitzt; ferner ist $h_0(\bar{\mathfrak{p}}) = h_0(\mathfrak{p})-1$ (**143.19a**). Laut Induktionsvoraussetzung gilt hier $h_0(\bar{\mathfrak{p}}) \geqq r$, woraus sofort (20a) folgt. Da schließlich $\mathfrak{p}$ (wenigstens) eine bezüglich x_n lineare Form enthält, können wir im Falle des Gleichheitszeichens die rationale Nullstelle von $\bar{\mathfrak{p}}$ ohne Schwierigkeit zu einer ebensolchen von $\mathfrak{p}$ ergänzen.

22. Wir wollen noch zeigen, daß eine irreduzible quadratische Form $p = \Sigma\, a_{ik}\, x_i\, x_k$ eine *rationale allgemeine Nullstelle* besitzt. Ohne Beeinträchtigung der Allgemeinheit dürfen wir voraussetzen, daß $a_{00}a_{11}-$ $-a_{01}^2 \neq 0$ ist, so daß

---

[1] $\xi_{d+i} = \varphi_i(\xi_0, \ldots, \xi_d)$, $i = 1, \ldots, r$, wo die φ_i rationale Funktionen sind. Es würde nicht genügen, zu sagen, daß die ξ_i ($i = 0, \ldots, n$) rationale Funktionen von $d+1$ Parametern $t_0, \ldots, t_d$ sind, wenn man nicht hinzufügt, daß auch umgekehrt $t_0, \ldots, t_d$ rationale Funktionen der ξ sind.

[2] Denn enthielte $\bar{\mathfrak{p}}$ eine Linearform, so auch $\mathfrak{p}$; das gilt, weil das Projektionszentrum auf der $AM(\mathfrak{p})$ liegt, auch umgekehrt.

$$a_{00}\, x_0^2 + 2a_{01}x_0x_1 + a_{11}x_1^2 = (\alpha_0\, x_0 + \alpha_1\, x_1)\,(\beta_0 x_0 + \beta_1 x_1)$$

mit $\alpha_0\,\beta_1 - \alpha_1\,\beta_0 \neq 0$ gilt. Durch eine homogene lineare Transformation können wir noch $\alpha_0\, x_0 + \alpha_1\, x_1$ in x_0 und $\beta_0\, x_0 + \beta_1\, x_1$ in x_1 überführen, so daß die Form p die Gestalt erhält:

$$p = x_0 x_1 + 2 \sum_{i=2}^{n} a_{01}x_0x_i + 2 \sum_{i=2}^{n} a_{1i}x_1x_i + \sum_{i,\,k=2}^{n} a_{ik}\, x_i\, x_k.$$

Man erkennt unmittelbar, daß $\{\xi_0,\ldots,\xi_n\}$ eine allgemeine Nullstelle von p ist, wenn $\xi_1,\ldots,\xi_n$ algebraisch unabhängige Größen und

$$\xi_0 = \frac{2\xi_1 \sum\limits_{i=2}^{n} a_{1i}\,\xi_i + \sum\limits_{i,\,k=2}^{n} a_{ik}\,\xi_i\,\xi_k}{-\xi_1 - 2 \sum\limits_{i=2}^{n} a_{0i}\,\xi_i}$$

ist.

23. Aus dem Einbettungssatz können wir folgendes einfache *Reduzibilitätskriterium* für H-Ideale ableiten: *Ein H-Ideal $\mathfrak{a}$ der Dimension d in $K[x_0,\ldots,x_n]$ ist sicher reduzibel, wenn $H(0;\mathfrak{a}) = n+1$ und $h_0(\mathfrak{a}) < n-d+1$ ist.*

Für ein Primideal (und umsomehr für ein Primärideal) muß nämlich (20a) erfüllt sein.

§ 5. Syzygientheorie der H-Ideale.

151. Matrizen im H-Ring.

1. Wir betrachten im folgenden Matrizen

$$U_{rs} = \begin{vmatrix} \varphi_{11}, \ldots, \varphi_{1s} \\ \cdots\cdots\cdots \\ \varphi_{r1}, \ldots, \varphi_{rs} \end{vmatrix}, \tag{1a}$$

deren Elemente Formen aus $K[x_0,\ldots,x_n]$ sind. Wir nennen r die *Zeilenzahl* und s die *Spaltenzahl* der Matrix U_{rs}. Die Grade der Formen φ_{ik} können verschieden sein, jedoch verlangen wir, daß jede Unterdeterminante der Matrix homogen sei. Bedeutet μ_{ik} den Grad der Form φ_{ik}, so muß, damit die zweireihige Unterdeterminante

$$\begin{vmatrix} \varphi_{ik} & \varphi_{il} \\ \varphi_{jk} & \varphi_{jl} \end{vmatrix}$$

homogen sei, die Gleichung bestehen:

$$\mu_{ik} + \mu_{jl} = \mu_{il} + \mu_{jk}; \tag{1b}$$

insbesondere für $i = k = 1$:

$$\mu_{jl} = \mu_{1l} + \mu_{j1} - \mu_{11}, \quad j = 1,\ldots,r\,; l = 1,\ldots,s. \tag{1c}$$

Man stellt leicht fest, daß aus dem Erfülltsein der Bedingungen (1c) bereits folgt, daß auch alle Bedingungen (1b) erfüllt sind. Es dürfen also die Grade der Formen in der ersten Zeile (μ_{1l}) und diejenigen der ersten Spalte (μ_{j1}) beliebig[1] gewählt werden, dann sind die Grade aller übrigen Formen eindeutig bestimmt.

2. Die Bedingungen (1c) reichen auch schon hin, um sicher zu stellen, daß alle Unterdeterminanten (nicht nur die zweizeiligen) der Matrix U_{rs} homogen sind. Wir zeigen das etwa für die Determinante

$$\begin{vmatrix} \varphi_{11}, \ldots, \varphi_{1r} \\ \cdots\cdots\cdots \\ \varphi_{r1}, \ldots, \varphi_{rr} \end{vmatrix} = \Sigma \pm \varphi_{1i_1} \varphi_{2\,i_2} \cdots \varphi_{ri_r}.$$

Der Grad des allgemeinen Gliedes der Summe rechts ist

$$\mu_{1i_1} + \mu_{2i_2} + \cdots + \mu_{r\,i_r} = \Sigma(\mu_{1i_\alpha} + \mu_{\alpha 1} - \mu_{11}) = \Sigma\mu_{1i} + \Sigma\mu_{j1} - r\,\mu_{11},$$

also unabhängig von der besonderen Permutation $i_1 i_2 \ldots i_r$ und daher für jeden Summanden, der in der obigen Summe auftritt, derselbe.

3. Eine Matrix, welche aus einer einzigen Zeile oder einer einzigen Spalte besteht, nennen wir einen *Vektor*, und zwar im ersten Fall *Zeilenvektor*, im zweiten Fall *Spaltenvektor*. Eine Form des H-Ringes kann auch als Grenzfall einer Matrix mit der Zeilen- und Spaltenzahl 1 angesehen werden und wird gelegentlich als *Skalar* bezeichnet. Die Elemente eines Vektors nennen wir seine *Komponenten*.

4. Mit Matrizen können wir folgende Operationen ausführen: Zwei Matrizen $U_{rs} = (\varphi_{ik})$ und $V_{rs} = (\psi_{ik})$, deren Zeilen-, Spalten- und Gradzahlen[2] übereinstimmen, können addiert und subtrahiert werden:

$$U_{rs} \pm V_{rs} = (\varphi_{ik} \pm \psi_{ik}). \tag{4a}$$

Das Resultat ist die Matrix, deren Elemente die Summen, beziehungsweise Differenzen der entsprechenden Elemente von U_{rs} und V_{rs} sind. Nach derselben Regel werden auch Vektoren summiert.

---

[1] Es ist allerdings möglich, daß stellenweise negative Gradzahlen herauskommen. Um das von vornherein zu vermeiden, ist es zweckmäßig, sich die Matrix U_{rs} durch Zeilen- und Spaltenvertauschungen so angeordnet zu denken, daß die μ Gradzahlen nach rechts und nach unten wachsen; dann ist $\mu_{11} \leqq \mu_{12} \leqq \cdots \cdots \leqq \mu_{1s}$ und $\mu_{11} \leqq \mu_{21} \leqq \cdots \leqq \mu_{r1}$; zufolge (1c) gilt sodann allgemein $\mu_{jl} \geqq \mu_{11} \geqq 0$.

[2] Einer verschwindenden Form φ_{ik} kann jede beliebige Gradzahl zugeschrieben werden, sofern diese nicht durch (1c) festgelegt ist.

5. Multiplikation einer Matrix $U_{rs} = (\varphi_{ik})$ mit einem Skalar ψ:
Ist ψ eine Form (auch Konstante) aus unserem H-Ring, so bedeutet

$$\psi\, U_{rs} = (\psi\, \varphi_{ik}) \tag{5a}$$

diejenige Matrix, welche aus U_{rs} entsteht, wenn jedes Element mit ψ multipliziert wird. Es ist klar, daß die bei (4a) und (5a) herauskommenden neuen Matrizen wieder die Bedingungen (1c) erfüllen.

6. Multiplikation zweier Matrizen $U_{rs} = (\varphi_{ik})$ und $V_{st} = (\psi_{jl})$:

$$U_{rs}\, V_{st} = W_{rt} = (\chi_{il}) \tag{6a}$$

mit

$$\chi_{il} = \varphi_{i1}\psi_{1l} + \varphi_{i2}\psi_{2l} + \ldots + \varphi_{is}\psi_{sl}, \quad i = 1,\ldots,r;\ l = 1,\ldots,t.$$

Damit diese Operation möglich ist und als Resultat wieder eine homogene Matrix ergibt, muß die Spaltenzahl der ersten Matrix mit der Zeilenzahl der zweiten übereinstimmen, und es müssen die Gradzahlen μ_{ik} der ersten Matrix denjenigen $\bar\mu_{jl}$ der zweiten in folgender Weise angepaßt sein:

$$\mu_{i1} + \bar\mu_{1l} = \mu_{i\alpha} + \bar\mu_{\alpha l}, \quad i = 1,\ldots,r;\ \alpha = 1,\ldots,s;\ l = 1,\ldots,t;$$

das liefert mit Benützung von (1c) die Bedingungen:

$$\mu_{1\alpha} - \mu_{11} = \bar\mu_{11} - \bar\mu_{\alpha1}, \quad \alpha = 1,\ldots,s. \tag{6b}$$

Sind diese Bedingungen erfüllt, so sind sämtliche Elemente von W_{rt} homogen und die Gradzahlen von W_{rt} erfüllen ihrerseits (1c).

7. Die Multiplikation von Matrizen ist *assoziativ*, aber im allgemeinen nicht *kommutativ*. Hinsichtlich Addition und Multiplikation gilt das *distributive Gesetz*:[1]

$$U\,(V+W) = UV + UW, \quad (V+W)\,U = VU + WU,$$

wo stillschweigend vorausgesetzt ist, daß die in **4** und **6** angegebenen Bedingungen für die Möglichkeit der auszuführenden Operationen erfüllt sind; wir werden das von nun an nicht mehr ausdrücklich bemerken.

Ist insbesondere $r = t = 1$, so liefert (6a) das *innere* oder *skalare Produkt* zweier Vektoren, von denen der erste als Zeilenvektor, der zweite als Spaltenvektor geschrieben ist; das Resultat ist ein Skalar.

8. Wir betrachten nun eine Menge $\mathfrak{M}$ von Vektoren gleicher Komponentenzahl s, die wir etwa als Zeilenvektoren

$$U = (\varphi_1, \ldots, \varphi_s) \tag{8a}$$

schreiben wollen und die folgende Bedingungen erfüllen:

---

[1] Wir lassen hier und im folgenden häufig die unteren Indizes der Matrix-Symbole fort, wenn es nicht darauf ankommt, sie evident zu halten.

a) Die Elemente $\varphi_1, \ldots, \varphi_s$ gehören unserem H-Ring $K\,[x_0, \ldots, x_n]$ an; ihre Gradzahlen $\mu_1, \ldots, \mu_s$ genügen den Gleichungen

$$\mu_\alpha - \mu_1 = \nu_\alpha, \quad \alpha = 1, \ldots, s, \qquad (8b)$$

wobei die Zahlen ν_α für sämtliche Vektoren von $\mathfrak{M}$ dieselben sind;

b) die Vektoren von $\mathfrak{M}$ bilden einen *Modul* mit dem Operatorenbereich $K\,[x_0, \ldots, x_n]$, d. h. gleichzeitig mit U und V sind auch alle Vektoren $\psi\, U + \chi\, V$ in $\mathfrak{M}$ enthalten, wenn ψ und χ beliebige Formen (auch Konstante) unseres H-Ringes bedeuten, die nur der Einschränkung unterliegen, daß die Gradzahlen von $\psi\, U$ und $\chi\, V$ übereinstimmen müssen.

Eine derartige Menge $\mathfrak{M}$ von Vektoren nennen wir einen *Vektormodul* des H-Ringes $K\,[x_0, \ldots, x_n]$.[1]

9. *Jeder Vektormodul besitzt eine endliche Basis.* Das ist eine naheliegende Verallgemeinerung des Hilbertschen Basissatzes (**115.10**).[2] Zum Beweise beachte man, daß die ersten Komponenten φ_1 der Vektoren (8a) von $\mathfrak{M}$ ein H-Ideal bilden, das bekanntlich eine Basis besitzt; dementsprechend können wir eine endliche Zahl von Vektoren $U_1, \ldots, U_\sigma$ aus $\mathfrak{M}$ auswählen, derart, daß bei geeigneter Bestimmung der Formen $\psi_1, \ldots, \psi_s$ jeder Vektor U aus $\mathfrak{M}$ sich auf einen Vektor

$$U' = U - \psi_1 U_1 - \ldots - \psi_\sigma\, U_\sigma$$

reduzieren läßt, der ebenfalls in $\mathfrak{M}$ liegt und dessen erste Komponente verschwindet. Nun bildet die Menge aller Vektoren U' aus $\mathfrak{M}$, deren erste Komponente null ist, wieder einen Vektormodul $\mathfrak{M}'$, die Menge ihrer Komponenten φ_2 aber ein H-Ideal mit einer endlichen Basis. Aus $\mathfrak{M}'$ können wir daher wieder endlich viele Vektoren $U'_1, \ldots, U'_\tau$ auswählen, mit deren Hilfe jeder Vektor U' auf einen solchen reduziert werden kann, dessen erste zwei Komponenten φ_1 und φ_2 verschwinden. Setzen wir diesen Prozeß fort, so erhalten wir offensichtlich in

$$U_1, \ldots, U_\sigma, U'_1, \ldots, U'_\tau, \ldots$$

eine Basis unseres Vektormoduls $\mathfrak{M}$.

10. Schreiben wir die Vektoren der Basis von $\mathfrak{M}$ untereinander, so erhalten wir eine Matrix

---

[1] Man könnte diesen Begriff auch auf mehrzeilige Matrizen ausdehnen, jedoch benötigen wir diese Verallgemeinerung hier nicht. Ein Vektormodul mit $s = 1$ ist offenbar ein H-Ideal.

[2] Die ursprüngliche Fassung des Basissatzes von *Hilbert* bezog sich bereits auf diesen allgemeinen Fall.

$$U_{rs} = \begin{vmatrix} \varphi_{11}, \ldots, \varphi_{1s} \\ \cdots\cdots\cdots \\ \varphi_{r1}, \ldots, \varphi_{rs} \end{vmatrix}$$

welche zufolge (8b) die Bedingungen (1c) erfüllt. Wir erhalten sämtliche Vektoren des Vektormoduls $\mathfrak{M}$, wenn wir U_{rs} links mit einem beliebigen Zeilenvektor V_{1r} multiplizieren: $V_{1r}\,U_{rs}$, dessen Komponenten lediglich die Gradbedingungen (6b) erfüllen müssen.

Umgekehrt können wir jede Matrix U_{rs} in zweierlei Weise als Basis eines Vektormoduls ansehen, und zwar einerseits als Basis desjenigen Moduls, der von ihren Zeilenvektoren erzeugt wird, andererseits aber auch als Basis des von ihren Spaltenvektoren erzeugten Moduls. Die Vektoren dieses zweiten Moduls erhalten wir, wenn wir U_{rs} rechts mit passenden Spaltenvektoren multiplizieren: $U_{rs}\,V_{s1}$. Man überzeugt sich leicht, daß aus (1c) das Erfülltsein der Modulbedingungen (8b) in beiden Fällen folgt.

11. Wir gehen nun von einem beliebigen Matrix U_{rs} aus und fragen nach allen Spaltenvektoren V_{s1}, welche U_{rs} annullieren, d. h. mit U_{rs} zusammengesetzt den *Nullvektor* [1]

$$U_{rs}\,V_{s1} = 0 \tag{11a}$$

liefern. Enthält U_{rs} eine s-zeilige, nicht verschwindende Determinante, d. h. hat U_{rs} den *Rang* [2] s, so erfüllt nur der Nullvektor diese Bedingung. Hat jedoch U_{rs} einen Rang $< s$, so gibt es immer Vektoren V_{s1}, welche (11a) erfüllen und nicht identisch verschwinden. Wir nennen einen solchen Vektor eine (rechte) *Syzygie* der Matrix U_{rs}. Dieselbe Überlegung läßt sich natürlich auch linksseitig anstellen.

12. Es ist unmittelbar einzusehen, daß die Gesamtheit aller rechten (bzw. linken) Syzygien einer Matrix U_{rs} einen Vektormodul bildet, den wir den rechten (bzw. linken) *Syzygienmodul* von U_{rs} nennen. Dieser besitzt nach **9** eine endliche Basis, welche als Matrix geschrieben eine Matrix V_{st} bildet, für die gilt:

$$U_{rs}\,V_{st} = 0 \tag{12a}$$

Wenn man V_{st} mit einem beliebigen Spaltenvektor W_{t1} rechts multipliziert, so erhält man eine (rechte) Syzygie von U_{rs}, und zwar erhält man so alle Syzygien. Genau das Analoge läßt sich über den linken

---

[1] Wir bezeichnen den Nullvektor, dessen sämtliche Komponenten 0 sind, der Einfachheit halber mit 0.

[2] Das Wort „Rang" hat hier die in der Matrizenrechnung übliche Bedeutung (maximale Zeilenzahl der nicht verschwindenden Unterdeterminanten der Matrix), welche mit dem „Rang" eines P-Ideals nichts zu tun hat.

Syzygienmodul von U_{rs} sagen. Ist der Rang der Matrix U_{rs} gleich s (r), so besteht der rechte (linke) Syzygienmodul nur aus dem Nullvektor.

13. Aus (12a) folgt umgekehrt, daß jeder Zeilenvektor von U_{rs} die Matrix V_{st} von links annulliert, also eine linke Syzygie von V_{st} ist. Der Vektormodul, der von den Zeilenvektoren der Matrix U_{rs} erzeugt wird, besteht also aus lauter linken Syzygien von V_{st}; es kann aber im allgemeinen nicht behauptet werden, daß er der volle linke Syzygienmodul von V_{st} ist, denn dieser kann ein ihn umfassender Vektormodul sein. Z. B. sei $U_{12} = (x_0 x_1,\ x_0 x_2)$, dann ist $V_{21} = \left(\begin{smallmatrix} x_2 \\ -x_1 \end{smallmatrix}\right)$ der rechte Syzygienmodul von V_{12}, aber es ist nicht gleichzeitig U_{12} der linke Syzygienmodul von V_{21}; denn dieser ist der durch $U_{12}' = (x_1,\ x_2)$ erzeugte Vektormodul, der U_{12} umfaßt.

14. Wir bemerken noch grundsätzlich, daß wir die Basis eines Vektormoduls immer als *Minimalbasis* voraussetzen wollen, d. h. als eine Basis, welche kein überschüssiges, durch die restlichen darstellbares Glied enthält. Gilt das bereits für die Ausgangsmatrix U_{rs}, wie es im folgenden immer der Fall sein wird, so enthält V_{st} kein Element des Grades null (nicht verschwindende Konstante).

152. Syzygienketten.

1. Wir denken uns eine beliebige Matrix $U_{s_0 s_1}$ unseres H-Ringes $K[x_0, \ldots, x_n]$ gegeben; ihr Rang sei $\sigma_1 \leqq s_1$. Gilt das $<$ Zeichen, so gibt es einen rechten Syzygienmodul $U^2_{s_1 s_2}$, dessen Rang σ_2 nach den allgemeinen Gesetzen über die Auflösung homogener linearer Gleichungssysteme $\sigma_2 = s_1 - \sigma_1$ ist. Wenn $\sigma_2 < s_2$ ist, so existiert auch zur Matrix $U^2_{s_1 s_2}$ ein rechter Syzygienmodul $U^3_{s_2 s_3}$ des Ranges $\sigma_3 = s_2 - \sigma_2$ usw. Wir erhalten so eine Reihe von Matrizen

$$U^1_{s_0 s_1},\quad U^2_{s_1 s_2}, \ldots, U_{s_{k-1} s_k}, \tag{1a}$$

von denen jede den rechten Syzygienmodul der vorhergehenden erzeugt. Wir werden zeigen, daß diese Reihe nicht beliebig lange fortgesetzt werden kann, sondern spätestens nach dem $(n+1)$-ten Gliede abbricht (12). Für die Rangzahlen dieser Matrizen gilt der Reihe nach

$$\sigma_2 = s_1 - \sigma_1$$
$$\sigma_3 = s_2 - \sigma_1 = s_2 - s_1 + \sigma_1$$
$$\cdots\cdots\cdots\cdots\cdots\cdots\cdots\cdots\cdots$$
$$\sigma_k = s_{k-1} - \sigma_{k-1} = s_{k-1} - s_{k-2} + \ldots \pm s_1 \mp \sigma_1.$$

Ist insbesondere $\sigma_1 = s_0$ und ist die Kette (1a) über das k-te Glied hinaus nicht fortsetzbar, was dann und nur dann der Fall ist, wenn $\sigma_k = s_k$ ist, so gilt

$$s_0 - s_1 + s_2 - + \ldots \pm s_k = 0. \tag{1b}$$

2. Die Reihe (1a) nennen wir die zur Matrix U_{rs} gehörende *Kette von Syzygienmoduln* oder kurz *Syzygienkette*. Wir werden im folgenden den von *Hilbert* herrührenden Satz (12) beweisen, daß die Länge k einer Syzygienkette niemals die Zahl $n+1$ der homogenen Variablen des zugrundeliegenden H-Ringes übersteigen kann. Als Ausgangsmatrix werden wir gewöhnlich einen Zeilenvektor

$$U_{1s} = (\varphi_1, \ldots, \varphi_s) \tag{2a}$$

ansetzen, welcher von der Basis eines vorgelegten H-Ideals $\mathfrak{a}$ geliefert wird. Die daran schließende Syzygienkette nennen wir dann *die Syzygienkette des H-Ideals $\mathfrak{a}$*.

3. Wir wollen zunächst den einfachsten Fall, nämlich die Syzygienketten von H-Idealen der Hauptklasse untersuchen. Ein Hauptideal $\mathfrak{a} = (\varphi)$ besitzt keinen rechten Syzygienmodul,[1] die Syzygienkette besteht also hier nur aus einem Glied.

Bei einem H-Ideal der zweiten Hauptklasse $\mathfrak{a} = (\varphi_1, \varphi_2)$ erhalten wir die zweigliedrige Syzygienkette

$$U_{12}^1 = (\varphi_1, \varphi_2), \quad U_{21}^2 = \begin{pmatrix} -\varphi_2 \\ \varphi_1 \end{pmatrix}; \tag{3a}$$

wegen $(\varphi_1) : \varphi_2 = (\varphi_1)$ folgt nämlich aus $\psi_1\varphi_1 + \psi_2\varphi_2 = 0$ sofort $\psi_2 = \chi\varphi_1$, $\psi_1 = -\chi\varphi_2$.

Ein H-Ideal $\mathfrak{a} = (\varphi_1, \varphi_2, \varphi_3)$ der dritten Hauptklasse besitzt die dreigliedrige Syzygienkette

$$U_{13}^1 = (\varphi_1, \varphi_2, \varphi_3), \quad U_{33}^2 = \begin{vmatrix} -\varphi_2 & . & -\varphi_3 & . & 0 \\ \varphi_1 & . & 0 & . & -\varphi_3 \\ 0 & . & \varphi_1 & . & \varphi_2 \end{vmatrix}, \quad U_{31}^3 = \begin{vmatrix} \varphi_3 \\ -\varphi_2 \\ \varphi_1 \end{vmatrix}; \tag{3b}$$

aus $\psi_1\varphi_1 + \psi_2\varphi_2 + \psi_3\varphi_3 = 0$ folgt nämlich (**135.4**): $\psi_3\,\varepsilon\,(\varphi_1, \varphi_2) : \varphi_3 = (\varphi_1, \varphi_2)$, so daß tatsächlich U_{33}^2 den vollen Syzygienmodul erzeugt usw.

4. An diesen Beispielen kann man bereits das allgemeine Bildungsgesetz erkennen: *Ein H-Ideal $\mathfrak{a} = (\varphi_1, \ldots, \varphi_k)$ der k-ten Hauptklasse besitzt eine aus k Gliedern bestehende Syzygienkette*

$$U_{1k}^1, \ U_{kk_2}^2, \ U_{k_2 k_3}^3, \ldots, U_{k1}^k, \tag{4a}$$

---

[1] Einen nur aus dem Nullvektor bestehenden Syzygienmodul rechnen wir nicht mit.

deren Zeilen- und Spaltenzahlen $k_\nu = \binom{k}{\nu}$ *sind.* Die Gestalt der Matrizen (4a) kann rekursiv aus denjenigen für die $(k-1)$-te Hauptklasse abgeleitet werden; ist nämlich

$$V_{1j}, V_{jj_2}^2, \ldots, V_{j1}^j, \qquad (j = k-1)$$

die Syzygienkette des Hauptklassenideals $(\varphi_1, \ldots, \varphi_{k-1})$, so gilt:

$$U_{1k}^1 = (V_{1j}^1, \varphi_k), \quad U_{kk_2}^2 = \left(\frac{V_{jj_2}^2}{0} \;\middle|\; \frac{-\varphi_k E_j}{V_{1j}^1}\right), \ldots$$

allgemein

$$U_{k_{\nu-1}\,k_\nu}^\nu = \left(\frac{V_{j_{\nu-1}j_\nu}^\nu}{0} \;\middle|\; \frac{(-1)^{\nu-1}\varphi_k E_{j_{\nu-1}}}{V_{j_{\nu-2}j_{\nu-1}}^{\nu-1}}\right), \quad \nu = 2, 3, \ldots, k-1$$

und schließlich

$$U_{k1}^k = \left(\begin{array}{c} (-1)^{k-1}\varphi_k \\ V_{j1}^j \end{array}\right)$$

Hier bedeuten $E_j, E_{j_{\nu-1}}, \ldots$ Einheitsmatrizen mit $j, j_{\nu-1}, \ldots$ Zeilen. Die Ableitung dieser Formeln erfolgt ohne Schwierigkeit nach den in **3** angedeuteten Überlegungen. Auch die Formel für die Zeilen und Spaltenzahlen kann man leicht bestätigen, denn es ist $k_\nu = j_\nu + j_{\nu-1} = \binom{k-1}{\nu} + \binom{k-1}{\nu-1} = \binom{k}{\nu}$.

5. Die Syzygienkette (4a) ist, wie man aus der Symmetrie erkennt, auch dadurch ausgezeichnet, daß jede Matrix nicht nur den rechten Syzygienmodul der vorhergehenden, sondern auch den linken Syzygienmodul der nachfolgenden erzeugt. Auch ist der angekündigte Hilbertsche Satz damit für Hauptklassenideale bereits bewiesen. Das in **4** verwendete Rekursionsverfahren können wir noch zum Beweise des folgenden Satzes heranziehen:

6. *Hat die Syzygienkette des H-Ideals* $\mathfrak{a}$ *genau k Glieder und ist* φ *eine zu* $\mathfrak{a}$ *relativ prime Form, so besitzt das Ideal* $(\mathfrak{a}, \varphi)$ *eine Syzygienkette von genau* $k+1$ *Gliedern.*

7. Zum Beweise nehmen wir an, es sei[1]

$$U^1, U^2, \ldots, U^k$$

die Syzygienkette des Ideals $\mathfrak{a}$; diejenige von $(\mathfrak{a}, \varphi)$ beginnt mit dem Zeilenvektor

---

[1] Wir lassen im folgenden oft die Indizes der Zeilen- und Spaltenzahlen bei den Matrizensymbolen weg, wenn es nicht gerade darauf ankommt, die Aufmerksamkeit darauf zu lenken.

$$V^1 = (U^1, \varphi).$$

Wegen $\mathfrak{a} : \varphi = \mathfrak{a}$ folgt nun ähnlich wie in **4**, daß der rechte Syzygienmodul von V^1 die Basis

$$V^2 = \left(\begin{array}{c|c} U^2 & -\varphi\,E \\ \hline 0 & U^1 \end{array}\right)$$

besitzt. So schließt man weiter und findet allgemein

$$V^\nu = \left(\begin{array}{c|c} U^\nu & (-1)^{\nu-1}\varphi\,E \\ \hline 0 & U^{\nu-1} \end{array}\right), \quad \nu = 2, 3, \ldots, k;$$

daran schließt sich als letztes Glied der Kette

$$V^{k+1} = \left(\begin{array}{c} (-1)^k\,\varphi\,E \\ U^k \end{array}\right).$$

8. Schon bei Aufstellung der Syzygienkette von Hauptklassenidealen stellte sich eine merkwürdige Beziehung heraus, die es verdient, näher untersucht zu werden: es war nämlich die *Länge* der Syzygienkette genau gleich dem *Rang* des Hauptklassenideals. Handelt es sich um ein beliebiges H-Ideal, so trifft das nicht mehr allgemein zu, aber es gilt der folgende Satz: *Besitzt das H-Ideal $\mathfrak{a} = (\varphi_1, \ldots, \varphi_s)$ eine Primärkomponente des Ranges k, so hat seine Syzygienkette wenigstens k Glieder.* Dabei ist es gleichgültig, ob es sich um eine isolierte oder eingebettete Primärkomponente handelt. Es ist demnach hervorzuheben, daß die Länge der Syzygienkette von den Primärkomponenten höchsten Ranges, d. i. geringster Dimension abhängt.

9. *Beweis*: Es sei $\mathfrak{p}$ ein zu $\mathfrak{a}$ gehöriges Primideal des Ranges k, $\mathfrak{p} = (\pi_1, \ldots, \pi_k) : \Phi$ eine Primbasis von $\mathfrak{p}$. Das Hauptklassenideal[1] $\mathfrak{b} = (\pi_1, \ldots, \pi_k)$ besitzt die isolierte Komponente $\mathfrak{p}$ und folglich ist $\mathfrak{a} : \mathfrak{b} \supset \mathfrak{a}$. Es gibt also eine Form $\psi\ \varepsilon\!\mid \mathfrak{a}$, derart, daß

$$\psi\,\mathfrak{b} \subseteq \mathfrak{a} \tag{9a}$$

ist. Es sei

$$U^1_{1k},\ U^2_{kk_2},\ \ldots,\ U^k_{k1}$$

die Syzygienkette des Hauptklassenideals $\mathfrak{b}$,

$$V^1_{1s},\ V^2_{ss_2},\ \ldots,\ V^\sigma_{s_{\sigma-1}s_\sigma}$$

---

[1] Daß $\mathfrak{b}$ zur Hauptklasse gehört, erkennt man am leichtesten bei einer monoidalen Primbasis (**133.10**): die Variablen $x_0, \ldots, x_d$ sind unabhängig bezüglich $\mathfrak{b}$, sie werden abhängig, wenn man eine beliebige weitere Variable hinzufügt; denn π_1 enthält nur die Variablen $x_0, \ldots, x_{d+1}$; die Elimination von x_{d+1} aus π_1 und π_j liefert eine nur von $x_0, \ldots, x_d, x_{d+j}$ abhängige Form. Das bedeutet, daß $\mathfrak{b}$ die Dimension d (Rang k) besitzt und also zur Hauptklasse gehört (**131.7**).

diejenige des Ideals $\mathfrak{a}$. Wegen (9a) gilt

$$\psi\, U^1_{1k} = V^1_{1s}\, A^1_{sk}, \tag{9b}$$

wo A^1_{sk} eine gewisse Matrix mit s Zeilen und k Spalten bedeutet. Multiplizieren wir beide Seiten dieser Gleichung rechts mit U^2, so folgt (mit Unterdrückung der unteren Indizes)

$$0 = V^1\, A^1\, U^2.$$

Daher muß $A^1\, U^2$ im rechten Syzygienmodul von V^1, d. i. in V^2 enthalten sein; das gibt

$$A^1\, U^2 = V^2\, A^2,$$

wo A^2 eine neue Matrix mit s_2 Zeilen und k_2 Spalten ist. Diese Gleichung multiplizieren wir mit U^3 und folgern auf dieselbe Weise

$$A^2\, U^3 = V^3\, A^3$$

usw. Wäre nun $\sigma < k$, so hätte man $V^{\sigma+1} = 0$ zu setzen und erhielte:

$$A^\sigma\, U^{\sigma+1} = 0,$$

also (5)

$$A^\sigma = B^\sigma\, U^\sigma$$

mit einer Matrix B^σ, die s_σ Zeilen und $k_{\sigma-1}$ Spalten hat. Setzt man dies in

$$A^{\sigma-1}\, U^\sigma = V^\sigma\, A^\sigma$$

ein und bringt alles auf eine Seite, so kann man schreiben

$$(A^{\sigma-1} - V^\sigma\, B^\sigma)\, U^\sigma = 0.$$

Daraus können wir wieder auf

$$A^{\sigma-1} = V^\sigma\, B^\sigma + B^{\sigma-1}\, U^{\sigma-1}$$

schließen und dies in

$$A^{\sigma-2}\, U^{\sigma-1} = V^{\sigma-1}\, A^{\sigma-1}$$

einsetzen; das gibt wegen $V^{\sigma-1}\, V^\sigma = 0$:

$$(A^{\sigma-2} - V^{\sigma-1}\, B^{\sigma-1})\, U^{\sigma-1} = 0,$$

also $\qquad A^{\sigma-2} = V^{\sigma-1}\, B^{\sigma-1} + B^{\sigma-2}\, U^{\sigma-2} \qquad$ usw.

Schließlich erhalten wir eine Gleichung

$$A^1 = V^2\, B^2 + B^1\, U^1$$

also wegen (9b)

$$\psi\, U^1 = V^1\, B^1\, U^1,$$

woraus $\psi = V^1\, B^1$, d. h. $\psi\ \varepsilon\ \mathfrak{a}$ im Widerspruch zur Voraussetzung folgt. Es muß also $\sigma \geqq k$ sein, w. z. b. w.

10. Tieferen Einblick in die Struktur der Syzygienmoduln vermittelt der folgende Satz: *Ist S eine Syzygie aus dem k-ten Syzygienmodul U_k, die man folgendermaßen aufspalten kann:*

$$S = \varphi_1 S_1 + \varphi_2 S_2 + \ldots + \varphi_j S_j, \tag{10a}$$

wo $(\varphi_1, \ldots, \varphi_j)$ ein Ideal der Hauptklasse ist, so können, falls $j < k$ ist, die Vektoren $S_1, \ldots, S_j$ in (10a) immer so gewählt werden, daß sie ebenfalls Syzygien des Moduls U^k sind.

Eine Aufspaltung der Art (10a) ist immer dann möglich, wenn das von den Elementen von S erzeugte H-Ideal in einem Hauptklassenideal $(\varphi_1, \ldots, \varphi_j)$ enthalten ist. Aus (10a) kann man dann darauf schließen, daß S kein Element der Basis, d. h. keine Spalte von U^k sein kann. Das von irgendeiner Spalte von U^k erzeugte H-Ideal kann also in keinem Hauptklassenideal eines Ranges $< k$ enthalten sein.

11. *Beweis*: Unser Satz ist offenbar richtig für $j = 1$. Wir nehmen an, er sei bereits für alle Zahlen $1, 2, \ldots, j-1$ bewiesen, und wollen dann seine Gültigkeit für j dartun. Wir multiplizieren (10a) links mit U^{k-1} und erhalten wegen $U^{k-1} S = 0$

$$0 = \varphi_1 S_1' + \ldots \varphi_j S_j'$$

mit $S_i' = U^{k-1} S_i$. Da $(\varphi_1, \ldots, \varphi_j)$ zur Hauptklasse gehört, so folgt hieraus die Möglichkeit einer Darstellung:

$$S_j' = \varphi_1 S_1'' + \ldots + \varphi_{j-1} S_{j-1}''. \tag{11a}$$

Nun gehört S_j' dem Syzygienmodul U^{k-1} an, so daß wir bei (11a) unsere Induktionsvoraussetzung geltend machen können, d. h. wir dürfen die Vektoren S_i'' so gewählt denken, daß sie alle dem Syzygienmodul U^{k-1} angehören; dann gilt mit passenden Spaltenvektoren A_i:

$$S_j'' = U^{k-1} A_i, \quad i = 1, \ldots, j-1.$$

Setzen wir nun:

$$\bar{S}_j = S_j - \varphi_1 A_1 - \ldots - \varphi_{j-1} A_{j-1}$$
$$\bar{S}_i = S_i + \varphi_j A_i, \quad i = 1, \ldots, j-1,$$

so geht (10a) in

$$S = \varphi_1 \bar{S}_1 + \varphi_2 \bar{S}_2 + \ldots + \varphi_j \bar{S}_j \tag{11b}$$

über. $\bar{S}_j$ ist eine Syzygie des Moduls U^k, denn es gilt

$$U^{k-1} \bar{S}_j = U^{k-1} S_j - \varphi_1 U^{k-1} A_1 - \ldots - \varphi_{j-1} U^{k-1} A_{j-1} =$$
$$= S_j' - \varphi_1 S_1'' - \ldots - \varphi_{j-1} S_{j-1}'' = 0;$$

wenden wir also unsere Induktionsvoraussetzung noch einmal auf die Darstellung

$$S - \varphi_i\,\overline{S}_j = \varphi_1\,\overline{S}_1 + \ldots + \varphi_{j-1}\,\overline{S}_{j-1}$$

an, so schließen wir, daß auch $\overline{S}_1, \ldots, \overline{S}_{j-1}$ dem Modul U^k angehörig gewählt werden können, womit unser Satz vollständig bewiesen ist.

12. *Jede Syzygienkette im H-Ring $K\,[x_0, \ldots, x_n]$ bricht spätestens beim $(n+1)$-ten Gliede ab.* Dabei ist es unwesentlich, welches Anfangsglied die Kette besitzt, d. h. die Aussage ist nicht auf den für uns wichtigen Fall beschränkt, daß als Anfangsglied eine einzeilige Matrix steht.

Der Beweis ergibt sich leicht aus **10**, wenn wir das Hauptklassenideal $(x_0, \ldots, x_n)$ benützen. Würde ein Syzygienmodul U^{n+2} existieren und wäre S irgendeine Syzygie desselben, so könnten wir sie aufspalten:

$$S = x_0\,S_0 + \ldots + x_n\,S_n$$

und erhielten weitere Syzygien $S_0, \ldots, S_n$ desselben Moduls, deren Komponenten geringere Grade haben als S. Diesen Schluß könnten wir beliebig oft wiederholen und müßten schließlich zu einer Syzygie gelangen, welche eine nicht verschwindende Konstante enthält; das steht aber im Widerspruch mit unseren Voraussetzungen (**151.14**).

13. Die Umkehrung des Satzes **8** ist nur im Falle $k = n+1$ möglich, denn es gilt: *Ein H-Ideal $\mathfrak{a}$ in $K\,[x_0, \ldots, x_n]$, das eine Syzygienkette mit $n+1$ Gliedern besitzt, hat eine triviale Komponente und umgekehrt.* Wäre das nämlich nicht wahr, so gäbe es eine zu $\mathfrak{a}$ relativ prime (sogar lineare) Form φ derart, daß die Syzygienkette des Ideals $(\mathfrak{a}, \varphi)$ nach **6** $n+2$ Glieder aufweisen müßte, was **12** widerspricht.

14. Aus diesen Sätzen erhellt, daß die Länge der Syzygienkette in einer gewissen Abhängigkeit von der inneren Natur des Ideals steht; sie muß daher unabhängig von der speziellen zugrundeliegenden Basis des H-Ideals sein. Das kann man auch direkt bestätigen. Denn zwei verschiedene Basen U_{1s}' und V_{1s}' ein und desselben H-Ideals stehen zueinander in der Beziehung

$$V_{1s}^1 = U_{1s}^1\,A_{ss}, \tag{14a}$$

wo A_{ss} eine quadratische Matrix unseres H-Ringes ist, deren Determinante eine von null verschiedene Konstante ist; daher existiert auch die inverse Matrix A_{ss}^{-1} und neben (14a) gilt:

$$U_{1s}^1 = V_{1s}^1\,A_{ss}^{-1}. \tag{14b}$$

Die zweiten Syzygienmoduln stehen dann, wie man leicht feststellt, zueinander in der Beziehung:

$$V_{ss_2}^2 = A_{ss}^{-1}\,U_{ss_2}^2, \quad U_{ss_2}^2 = A_{ss}\,V_{ss_2}^2. \tag{14c}$$

Der dritte Syzygienmodul wird ersichtlich durch die Umwandlung (14a) nicht berührt. In analoger Weise kann aber auch die Basis des zweiten Syzygienmoduls U^2 abgeändert werden, was eine entsprechende Änderung des 3. Syzygienmoduls bewirkt usw. Tiefergreifende Änderungen jedoch insbesondere solche der Zeilen- und Spaltenzahlen oder der Gliederzahl der Kette, können auf diese Weise nicht hervorgerufen werden.

15. Die Syzygienkette eines H-Ideals $\mathfrak{a}$ steht in engem Zusammenhang mit seiner Hilbertfunktion; tatsächlich wurde die Hilbertfunktion ursprünglich von der Syzygienkette mit Benützung von **12** abgeleitet. Bedeuten $\tau_{11}, \ldots, \tau_{1s}$ die Grade der Formen von U^1_{1s}, $\tau_{21}, \ldots, \tau_{2\,s_2}$ die Grade[1] der Formen der ersten Zeile von $U^2_{ss_2}$ usw., so ergibt eine leichte Überlegung:

$$H(t;\mathfrak{a}) = \binom{t+n}{n} - \sum_{i=1}^{s} \binom{t+n-\tau_{1i}}{n} + \sum_{i=1}^{sa} \binom{t+n-\tau_{11}-\tau_{2i}}{n} - + \ldots \qquad (15a)$$

153. Perfekte Ideale.

1. Die Ergebnisse des letzten Abschnittes, insbesondere die Sätze **152.8, 12, 13** geben uns die Möglichkeit, die vorläufige Definition der perfekten H-Ideale (**144.3**) nun durch eine endgültige zu ersetzen, die auf einer ganz neuen Grundlage ruht:[2] *Ein H-Ideal $\mathfrak{a}$ in $K\,[x_0, \ldots, x_n]$ des Ranges r (Dimension $n{-}r$) heißt perfekt, wenn seine Syzygienkette genau r Glieder aufweist.* Wir nennen dann auch die zugehörige $AM\,(\mathfrak{a})$ perfekt.

Nach **152.8** wissen wir, daß die Syzygienkette von $\mathfrak{a}$ wenigstens r Glieder, nach **152.12**, daß sie höchstens $n{+}1$ Glieder besitzt; falls sie die Höchstzahl von $n{+}1$ Glieder erreicht, so besitzt $\mathfrak{a}$ nach **152.13** eine triviale Komponente und ist folglich gemischt, falls $r < n{+}1$. Die perfekten Ideale sind dadurch ausgezeichnet, daß ihre Syzygienkette die kleinstmögliche Länge hat.

2. Aus **152.4** folgt unmittelbar in Übereinstimmung mit **144.4**: *Jedes H-Ideal der Hauptklasse ist perfekt.*[3] Insbesondere ist jedes ungemischte H-Ideal des Ranges 1 als Hauptideal (**135.3**) perfekt. Ebenso leicht folgt:

---

[1] Falls eine dieser Formen verschwindet, ist ihr Grad mit Hilfe der Formeln (**151.**1c) zu bestimmen.

[2] Vgl. die ganz anders lautende Definition von *Macaulay*, Algebraic theory of modular systems, Cambridge 1916, p. 87, 98. Wir werden die Übereinstimmung der verschiedenen Definitionen in **6** nachweisen.

[3] Vgl. *Macaulay*, a. a. O., p. 98.

3. *Jedes H-Ideal des Ranges $n+1$ (T-Ideal) und jedes ungemischte H-Ideal des Ranges n (Dimension 0) ist perfekt.*[1] Im ersten Fall kann nämlich die Syzygienkette nur die Länge $n+1$ (und keine größere) haben, im zweiten Fall ist die Länge $n+1$ ausgeschlossen, weil das Ideal sonst eine triviale Komponente hätte und folglich gemischt wäre.

In der Ebene ($n = 2$) sind damit alle möglichen Fälle bereits erschöpft: *In $K[x_0, x_1, x_2]$ ist jedes ungemischte Ideal perfekt.* Für $n \geq 3$ ist das nicht mehr richtig, wohl aber die Umkehrung (**144.4**):

4. *Jedes perfekte H-Ideal ist ungemischt.*[2] Ein gemischtes H-Ideal des Ranges r besitzt nämlich wenigstens eine Primärkomponente, deren Rang $> r$ ist, also auch eine Syzygienkette, deren Länge $> r$ ist (**152.8**).

5. Wie bereits bemerkt, ist nicht jedes ungemischte H-Ideal perfekt, ja nicht einmal ein Primideal ist notwendig perfekt. Wir hatten schon in **144.10** ein Beispiel eines imperfekten Primideals des Ranges 2 in $K[x_0, \ldots, x_3]$, dessen Syzygienkette wir hier angeben:

$$U^1_{14} = (x_0^2 x_2 - x_1^3,\ x_0 x_3 - x_1 x_2,\ x_0 x_2^2 - x_1^2 x_3,\ x_1 x_3^2 - x_2^3),$$

$$U^2_{44} = \begin{vmatrix} x_2 & . & x_3 & . & 0 & . & 0 \\ -x_1^2 & . & -x_0 x_2 & . & x_1 x_3 & . & x_2^2 \\ -x_0 & . & -x_1 & . & -x_2 & . & -x_3 \\ 0 & . & 0 & . & -x_0 & . & -x_1 \end{vmatrix}, \quad U^3_{41} = \begin{vmatrix} x_3 \\ -x_2 \\ x_1 \\ -x_0 \end{vmatrix}.$$

Ein Beispiel für ein ungemischtes (nicht primes) H-Ideal, das nicht perfekt ist, im selben H-Ring ist das Ideal[3] $\mathfrak{a} = [(x_0, x_1), (x_2, x_3)]$:

$$U^1_{14} = (x_0 x_2,\ x_0 x_3,\ x_1 x_2,\ x_1 x_3)$$

$$U^2_{44} = \begin{vmatrix} x_3 & . & x_1 & . & 0 & . & 0 \\ -x_2 & . & 0 & . & 0 & . & x_1 \\ 0 & . & -x_0 & . & x_3 & . & 0 \\ 0 & . & 0 & . & -x_2 & . & -x_0 \end{vmatrix}, \quad U^3_{41} = \begin{vmatrix} x_1 \\ -x_3 \\ -x_0 \\ x_2 \end{vmatrix}.$$

6. Den Anschluß an unsere frühere Definition (**144.3**) und an diejenige von *Macaulay*[4] gewinnen wir durch den Satz: *Ein H-Ideal $\mathfrak{a}$ des Ranges r in $K[x_0, \ldots, x_n]$ ist dann und nur dann perfekt, wenn entweder $r = n+1$ ist oder $(\mathfrak{a}, \varphi)$ perfekt ist für irgendeine (und folglich für jede) zu $\mathfrak{a}$ relativ prime Form φ.* Der Schnitt einer perfekten AM mit einer relativ primen Form (Hyperfläche) ist also wieder perfekt und umgekehrt.

---

[1] Vgl. *Macaulay*, a. a. O., p. 98.   [2] Vgl. *Macaulay*, a. a. O., p. 98.
[3] Jede AM, welche aus 2 windschiefen Geraden im P_3 besteht, ist imperfekt.
[4] *Macaulay* leitet nämlich von seiner Definition ein im wesentlichen gleichlautendes Kriterium ab, a. a. O., p. 98 *s*.

Die Richtigkeit des Satzes folgt unmittelbar aus **152.6**. Wir können auch sagen: *Ein H-Ideal* $\mathfrak{a}$ *der Dimension d ist dann und nur dann perfekt, wenn es möglich ist, die Formen* $\varphi_1, \ldots, \varphi_d$ *derart anzugeben, daß*
$$\mathfrak{a}:\varphi_1 = \mathfrak{a}, \quad (\mathfrak{a},\varphi_1):\varphi_2 = (\mathfrak{a},\varphi_1), \ldots, (\mathfrak{a},\varphi_1,\ldots,\varphi_{d-1}):\varphi_d = (\mathfrak{a},\varphi_1,\ldots,\varphi_{d-1})$$
gilt und $(\mathfrak{a},\varphi_1,\ldots,\varphi_d)$ *ungemischt (nulldimensional, also perfekt) ist.*[1]

154. Durch Matrizen dargestellte H-Ideale.

1. Wir gehen von einer Matrix U_{rs} unseres H-Ringes $K[x_0,\ldots,x_n]$ aus, welche die in **151.1** beschriebene Gestalt und außerdem den Rang r haben soll ($r \leq s$). Die Matrix enthält $\binom{s}{r}$ r-zeilige Unterdeterminanten, die wir mit $D_{p_1\ldots p_r}$ bezeichnen (wobei die Indizes die r Spalten von U_{rs} angeben, aus welchen die Determinante gebildet ist); sie sind Formen unseres H-Ringes, die nicht sämtlich verschwinden und die, wie wir ausdrücklich voraussetzen, keine Konstanten ($\neq 0$) sein sollen. Wir wollen nun das von ihnen erzeugte H-Ideal

$$|U_{rs}| = (\ldots, D_{p_1\ldots p_r}, \ldots) \tag{1a}$$

untersuchen. Das ist eine von *Macaulay* eingeführte Verallgemeinerung der gewöhnlichen Basisdarstellung eines H-Ideals, welche durch eine einzeilige Matrix zustande kommt.[2] Sie ist deshalb von besonderer Bedeutung, weil sich die Sätze über Rang (**133.15**), Ungemischtheit (**135.6**) und Perfektheit (**153.2**) auf diese allgemeinere Darstellung ausdehnen lassen.

Daß wir $r \leq s$ vorausgesetzt haben, ist offenbar keine wesentliche Einschränkung; ganz das gleiche kann auch über Matrizen U_{rs} gesagt werden, welche den Rang s ($r \geq s$) haben, wenn man Zeilen mit Spalten vertauscht (transponiert).

2. *Das H-Ideal* $|U_{rs}|$ *hat einen Rang* $\leq s-r+1$; *gilt das Gleichheitszeichen, so ist es ungemischt und sogar perfekt.* Wesentlich ist hier die Voraussetzung, daß keine Determinante $D_{p_1\ldots p_r}$ eine Konstante ($\neq 0$) ist, was sicher immer dann der Fall sein wird, wenn sämtliche Gradzahlen > 0 sind. Man sieht, daß sich für $r = 1$ wieder die Sätze **133.15**, **135.6**, **153.2** herausstellen.

Wir werden zuerst den ersten Teil über den Rang allgemein beweisen, sodann den zweiten Teil über die Ungemischtheit und Perfektheit. Zu diesem Zweck benötigen wir einen Hilfssatz, dem auch außerhalb dieses Zusammenhanges Bedeutung zukommt:

----

[1] Vgl. *Macaulay*, a. a. O., p. 99.   [2] Vgl. *Macaulay*, a. a. O., p. 54s.

3. Wir betrachten ein H-Ideal

$$\mathfrak{a}_u = (f_1(x;u),\ldots,f_s(x;u)) \qquad (3\mathrm{a})$$

in $K(u)[x_0,\ldots,x_n]$, wo u eine dem Grundkörper K adjungierte Unbestimmte ist, die ganz rational in den Basisformen $f_i(x;u)$ auftritt, und vergleichen es mit dem H-Ideal

$$\mathfrak{a} = (f_1(x),\ldots,f_s(x)) \qquad (3\mathrm{b})$$

in $K[x_0,\ldots,x_n]$, dessen Basisformen $f_i(x)$ aus $f_i(x;u)$ durch die Spezialisierung $u = 0$ hervorgehen. *Wir wollen zeigen, daß $\mathfrak{a}$ entweder dieselbe Dimension (Rang) und gleiche oder höhere Ordnung wie $\mathfrak{a}_u$ besitzt, oder eine höhere Dimension (geringeren Rang).*[1]

Wir beweisen dies, indem wir zeigen, daß immer

$$H(t;\mathfrak{a}_u) \leqq H(t;\mathfrak{a}) \qquad (3\mathrm{c})$$

ist. Wir denken uns ein System von linear unabhängigen Formen des Grades t aus $\mathfrak{a}_u$ aufgeschrieben, wobei wir ohne weiteres voraussetzen dürfen, daß sie alle ganz rational in u sind.[2] Bei der Spezialisierung $u = 0$ gehen sie in Formen des Grades t von $\mathfrak{a}$ über und es können auch alle Formen dieses Grades in $\mathfrak{a}$ auf diese Weise gewonnen werden. Daher ist

$$V(t;\mathfrak{a}_u) \geqq V(t;\mathfrak{a}),$$

und zwar gilt das Zeichen $=$ oder $>$, je nachdem ob die spezialisierten Formen noch linear unabhängig sind oder nicht. Daraus folgt aber sofort (3c).

4. Es ist unmittelbar einzusehen, daß der Satz **3** auch noch richtig bleibt, wenn mehrere Unbestimmte $u_1,\ldots,u_m$ aufgenommen sind und wenn das Ideal $\mathfrak{a}$ aus $\mathfrak{a}_u$ durch eine beliebige Spezialisierung $u_i = \alpha_i$ (εK) hervorgeht. Im allgemeinen bleibt bei einer solchen Spezialisierung Dimension (Rang) und Ordnung invariant (d. h. in (3c) gilt das Gleichheitszeichen), in Ausnahmsfällen hat $\mathfrak{a}$ höhere Ordnung bei gleicher Dimension oder überhaupt höhere Dimension (geringeren Rang), niemals aber geringere Dimension (höheren Rang).

5. Wir beweisen nun den ersten Teil von Satz **2**.[3] Zunächst ist dieser Satz offenbar richtig, und zwar mit dem Gleichheitszeichen und in beiden

---

[1] Dieser Satz gilt im allgemeinen nicht für inhomogene P-Ideale, wie das Beispiel zeigt: $\mathfrak{a}_u = (x_1+ux_1x_2,\ x_2+ux_2{}^2) = (1+ux_2)(x_1,\ x_2)$ hat den Rang 1, dagegen $\mathfrak{a} = (x_1,\ x_2)$ den Rang 2.

[2] Diese Formen müssen in der Gestalt darstellbar sein: $g_1(x;u)f_1(x;u)+\ldots \ldots +g_s(x;u)f_s(x;u)$, wo auch die $g_i(x;u)$ ganz rational in u sind, oder wenigstens keinen durch u teilbaren Nenner aufweisen.

[3] Vgl. den Beweis von *Macaulay* (a. a. O., p. 55), der nicht ganz einwandfrei zu sein scheint und daher hier in einigen Punkten abgeändert wurde.

Teilen, wenn $s = r$ ist, denn dann ist $|U_{rr}|$ Hauptideal (zufolge unserer Voraussetzung nicht Nullideal). Wir können also Induktion hinsichtlich s anwenden, indem wir die Richtigkeit unseres Satzes für die Matrix $U_{r,\,s-1}$ voraussetzen, welche durch Weglassen der letzten Spalte aus U_{rs} entsteht. Ein zu $|U_{r,\,s-1}|$ gehörendes Primideal möglichst geringen Ranges $\varrho\ (\leq s-r)$ bezeichnen wir mit $\mathfrak{p}$. Wir dürfen annehmen, daß nicht sämtliche $(r-1)$-zeiligen Unterdeterminanten von $U_{r,\,s-1}$ durch $\mathfrak{p}$ teilbar sind, denn sonst wäre auch $|U_{rs}| \subseteq \mathfrak{p}$ und unser Satz bereits bewiesen. Durch Umordnung der Spalten von $U_{r,\,s-1}$ können wir dann bewirken, daß die ersten $r-1$ Spalten, die wir der Reihe nach mit $S_1, S_2,\ldots$ bezeichnen, linear unabhängig (mod $\mathfrak{p}$) sind. Die einzelnen Formen der letzten Spalte S_s von U_{rs} setzen wir zunächst mit unbestimmten Koeffizienten an, die wir später entsprechend den gegebenen Formen spezialisieren werden.

Mit $\varDelta$ bezeichnen wir die Determinante

$$\varDelta = D_{1\ldots r-1,\,s} = |\,S_1,\ldots,S_{r-1},S_s\,|; \tag{5a}$$

dann folgt nach bekannten Regeln der Determinantenlehre für die Spalten eine Abhängigkeitsbeziehung

$$a\,S_s \equiv a_1\,S_1 + \ldots + a_{r-1}\,S_{r-1}\quad(\varDelta), \tag{5b}$$

wo a eine passende $(r-1)$-zeilige Unterdeterminante der ersten $r-1$ Spalten, also eine Form ist, die nicht in $\mathfrak{p}$ liegt und auch von den unbestimmten Koeffizienten der letzten Spalte nicht abhängt. Irgendeine Determinante $D_{p_1\ldots p_r}$ von U_{rs} ist $\subseteq \mathfrak{p}$, falls die Spalte S_s in ihr nicht vorkommt, sonst gilt wegen (5b): $a\,D_{p_1\ldots p_r} \subseteq (\mathfrak{p},\varDelta)$. Also ist auch

$$a\,|\,U_{rs}\,| \subseteq (\mathfrak{p},\varDelta). \tag{5c}$$

Das H-Ideal $(\mathfrak{p},\varDelta)$ ist pseudogemischt (**137.17**) und hat den Rang $\varrho+1$; a verschwindet nicht auf dem $NG\,(\mathfrak{p},\varDelta)$,[1] daher hat $|U_{rs}|$ ebenfalls einen Rang $\leq \varrho+1 \leq s-r+1$. Wegen **4** bleibt dieses Resultat (eventuell in verschärfter Form) bestehen, wenn wir die unbestimmten Koeffizienten der letzten Spalte spezialisieren. Damit ist der erste Teil von **2** allgemein bewiesen.

6. Zum Beweise des 2. Teiles von **2** brauchen wir noch einen Hilfssatz, der im wesentlichen ebenfalls von *Macaulay* herrührt:[2] *Hat das H-Ideal $|U_{rs}|$ den Rang $s-r+1$, so kann jede Syzygie dieses Ideals aus den elementaren Syzygien*

---

[1] Denn sonst wäre $a^m\ \epsilon\ (\mathfrak{p},\varDelta)$ (**122.17**); setzen wir hier alle unbestimmten Koeffizienten gleich null, so folgt $a^m\ \epsilon\ \mathfrak{p}$, also $a\ \epsilon\ \mathfrak{p}$ im Widerspruch zur Voraussetzung. [2] *Macaulay*, a. a. O., p. 54.

$$\varphi_{ip}D_{p_1\ldots p_r}-\varphi_{ip_1}D_{p\,p_2\ldots p_r}+\varphi_{ip_2}D_{pp_1p_3\ldots p_r}-+\ldots\pm\varphi_{ip_r}D_{pp_1\ldots p_{r-1}}=0 \tag{6a}$$

abgeleitet werden; sie bilden eine Basis des Syzygienmoduls von $|\,U_{rs}\,|$. *Ist*

$$\Sigma X_{p_1\ldots p_r}D_{p_1\ldots p_r}=0 \tag{6b}$$

irgendeine Syzygie, so können die Formen $X_{p_1\ldots p_r}$ *in folgender Weise dargestellt werden:*

$$X_{p_1\ldots p_r}=\Sigma\Phi^i_{p_1\ldots p_r p}\,\varphi_{ip},\quad i=1,\ldots,r\,;\,p,p_1<\ldots<p_r=1,\ldots,s, \tag{6c}$$

wo die Formen $\Phi^i_{p_1\ldots p_r\,p}$ *willkürlich sind bis auf die Bedingung, daß sie bei einer Permutation der unteren Indizes ungeändert bleiben oder das Vorzeichen wechseln, je nachdem die Permutation gerade oder ungerade ist (sie müssen daher verschwinden, wenn zwei Indizes gleich sind).*

7. Daß (6a) richtig, ist erkennt man sofort, wenn man die Determinante

$$\begin{vmatrix}\varphi_{ip}, & \varphi_{ip_1}, & \ldots, & \varphi_{ip_r}\\ S_p, & S_{p_1}, & \ldots, & S_{p_r}\end{vmatrix}=0$$

nach der ersten Zeile entwickelt. Daraus folgt leicht, daß die Gleichung (6b) gilt, falls die Formen X die in (6c) angegebene Gestalt haben.[1] Es bleibt noch zu beweisen, daß unter den obigen Voraussetzungen *alle* Syzygien (6b) durch (6c) geliefert werden.

Wir bezeichnen die Matrix, die aus U_{rs} durch Weglassen der letzten Spalte entsteht, mit $U_{r,\,s-1}$; streicht man auch noch die letzte Zeile, so bleibt die Matrix $U_{r-1,\,s-1}$ übrig. Das H-Ideal $|\,U_{r,\,s-1}\,|$ hat den Rang $s-r$, denn wäre er kleiner, so wäre auch der Rang von $|\,U_{rs}\,|$ kleiner als $s-r+1$, da er nach **5** höchstens um 1 größer sein kann als derjenige von $|\,U_{r,\,s-1}\,|$. Ferner dürfen wir voraussetzen, daß auch der Rang von $|\,U_{r-1,\,s-1}\,|$ sein Maximum $s-r+1$ erreicht, denn wäre dies nicht der Fall, so könnten wir es immer durch eine passende Umordnung und Kombinierung der Zeilen von U_{rs} erreichen.[2] Aus der gleichen Überlegung hinsichtlich der Spalten folgt, daß wir die Determinante Δ (5a)

---

[1] Man kann (6b) und (6c) auch direkt ableiten, indem man die Matrix U_{rs} durch Hinzufügen einer Zeile $\varphi_{i_1},\ldots,\varphi_{i_s}$ und weiterer $s-r-1$ willkürlicher Zeilen zu einer quadratischen Matrix ergänzt und dann ihre Determinante nach dem Laplaceschen Entwicklungssatz berechnet.

[2] Es ist klar, daß das H-Ideal $|\,U_{rs}\,|$ gegenüber einer beliebigen Umordnung der Zeilen und Spalten invariant ist; noch allgemeiner darf man U_{rs} links und rechts mit einer quadratischen Matrix multiplizieren, deren Determinante eine von null verschiedene Konstante ist („unimodulare" Matrix).

relativ prim zu $\left| U_{r,\,s-1} \right|$ voraussetzen dürfen. Schließlich können wir unseren Satz für $\left| U_{r,\,s-1} \right|$ und $\left| U_{r-1,\,s-1} \right|$ als bewiesen voraussetzen.

8. Wir gehen von einer beliebigen Syzygie (6b) aus, die wir unter Hervorhebung des Index s so schreiben

$$\Sigma\, X_{p_1\ldots p_r}\, D_{p_1\ldots p_r} + \Sigma\, X_{p_1\ldots p_{r-1}\,s}\, D_{p_1\ldots p_{r-1}\,s} = 0, \tag{8a}$$

wo die Summen sich über alle Kombinationen $p_1 < \ldots < p_r = 1,\ldots,s-1$ erstrecken. Durch Auswertung der Kongruenz (5b) erhalten wir ferner

$$\overline{D}_{1\ldots r-1}\, D_{p_1\ldots p_{r-1}\,s} \equiv \varDelta\, \overline{D}_{p_1\ldots p_{r-1}} \quad \left(\left| U_{r,\,s-1} \right| \right); \tag{8b}$$

wir bezeichnen hier mit $\overline{D}$ die Unterdeterminanten der Matrix $U_{r-1,\,s-1}$. Durch Multiplikation von (8a) mit $\overline{D}_{1\ldots r-1}$ und Benützung von (8b) erhalten wir

$$\varDelta\, \Sigma X_{p_1\ldots p_{r-1}\,s}\, \overline{D}_{p_1\ldots p_{r-1}} \equiv 0\, \left(\left| U_{r,\,s-1} \right| \right),$$

woraus auf Grund unserer Voraussetzung (7) folgt:

$$\Sigma X_{p_1\ldots p_{r-1}\,s}\, \overline{D}_{p_1\ldots r-1} \equiv 0 \quad \left(\left| U_{r,\,s-1} \right| \right),$$

oder ausführlich

$$\Sigma Y_{p_1\ldots p_{r-1}\,s}\, \overline{D}_{p_1\ldots p_{r-1}} = \Sigma Y_{p_1\ldots p_r}\, D_{p_1\ldots p_r}; \tag{8c}$$

wegen

$$D_{p_1\ldots p_r} = \varphi_{r p_r} \overline{D}_{p_1\ldots p_{r-1}} - \varphi_{r p_{r-1}} \overline{D}_{p_1\ldots p_{r-1}p_r} + \ldots \pm \varphi_{r p_1} \overline{D}_{p_1\ldots p_r}$$

können wir (8c) auch so schreiben:

$$\Sigma\, (X_{p_1\ldots p_{r-1}\,s} - \Sigma\, Y_{p_1\ldots p_r}\, \varphi_{r p_r})\, \overline{D}_{p_1\ldots p_{r-1}} = 0, \tag{8d}$$

wo für die Formen Y wieder die allgemeine Regel hinsichtlich der Indizes gilt (**6**). Da (8d) eine Syzygie des Ideals $\left| U_{r-1,\,s-1} \right|$ ist, für welches unsere Induktionsvoraussetzung in Kraft steht, folgt weiter:

$$X_{p_1\ldots p_{r-1}\,s} = \Sigma\, \Phi^i_{p_1\ldots p_{r-1}\,s\,p}\, \varphi_{ip}, \tag{8e}$$

d. i. (6c) für $p_r = s$. Nachdem dieses Resultat gewonnen ist, können wir die Syzygie (6b) durch Abziehen geeigneter Vielfacher der Gleichungen (6a) so umformen, daß der Index s nicht mehr vorkommt, so daß der Rest eine Syzygie des Ideals $\left| U_{r,\,s-1} \right|$ ist, für welche unsere Induktionsvoraussetzung wieder eintritt. Damit ist **6** allgemein bewiesen.

9. Um den 2. Teil von **2** zu beweisen, nehmen wir an, $\left| U_{rs} \right|$ habe den Rang $s-r+1$ $(\leq n)$ und besitze entgegen unserer Behauptung eine triviale Komponente. Dann gibt es eine Form F, die nicht in $\left| U_{rs} \right|$ liegt, derart, daß

$$x_i F \,\varepsilon\, \left| U_{rs} \right|, \quad i = 0,\ldots,n \tag{9a}$$

gilt, oder etwa für $i = n$ ausführlich geschrieben

$$x_n F = \Sigma\, X_{p_1\ldots p_r}\, D_{p_1\ldots p_r}. \tag{9b}$$

Wir denken uns eine lineare homogene Variablentransformation ausgeführt, so daß die Variable x_n ganz allgemein hinsichtlich $|\,U_{rs}\,|$ ist und daher $|\,U_{rs}\,|$ für $x_n=0$ denselben Rang beibehält. Dann folgt aus (9b)

$$0 = \Sigma\, (X_{p_1\ldots p_r})_{x_n=0}\, (D_{p_1\ldots p_r})_{x_n=0}$$

woraus wir nach **6** folgern

$$X_{p_1\ldots p_r} = \Sigma\, \Phi^i_{p_1\ldots p_r p}\, \varphi_{ip} + x_n\, Y_{p_1\ldots p_r},$$

was in (9b) eingesetzt liefert

$$x_n\, (F - \Sigma\, Y_{p_1\ldots p_r}\, D_{p_1\ldots p_r}) = 0,$$

oder $F\ \varepsilon\ |\,U_{rs}\,|$ im Widerspruch zur Voraussetzung.

10. Somit steht fest, daß das H-Ideal $|\,U_{rs}\,|$, wenn es den Rang $\varrho = s-r+1\leqq n$ hat, niemals eine triviale Komponente besitzen kann. Daraus folgt nun leicht, daß es ungemischt und sogar perfekt ist. Sind nämlich $x_1,\ldots,x_\delta$ $(\delta = n-\varrho)$ auf Grund der vorausgeschickten Variablentransformation genügend allgemein, so hat $|\,U_{rs}\,|$ für $x_1=\ldots=$ $= x_\delta = 0$ wieder den Rang ϱ und ist daher ungemischt nulldimensional. Daraus folgt nach **153.6** unsere Behauptung.

155. Perfekte Raumkurven. Der Noethersche Fundamentalsatz.

1. In der Ebene ist jede Kurve perfekt (**153.3**), erst im dreidimensionalen Raum gibt es imperfekte Kurven; daher sind die Raumkurven die einfachsten AM, bei denen durch den Begriff „perfekt" eine besondere Klasse vor den andern ausgezeichnet wird. Eine perfekte Raumkurve wird durch ein H-Ideal $\mathfrak{a} = (\varphi_1,\ldots,\varphi_s)$ in $K\,[x_0,\ldots,x_3]$ definiert, dessen Syzygienkette nach dem 2. Glied abbricht. Der zweite (und letzte) Syzygienmodul U^2 hat die Zeilenzahl s, die Spaltenzahl $s-1$ (**152.1b**) und den Rang $s-1$. Wir können also nach **154.1** das durch diese Matrix dargestellte H-Ideal untersuchen.

2. Nach bekannten Sätzen über die Auflösung homogener linearer Gleichungssysteme sind die $(s-1)$-zeiligen Unterdeterminanten von U^2 bis auf einen gemeinsamen Proportionalitätsfaktor gleich den Formen $\varphi_1,\ldots,\varphi_s$. Es zeigt sich, daß dieser Proportionalitätsfaktor eine Konstante $(\neq 0)$ ist; wären nämlich alle diese Determinanten durch eine Form Φ positiven Grades teilbar, so könnte man die Formen $\psi_1,\ldots,\psi_{s-1}$ so bestimmen, daß sie nicht sämtlich durch Φ teilbar sind und daß

$$\psi_1 S_1 + \ldots + \psi_{s-1} S_{s-1} = \Phi S$$

wäre, wo S_i die Spalten von U^2 bedeuten, während S ein neuer Spaltenvektor ist, der ebenfalls dem Syzygienmodul U^2 angehören muß (**152.10**); also gilt

$$S = \chi_1 S_1 + \ldots + \chi_{s-1} S_{s-1}$$

mit gewissen Formen $\chi_1, \ldots, \chi_{s-1}$. Das gibt in die erste Gleichung eingesetzt:

$$(\psi_1 - \Phi\chi_1) S_1 + \ldots + (\psi_{s-1} - \Phi\chi_{s-1}) S_{s-1} = 0,$$

also, weil die Syzygienkette mit U^2 abbricht,

$$\psi_i = \Phi\chi_i, \quad i = 1, \ldots, s-1$$

im Widerspruch damit, daß nicht alle ψ_i durch Φ teilbar sind.

3. Das H-Ideal $\left| U^2_{s,\,s-1} \right|$ hat also den Rang 2 und ist mit $\mathfrak{a}$ identisch:

$$\mathfrak{a} = \left| U^2_{s,\,s-1} \right|.$$

Das steht in Übereinstimmung mit **154.2**, wonach die Matrix rechts ein perfektes H-Ideal des Ranges 2 darstellt. Wir können daher sagen:

4. *Jede perfekte algebraische Raumkurve (reduzibel oder irreduzibel) kann durch eine Matrix*

$$\mathfrak{a} = \begin{vmatrix} \psi_{11}, & \ldots, & \psi_{1,s+1} \\ \cdots & \cdots & \cdots \\ \cdots & \cdots & \cdots \\ \varphi_{s1}, & \ldots, & \varphi_{s,s+1} \end{vmatrix} \tag{4a}$$

dargestellt werden, wo die φ_{ik} Formen aus $K\,[x_0, \ldots, x_3]$ bedeuten, die positive Grade haben oder identisch verschwinden. Umgekehrt wird durch eine derartige Matrix eine perfekte algebraische Raumkurve definiert, wenn der GGT aller s-reihigen Determinanten 1 ist.

5. Wir können diesen Satz benützen, um die perfekten Raumkurven systematisch zu untersuchen, was hier in den ersten Schritten angedeutet werden soll. Im Falle $s = 1$ reduziert sich (4a) auf das Hauptklassenideal $\mathfrak{a} = (\varphi_1, \varphi_2)$. Sind μ_1 und μ_2 die Grade der beiden (teilerfremden) Basispolynome, so ist die Ordnung $h_0\,(\mathfrak{a}) = \mu_1\mu_2$ (**142.2**). Wir dürfen $1 < \mu_1 \leq \mu_2$ voraussetzen[1] und haben so das Ergebnis, daß *eine Raumkurve von Primzahlordnung niemals durch ein Hauptklassenideal definiert wird, d. h. nicht der vollständige Schnitt von zwei algebraischen Flächen sein kann.*

---

[1] $\mu_1 = 1$ würde eine nicht eigentlich im P_3 eingebettete Kurve liefern.

6. Im Falle $s = 2$ bezeichnen wir in Übereinstimmung mit (**151**.1c) die Grade der Formen in der ersten Zeile mit μ_1, μ_2, μ_3, diejenigen in der zweiten Zeile mit $\mu_1+\nu$, $\mu_2+\nu$, $\mu_3+\nu$. Wir dürfen [1]

$$1 \leqq \mu_1 \leqq \mu_2 \leqq \mu_3, \qquad \nu \geqq 0 \tag{6a}$$

voraussetzen. Berechnet man $H(t;\mathfrak{a})$ mit Hilfe der Formel (**152**.15a), so erhält man für die Ordnung:

$$h_0(\mathfrak{a}) = \mu_1\mu_2 + \mu_2\mu_3 + \mu_3\mu_1 + \nu(\mu_1 + \mu_2 + \mu_3) + \nu^2. \tag{6b}$$

Auf diese Art können also perfekte Raumkurven der Ordnungen 3, 5, 7 und aller folgenden gewonnen werden. Besonders hervorzuheben ist die Raumkurve 3. Ordnung, welche man für $\mu_1 = \mu_2 = \mu_3 = 1$, $\nu = 0$ erhält. Wir können dieses Ergebnis samt Folgerungen so zusammenfassen:

7. *Das H-Ideal*

$$\mathfrak{a} = \begin{vmatrix} u_1, u_2, u_3 \\ v_1, v_2, v_3 \end{vmatrix} = (u_2v_3 - u_3v_2, \; u_3v_1 - u_1v_3, \; u_1v_2 - u_2v_1), \tag{7a}$$

wo die u_i und v_i Linearformen aus $K[x_0,\ldots,x_3]$ bedeuten, stellt eine perfekte Raumkurve $\mathfrak{C}_3$ der Ordnung 3 dar und umgekehrt. Die $\mathfrak{C}_3$ ist Schnitt von drei Quadriken,[2] *von denen je zwei sich außer der $\mathfrak{C}_3$ noch in einer Sekante*[3] *dieser Kurve schneiden.*[4] *Die Menge aller Kurvensekanten ist durch*

$$\mathfrak{s}_\lambda = (\lambda_1 u_1 + \lambda_2 u_2 + \lambda_3 u_3, \; \lambda_1 v_1 + \lambda_2 v_2 + \lambda_3 v_3), \tag{7b}$$

wo $\lambda_1, \lambda_2, \lambda_3$ willkürliche Parameter sind, gegeben.[5] *Die $\mathfrak{C}_3$ ist dann und nur dann irreduzibel, wenn (7b) für alle möglichen Parameterwerte den Rang 2 hat.*[6] *Durch jeden Punkt des Raumes P_3, der nicht auf der (irreduziblen) $\mathfrak{C}_3$ liegt, geht eine und nur eine Sekante. Die $\mathfrak{C}_3$ ist rational, ihre rationale Nullstelle gewinnt man durch Auflösung der linearen Gleichungen*

---

[1] Die grundsätzlich nicht ausgeschlossene Möglichkeit $\mu_1 \leqq 0$ übergehen wir hier, weil dann wegen $\varphi_{11} = 0$ nur reduzible Kurven herauskommen.

[2] Eine algebraische Fläche 2. Ordnung heißt *Quadrik*.

[3] Sekante ist eine Gerade, welche die Raumkurve in 2 Punkten schneidet.

[4] Z. B. schneiden sich die beiden Quadriken $(u_3v_1 - u_1v_3, \; u_1v_2 - u_2v_1)$ in der Sekante (u_1, v_1).

[5] Man beachte, daß (7a) ohne Änderung seiner Bedeutung (**154**.7 Anm.) auch so geschrieben werden kann:

$$\mathfrak{a} = \begin{vmatrix} \lambda_1 u_1 + \lambda_2 u_2 + \lambda_3 u_3, \; u_2, \; u_3 \\ \lambda_1 v_1 + \lambda_2 v_2 + \lambda_3 v_3, \; v_2, \; v_3 \end{vmatrix}.$$

[6] Eine reduzible perfekte $\mathfrak{C}_3$ zerfällt notwendig in zwei ebene Kurven und liegt daher auf der Quadrik, welche in diese beiden Ebenen zerfällt; $\mathfrak{a}$ enthält also in diesem Falle eine in das Produkt zweier Linearformen zerfallende quadratische Form.

$$t_0 u_1 + t_1 v_1 = t_0 u_2 + t_1 v_2 = t_0 u_3 + t_1 v_3 = 0$$

nach x_0, x_1, x_2, x_3.[1] *Die reduziblen perfekten Raumkurven 3. Ordnung zerfallen in einen (irreduziblen oder reduziblen) Kegelschnitt und in eine Gerade, welche den Kegelschnitt in einem Punkte trifft.*[2]

8. Es ist interessant, die *imperfekten* Raumkurven 3. Ordnung gegenüberzustellen. Es sind das durchwegs zerfallende Kurven, und zwar gibt es im wesentlichen folgende zwei Arten:

a) ein Kegelschnitt, der auch in ein Geradenpaar zerfallen kann, und eine ihn nicht treffende Gerade:

b) drei Geraden ohne gemeinsamen Punkt (paarweise windschief). Ein Beispiel für den ersten Fall bildet das Ideal

$$\mathfrak{a} = [(x_0, x_1 x_2 - x_3^2), (x_1, x_2)] = (x_0 x_1, x_0 x_2, x_1^2 x_2 - x_1 x_3^2, x_1 x_2^2 - x_2 x_3^2) = U_{14}^1$$

mit den Syzygienmoduln

$$U_{44}^2 = \begin{vmatrix} x_2 & . & 0 & . & x_1 x_2 - x_3^2 & . & 0 \\ -x_1 & . & 0 & . & 0 & . & x_1 x_2 - x_3^2 \\ 0 & . & x_2 & . & -x_0 & . & 0 \\ 0 & . & -x_1 & . & 0 & . & -x_0 \end{vmatrix}, \quad U_{41}^3 = \begin{vmatrix} x_1 x_2 - x_3^2 \\ -x_0 \\ -x_2 \\ x_1 \end{vmatrix}.$$

Für den zweiten Fall führen wir das Beispiel an:

$$\mathfrak{a} = [(x_0, x_1), (x_2, x_3), (x_0 - x_3, x_1 - x_2)] =$$

$$= (x_0 x_2 - x_1 x_2, x_0^2 x_2 - x_1 x_3^2, x_0^2 x_3 - x_0 x_3^2, x_1^2 x_2 - x_1 x_2^2, x_0 x_1 x_2 - x_1 x_2 x_3) = U_{15}^1,$$

mit den Syzygienmoduln

$$U_{56}^2 = \begin{vmatrix} x_0^2 & . & x_0 x_2 & . & x_1 x_2 & . & x_1 x_3 & . & x_3^2 & . & 0 \\ -x_0 & . & -x_2 & . & 0 & . & -x_1 & . & -x_3 & . & 0 \\ x_1 & . & 0 & . & 0 & . & 0 & . & x_2 & . & 0 \\ 0 & . & 0 & . & x_3 & . & 0 & & 0 & . & x_0 - x_3 \\ 0 & . & x_3 & . & -x_2 & . & x_0 & . & 0 & . & -x_1 + x_2 \end{vmatrix},$$

$$U_{62}^3 = \begin{vmatrix} x_2 & . & 0 \\ -x_0 & . & -x_1 \\ 0 & . & x_0 - x_3 \\ x_3 & . & x_2 \\ -x_1 & . & 0 \\ 0 & . & -x_3 \end{vmatrix}.$$

---

[1] Man erhält so $x_i = \varphi_i (t_0, t_1)$, wo die φ_i homogene Formen 3. Grades von t_0, t_1 sind.

[2] Zwei windschiefe Geraden und eine dritte Gerade, welche beide schneidet, ist die am stärksten ausgeartete perfekte $\mathfrak{C}_3$.

9. Man erkennt schon an diesen ersten Beispielen von Raumkurven
3. Ordnung, daß die Unterscheidung zwischen perfekten und imperfekten
Raumkurven auch eine in die Augen springende geometrische Bedeutung
besitzt: die ersten sind nämlich *zusammenhängende* Gebilde, während
die zweiten in mindestens zwei *punktefremde AM* zerfallen. Eine tiefer-
gehende Erforschung dieses Problems ist aber erst auf Grund einer
systematischen Einführung der *linearen Scharen* und *Äquivalenzsysteme*
auf algebraischen Mannigfaltigkeiten möglich.

10. Es bedeute nun $\mathfrak{a}$ ein beliebiges H-Ideal in $K\,[x_0, \ldots, x_n]$, $\widetilde{\mathfrak{a}}$
das in bezug auf eine beliebige Stelle gebildete Potenzreihenideal (**138.2**).
Wir sagen von einer Form Φ unseres H-Ringes, sie erfülle *die Noethersche
Bedingung des Ideals $\mathfrak{a}$ an dieser Stelle*, wenn das entsprechende inhomogene Polynom in $\widehat{\mathfrak{a}}$ liegt. Gilt dies für jede Nullstelle von $\mathfrak{a}$, so
sagen wir kurz, Φ *erfülle die Noetherschen Bedingungen des Ideals $\mathfrak{a}$.*
Es ist klar, daß man, um dies festzustellen, nur eine endliche Anzahl
von Nullstellen von $\mathfrak{a}$ zu untersuchen hat, die so gewählt sein müssen,
daß jede nicht triviale Primärkomponente von $\mathfrak{a}$ an wenigstens einer
der ausgewählten Stellen verschwindet (**138.9**).

11. *Erfüllt Φ die Noetherschen Bedingungen des Ideals $\mathfrak{a}$ und besitzt $\mathfrak{a}$
keine triviale Komponente, so gilt $\Phi\ \varepsilon\ \mathfrak{a}$.* Das ist eine unmittelbare
Folge des Noetherschen Satzes **138.9.**

12. Die Bedeutung der perfekten Ideale tritt nun sehr deutlich
im folgenden „*verallgemeinerten Noetherschen Fundamentalsatz*" hervor:
*Ist $\mathfrak{a}$ ein perfektes H-Ideal der Dimension d in $K\,[x_0, \ldots, x_n]$, dessen
AM von den Hyperflächen $\psi_1, \ldots, \psi_d$ in endlich vielen Punkten geschnitten
wird, so ist jede Hyperfläche Φ, welche die Noetherschen Bedingungen des
nulldimensionalen Ideals $b = (\mathfrak{a}, \psi_1, \ldots, \psi_d)$ erfüllt, in diesem Ideal enthalten.*

In der Tat ist b wieder perfekt (**153.6**), also ungemischt, sodaß
man **11** anwenden kann. Dieser Satz gilt offenbar nicht für imperfekte
H-Ideale, weil dann b gemischt ist. In der Ebene folgt daraus, weil hier
jede Kurve perfekt ist, der gewöhnliche *Noethersche Satz*:

13. *Schneiden sich die algebraischen Kurven $f\,(x_0,\ x_1,\ x_2) = 0$ und
$g\,(x_0,\ x_1,\ x_2) = 0$ in endlich vielen Punkten, und erfüllt die Kurve
$F\,(x_0,\ x_1,\ x_2) = 0$ in diesen Schnittpunkten die Noetherschen Bedingungen,*[1]
so gibt es eine Darstellung

$$F = \varphi\, f + \psi\, g$$

mit Formen $\varphi\,(x_0,\ x_1,\ x_2)$ und $\psi\,(x_0,\ x_1,\ x_2)$.

---

[1] Bei einem einfachen Schnittpunkt von f und g besteht die Noethersche Bedingung darin, daß F durch diesen Punkt hindurch gehen muß.

Namen- und Sachverzeichnis.

Abhängig, algebraisch 116.18/25/26, 131.6
—, linear 116.1/11/12
Ableitung (eines Polynomes) 112.18/19
—, partielle 112.20
absolut irreduzibel 112.5
adjungiert 136.14
Adjunktion 112.2
affiner Raum R_n 121.2, 123.1—3, 124.1—3, 127.1
algebraisch abgeschlossen 111.2
— (un-)abhängig 116.18/25
— ganz 136.1
— (über) 116.1/7/10
algebraische Erweiterung 116.4/11
— Funktion 131.11
— Gleichung 127.1
— Größe 116.1
— Mannigfaltigkeit = AM 127
— Mannigfaltigkeit, irreduzible 127.9
allgemein 143.9
allgemeine Nullstelle 132.3
AM($\mathfrak{a}$) 127.2
angeordnet (Körper) 116.8
äquivalentes H-Ideal 124.7, 132.9, 141.8
Äquivalenzsystem 155.9
assoziativ 003, 115.24, 151.7
außerwesentlicher Faktor 125.19
Austauschsatz (Steinitz) 116.12

Basis (algebraischer Erweiterungskörper) 116.5/11/13
— (Ideal) 115.5
— (Modul) 141.1, 151.10
Basissatz 115.8, 138.12, 151.9
— (von Hilbert) 115.10
benachbarter Punkt 127.11—12
Berührung 134.3/9
Bézout, Satz von 144.2/5/6/8

Charakteristische Zahl (eines Primärideals) 126.5

Darstellungsraum 127.1
Dedekind 111.2
Differentialkongruenz 133.20
Dimension 116.17, 123.8, 131, 138.13—15
—, homogene 132.6
distributiv 003.2, 115.24, 151.7
Doppelpunkt 127.13, 134.7
Durchschnitt 002, 115.20—22

Einbettungsraum 132.10, 144.16
Einbettungssatz 144.20
Eindeutigkeitssatz 126.16
eingebettet 126.15, 127.25, 144.16
Einheit 003.2, 112.14, 114.5
Einheitsideal 115.3—4
Elimination 112.17, 122
Eliminationsideal 122.9—15, 137.12
Erweiterung 113, 116
—, algebraische 116.4/8/10/20
—, einfache algebraische 116.15
—, endliche algebraische 116.11
—, transzendente 116.2/16—21
—, unendliche algebraische 116.16
Erweiterungsideal 131.12, 136.15, 138.3
Euklidischer Algorithmus 112.6/16/17, 116.5/19
Eulersche Identität 112.21
Exponent (eines Primärideals) 126.5

Form 112.4, 124.4
—, quadratische 144.22
Führerideal 136.12
Fundamentalsatz der Algebra 111.3
— von Noether 155.12/13
Funktionenkörper 131.1—2

Galois-Feld 111.2
Galoissche Gruppe 131.4
ganz abgeschlossen 136.5/17
— algebraisch 136.1/17
ganze Abschließung 136.5

Gauß 111.3
gemischt (Ideal) 131.10, 135.8
Gerade 134.2
gewöhnlicher Punkt 134.11
GGT (größter gemeinsamer Teiler) 001, 112.6, 115.21/22
Glied, führendes 125.16
Grad (Polynom) 112.1—4
— (rationale Funktion) 113.3
— (algebraische Größe) 116.1/10
— (Erweiterungskörper) 116.13/24
— (Ordnung) 143.4
Gruppe 003.1
—, Abelsche 115.1

Hauptideal 115.5, 131.10, 135.1/3, 142.1
Hauptidealring 122.8
Hauptidealsätze 136.23, 137.11/15—16
Hauptklasse (Ideal) 131.10, 135.1/6/12, 137.16, 142, 144.4, 153.2
— (AM) 135.1
H-Basis 124.6
H-Ideal 001, 124.5, 132
—, äquivalentes 124.7, 132.9
Hilbert 115.10, 151.9, 152.2
Hilbertfunktion 133.11, § 4, 141.5, 141.17, 152.15
— eines P-Ideals 141.8
— eines T-Ideals 141.10
Hilbertsche Gleichungen 127.13, 141.6—7
— Koeffizienten 141.15, 142.5, 143, 143.3
Hilbertscher Basissatz 115.10, 151.9
— Nullstellensatz 122.17, 127.3
— Satz 133.11, 141.15
Hölder 127.16/20
homogen 112.4/21
homogene Dimension 132.6
— Nullstelle 144.18
— Variable 124
Homomorphie ($\sim$) 115.15
Homomorphiesatz 115.17
H-Ring 001, 124.4—5
Hurwitz 125.6
Hyperebene = linearer Unterraum der Dimension n—1 eines R_n oder P_n
Hyperfläche = AM eines Hauptideals
Hyperkegel 134.9
hyperkomplexes System 127.11

Ideal 115.2—3
— der Hauptklasse 131.10
Idealkörper 115.20
Idealquotient 115.25—26
imperfekt, siehe perfekt
imperfekte Raumkurven 155.8
imperfektes Primideal 144.10, 153.5
inneres Produkt 151.7
Integritätsbereich 003.2, 112.1, 126.2
invers 003.2
irreduzibel 112.5, 114.11, 126.8, 127.7/9 138.11
isobar 122.5, 125.26
isoliert 126.15/21, 136.16, 138.4
Isomorphie ($\sim$) 115.16
Isomorphiesätze 115.18/19

Jacobische Determinante 116.25
Jordan 127.16/20

Kamke 115.9
Kartesisches Blatt 138.10
Kernpunkt 127.12
KGV (kleinstes gemeinsames Vielfaches) 001, 115.20/22/23, 138.7
K-Modul 136.8, 141.1
Knopp 111.3
kommutativ 003, 115.24, 151.7
komplementäre Matrix 141.6
Komponente 126.12, 151.3
Kompositionsreihe 127.16, 141.13
kongruent (mod a) 115.12
Kongruenz 115.13
konjugiert 127.9, 131.4, 135.2, 136.7
Konstante 112.1
Konstantenkörper 112.1
Konvergenzkriterium von Cauchy 111.3
Körper 003.3, 113, 111.1/3
Körperadjunktion 113.1
Körpererweiterung 113
Kronecker 122.14, 135.1
Krull, W. 137.11, 138.7

Lasker, E. 126.11
linear (un-)abhängig 116.1/11/12
Linienelement 127.12

Macaulay, F. S. 125.14/21, 126.13/15, 133.19, 135.1/12, 141.7, 144.3/8, 153.1/2/3/4/6, 154.1/2/5/6
Matrix 151, 154

maximal (Ideal) 115.6, 126.18, 127.6
Maximalbedingung 115.6
Menge 002
minimal (Ideal) 115.7, 126.15/19
Minimalbasis 151.14
Minimalbedingung 115.7
minimales Primideal 136.21, 137.8
Modul 115.1
Modulbasis 136.8
Monoid 133.9
monoidal 133.9, 137.4
Multiplikator, Multiplikatorenbereich 115.2
Multiplizität (Primärideal) 127.16, 141.13, 143.5,
— (Punkt) 127.21, 134.3, 144.8

NG ($\mathfrak{a}$) 127.2
nilpotent 126.3
Noether, E. 126.11
Noether, M. 138.9
Noethersche Bedingung 155.10
Noetherscher Fundamentalsatz 155.12—13
— Satz 138.9
normal 144.17
normiert 136.9, 137.4
Normierungssatz 136.9
Nullideal 115.3—4
Nullstelle (Ideal) 121, 123.1
—, allgemeine 132.3, 137.4, 144.20
—, gewöhnliche 134.7/10/11
—, monoidale 137.4
—, normierte 137.4
—, singuläre 134.7/11
—, triviale 124.10
Nullstellengebilde (NG) 001, 121.2, 123.1, 127
— (Primärideal) 127.10
— (Primideal) 127.8
Nullstellensatz von Hilbert 122.17, 127.3
Nullteiler 003.2, 112
Nullvektor 151.11

Oberideal 115.4/21
operationstreu 115.15
Operator, Operatorenbereich 115.2
Ordnung eines Ideals 141.11/15, 142.5, 143
— eines Primärideals 141.13, 143.5
— (Invarianz) 143.6/8/10

—, reduzierte 144.13
O-Ring 001, 115.6, 138.12
O-Satz (Teilerkettensatz) 115.6
Osgood 111.3

Perfekt (Ideal) 137.16, 144.3/4/8, 153, 154.2, 155.9—12
perfekte Raumkurven 155.1—9
P-Ideal 001
Polare 134.4
Polynom 112.1/3
Polynomring $=$ P-Ring
Postulation 141.7
Potenzmatrix 125.24
Potenzprodukt 112.4
Potenzreihen, -Ringe, -Ideale 114, 138
primär 126.3/4
Primärideal 126.3/5
Primärkomponente 126.13
Primbasis 133
Primideal 126.1/2/5/16, 127.17
Primidealkette 126.2, 133.12
Primidealkettensatz 137.6
primitiv 112.14, 116.7/11/13,/133.6
P-Ring 001, 112.2—3
Produkt 115.23, 151.6/7
Projektion 123.2/5/6, 143.10
projiziertes Ideal 143.10
Projektionszentrum 123.4/6/8, 143.10
Projektionskegel 143.11/12
projektiver Raum ($\mathfrak{P}_n$) 123.3, 124.11, 127.1
pseudogemischt 137.10/17

Quadrik 155.7
Quotient (Ideal) 115.25/26
Quotientenring, -körper 003.4

Rang eines Ideals 131.2, 132.7
— einer Matrix 151.11
rational 113.1/2, 144.20/22
Rationalitätsbereich 003.3
Raumkurven 155.1—9
reduzibel 112.5, 126.10, 127.7—8
Reduzibilitätskriterium (für Ideale) 144.23
reduziert 125.15/21
reduzierte Darstellung 126.15
— Ordnung 144.13
reflexiv 115.12
regulär 114.7, 121.4, 122.13, 123.2
relationstreu 137.5

relativ prim 112.9, 126.20
Restklasse 115.12
Restklassenring 115.14/28/29
Restklassenkörper 116.23, 131.1
Restsystem 114.7
Resultante 122.4, 125, 125.11
Resultantenideal 125.3
Resultantensystem (Kronecker) 122.14
Riemannsche Fläche 132.3
Ring 003.2, 112.1, 115.1/6/7
Ringadjunktion 112.2, 113.1
Ringerweiterung 112

Schar, lineare 155.9
Schnitt (von AM) 127.5, 143.8
—, vollständiger 135.1
Sekante 155.7
singulär (Punkt) 132.3
— (Nullstelle) 134.7/12
— (Transformation) 138.2
singularitätenfrei 134.8/12
Skalar 151.3
skalares Produkt 151.7
Spaltenvektor 151.3
Spaltenzahl 151.1
Spezialisierung 137.5, 154.3—4
Steinitz 116.12
stetig 111.2, 116.8, 144.8
Summe 002, 115.21/22, 151.4
supernormal 137.4/14
Sylvestersche Determinante 122.4,
    125.12
symbolische Potenz 136.20, 138.7
symmetrisch 115.12
Syzygie 151.11, 154.6
Syzygienkette 152
Syzygienmodul 151.12

Tangente 134.3/9
Tangentenkegel 134.9
Tangentialebene, -hyperebene, -raum
    134.6/10
Taylorsche Formel 112.18/20
teilbar mod α 138.16
Teiler 115.4
teilerfremd 112.9, 126.20
Teilerkette 115.5
Teilerkettensatz 115.6
teilerloses Primideal 127.17

T-Ideal 124.10, 141.10
Transformation 121.4—5
transitiv 115.12, 136.2
Translation 138.1
transzendent 116.2
Transzendenzgrad 116.2/17, 131.2
triviales H-Ideal 124.10

Umgebung 132.3/6
unabhängig in bezug auf ein Ideal
    131.6, 138.13
Unbestimmte 112.1
uneigentlich (Punkt) 123.3, 124.12
ungemischt (Ideal) 131.10, 135.3/6/12,
    144.4, 153.4, 154.2
Ungleichungen 127.1
Untergrad 112.4, 114.2/4
Unterideal 115.4/20
unverkürzbar (Darstellung) 126.13
U-Ring 001, 115.7
U-Satz 115.7

Variable 112.1, 124
Vektor 151.3
Vektormodul 151.8
Vereinigungsmenge 002, 115.21, 127.4
Verengungsideal 136.15, 138.4 ·
verkürzbar (Darstellung) 126.13
Vertreter (Restklassen) 115.12/13
vielfach (Punkt) 127.15, 134.7/9
Vielfaches, Vielfachenkette 115.4/7
voll reduziert 125.21
vollständiger Schnitt 135.1
Volumen (Ideal) 141.2/8

Waerden, B. L. v. d. 111.3, 127.11,
    132.3, 136.1/7, 137.4/5
Weierstraßscher Vorbereitungssatz
    114.8
Wohlordnungssatz 111.2
Wurzel 116.6

Zahlkörper 111.1
Zeilenvektor 151.3
Zeilenzahl 151.1
ZPE-Satz 001, 112.11—16, 114.10—11,
    136.11
zugehöriges Primideal 126.5/6
Zweig einer AM 138.11

Druck: Tiroler Graphik Ges. m. b. H., Innsbruck.